"十二五"国家重点图书出版规划项目

系统生物学中的网络分析方法

邹 权 陈启安 曾湘祥 刘向荣 编著

西安电子科技大学出版社

内 容 简 介

　　生物系统通常是一个复杂网络，它可以理解成任何与生物系统有关的网络，包括蛋白质相互作用网络、基因调控网络、代谢网络、信号传导网络、生物进化网络，以及人工神经网络、食物链网络等。本书主要关注的是与生物信息学相关的生物网络和受生物网络启发的计算模型。

　　本书从信息科学的视角来分析生物网络，可对具有计算背景的生物信息学入门研究人员有所帮助，也有助于具有生物背景的研究人员理解、掌握各种生物网络软件。本书可作为本科高年级或研究生相关课程的参考书，也可用于指导相关的数学建模比赛。

图书在版编目(CIP)数据

系统生物学中的网络分析方法/邹权等编著.

—西安：西安电子科技大学出版社，2015.4(2016.11 重印)

ISBN 978 - 7 - 5606 - 3538 - 5

Ⅰ. ① 系…　Ⅱ. ① 邹…　Ⅲ. ① 生物学—系统科学—网络分析—分析方法　Ⅳ. ① Q111

中国版本图书馆 CIP 数据核字 (2015) 第 048654 号

策划编辑　毛红兵

责任编辑　刘玉芳　毛红兵

出版发行　西安电子科技大学出版社(西安市太白南路 2 号)

电　　话　(029)88242885　88201467　　　邮　编　710071

网　　址　www.xduph.com　　　　　电子邮箱　xdupfxb001@163.com

经　　销　新华书店

印刷单位　陕西华沐印刷科技有限责任公司

版　　次　2015 年 4 月第 1 版　2016 年 11 月第 2 次印刷

开　　本　787 毫米×1092 毫米　1/16　印张 18

印　　数　501～2500 册

字　　数　426 千字

定　　价　40.00 元

ISBN 978 - 7 - 5606 - 3538 - 5/Q

XDUP 3830001 - 2

前　　言

　　人类基因组计划是继曼哈顿计划和阿波罗计划之后美国的第三个国家计划。随着人类基因组计算的完成，海量的数据摆在了分子生物学家们的面前，而从这些海量生物数据中挖掘出与生命现象本质相关信息的种种努力，导致了一门新的交叉学科——生物信息学的诞生。

　　生物信息学自诞生以来，大致经历了三个阶段：第一阶段是基因时代的生物信息学，这个时期的主要工作是生物信息的收集、存储、管理与提供，数据库的查询与搜索，序列信息的提取与分析；第二阶段是基因组时代的生物信息学，这个时期的主要工作是基因的查询、同源性分析和预测，以及基因组的比较；随着基因组和其他测序项目的不断发展，现在进入了后基因组时代，即第三阶段，这一阶段的主要工作是系统分析各种生物数据之间的内在关系、调控和作用关系，以及网络化的作用机理，相关研究也被称为系统生物学。

　　进入 21 世纪之后，功能基因组学的研究成为研究竞争的焦点，一旦知晓基因组之间的相互关系和基因的功能，即可很快过渡到基因谱和功能的应用研究，直接解决临床上的多种医学难题和人们日常生活中的生存、生活与保健问题。因此，找到基因之间的关系以及基因的功能是功能基因组学的挑战之一。供助计算机手段和各种数学模型方法可以从数据中构建基因之间的调控关系网络，利用网络化手段表征和解决生物遗传规律。与此同时，生物种群和网络特性也为计算机算法和计算的研究问题带来新的启示。

　　本书由邹权、陈启安、曾湘祥和刘向荣四位老师共同编著。其中，邹权老师负责本书前七章，曾湘祥老师负责第九章和第十章，刘向荣老师负责第八章，陈启安老师统稿全书。

　　厦门大学计算机系数据挖掘实验室(http://datamining.xmu.edu.cn)的学生在本书的撰写中帮助收集材料、处理文档格式以及绘制部分插图，他们分别是蒋文瑞、陈伟程、孙远帅、王菁菁、王振、王蕾、汪恒一和刘诗萌，在此表示衷心的感谢。由于作者知识的局限性，本书的部分内容参考了在哈尔滨工业大学读博期间的工作，并得到了同窗们的大力支持，他们分别是蒋庆华博士、朱世佳博士、李建伏博士、玄萍博士，在此一并感谢。

　　本书的撰写得到了国家自然科学基金(No. 61370010，No. 61001013，No. 61202011，No. 61472333)和福建省自然科学基金(No. 2010J01350，No.

2014J01253)的资助。

由于撰写时间较仓促、撰写者精力有限，书中难免有不妥之处，敬请读者指正。相关问题会在作者的个人网页(http://datamining. xmu. edu. cn/～zq/)中勘误，敬请关注。

邹 权

2014 年 6 月于厦门

目　　录

第一章　生物信息学和系统生物学基础知识

本章主要介绍生物信息学和系统生物学的基础知识，包括细胞、染色体、基因、基因组、转录组、DNA（脱氧核糖核酸）、RNA（核糖核酸）、蛋白质、外显子、内含子等基本概念，以及中心法则、基因调控、非编码 RNA 和小 RNA 干扰等机制。此外，本章简单介绍了目前受到热点关注的系统生物学、表观遗传学等学术观点的产生与发展。本章是全书的基础，以供具有信息背景的研究人员快速熟悉生物信息学的基础知识。

1.1　基　本　概　念

人类进入了基因组时代。但是，我们面临的问题是：即使拥有了完整的基因组图谱，我们仍然不清楚什么因素调节基因在不同时间及空间中的表达和抑制。

随着上千种生物基因组测序工作的完成和研究者们对于基因组功能研究的不断深入，人类对于生命的认知已经进入了后基因组时代。探索基因表达的调控方式已经成为了当下科研工作者的重要任务，而理解表观因素的功能又成为了该任务中的重要部分。对于表观因素的深入了解不但可以告诉我们生命体调控基因表达的方式，还有助于我们更好地理解癌症和其他疾病的致病机理，并为疾病治疗找到更多线索。

本节主要介绍细胞、染色体、基因、基因组、转录组、DNA、RNA、蛋白质、外显子、内含子等基本概念。

在生命的微观世界中，基本单位是细胞（Cell）。细胞并没有统一的定义，近年来比较普遍的提法是：细胞是生命活动的基本单位。已知除病毒之外的所有生物均由细胞组成，病毒的生命活动也必须在细胞中才能体现。一般来说，细菌等绝大部分微生物以及原生动物由一个细胞组成，称为单细胞生物；高等植物与高等动物则是多细胞生物。细胞可分为两类：原核细胞、真核细胞。但也有人提出应分为三类，即把原属于原核细胞的古核细胞独立出来作为与之并列的一类。研究细胞的学科称为细胞生物学。世界上现存最大的细胞为鸵鸟的卵。

细胞周期是可再生细胞从准备时期到分裂为两个细胞的一个循环阶段。细胞周期分为细胞间期和细胞分裂期，细胞间期较长，而细胞分裂期较短。细胞间期是为细胞分裂作准备的时期，表现为细胞增大，营养物质增多。细胞分裂期则是一个细胞分解为两个细胞的过程。

一般来说，不同细胞共有的结构有细胞壁、细胞膜、细胞质和细胞核。动物细胞与植物细胞相比较，具有很多相似的地方，如动物细胞也具有细胞膜、细胞质、细胞核等结构。但是动物细胞与植物细胞有一些重要的区别，如动物细胞的最外面是细胞膜，没有细胞壁；动物细胞的细胞质中不含叶绿体，也不形成中央液泡。

在细胞核中，有圆柱状或杆状的线状体的物质，该物质在细胞分裂期被称为染色体

（Chromosome），在细胞间期被称为染色质。染色体是细胞内具有遗传性质的物体，是遗传物质基因的载体，因其易被碱性染料染成深色，所以叫染色体（染色质）。

将 X 状的染色体进一步放大，如图 1-1 所示，可以看出染色体是由 DNA 缠绕着组蛋白团构成的。对于细胞来说，一般可以在光学显微镜下看到（大的卵细胞可以用肉眼看到）；而 DNA 和组蛋白则属于生物大分子，难以用光学显微镜看到。作为分子，DNA 由很长的碱基序列构成，其分子量远远大于普通的无机物和有机物的化学分子。

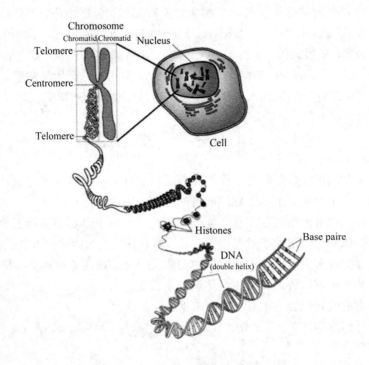

图 1-1 染色体示意图

DNA 由四种碱基（A、G、C、T）通过磷酸二酯键连接而成并形成长链。DNA 是遗传信息的携带者。从信息科学的角度看，DNA 可以理解为一个长的字符串。对于真核生物来说，在该长字符串中，大部分区域是没有意义的，其中有意义的区域称为基因。事实上，基因是信息学概念，而 DNA 则是其生物载体。就像手机号码是信息学概念，而手机卡则是其实物载体一样。

对于同一物种的生物，一般来说每个正常细胞内的染色体数目是相同的，其 DNA 序列也是相同的，所有的 DNA 序列包含的信息称为基因组。在过去的书籍中，通常认为所有的基因即基因组。事实上，这种理解是不准确的，应该是所有的 DNA 序列组成才是基因组，基因组中包含着大量的基因间区域（也被称为"垃圾区域"）。我们不能说"垃圾区域"是没有生物意义的，只能说"垃圾区域"的生物意义尚未被发现和证实。

那么所有的基因组成的是什么呢？我们可以将其理解为"转录组"。过去的遗传学研究认为只有编码蛋白的 DNA 才属于基因，随着对非编码 RNA 研究的深入，可转录的 RNA 也都被认为是基因，因此基因可以分成编码蛋白的基因和非编码基因（关于非编码基因会在 1.3.1 节详细介绍）。所有可转录的 DNA（即基因）组成的信息概念即转录组。

对于真核生物中一个编码蛋白的基因来说,其蛋白序列是由 DNA 序列翻译按照遗传密码得到的。而对应的 DNA 在基因组中通常是不连续的,由一个个邻近的片段顺序组成,其中包含这些片段的最小基因组区域即整个基因区域,翻译的片段称为外显子,夹在外显子中间的区域被称为内含子,第一个外显子上游的一段区间被称为 5′-非翻译区,最后一个外显子下游的一段区间被称为 3′-非翻译区。真核生物基因结构示意图如图 1-2 所示。

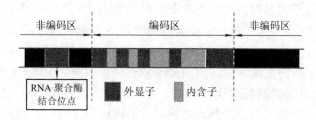

图 1-2 真核生物基因结构示意图

1.2 中 心 法 则

"龙生龙,凤生凤,老鼠的儿子会打洞","孩子长得像父母"这些俗语说的都是遗传现象。但父母是怎样将遗传信息传递给子女的呢? 我们知道 DNA 是遗传信息的携带者,对于哺乳动物来说,其个体是由一个受精卵发育而成的,而受精卵是一个细胞,其细胞核内的 DNA 是父母双方 DNA 的融合。那么,DNA 所携带的信息是如何表现出千差万别的生物形态的呢? 中心法则讲述的就是 DNA 在变成蛋白质从而展现出不同生命性状的过程中要遵循的法则。

中心法则(Genetic Central Dogma)指出遗传信息是从 DNA 传递给 RNA,再从 RNA 传递给蛋白质,从而完成遗传信息的转录和翻译的过程的。遗传信息也可以从 DNA 传递给 DNA,即完成 DNA 的复制过程。这是所有具有细胞结构的生物所遵循的法则。某些病毒中的 RNA 自我复制(如烟草花叶病毒等)和某些病毒中能以 RNA 为模板逆转录成 DNA 的过程(如某些致癌病毒)则是对中心法则的补充。

中心法则是遗传信息在细胞内的生物大分子间转移的基本法则。包含在脱氧核糖核酸(DNA)或核糖核酸(RNA)分子中的具有功能意义的核苷酸顺序称为遗传信息。遗传信息的转移包括核酸分子间的转移、核酸和蛋白质分子间的转移。

1957 年,克里克最初提出的中心法则是:DNA→RNA→蛋白质。它说明遗传信息在不同的大分子之间的转移都是单向的、不可逆的,只能从 DNA 到 RNA(转录),从 RNA 到蛋白质(翻译)。这两种形式的信息转移在所有生物的细胞中都得到了证实。1970 年,H. M. 特明和 D. 巴尔的摩在一些 RNA 致癌病毒中发现,它们在宿主细胞中的复制过程是先以病毒的 RNA 分子为模板合成一个 DNA 分子,再以 DNA 分子为模板合成新的病毒 RNA,前一个步骤被称为反向转录(也称反转录,逆转录)。这是上述中心法则提出后的新的发现。因此,克里克在 1970 年重申了中心法则的重要性,提出了更为完整的图解形式。

根据克里克的研究,遗传信息的转移可以分为两类。第一类包括 DNA 的复制、RNA 的转录和蛋白质的翻译,即 DNA→DNA(复制)、DNA→RNA(转录)、RNA→蛋白质(翻译)。这三种遗传信息的转移方向普遍存在于所有生物细胞中。第二类是特殊情况下的遗传信息转移，包括 RNA 的复制、RNA 反向转录为 DNA 和从 DNA 直接翻译为蛋白质，即 RNA→RNA（复制），RNA→DNA（逆转录），DNA→蛋白质。RNA 的复制只在 RNA 病毒中存在。反向转录最初在 RNA 致癌病毒中发现，后来在人的白细胞和胎盘滋养层中也测出了与反向转录有关的逆转录酶的活性。至于遗传信息从 DNA 到蛋白质的直接转移仅在理论上具有可能性，在活细胞中尚未发现。

克里克认为上述信息转移以外的情况是不可能存在的，即蛋白质→蛋白质、蛋白质→RNA、蛋白质→DNA 是不可能的。中心法则的中心论点是：遗传信息一旦转移到蛋白质分子之后，既不能从蛋白质分子转移到蛋白质分子，也不能从蛋白质分子逆转到核酸分子。克里克认为这是因为核酸和蛋白质的分子结构完全不同，在核酸分子之间的信息转移是通过沃森-克里克式的碱基配对而实现的。但从核酸到蛋白质的信息转移则在现存生物细胞中都需要通过一个极为复杂的翻译机构，这个机构是不能进行反向翻译的。因此，如果需要使遗传信息从蛋白质向核酸转移，那么细胞中应有另一套反向翻译机构，而这套机构在现存的细胞中是不存在的。中心法则合理地说明了在细胞的生命活动中两类大分子的联系和分工：核酸的功能是储存和转移遗传信息，指导和控制蛋白质的合成；而蛋白质的主要功能是进行新陈代谢活动和作为细胞结构的组成成分。

RNA 的自我复制和逆转录过程，在病毒单独存在时是不能进行的，只有寄生到寄主细胞中后才发生。逆转录酶在基因工程中是一种很重要的酶，它能以已知的 mRNA 为模板合成目的基因，是基因工程中获得目的基因的重要手段。

以 DNA 为模板合成 RNA 是生物界 RNA 合成的主要方式，但有些生物像某些病毒及噬菌体，它们的遗传信息储存在 RNA 分子中，当它们进入宿主细胞后，靠复制而传代，它们在 RNA 指导的 RNA 聚合酶的催化下合成 RNA 分子，当以 RNA 为模板时，在 RNA 复制酶的作用下，按 $5'→3'$ 方向合成互补的 RNA 分子，但 RNA 复制酶中缺乏校正功能，因此 RNA 复制时错误率很高，这与逆转录酶的特点相似。RNA 复制酶只对病毒本身的 RNA 起作用，而不会作用于宿主细胞中的 RNA 分子。

1.3 表观遗传学

虽然 DNA 是遗传信息的携带者，但是除了 DNA 之外，仍然有一些因素会影响到基因的表达和调控，这些因素被称为表观遗传因素。表观遗传学是研究基因的核苷酸序列在不发生改变的情况下，基因表达了可遗传的变化的一门遗传学分支学科。

表观遗传因素包括 DNA 甲基化、组蛋白修饰、miRNA 以及核小体定位等，它们能够对环境的变化作出响应，并且不改变基因组的序列特征，是调节基因表达的一种重要方式。德国柏林 Epigenomics 公司创始人兼 CEO Olek 博士称："人类基因组计划为我们绘制了生命的蓝图，而表观遗传学将会告诉我们这一切是如何进行的。"为了更深入地了解表观遗传因素对基因表达的影响，2003 年，英国 Sanger 研究院和德国柏林 Epigenomics 公司联合发起了人类表观基因组计划（HEP），2008 年，在美国政府的资助下，美国国立卫生研究院启动了 Roadmap 表观基因组计划。这些工作为研究者们提供了公用数据平台，并且为与表观遗传相关的数据分析、技术开发以及重要的表观标记的发现等都做出了巨大的贡献。

真核生物编码蛋白基因的表达过程非常复杂。首先，基因转录生成前体 RNA（pre‑mRNA），转录过程包含多个步骤：形成预起始蛋白复合体，召集 RNA 聚合酶 II（RNAP II），转录起始，转录延长，转录终止。接下来，pre‑mRNA 还需要经过一系列修饰才能形成成熟的信使 RNA（mRNA），这些修饰包括在 mRNA 的 5′端添加 7‑甲基鸟苷，在 mRNA 的 3′端添加多腺苷酸化，以及 pre‑mRNA 上外显子的剪切。

真核生物的基因组包裹在核小体上形成染色质结构，核小体上可以添加多种组蛋白修饰，包括乙酰化、甲基化、磷酸化以及泛素化。组蛋白修饰能够以单独的或者组合的方式行使多种生物学功能。研究者们已经发现，启动子区域上多种组蛋白修饰和基因转录起始之间存在着联系，其中包括大多数组蛋白乙酰化和部分组蛋白甲基化，但是，一直以来对于转录延长区域组蛋白修饰生物学功能的研究却比较匮乏。逐渐积累的证据表明，转录延长区域组蛋白修饰可能影响基因转录的延长，而转录延长也是基因调控中非常重要的环节。此外，越来越多的证据表明基因转录和外显子剪切同时发生，这个事实也为转录延长区域上组蛋白修饰调节外显子剪切提供了前提条件。

1.3.1 非编码 RNA

RNA 是生命系统中重要的分子之一，在生物体中行使多种功能，特别是在 HIV（人类免疫缺陷病毒）等病毒体中，遗传信息不是由 DNA 携带，而是由 RNA 携带的。随着对中心法则研究的不断深入，研究人员发现 RNA 有更多的功能与作用。2006 年，诺贝尔生理学或医学奖授予了两位美国科学家 Andrew Fire 和 Craig Mello，以表彰他们在非编码 RNA 功能研究方面做出的杰出贡献，尤其是他们在 1998 年发现的非编码 RNA 导致"基因沉默"现象。

RNA 可以分为编码 RNA（即 mRNA 中的外显子部分）和非编码 RNA。以往的研究认为 RNA 主要有三大类：mRNA、tRNA 和 rRNA。近年来的研究认为非编码除了 tRNA 和 rRNA 外，还有许多种类，且具有调控功能，比如 microRNA、siRNA、snoRNA 等。由于非编码 RNA 种类繁多，且大多具有保守的二级结构，因此本节对主要有功能性的非编码 RNA 及其结构特征作简单的介绍（其中 microRNA 是本书研究的主要对象，在 1.3.2 节中重点介绍）。

1. tRNA

tRNA 是最早被发现的 RNA 分子之一，其主要功能是把氨基酸搬运到核糖体上，tRNA 能根据 mRNA 的遗传密码依次准确地将它携带的氨基酸连接起来形成多肽链。每种氨基酸可与 1~4 种 tRNA 相结合。

大多数 tRNA 具有较保守的一级结构：5′末端具有 G 或 C，3′末端都以 ACC 的顺序终结；有一个富有鸟嘌呤的环；有一个反密码子环，在这一环的顶端有 3 个暴露的碱基，称为反密码子，反密码子可以与 mRNA 链上互补的密码子配对；还有一个胸腺嘧啶环。这 4 个环构成的二级结构称为三叶草结构，详细如下。

（1）3′端含 CCA‑OH 序列，为氨基酸接受臂（amino acid acceptor arm）。CCA 通常接在 3′端第 4 个可变苷酸上。3′端第 5~11 位核苷酸与 5′端第 1~7 位核苷酸形成螺旋区，称为氨基酸接受茎（amino acid acceptor stem）。

（2）TψC 环（TψC loop）。TψC 环是第一个环，由 7 个不配对的大基组成，几乎总是含

$5'GT\psi C3'$序列。该环涉及 tRNA 与核糖体表面的结合，有人认为 $GT\psi C$ 序列可与 5SrRNA 的 GAAC 序列反应。

（3）反密码子环（anticodon loop），由 7 个不配对的碱基组成，处于中间位的 3 个碱基为反密码子。反密码子可与 mRNA 中的密码子结合。毗邻反密码子的 $3'$ 端碱基往往为烷化修饰嘌呤，其 $5'$ 端为 U，即 U 反密码子修饰的嘌呤。

（4）二氢尿嘧啶环（dihydr - U loop 或 D - loop），由 8～12 个不配对的碱基组成，主要特征是含有修饰的碱基（D）。

除上述主要的 4 个环外，部分 tRNA 还有：

（5）额外环或可变环（extra variable loop）。这个环的碱基种类和数量高度可变，在 3～18 个不等，往往富有稀有碱基。

2. rRNA

rRNA（ribosomal RNA，核糖体 RNA）是生物体中核糖核酸（RNA）的一类，为核糖体（ribosome）的主要部分，功能为提供一个环境能使 tRNA 对应到 mRNA 上的密码子，从而合成蛋白质。其中核糖体大亚基（Large SubUnit，LSU）具有一或两个 rRNA 分子（多数原核生物为 23S 和 5S，真核生物为 28S 和 5.8S），小亚基（Small SubUnit，SSU）具有一个 rRNA 分子（多数原核生物为 16S，真核生物为 18S）。

在近年的系统发育树中，核糖体 RNA 序列，尤其是小亚基 RNA（SSU rRNA）成为最常用的做树依据，因为 SSU rRNA 具有以下特点：

（1）长度适中，通常为 1200～1900nt（DNA 的长度单位是 bp，RNA 的长度单位是 nt，都是指一个碱基），能够提供足够的信息，但又不过长。

（2）完全广泛分布于所有生物，而且具有相对缓慢的进化过程。其中保守区可用于构建所有生命的大一统进化树，而易变的区域可用来区别属或者种。

（3）所有的 rRNA 在功能上和序列上都是同源的，且一个生物细胞中的 rRNA 序列完全一致或有极少差别（除叶绿体和线粒体等极少数例外情况）。

（4）rRNA 基因的水平转移非常难发生，因为它们的功能太基本且重要，需要翻译机制的精细调控才能够正常实现功能。

3. siRNA

siRNA 也称小干扰 RNA，其结构和功能均与 microRNA 类似，只是 siRNA 除了是内源的还有部分是外源的，因此可以被应用于制药[1]。siRNA 长度约在 22nt（22 个核苷酸）左右，在结构上，siRNA 是双链 RNA。与 microRNA 不同的是，siRNA 可作用于 mRNA 的任何部位，而 microRNA 只能作用于 mRNA 的 $3'$ 非翻译区。

早期的研究认为：siRNA 与 microRNA 最大的不同在于，siRNA 对 mRNA 的调控并不是将其切断，而是抑制其翻译。近年来的研究表明：根据与靶标的匹配程度，siRNA 和 microRNA 均可以抑制或切断 mRNA。

4. snRNA

snRNA（small nuclear，小核 RNA）长度在哺乳动物中约为 100～215 个核苷酸，存在于真核生物细胞核中，与 40 种左右的核内蛋白质共同组成 RNA 剪接体，在 RNA 转录后加工中起重要作用。

多数高等真核生物转录产物含有内含子，需要由剪切体除去内含子产生成熟的 mRNA。剪切体的催化作用主要是由 snRNA 完成的。有几种不同的剪切机制：主要剪切体 U1、U2、U4、U5 和 U6 剪切体识别 GT-AG 位点，次要剪切体 U11、U12、U4atac 和 U5 识别 AT-AC 边界；还有一种 trans-splicing 机制，能够将 SL RNA 得到的非编码外显子连接到前体 mRNA 形成多个成熟 mRNA。

5. snoRNA

snoRNA(small nucleolar RNA)也称核仁小 RNA。核仁小 RNA 与其他 RNA 的处理和修饰有关。核仁小 RNA 是一个与特性化的非编码 RNA 相关的大家族。

按其结构特点，可以将已知的 snoRNA 分为两大类：

(1) boxC/D 类。它们的 5′端有 boxC(UGAUGA)，3′端有 boxD(CUGA)。一般在 boxC 的下游还有一个 boxD′，而在 boxD′和 boxD 之间含有一个 boxC′。boxC′/D′一般仅有一个核苷酸与 boxC/D 不同。大部分该类 snoRNA 序列中，boxD 或 D′的上游都包含一段长 8～14nt 的片段，与成熟 rRNA 的一段保守核心序列互补。具有互补序列的 boxC/D 类 snoRNA 也称为反义 snoRNA。boxC/D 类 snoRNA 的转录前体一般都能形成末端配对的茎-环结构，该结构对于蛋白质与 snoRNA 的结合以及 snoRNA 的末端保护是必需的。

(2) boxH/ACA 类。它们的 3′端第 3 个核苷酸的上游有一个保守的三核苷酸序列"ACA"或类似于"ACA"的结构，如"AGA"、"AUA"等。该类 snoRNA 可以形成相似的二级结构：整个分子可形成两个发夹结构，由一个单链的铰链区相连接，该铰链区含有保守的 boxH 序列（ANANNA）。RNase MRP RNA（RNase Mitochondrial RNA Processing RNA)是另一种类型的 snoRNA，目前只发现一种，是核酸酶 RNase MRP 的核酸成分，也称为 7-2RNA、7-2MRP RNA。不同生物的该类 snoRNA 没有发现共同的结构元件，却有相似的二级结构，该结构与参与 tRNA 前体及原核生物 rRNA 前体切割的 RNase PRNA 很相似，都有中央笼状的保守结构及类似的假结。

snoRNA 主要的功能有：

(1) 参与 rRNA 前体加工；

(2) boxC/D 类反义 snoRNA 指导 rRNA 中 2′-O-核糖的甲基化修饰；

(3) boxH/ACA 类 snoRNA 指导 rRNA 中尿嘧啶向假尿嘧啶的转换；

(4) RNA 伴侣。

6. piRNA

与 piwi 蛋白相作用的 RNA 称为 piRNA，其长度通常为 29～30nt。piRNA 复合物（piRC）的制备物中含有 rRecQ1，其中 rRecQ1 是脉孢菌（Neurospora）qde-3 基因表达蛋白的同源物，该基因参与沉默途径。piRNA 中的 94% 能对应到基因组中 100 个确定的区域（每个区域长度小于 100 k）。在这些区域里，piRNA 通常只沿着基因组的一条链分布，或有时不规则地分布在两条链上，但是相互分开，而不重叠在一起。

虽然 piRNA 的功能仍然需要研究阐明，但是生殖细胞中 piRNA 的富集现象和 piwi 突变导致的男性不育表明 piRNA 在配子形成的过程中起作用。小 RNA 指导的基因沉默途径或在转录阶段上发挥作用，或在转录后阶段上发挥作用。转录后基因沉默通过 mRNA 去稳定化或者 mRNA 翻译抑制起作用，而转录阶段基因沉默则是通过改变染色质构象抑制基因表达[2]。

1.3.2　microRNA

　　microRNA 也称小 RNA、微小 RNA，有时简称 miRNA。它广泛存在于真核生物中，是一组不编码蛋白质的短序列 RNA，它本身不具有开放阅读框架（ORF），通常的长度为 20～24nt。成熟的 microRNA 5′端有一磷酸基团，3′端为羟基，这一特点使它与大多数寡核苷酸和功能 RNA 的降解片段区别开来。microRNA 在转录初期会形成一个发夹结构的前体（precursor），在走出细胞核后被切分出的成熟体（mature part）具有破坏目标特异性基因的转录产物或者诱导翻译抑制的功能。microRNA 通常与 mRNA 的 3′不翻译区中的特定序列结合，诱导靶标 mRNA 剪切或者抑制其翻译。研究表明 miRNA 参与了一系列重要的生命过程，包括发育进程、造血过程、器官形成、细胞凋亡、细胞增殖，并且与肿瘤等多种疾病的发生发展密切相关。

　　1993 年，Lee 等人在线虫中发现了第一个 miRNA——lin-4。lin-4 与线虫发育相关的基因 lin-14 的 3′不翻译区互补配对，下调 lin-14 蛋白的表达量，从而调控线虫胚胎的后期发育时序。2000 年，Reinhart 等人在线虫中发现了第二个 miRNA——let-7。let-7 负责调控 lin-41 基因的表达，该基因与线虫胚胎的发育密切相关。2001 年，来自德国和美国的研究人员同时在《Science》杂志上报道了近百个线虫和人类的 miRNA。研究发现 miRNA 参与的调控机制在动植物中是广泛存在的，于是 miRNA 的相关问题引起了研究人员的广泛关注。目前，由 Sanger 研究中心建立的 miRNA 数据库 miRBase 中收录了来自动物、植物和病毒等数以百计的物种中数以万计的 miRNA 信息，并且其数量还在不断增长。

1. miRNA 产生过程和作用机制

　　miRNA 是一类长度约为 22nt（核苷酸）的内源非编码 RNA，是经由 DNA 转录后并加工形成的。图 1-3 展示了 miRNA 的转录和形成过程。

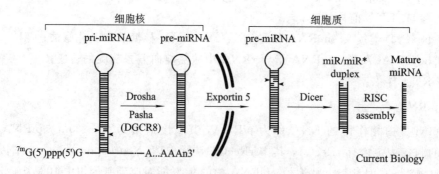

图 1-3　miRNA 的产生过程

　　首先，基因组中 miRNA 基因经由 RNA 聚合酶 Ⅱ 或 RNA 聚合酶 Ⅲ 的转录，形成初级 miRNA 转录产物（pri-miRNA），长度为几百到几万个 nt 不等。经由 Drosha 酶剪切，形成具有茎环结构的长度约为 70～100nt 的 miRNA 前体（pre-miRNA）。然后转运蛋白 Exportin 5 将 miRNA 前体由细胞核运送到细胞质中。miRNA 前体经由 Dicer 酶进一步剪切，产生长度约为 22 bp（碱基对）的 miRNA：miRNA*双链复合体。双链复合体中的一条链(miRNA 成熟体)与 RNA 诱导沉默复合物结合,通过与 mRNA 的 3′不翻译区特定序列结合,促进靶标 mRNA 的降解或抑制其翻译蛋白。

植物体中 miRNA 的产生过程和动物体中略有不同。首先,植物 miRNA 前体的长度从几十到几百 nt 不等,其二级结构要比动物 miRNA 前体更加复杂。其次,植物 miRNA 成熟体是在细胞核内经由类 Dicer 酶 DCL1 剪切形成的。

miRNA 通常位于基因间区或基因的内含子区域中。多数的 miRNA 在基因组中具有成簇分布的特点,即多个 miRNA 分布在基因组中距离很近的位置。大部分的 miRNA 在多个物种中具有保守性。此外,miRNA 前体通常折叠成类似茎环的二级结构。以上 miRNA 的特点,是计算预测 miRNA 前体和成熟体的重要依据。

2. miRNA 与疾病的关联

miRNA 通过调控基因的表达,进而参与动植物的细胞分化、增殖、凋亡、组织和器官形成等重要生命过程。miRNA 表达异常可以导致重大疾病,例如肿瘤等疾病的发生。研究表明,miRNA 的表达水平在很多癌症组织中有不同程度的上调或下调。在多数慢性淋巴细胞性白血病中,miR-15a 和 miR-16-1 所在的 DNA 片段缺失,导致其靶基因的表达上调,进而抑制细胞的凋亡,因此它们起到抑制癌症的作用;miR-143 和 miR-145 在结肠、直肠肿瘤中表达下调,并在乳腺肿瘤、颈部肿瘤、前列腺肿瘤、淋巴肿瘤等中也会表达下调;let-7 家族的下调引起 RAS 蛋白的上调,会导致肺癌的发生;部分 miRNA 在急性淋巴细胞白血病和慢性淋巴细胞白血病组织中表达上调;实验还证实了 miR-1 的失调能够导致心脏病的发生;miR-373 和 miR-520c 的上调能够促进乳腺癌的转移。迄今为止,国内外已有多篇学术论文相继报道了 miRNA 的失调能够导致各种各样疾病的发生和发展。

现有生物实验验证的 miRNA 和疾病间的关联数据逐渐增多,重要数据库 miR2Disease(http://www.mir2disease.org/,本书第六章还会详细介绍)已收录了 3273 条 miRNA 与人类疾病的关联数据,另一个重要数据库 HMDD(http://202.38.126.151/hmdd/mirna/md/)已收录了 4102 条 miRNA 和人类疾病的关联数据,这些已有实验数据为计算预测与疾病关联的 miRNA 奠定了基础。目前,这两个数据库只记载了单个 miRNA 和单个疾病间的关系对,例如(hsa-mir-126,Heart Failure)表明 hsa-mir-126 与疾病 Heart Failure 有关联。而 RNA 与疾病的关系是十分复杂的,主要表现在:一方面很多研究表明,多个 miRNA 可能协同参与同一种复杂疾病的发生和发展,例如当前数据中有 111 个 miRNA 与 Heart Failure 有关联。另一方面,一个 miRNA 通常参与多个疾病的发生和发展,例如当前数据中 hsa-mir-126 与 35 种疾病有关联。因此,有必要深入研究 miRNA 与疾病的关联,挖掘 miRNA 与特定疾病关联的可能性,全面预测与特定疾病关联的 miRNA,为后续生物实验提供可靠的 miRNA 候选。具体内容将在第六章介绍。

1.3.3　组蛋白修饰

1974 年,研究者们发现了核小体(Nucleosome)的存在,并于 1997 年报道了核小体的晶体结构。核小体是由小的组蛋白八聚体组成的,包括 H2A、H2B、H3 和 H4 的二聚体,它们被紧密地包裹在约 147nt 长的 DNA 序列上。核小体上可以添加多种转录后的共价修饰,包括乙酰化(Acetylation)、泛素化(Ubiquitination)、甲基化(Methylation)和磷酸化

(Phosphorylation)等。

20 世纪 60 年代，研究者们就已经发现组蛋白上可以发生转录后修饰。但是，在 30 年以后，组蛋白修饰在表观调控方面的功能才逐渐被人们发现。文献[3,4]分别找到了组蛋白乙酰化修饰酶和去乙酰化修饰酶，这两种酶被证实分别具有转录活化和转录抑制的功能，这是理解组蛋白修饰在基因表达调控中一个重大的突破。此后，研究者们又陆续发现了大量组蛋白修饰以及能够在染色质上添加或者删除这些组蛋白修饰的酶。在多数情况下，组蛋白修饰酶是执行基因表达调控或者其他相关功能的多蛋白复合体中的一部分。多种蛋白质的结构域已经被证实可以识别特定的组蛋白修饰或者组蛋白修饰的组合。

染色质结构抑制蛋白质结合到 DNA 上，并且妨碍 RNA 聚合酶在 DNA 上的结合和延长。组蛋白修饰能够直接影响染色质结构，或者它们是能够被特定蛋白受体识别的标志或者信号，这样，组蛋白修饰就能够以单独的或者组合的方式来行使多种生物学功能。表 1-1 中给出了在哺乳动物中与基因转录相关的组蛋白修饰，以及能够识别这些修饰的酶。在多种组蛋白修饰以及相应的组蛋白修饰酶被发现的基础上，一些研究者提出了"组蛋白密码假说"[5]。该假说称组蛋白修饰的特定组合模式能够定义特定的生物学功能。但是，也有研究者认为组蛋白修饰是以积累的方式行使生物学功能，而并非协同的方式。

表 1-1　与转录相关的组蛋白修饰

组蛋白修饰	位置	酶	转录中功能
甲基化	H3K4	MLL, ALL-1, Set9/7, ALR-1/2, ALR, Set1	活化
	H3K9	Suv39h, G9a, Eu-HMTase I, ESET, SETBD1	抑制活化
	H3K27		抑制
	H3K36	HYPB, Smyd2 NSD1	抑制内部启始
	H3K79	Dot1L	活化
	H4K20	PR-Set7, Set8	抑制
磷酸化	H3S10		活化
泛素化	H2BK120/123	UbcH6, RNF20/40	活化
	H2AK119	hPRC1L	抑制
乙酰化	H3K56		活化
	H4K16	hMOF	活化
	Htz1K14		活化

1.4　系统生物学

1.4.1　生物系统与生物网络

生物系统是一种典型的复杂系统，可以通过网络建模方法进行研究。目前的生物网络主要包括蛋白质相互作用网络（将在第四章介绍）、基因调控网络（将在第五章介绍）、表观遗传网络（将在第六章介绍）、进化网络（将在第七章介绍），以及信号传导网络和代谢网络等。这些网络化的生物系统通常存在以下一些共同的性质。

（1）生物网络一般具有稀疏性。

一般来说，如果网络中节点的个数为 k，一个完全图的边的个数应该是 $O(k^2)$ 级别，但生物网络通常是 $O(k)$ 级别。也就是说，与一个生物节点直接相关的节点通常是 1 个或几个，而不是所有的节点。这种性质被认为是生物在长期进化过程中所达到的优化表现结果。

（2）生物分子网络具有无标度（scale free）性质。

无标度网络的特点是多数节点只占有少量的边，而少数节点却占有大部分的边。这点类似于互联网网络，那些少数节点相当于互联网中的 Hub 节点。这说明在生物分子网络中，少数生物分子起了关键作用。例如，真核细胞的新陈代谢就有无标度的拓扑特性；在代谢反应中，大多数的代谢酶解物仅参与了一到两个反应，少数的几个酶解物参与了多个反应，这些少数的酶解物就是代谢中枢。

（3）生物分子网络具有小世界网络性质。

小世界网络性质是指生物分子网络有短的平均路径长度和较大的平均聚类系数。社会网络、互联网络和神经网络都具有小世界网络性质。对于生物分子网络，小世界性质是在代谢网络的研究中发现的，在代谢网络中，平均通过 3 到 4 个反应的路径就能够连接多数成对的代谢物。而短的路径长度表明，对代谢物浓度的局部扰动能够很快地传遍整个网络。生物网络的小世界网络性质使得信息能够在网络的节点之间得到快速的传播。

（4）生物分子网络具有层次结构。

生物分子网络是具有层次结构的。研究结果显示，生物分子网络大致上分成节点、Motif、功能模块和网络等 4 个层次。功能模块是生物分子网络中协同运作实现相对独立生物功能的一组节点。这种模块在生物分子网络中普遍存在，但至今还没有很好的方法来寻找生物分子网络中的功能模块。

（5）生物分子网络具有度的负关联性。

几乎所有的生物分子网络都具有度大的节点趋向于度小的节点的特点，即度的负关联性。例如，在蛋白质相互作用网络中，度非常大的蛋白质节点（Hub 节点）并不是直接相连的，而是与度比较小的蛋白质节点相连接。目前，对于生物分子网络的负关联性产生的生物学机制还在不断探索中。

（6）生物分子网络具有一定的鲁棒性和适应性。

大量实验表明，具有幂定律分布的生物分子网络具有鲁棒性，即对于外界环境的变化或者内部个体之间的不相容有一定的承受能力，这与生物分子网络无标度的拓扑性质息息相关。比如，移除基因网络中的多数非关键节点基因时，几乎没有明显的表型影响。生物分子网络具有鲁棒性的同时，也具有适应性，即当外界环境发生变化时，也可以表现出适应性。这些性质的产生机制都是目前研究的热点。

1.4.2　系统生物学语言 SBML

1. SBML 的应用领域

随着后基因时代的到来，生物过程的模拟已经显示出越来越重要的作用，它可以有效地指导和支持生物学家以及其他研究人员在医学制药等多种领域上的研究。而且随着模拟技术的发展，也产生了许多生物模拟软件，它们都在一定的领域指导着科学工作者们的工作。

但是，面对着各种不同的模拟软件针对不同的领域和专业知识而建立的不同的生物模型，却很少有一种固定的形式来共享生物软件之间的模型，这样就很难在不同的分析和模拟软件之间进行模型的交互，而且很难利用不同的模拟软件。

解决的方法就是定义一种可供公共交换的语言，那么这种语言应该具有什么样的特点呢？

（1）应该使用一种简单的、能被广泛支持的文本的子集语言。

（2）要能够添加可以反映自然概念的、符合生物建模知识的组件。

因此科学家们提出了 SBML（System Biology Markup Language，系统生物学标记语言），这种标准的生物模型的交互形式现在已经被超过 80 种的生物模拟软件所支持。

现在 SBML 已经发展到了 SBML level 2，它针对 SBML level 1 主要做出了以下调整：

• level 1 用文本串来表达数学公式，而 level 2 用 MathML，这样能对更复杂的数学公式提供更大的支持，使其与 CellML 有更好的兼容性。

• level 2 像 CellML 一样为 metadata 的添加提供了便利。

• level 2 提供了有名字的数学公式，这样就能在整个 model 中应用这个数学公式，而 level 1 没有提供这样的功能。

• level 2 构建了延迟函数，这样可以代表有延迟反映的生物过程，但是在过程的细节和确切的延迟机制上，这些函数就与模型的操作无关了。

但 SBML level 2 仍有不足，虽然现在 SBML 已经被很多系统生物模拟软件开发组所应用，但仍然存在着一些软件包中支持的建模类不能被 level 2 编码，所以需要 level 3 的开发。

SBML Level 3 需要增加的支持有：

• 从 submodel 中构建 model；

• 不用显示出 enumerate 所有可能的组合，而是用 rules 来描述 species 的状态和相互之间的作用；

• 能够描述 2d 和 3d 的几何模型；

• 能够描述图标的框架；

• 能使参数和初始状态值独立于 model 来定义。

2. SBML 的语法结构

SBML 的结构包括大量的组件，如 reactants species、product species、reactions、rate laws，以及在 rate laws 中的参数。为了能够分析或者模拟这些网络，还要添加一些显性的组件，包括 species 的 compartments 和各种量的 units。SBML 顶层的组件由以下组件组成：

    – Beginning of model definition

    List of unit definitions（optional）

    List of **compartments**

    List of **species**

    List of parameters（optional）

    List of rules（optional）

　　List of **reactions**

　- End of model definition

每个组件的意义如下：

• function definition：它是一个从定义起一直被应用的函数的定义。

• unit definition：给一个量定义单位，它可能在以后的模型中标示量的单位中被用到。

• compartment：一个包含物质的有限尺寸的容器。

• parameter：一个标号的量，以往版本的 SBML 中的该组件只具有函数内部的局部作用域，而在 SBML Level 2 中提供了定义参数全局作用域的能力。

• rule：用于表达微分方程的数学表达式，它基于模型中反应的集合。它可以建立模型在变量之间的约束，定义一个变量是怎样从另外一个变量计算而来的，或者用来定义变量的变化速率。

• reaction：它是一个描述转化、传输或者捆绑过程的语句，它可以改变一个或多个物质的量，例如，一个反应可以描述一定量的反应物是怎样转化为一定量的其他物质的。反应通常用一个 kinetic rate 来描述它们发生的速度。

3. 应用示例

图 1-4 给出的是一个分支反应的模型。

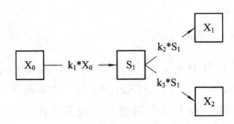

图 1-4　一个分支反应的模型

以下是根据图 1-4 给出的模型进行编码的 XML 文档。

```
<? xml version="1.0" encoding="UTF-8"? >
  <sbml level="1" version="1">
    <model name="simple">
      <listOfCompartments>
        <compartment name="c1" />
      </listOfCompartments>
      <listOfSpecies>
        <specie name="X0" compartment="c1"boundaryCondition="true"
            initialAmount="1"/>
        <specie name="S1" compartment="c1"boundaryCondition="false"
            initialAmount="0"/>
        <specie name="X1" compartment="c1"boundaryCondition="true"
            initialAmount="0"/>
        <specie name="X2" compartment="c1"boundaryCondition="true"
            initialAmount="0.23"/>
```

```
      </listOfSpecies>
  <listOfReactions>
    <reaction name="reaction_1" reversible="false">
      <listOfReactants>
        <specieReference specie="X0" stoichiometry="1"/>
      </listOfReactants>
      <listOfProducts>
        <specieReference specie="X0" stoichiometry="1"/>
      </listOfProducs>
      <kineticLaw formula="k1 * X0">
        <listOfParameters>
          <parameter name="k1" value="0"/>
        </listOfParameters>
      </kineticLaw>
    </reaction>
    <reaction name="reaction_2" reversible="false">
      <listOfReactants>
        <specieReference specie="S1" stoichiometry="1"/>
      </listOfReactants>
  </listOfReactions>
    </model>
</sbml>
```

在这个例子中，模型具有分支，它包含了一个 compartment、4 个 species 和 3 个 reactions。在<listOfReactants>和<listOfProducts>中，每个 reaction 中的元素都参照于<listOfSpecies>中的元素。各个元素间的对应关系都在<speciesReference>元素中被显式地表达出来了。

1.5 本 章 小 结

本章是全书的基础，介绍了本书相关内容的生物背景。本章在介绍基因、基因组等基本概念后引入了两个主要的遗传研究方向，中心法则是经典遗传学研究的主要内容，讲述了遗传信息携带者 DNA 通过转录成 RNA 再翻译成蛋白质的过程；而表观遗传学是中心法则的有益补充，是近年来的研究热点，主要介绍了除蛋白质以外影响遗传性状的机制，其中主要包括非编码遗传和组蛋白修饰。本章的最后引出了系统生物学的概念，目前学术界已普遍认可遗传不是单单基因作用的结果，而是蛋白表达、非编码调控、组蛋白修饰以及核小体定位等多种机制共同作用的结果，纵观其机制如同一个复杂网络系统，因此研究生物网络是系统生物学中最重要、最核心的部分。

参 考 文 献

[1] Bernstein E，Caudy A A，Hammond S，et al. Role For a Bidentate Ribonuclease in the Initiation Step

of RNA Interference. Nature，2001，409(6818)：363－366

［2］ Andre Lambert，Jean-Fred Fontaine1，Matthieu Legendre，Fabrice Leclerc. The ERPIN Server：An Interface To Profile-Based RNA Motif Identification. Nucleic Acids Research，2004，32(Web Server Issue)：W160－W165

［3］ Brownell J E，Zhou J，Ranalli T，et al. Tetrahymena histone acetyltransferase A：a homolog to yeast Gcn5p linking histone acetylation to gene activation . Cell，1996，84(6)：843－51

［4］ Taunton J，Hassig C A，Schreiber S L. A mammalian histone deacetylase related to the yeast transcriptional regulator Rpd3p. Science，1996，272(5260)：408－11

［5］ Strahl B D，Allis C D. The language of covalent histone modifications. Nature，2000，403(6765)：41－5

第二章 网络化建模的基本知识

本章主要介绍计算机科学和控制科学中网络化建模的主要理论和方法，包括概率图模型(其中主要介绍马尔科夫、隐马尔科夫模型和贝叶斯网络)、Petri 网的构建和应用、布尔网络的构建及其特点等。同时，本章还介绍了网络可视化的主要软件，主要是 Pajek 软件的使用方法等。本章介绍的信息学基础知识可供有生物背景的研究人员了解、掌握信息学的基本方法，也为后面章节的网络数据处理方法提供基础知识。

2.1　马尔科夫模型

2.1.1　简述

马尔科夫模型是以苏联数学家马尔科夫的名字命名的。1906～1912 年，马尔科夫提出并研究了一种能用数学分析方法研究自然过程的一般图式——马尔科夫链，并且开创了对马尔科夫过程(一种无后效性的随机过程)的研究，即一个系统的状态转换过程中第 n 次转换获得的状态常取决于前一次(第 $n-1$ 次)试验的结果。马尔科夫进行深入研究后指出：对一个系统，由一个状态转至另一个状态的转换过程中，存在着转移概率，并且这种转移概率可依据其紧接的前一种状态推算出来，与该系统的原始状态和此次转移前的马尔科夫过程无关。

在定义马尔科夫过程之前，先给出马尔科夫性的定义如下：

设 $\{(X(t)，t\in T)\}$ 是一个随机过程，如果 $\{X(t)，t\in T)\}$ 在 t_0 时刻所处的状态为已知，并与它在时刻 $t < t_0$ 之前所处的状态无关，则称 $\{X(t)，t\in T)\}$ 具有马尔科夫性。

马尔科夫过程的定义如下：

设 $\{X(t)，t\in T)\}$ 的状态空间为 S，如果对于任意的 $n\geqslant 2$，任意的 $t_1 < t_2 < \cdots < t_n \in T$，在条件 $X(t_i) = x_i$，$x_i \in S$，$i=1，2，\cdots，n-1$ 下，$X(t_n)$ 的条件分布函数恰好等于在条件 $X(t_{n-1}) = x_{n-1}$ 下的条件分布函数，即

$$P(X(t_n) = x_n \mid X(t_1) = x_1, X(t_2) = x_2, \cdots, X(t_{n-1}) = x_{n-1})$$
$$= P(X(t_n) = x_n \mid X(t_{n-1}) = x_{n-1})$$

则称 $\{(X(t)，t\in T)\}$ 为马尔科夫过程。

时间和状态都是离散的马尔科夫过程称为马尔科夫链，简记为

$$X_n = X(n), n = 0, 1, 2\cdots$$

马尔科夫链是随机变量 $X_1，X_2，X_3\cdots$ 的一个数列。这些变量的范围，即它们所有可能取值的集合，被称为"状态空间"，而 X_n 的值则是在时间 n 的状态，如果 X_{n+1} 对于过去状态的条件概率分布仅是 X_n 的一个函数，则

$$P(X_{n+1} = x \mid X_0, X_1, X_2, \cdots, X_n) = P(X_{n+1} = x \mid X_n)$$

式中，x 为过程中的某个状态。这个恒等式可以被看做具有马尔科夫性质，即物体的当前状态只与前一个状态有关，与其他状态无关。

2.1.2 举例分析

下面分析一个例子来具体说明马尔科夫模型。

草叶中一只蟋蟀的跳跃是马尔科夫过程的一个形象化的例子。蟋蟀依照它瞬间起的念头从一片草叶上跳到另一片草叶上，因为蟋蟀是没有记忆的，当所处的位置已知时，它下一步跳往何处和它以往走过的路径无关。如果将草叶编号并用 X_0, X_1, X_2, …分别表示蟋蟀最初处的草叶号码及第一次、第二次、……跳跃后所处的草叶号码，那么$\{X_n, n \geqslant 0\}$就是马尔科夫过程。

上述草叶中的蟋蟀跳跃过程中，草叶号码的集合 E 叫做状态空间，马尔科夫性表示为：对任意的 $0 \leqslant n_1 < n_2 < \cdots < n_i < m$, $n > 0$, i_0, i_1, i_2, …, i_{n-1}, i, $j \in E$, 有

$$P[x(n) = i_n \mid x(0) = i_0, x(1) = i_1, \cdots, x(n-1) = i_{n-1}]$$
$$= P[x(n) = i_n \mid x(n-1) = i_{n-1}]$$

$$(2-1)$$

只要其中条件概率有意义。一般地，设 $E = \{0, 1, \cdots, M\}$（M 为正整数）或 $E = \{0, 1, 2, \cdots\}$，X_n, $n \geqslant 0$ 为取值于 E 的随机变量序列，如果式（2-1）成立，则称$\{X, n \geqslant 0\}$为马尔科夫链。如果式（2-1）右方与 m 无关，则称为齐次马尔科夫链。这时，式（2-1）右方是马尔科夫链从 i 出发经 n 步转移到 j 的概率，称为转移概率。对于马尔科夫链，人们最关心的是它的转移概率的规律，而 n 步转移矩阵正好描述了链的 n 步转移规律。由于从 i 出发经 $n+m$ 步转移到 j 必然是从 i 出发先经 n 步转移到某个 k，然后再从 k 出发（与过去状态无关）经 m 步再转移到 j，故任意步转移矩阵都可以通过一步转移矩阵计算出来。因此，每个齐次马尔科夫链的转移规律可以由它的一步转移矩阵来刻画。该矩阵的每一元素非负且每行之和为 1，具有这样性质的矩阵称为随机矩阵。例如，设 $0 < p < 1$, $q = 1-p$，则 M 阶方阵为随机矩阵，它刻画的马尔科夫链是一个具有反射壁的随机游动。设想一质点的可能位置是直线上的整数点 $0, 1, \cdots, M$，0 和 M 称为壁，它每隔单位时间转移一次，每次向右或左移动一个单位。如果它处在 0 或 M，单位时间后质点必相应地移动到 1 或 $M-1$，如果它处于 0 和 M 之间的 i，则它以概率 p 转移到 $i+1$，以概率 q 转移到 $i-1$。又如果把 p 的第一行换成 $(1, 0, \cdots, 0)$，则此时表示 0 是吸收壁，质点一旦达到 0，它将被吸收而永远处于 0。如果不设置壁，质点在直线上的一切整数点上游动，称为自由随机游动；当转移概率 $p = q$ 时，称为对称随机游动。

类似地，还有空气中微粒所作的布朗运动，原子核中一自由电子在电子层中的跳跃，人口增长过程等都可视为马尔科夫过程。还有些过程（例如某些遗传过程）在一定条件下可以用马尔科夫过程来近似。

2.2　隐马尔科夫模型

2.2.1　简介

隐马尔科夫模型认为，任意时刻系统的状态只与前一刻的状态相关，模型的输出，即所谓的观察值由当前状态决定的某概率分布随机产生，人们只能看到观察值，而看不到模型内在的状态变化，也不能给出任意时刻所处的状态，而是通过一个随机过程去感知状态

的存在及其特性，因此称为"隐"马尔科夫链模型，简记为 HMM。HMM 在逻辑上分为两层结构：隐含状态层和观察层，其中马尔科夫链存在于隐含层中，而观察层是隐含层的输出。

隐马尔科夫模型可以用 5 个元素来描述：

（1）N，模型的隐状态数目。虽然这些状态是隐含的，但在许多实际应用中，模型的状态通常具有具体的物理意义。

（2）M，每个状态的不同观测值的数目。

（3）A，状态转移概率矩阵，描述了 HMM 模型中各个状态之间的转移概率，其中

$$A_{IJ} = P(A_{T+1} = S_J \mid Q_T = S_I, 1 \leqslant I, J \leqslant N) \tag{2-2}$$

式（2-2）表示在 T 时刻、状态为 S_I 的条件下，在 $T+1$ 时刻状态为 S_J 的概率。

（4）B，观测概率矩阵。其中，

$$B_J(K) = P[V_K(T) \mid Q_T = S_J]; 1 \leqslant J \leqslant N, 1 \leqslant K \leqslant M$$

表示在 T 时刻、状态是 S_J 条件下，观察符号为 $V_K(T)$ 的概率。

（5）π，初始状态概率矩阵 $\pi = \{\pi_J \mid \pi_J = P[Q_1 = S_J]; 1 \leqslant J \leqslant N$。表示在初始 $T=1$ 时刻、状态为 S_J 的概率。

一般地，可以用 $\lambda = (A, B, \pi)$ 来简洁地表示一个隐马尔科夫模型。给定了 $N, M, A,$ B, π 后，隐马尔科夫模型可以产生一个观测序列 $O = O_1, O_2, O_3, \cdots, O_T$。

经典 HMM 描述了一个当前的观察值仅仅依赖于当前的状态值，而当前的状态值又仅依赖于前一时刻的状态值。一旦模型结构确定，就可以通过规定一系列的参数来说明长序列状态的可能性，用来说明这些可能性的参数的数量取决于可能的状态值和观察值的数量。

HMM 通常使用与选择提取帧相关的观察值序列来确定事件模型，先提取出模型的状态，状态数量选择由经验获得，模型的参数可以从训练数据中获得，或者使用该事件领域的一些知识手动进行详细说明。为了能区分出事件，可以使用 HMM 对每个事件进行训练，估计测试的结果来确定该结果最有可能是由哪个模型训练产生的，标注出能产生很大概率的事件模型为最佳模型。

2.2.2　HMM 的改进

早期使用的 HMM 大都应用于网球击球识别、手语和标志识别以及行动识别（如行走还是躺下）等问题。而在这些工作中能识别的事件长度都在几秒钟，并且这些方法通常都依赖于将视频序列适当地分割成小片段，这样我们才能对给定的视频片段进行事件的分类。

当前我们在一些领域对该模型进行了扩展延伸，如可以对包含一个变量的状态空间和观察空间分别进行表示，但当状态值和观察值数目增多时，这种表示却需要大量的要估计的参数和大量的训练数据，针对这个问题提出了两种解决办法：将观察值空间分解成多变量的空间和改变其网络拓扑结构。

多观察值 HMM（MOHMM）使用多重变量来表示观察值，该模型使得要学习的参数数目大大减少，使得从训练数据的有限集合中得到的参数估计最大可能地产生较好的结果。

简化训练参数的另一种方法是改变拓扑结构。对于一些由有序状态组成的事件来说，一个全连接的转换模型却有一些不必要的参数。假设对于一个 HMM 的拓扑结构，它只允许从一个状态到序列中的下一个状态进行转换，对不适合这些约束的所有参数都设置成零，可以很大程度地简化参数数量，一般这类拓扑结构称为非正式的或者自左到右 HMM。

HMM 假设当前状态只取决于前一时刻的状态值，这个不完全有根据，因为事件之间的长时间的依赖性以及状态估计引起的误差等因素。针对该问题提出了 N-orderHMM，该模型是通过考虑先前 N 个状态来修改马尔科夫假设条件的。变量长度隐马尔科夫模型使用收敛规则来计算时间依赖的最理想结果；此外，还有半隐马尔科夫模型（Semi-HMM），它将离散的时间 T 连续化，认为每一个时刻的状态 S 都会对未来一段时间的状态产生影响。半隐马尔科夫模型虽然能较好地刻画真实事件，但其计算复杂性高、状态转移函数和概率模型都不容易定义，因此没有被广泛应用。

2.2.3 隐马尔科夫模型算法

隐马尔科夫模型被广泛应用，是由于其三个阶段都可以很好地用数学模型刻画，并且用动态规划算法实现。它主要包括以下三个方面的问题。

1. 识别问题

若记 $Y(Y_1, Y_2, \cdots, Y_t)$，如果给定观测值序列值为 $y(y_1, y_2, \cdots, y_t)$，它可能来自于几个不同的模型 λ_i，现在要识别出它来自于哪个模型。此时就需要分别计算出在模型 λ_i 下产生观察值序列 $y(y_1, y_2, \cdots, y_t)$ 的条件概率，而识别模型就是按照概率最大原则，取 $\lambda^* = \arg\max P(Y = y | \lambda_i)$ 为识别结果，即认为 $y(y_1, y_2, \cdots, y_t)$ 来自于模型 λ^*。解决这一问题的一个经典的方法是前向—后向算法。

2. 译码问题

已知观察值序列 $y(y_1, y_2, \cdots, y_t)$ 和模型 $\lambda = (\pi, A, B)$，如何选择相应的最佳（能最好地解释观察序列的）状态序列 $x(x_1, x_2, \cdots, x_t)$？并不是所有的模型都能找出正确的状态序列，实际中常用不同的优化规则来解决问题，常见的用 Viterbi 算法来实现。

3. 学习问题

学习（训练）问题，即给定观测序列 $y(y_1, y_2, \cdots, y_t)$，调整模型参数 $\lambda = (\pi, A, B)$ 使条件概率 $P(Y = y | \lambda_i)$ 最大。调整模型参数使之最优化的过程就称为参数估计过程。对于这个问题，经典的算法是 Baum-Welch 算法，它借助于模型参数和模型状态之间的交叉验证，轮番优化参数 $\lambda = (\pi, A, B)$ 和隐状态，即先给定某个初始参数输入 0，估计出对应于这组参数的最可能状态；再在这种最可能状态下重新估计参数输入，又在新的参数下重新估计模型的最可能状态，如此循环直至概率值 $P(Y = y | \lambda_i)$ 趋于稳定为止。Baum-Welch 算法实际上是一种简单易行的逐次逼近算法。

2.3 贝叶斯网络模型

在日常生活中，人们往往进行常识推理，而这种推理通常是不准确的。例如，看见一个头发潮湿的人走进来，你可能会认为外面下雨了，但你也许错了；如果在公园里看到一男一女带着一个小孩，你可能会认为他们是一家人，你可能也犯了错误。在工程中，我们也需要进行科学合理的推理。但是，工程实际中的问题一般都比较复杂，而且存在着许多不确定性因素。这就给准确推理带来了很大的困难。

为了提高推理的准确性，人们引入了概率理论。最早由 Judea Pearl 于 1988 年提出的贝叶斯网络(Bayesian Network，BN)实质上就是一种基于概率的不确定性推理网络。BN是用来表示变量集合连接概率的图形模型，提供了一种表示因果信息的方法，最早主要用于处理人工智能中的不确定性信息。随后逐步成为处理不确定性信息技术的主流方法，并且在计算机智能科学、工业控制、医疗诊断等领域的许多智能化系统中得到了重要的应用。

2.3.1 贝叶斯网络的基本概念

简单来说，贝叶斯网络是人工智能方面的一个重要工具，我们可以把它想象成一个概率的计算机。一个事件发生的概率，会受到其上游事件以及本身当时的状态所影响。相反地，当一个事件发生了，我们也可以回推上游的事件当时处在某种状态下的概率。

贝叶斯网络是一种概率网络，用于表示变量之间的依赖关系，它采用带有概率分布标注的有向无环图图形化地表示一组变量间的联合概率分布函数。

贝叶斯网络模型结构由随机变量(可以是离散或连续)集组成的网络节点、具有因果关系的网络节点对的有向边集合、以及用条件概率分布表示节点之间的影响等组成。其中，节点表示随机变量，是对过程、事件、状态等实体的某些特征的描述；边则表示变量间的概率依赖关系。起因的假设和结果的数据均用节点表示，各变量之间的因果关系由节点之间的有向边表示，一个变量对另一个变量的影响程度用数字编码形式描述。因此贝叶斯网络可以将现实世界的各种状态或变量画成各种比例，进行建模。

2.3.2 贝叶斯网络定理

贝叶斯网络是基于概率推理的图形化网络，而贝叶斯公式则是这个概率网络的基础。下面先来介绍有关的概念及贝叶斯基本公式。

1. 条件概率

设 A、B 是两个事件，且 $P(A) > 0$，称 $P(A|B)$ 为在事件 A 发生的条件下事件 B 发生的条件概率。

2. 联合概率

设 A、B 是两个事件，且 $P(A) > 0$，它们的联合概率为 $P(AB)$ 或者 $P(A, B)$。

3. 全概率公式

设实验 E 的样本空间为 S，A 为 E 的事件，B_1、B_2、$\cdots$、B_n 为 S 的一个划分，且 $P(B_i) > 0 \, (i = 1, 2, \cdots, n)$，则 $P(A) = P(A|B_1) * P(B_1) + P(A|B_2) * P(B_2) + \cdots + P(A|B_n) * P(B_n)$ 称为全概率公式。

4. 贝叶斯公式

根据条件概率、联合概率和全概率公式，可推得贝叶斯公式为

$$P(A|B) = P(B|A) * P(A)/P(B)$$

此公式也可变形为

$$P(B|A) = P(A|B) * P(B)/P(A)$$

2.3.3 贝叶斯网络的拓扑结构

贝叶斯网络是由节点和有向弧段组成的，其中节点代表事件或变量，弧段代表节点之

间的因果关系或概率关系，弧段是有向的，且不构成回路。例如，假设节点 E 直接影响到节点 H，即 E→H，则建立节点 E 到结点 H 的有向弧(E, H)，权值(即连接强度)用条件概率 P(H/E)来表示，如图 2-1 所示，分别是有 2 个节点和 6 个节点的贝叶斯网络示意图。

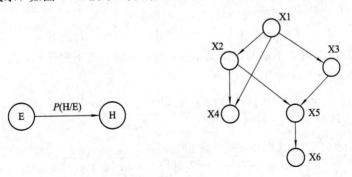

图 2-1 贝叶斯网络示意图

一般而言，贝叶斯网络中有向非循环图形中的节点表示随机变量，它们可以是可观察到的变量，抑或是潜在变量、未知参数等。连接两个节点的箭头代表此两个随机变量具有因果关系或是非条件独立的；若节点中变量间没有箭头相互连接一起则称其随机变量彼此间条件独立。若两个节点间以一个单箭头连接在一起，表示其中一个节点是"因(parents)"，另一个是"果(descendants or children)"，两节点就会产生一个条件概率值。

贝叶斯网络能够通过简明的图形方式定性地表示事件之间复杂的因果关系或概率关系，在给定某些先验信息后，还可以定量地表示这些关系。网络的拓扑结构通常是根据具体的研究对象和问题来确定的。目前，贝叶斯网络的研究热点之一就是如何通过学习自动确定和优化网络的拓扑结构。

2.3.4 简单的贝叶斯网络的例子

我们举一个大家在介绍贝叶斯网络时最常用的例子。如图 2-2 所示为草地湿润贝叶斯网络图。

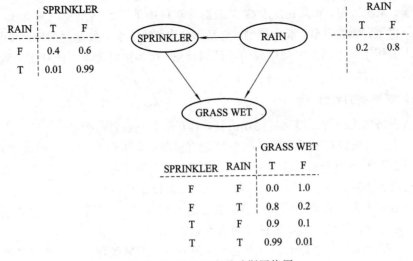

图 2-2 草地湿润贝叶斯网络图

假设现在有两种情况会让草地潮湿（G），一个是下雨（R），另外一个是自动撒水器开启（S），并且自动撒水器是否作用会和是否下雨有关，这三个变量之间的关系如图2-2所示，并且每一个变量只有两种可能的状态，就是发生与不发生。在这样的路径图底下，联合概率函数可以写成

$$P(G, S, R) = P(G \mid S, R)P(S \mid R)P(R)$$

当询问草地湿的时候下雨的机率是多少，我们便可以有下列计算，即

$$P(R = T \mid G = T)$$

$$= \frac{P(G = T, R = T)}{P(G = T)} = \frac{\sum_{S \in \{T, F\}} P(G = T, S, R = T)}{\sum_{S, R \in \{T, F\}} P(G = T, S, R)}$$

$$= \frac{(0.99 \times 0.01 \times 0.2 = 0.001\ 98_{TTT}) + (0.8 \times 0.99 \times 0.2 = 0.1584_{TFT})}{0.001\ 98_{TTT} + 0.288_{TTF} + 0.1584_{TFT} + 0_{TFF}}$$

$$\approx 35.77\%$$

贝叶斯网络就是这样一个计算机率发生的概念。

1. 训练

使用贝叶斯网络必须知道各个状态之间相关的概率，得到这些参数的过程就叫做训练。和训练马尔可夫模型一样，训练贝叶斯网络要用一些已知的数据。从理论上讲，贝叶斯网络是一个 NP - complete 问题，也就是说，现阶段没有可以在多项式时间内完成的算法。但是，对于某些应用，这个训练过程可以简化，并在计算机上高效实现。

2. 应用贝叶斯网络的意义

理论上，进行概率推理所需要的只是一个联合概率分布。但是联合概率分布的复杂度相对于变量个数成指数增长，所以当变量众多时是不可行的。贝叶斯网络的提出就是要解决这个问题，它把复杂的联合概率分布分解成一系列相对简单的模块，从而大大降低知识获取和概率推理的复杂度，使得概率论可以应用于大型问题。对于使用者而言，它更能轻易地得知各变量间是否条件独立或相依以及局部分配（local distribution）的情况，进而求得所有随机变量的联合分布。

统计学、系统工程、信息论以及模式识别等学科中贝叶斯网络里的多元概率模型有：朴素贝叶斯模型、隐类模型、混合模型、隐马尔科夫模型、卡尔曼滤波器等。其中，动态贝叶斯网络主要用于多维离散时间序列的监控和预测；而多层隐类模型能够揭示观测变量背后的隐结构。

3. 贝叶斯网络的特性

贝叶斯网络作为一种图形化的建模工具，具有以下一系列的特点。

（1）贝叶斯网络将有向无环图与概率理论有机结合，不但具有正式的概率理论基础，同时也具有直观的知识表示形式。一方面，它可以将人类所拥有的因果知识直接用有向图自然直观地表示出来，另一方面，也可以将统计数据以条件概率的形式融入模型。这样贝叶斯网络就能将人类的先验知识和后验数据无缝地结合起来，克服框架、语义网络等模型仅能表达、处理定量信息的弱点和神经网络等方法不够直观的缺点。

（2）贝叶斯网络与一般知识表示方法不同的是对问题域的建模。因此当条件或行为等发生变化时，不用对模型进行修正。

（3）贝叶斯网络可以图形化表示随机变量间的联合概率，因此能够处理各种不确定性信息。

（4）贝叶斯网络中没有确定的输入输出节点，节点之间是相互影响的，任何节点观测值的获得或者对于任何节点的干涉，都会对其他节点造成影响，并可以利用贝叶斯网络推理来进行估计预测。

（5）贝叶斯网络的推理是以贝叶斯概率理论为基础的，不需要外界任何推理机制，不仅具有理论依据，而且能将知识表示与知识推理结合起来，形成统一的整体。

4．条件独立性假设

条件独立性假设是贝叶斯网络进行定量推理的理论基础。有了这个假设，就可以减少先验概率的数目，简化计算和推理过程。

贝叶斯网络条件独立性假设的一个很重要的判据就是著名的分隔定理（d-separation）。我们先来看看这个定理。

设 A、B、C 为网络节点中三个不同的子集，当且仅当 A 与 C 间不存在以下情况的路径时，我们称 B 隔离了 A 和 C，记为 ⟨A|B|C⟩D：

（1）所有含有聚合弧段的节点或其子节点是 B 的元素；

（2）其他节点不是 B 的元素。

同时满足以上两个条件的路径称做激活（active）路径，否则叫做截断（blocked）路径。这个判据指出，如果 B 隔离了 A 和 C，那么可以认为 A 与 C 是关于 B 条件独立的。

5．先验概率的确定和网络推理算法

有了条件独立性假设就可以大大简化网络推理计算。但是，与其他形式的不确定性推理方法一样，贝叶斯网络推理仍然需要给出许多先验概率，它们是根节点的概率值和所有子节点在其母节点给定下的条件概率值。

这些先验概率，可以是由大量历史的样本数据统计分析得到的，也可以是由领域专家长期的知识或经验总结主观给出的，或者是根据具体情况事先假设给定的。

与其他算法一样，贝叶斯网络推理算法大致可分为精确算法和近似算法两大类。理论上，所有类型的贝叶斯网络都可以用精确算法来进行概率推理，但贝叶斯网络中的精确概率推理是一个 NP 难题。对于一个特定拓扑结构的网络，其复杂性取决于节点数。所以，精确算法一般用于结构较为简单的单联网络（single connected）。对于解决一般性的问题，我们不希望它的多项式很复杂。因而，许多情况下都采用近似算法，它可以大大简化计算和推理过程，虽然它不能够提供每个节点的精确概率值。

6．贝叶斯网络推理

贝叶斯网络进行推理的过程是指在给定一个贝叶斯网络模型的情况下，根据已知条件，利用贝叶斯概率中条件概率的计算方法计算出所感兴趣的查询节点发生的概率。在贝叶斯网络推理中主要有以下两种推理方式：

（1）因果推理，是由原因推结论，也称为由顶向下的推理，目的是由原因推导出结果，即已知一定的原因、证据，用贝叶斯网络的推理计算求出在该原因的情况下结果发生的概率。

（2）诊断推理，是结论推知原因，也称为由底向上的推理，目的是在已知结果的情况下找出产生该结果的原因，即已知发生了某些结果，根据贝叶斯网络推理计算得到造成该结果发生的原因和发生的概率。该推理常用在病理诊断、故障诊断中，目的是找到疾病、故障发生的原因，是从给定的证据中得到一个新判断的思维形式，在故障诊断系统中就是指根据一定的故障症状逐步推出故障原因的过程。

贝叶斯的推理过程是一个从无到有的过程，是符合人们的思维习惯的。

7. 贝叶斯网络的结构学习

一般专业人员根据事物间的关系确定出贝叶斯网络的结构及每个节点的条件概率，因此不可避免地有其主观性。在没有专业先验知识的情况下，如何将专家知识和客观观测数据结合起来，共同构建贝叶斯网络，并学习网络结构和参数是研究人员关注的问题。借鉴统计学领域对多变量联合概率分布近似分解的方法，人们从多个角度对此问题进行了研究，形成了基于独立性校验和基于评价与搜索的两大类算法。贝叶斯网络结构通过数据的处理发现事物间因果关系，获得结构模型，也称为因果挖掘。

8. 贝叶斯网络结构学习算法的发展及存在问题

20世纪80年代，研究人员根据主观的因果知识构建贝叶斯网络结构。1991年，Cooper和Herskovits提出的K2算法结合了先验信息进行贝叶斯网络结构的学习，对推进贝叶斯结构学习算法起到重要作用。1995年Singh和Valtorta提出一种混合算法，通过对基于独立性校验的算法——PC算法进行改进来获得节点顺序，然后再用K2算法学习网络结构，此算法是在没有先验知识的情况下进行贝叶斯结构的学习。随后1998年研究者又研究了基于校验变量间的独立性关系来构建网络的基于独立性校验的结构学习算法，即Boundary DAG算法。由结构学习算法的发展过程可见，各种算法都是以构建因果贝叶斯网络模型为目的，研究对象是专家预先处理过的数据集合，算法则是根据这些变量之间的统计特性来推断出它们之间的因果关系。因此也存在一些问题，如马尔可夫等价类问题、前提假设过强问题。

同一马尔可夫等价类表示同样的独立性关系的网络结构时，在没有专家先验知识的情况下，无法通过观测数据来区分，这样网络中有些边的方向就无法确定。

在贝叶斯网络结构学习中，算法的许多假设在实际中无法满足，因此需要寻求更一般的情况来学习。后来的一些算法也对上述不足做了一定程度的改进。

9. 贝叶斯网络的应用

贝叶斯网络目前应用在计算生物学（computational biology）、基因调控网络（gene regulatory networks）、蛋白质结构（protein structure）、基因表达分析（gene expression analysis）、医学（medicine）、文件分类（document classification）、信息检索（information retrieval）、决策支持系统（decision support systems）、工程学（engineering）、游戏与法律（gaming and law）、数据融合（data fusion）、图像处理（image processing）等方面。

10. 基于贝叶斯的遗传算法

在人工智能的研究中，对于遗传算法所涉及的信号处理、模糊模式识别、多目标优化、模糊优化、可靠性设计等较复杂结构，往往有成千上万个变量，变量之间又以不可预测的方式影响着其他的变量，若每一个变量以一般的选择、交叉、变异等遗传操作，难以实现群体内个体结构重组的迭代。基于贝叶斯网络的遗传算法以贝叶斯网络按概率传播方法将群体（问题的解）一代一代地优化和推理，并逐渐比较得出最优解。它保持了遗传算法的优点，而未对不确定性命题进行推理和搜索，从而拓展了遗传算法。

11. 基于贝叶斯网络的多目标优化问题

多目标优化算法的研究目前成为人工智能领域的研究热点，对该技术的探索主要集中在利用进化计算各种各样的求解方法。但是标准的进化机制有着普遍的缺点：

（1）必须设置参数，如交叉、变异和选择概率，并且需要选择适当的遗传算子，而参数的规范性设置和遗传算子的选择一直没有得到有效的解决。

（2）简单的交叉、变异算子有较高的倾向去打破或丢失积木块，而保证积木块的适当成长和混合对进化的成功很重要。

（3）将每个候选解看做一个独立的个体，即忽略候选解之间的相互关系。正是由于这些原因，在多目标进化计算的求解过程中存在着无效进化和计算浪费。

应该注意到，通过一定的选择机制，筛选出的候选解集体现着个体之间的本质联系，代表了遗传算法的进化方向和强度，影响着算法的有效性。因此在进化过程中须重视这一部分优良解集的整体属性，充分挖掘其信息内涵，以便利用这些信息确保积木合适地积累。研究的方法可以在进化机制上进行创新，寻找能够详细刻画个体之间本质联系的有效工具进行种群学习。

将贝叶斯网络和种群优良解集联系起来，使种群中的寻优信息体现在贝叶斯网络上，网络的结构对应于个体编码之间的相互联系，网络的参数属性对应于个体编码之间的联系程度，根据这种联系程度进行知识推理以实现进化信息的遗传，这种方法称为基于图形模型的进化算法，它是基于概率模型的遗传算法的进一步发展，日益引起人们的重视。对当前贝叶斯网络的度量机制和搜索机制进行分析可知，理论总是需要为实践服务的，提出并应用一个新的贝叶斯多目标优化算法是一个极有意义的研究方向。

2.4 Petri 网的构建和应用

2.4.1 Petri 网简介

Petri 网是对离散并行系统的数学表示，适合于描述异步的、并发的计算机系统模型。Petri 网既有严格的数学表述方式，也有直观的图形表达方式；既有丰富的系统描述手段和系统行为分析技术，又为计算机科学提供坚实的概念基础。由于 Petri 网能够表达并发的事件，被认为是自动化理论的一种。研究领域趋向认为 Petri 网是所有流程定义语言之母。

1962 年联邦德国的卡尔·A·佩特里（Carl A. Petri）在他的博士论文《用自动机通信》中首次使用网状结构模拟通信系统。这种系统后来以 Petri 网为名流传，现在 Petri 网一词即指这种模型，也指以这种模型为基础发展起来的理论。有时又把 Petri 网称为网论（net theory）。此后各种不同类型的 Petri 网相继产生，例如连续型 Petri 网、混合型 Petri 网，并被应用于多种领域，例如数据流计算、形式语言等。它具有异步并发的能力和标准的图形表达，这两个特点源于它的网状结构：网状结构产生偏序，使描述异步并发成为可能，使图形表示更符合异步并发的实际。

50 多年来，Petri 网的理论和应用都得到了长足的进步。其发展过程大体可分为 3 个阶段。

（1）20 世纪 60 年代，Petri 网的研究以孤立的网络系统为对象，以寻求分析技术和应用方法为目标。这些内容统称为特殊网论（special net theory）。此处"特殊"是与"一般"或"通用"比较而言，指的是孤立的网系统个体。

（2）通用网论（general net theory）的研究始于 20 世纪 70 年代初。以 C. A. Petri 为核心的一批科学家以类网系统的全体作为对象，研究其分类及各类网之间的关系，发展了以并发论、同步论、网逻辑和网拓为主要内容的理论体系。

（3）从 20 世界 80 年代开始为 Petri 网的综合发展阶段，以理论与应用的结合及计算机辅助工具的开发为主要内容。发展到现在 Petri 网已经广泛应用于自动化、机械制造、军事等学科领域。

Petri 网是一种网状信息流模型，包括条件和事件两类节点，在条件和事件为节点的有向二分图的基础上添加表示状态信息的托肯（token）分布，并按引发规则使得事件驱动状态演变，从而反映系统的动态运行过程。

（1）资源（resource）：与系统状态变化有关的因素，如原料、产品、工具、设备等；

（2）状态元素（state）：资源归类后的抽象；

（3）库所（place ，"S"）：一个场所，存放状态元素；

（4）变迁（transition）：资源状态变化；

（5）事件（event）：引起条件的变迁称为事件；

（6）容量（Capability，"K"）：库所的最大资源数量。

Petri 网描述系统的最基本概念是库所和变迁。通常情况下，用小矩形表示事件（称做变迁）节点，用小圆形表示条件（称做位置）节点，变迁节点之间、位置节点之间不能有有向弧，变迁节点与位置节点之间连接有向弧，由此构成的有向二分图称做网。库所表示系统的状态，变迁表示资源的消耗、使用及使系统状态产生的变化，变迁的发生受到系统状态的控制，即变迁发生的前置条件必须满足；变迁发生后，某些前置条件不再满足，而某些后置条件则得到满足。如图 2-3 所示为 Petri 网的图形化表示。

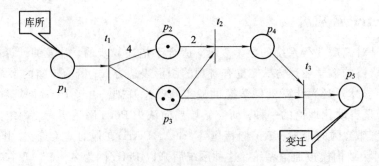

图 2-3　Petri 网的图形化表示

以圆圈表示库所；以粗实线表示变迁；以连接库所与变迁之间的有向弧表示输入输出函数；用黑点或数字表示令牌（token），用来表示库所中拥有的资源数量。

库所中令牌的分布决定了变迁的使能（enabled）和激发（fire），变迁的激发又将改变令牌的分布。

因变迁激发导致令牌在库所间的流动，Petri 网可以用于模拟系统的动态运行过程，反映系统的动态特性。

网 $N=(P，T；F)$ 构成了描述系统静态结构的框架，但还不能描述系统静态结构的全貌。

网论尊重资源有限的事实。实际上，变迁发生所需的资源是有限的，库所容量也是有限的。

完整的网系统应指明资源的初始分布，规定变迁的活动原则，确定库所容量和变迁与资源数量之间的关系。

Petri 网系统演示如图 2-4 所示。

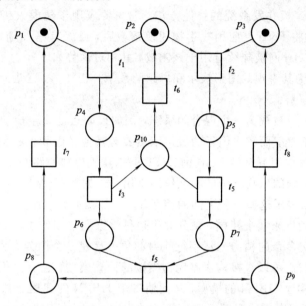

图 2-4　Petri 网系统演示图

2.4.2　Petri 网的数学定义和特点

一个 Petri 网是一个三元组 $N=(P，T，F)$，其中

$P=\{p_1，p_2，\cdots，p_m\}$ 为库所(place)的集合；

$T=\{t_1，t_2，\cdots，t_n\}$ 为变迁(transition)的集合；

$F=(P\times T)\bigcup(T\times P)$ 为输入函数和输出函数集，称为流关系。

三元组 $N=(P，T，F)$ 构成网(net)的充分必要条件有：

(1) $P\bigcap T=\varnothing$，规定了库所和变迁是两类不同的元素；

(2) $P\bigcup T\neq\varnothing$，表示网中至少有一个元素；

(3) $F=(P\times T)\bigcup(T\times P)$，建立了从库所到变迁、从变迁到库所的单方向联系，并且规定同类元素之间不能直接联系。

Petri 网具有如下特点：

(1) 模拟性。从组织结构的角度模拟系统的控制和管理，不涉及系统实现所依赖的物理和化学原理。

(2) 客观性。精确描述事件(变迁)间的依赖(顺序)关系和不依赖(并发)关系。这种关系客观存在，与观察无关。

(3) 描述性。用统一的语言(网)描述系统结构和系统行为。

（4）流特性。适合描述以有规则的流动为行为特征的系统，包括能量流、物质流和信息流。

（5）分析性。网系统具有与应用环境无关的动态行为，是可以独立研究的对象。这样，即可按特定方式进行系统性质的分析和验证。

（6）基础性。网系统在各个应用领域有不同的解释，是沟通不同领域的桥梁。网论是这些领域共同的理论基础。

Petri 网是一种建模并发系统的描述方法，它主要应用于建模人工系统。从 Reddy 等人于 1993 年第一次将 Petri 网应用在生物建模领域后，已经有诸如随机型 Petri 网、着色型 Petri 网等多种 Petri 网被陆续应用于该领域。其相对优势如下：

（1）Petri 网因为其直观的图形表示和卓越的数学分析能力，已展示出了相对于其他数学描述工具的巨大优势。

（2）生物通路可以被视为一个混合的系统，例如控制蛋白质生成的开关是依靠其他基因（转录因子等）的表达，而转录因子的表达依然要有其他基因和蛋白的参与和调控；基于这种观察我们会考虑应用混合型 Petri 网（HFPN）来建模生物通路。

（3）通常字符级别的生物分子的相互作用是用分子的字符（基因，mRNAs，蛋白质）来描述的，而用尖头来表示这些分子之间的相互作用，如激活和抑制。

为了从数学的角度来实现建模，微分方程是科学家们常用的工具。但是在这种建模过程中，我们必须花费多余的精力来从字符映射的角度重建一个微分方程的系统。而在基于 HFPN 的建模中，我们可以直接构建出生物模拟的计算模型。也就是说，我们可以直接从文字映射的角度来构建 HFPN 的模型，从而使基于 HFPN 的建模方法可以保持生物通路的图形化模式，这样即使是不熟悉数学表达式的生物学家也可以轻松地理解。

2.4.3 Petri 网的应用

Petri 网是一种图形演绎方法，应用 Petri 网分析系统故障就是将系统所不希望发生的事件作为顶库所，逐步找出导致这一事件的所有可能因素作为中间库所和底库所。故障树可以看做是系统中故障传播的逻辑关系，一般的单调关联故障树只含有与门和或门。故障树可以很方便地用 Petri 网表示，如与门采用多输入变迁代替，或门采用两个变迁代替。目前，Petri 网已得到广泛的应用，如有限状态机、通信协议、同步控制、生产系统、形式语言、多处理器系统等建模中。

Petri 网的应用领域主要包括 6 个方面。

（1）通信协议的验证。通信协议的验证是 Petri 网应用最成功的领域之一，最初应用于 20 世纪 70 年代初期，Petri 网以形式语言作为基础，可形式化地对通信协议进行正确验证。

（2）计算机通信网络性能评价及多媒体应用。随着计算机网络技术及信息技术的发展，对网络进行性能分析的需求不仅出现在企业内部生产控制的局域总线网中，而且出现在光纤局域网或 ATM 网中。

（3）软件工程。由于产品开发中的竞争和革新需要，产品开发者面临着巨大压力。在软件工程中，Petri 网主要用于软件系统的建模和分析，比较成熟的是加色 Petri 网，可以用于大型软件系统的设计、说明、仿真、确认和实现，在软件开发周期的各个阶段 Petri 网都可以得到很好的应用。

（4）知识处理。Petri 网可用于 AI 中的知识表达和推理的形式化模型的建立，可以表达各个活动之间的各种关系，如顺序关系、与关系、或关系等，并可在模型基础上通过已知的初始状态和初始条件进行逻辑推理。

（5）FMS 的建模、分析和控制。FMS（Flexible Manufacture System，柔性制造系统）对于现代制造业具有重要作用。Petri 网由于自身的优点，在制造系统中应用广泛，如带缓冲区的简单生产线、机床加工中心、自动生产线、柔性制造系统和及时加工系统等。

（6）系统可靠性分析。系统的可靠性不仅包括硬件的可靠性，也包括软件的可靠性。利用随机 Petri 网对系统进行可靠性分析，以及对软件复用、软件可靠性等进行分析。

例 2-1　工业生产线的 Petri 网模型。

有一工业生产线，要完成两项操作，分别用变迁 t_1 和 t_2 表示，变迁 t_1 将进入生产线的半成品 s_1 和 s_2 用两个部件 s_3 固定在一起，后形成中间件 s_4。然后第 2 个变迁 t_2 将 s_4 和 s_5 用 3 个部件 s_3 固定在一起形成中间件 s_6。完成 t_1 和 t_2 都需要用到工具 s_7；假设受空间限制 s_2 和 s_5 最多不能超过 100 件，s_4 最多不能超过 5 件，s_3 最多不能超过 1000 件。

工业生产线的 Petri 网模型如图 2-5 所示。

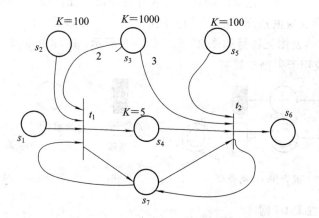

图 2-5　工业生产线的 Petri 网模型

1. 一般 Petri 网

Petri 网中包含库所和变迁两种元素，在生物建模领域，每一个库所代表不同的分子种类，库所里托肯的数目被称为库所的标记，某一时刻每个库所里面托肯的数目代表了系统的当前状态。变迁代表化学反应，它们通过弧与库所相连接，输入库所代表反应物，输出库所代表生成物，如图 2-6 所示。这是一个简单的生物模型，有 3 个化学反应 t_1、t_2、t_3，三个参与的物质 p_1、p_2、p_3，p_1 的初始值为 1，其他的是 0。每一个弧上都有一个阈值，它代表着反应中分子种类的化学计量系数。例如化学反应 2A+3B→C，那么此化学反应对应于 A 物质的输入弧上的阈值是 2，B 物质对应的输入弧上的阈值为 3，C 物质对应的输出弧上的阈值是 1。一般 Petri 网的图元符号如图 2-7 所示，其中弧上有阈值，只有当输入库所的值大于等于此阈值时，化学反应才能发生；抑制弧恰好与之相反，它是为了符合生物过程而建立的，只有当输入库所的值小于弧上的阈值时，此化学反应才能发生。

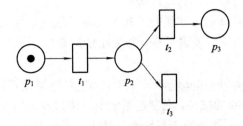

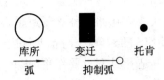

图 2-6 Petri 网建立的简单生物模型　　　图 2-7 离散 Petri 网的基本图元符号

2. 混合 Petri 网

在生化反应中，不只是要知道分子的数目，有时还要考虑物质的浓度等信息，此时离散建模就无能为力了，因此将 Petri 网扩展到混合 Petri 网，在图形表达上增加连续型库所和连续型变迁，反应速率在变迁上表达。这样，在混合 Petri 网模型当中既可以模拟连续的生物过程又可以模拟离散的生物过程，因此混合 Petri 网可以直观地描述简单常微分方程。测试弧也是为了适应生物过程的特征而建立的，由带箭头的虚线表示。在生物过程中，存在着这样的物质，它只参与化学反应，但是本身的量没有任何改变，例如酶，它的作用只是加速或延缓化学反应的速度，自己没有任何消耗，此时测试弧的表达是非常有必要的。混合 Petri 网的模型及图元符号如图 2-8、图 2-9 所示。这样更丰富了 Petri 网的建模机制，使之更适合应用于生物学领域。

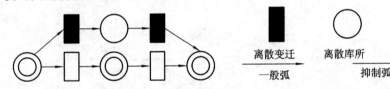

图 2-8 混合 Petri 网模型　　　　图 2-9 混合 Petri 网基本图元符号

3. 混合函数性 Petri 网

Petri 网和混合 Petri 网在构建生物过程模型时，生化反应的速率函数是在变迁上表达的，因此同一个变迁所连接的反应物和生成物具有相同的消耗或者生成速率。而在实际的生物过程中，参与同一化学反应的物质反应速率往往是不同的，为了克服这个缺点，引入混合函数 Petri 网，弧上的值定义为函数，这些函数一般与输入库所值有关系，即反应物或生成物的数目或浓度的相关函数，它代表着关联反应物或生成物的消耗速度或者生成速度。如图 2-10 所示，在每个弧上赋予相关函数，即

$$f_1 = m_1 + m_2$$
$$f_2 = m_2 + m_3$$
$$f_3 = (m_1 + m_3)/2$$
$$g_1 = m_2/2 + 2\lg m_3$$
$$g_2 = e^{m_1} + m_3/3$$

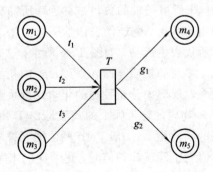

图 2-10 混合函数 Petri 网模型示意图

变迁 T 被激活的条件是：当且仅当所有的输入库所的当前数目都大于 1。

2.4.4　Petri 网的行为特性

与其他建模方法相比，Petri 网的优点不仅表现在建模能力上，更表现在它所具有的分析能力上。

Petri 网具有一些专门的分析手段，用于对系统活性(liveness)、死锁(deadlock)以及系统中的顺序、并发及冲突等复杂事件关系进行分析；还可以采用可达树(reachability tree)理论分析系统的有界性(boundness)与安全性(safety)等。

本节介绍 Petri 网的基本行为特性，包括结构特性、可达性、活性(包括死锁和冲突)、有界性、安全性、错误复原和令牌守恒性。其中，令牌(token)是指系统运行时需要的资源。

顺序关系和并发关系是 Petri 网的两种基本结构，如图 2-11 和图 2-12 所示。

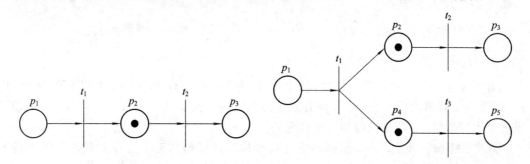

图 2-11　Petri 网的顺序关系图　　　　图 2-12　Petri 网的并发关系图

1. 可达性

可达性是研究任何系统动态特性的基础，它决定了系统能否到达一个指定的状态，具体包括两个方面。

(1) 系统按照一定的流程运行，系统是否能够实现一定的状态，或者使不期望的状态不出现。比如生产调度计划的验证(按照一定的生产调度计划进行生产，是否能够完成任务)。

(2) 要求到达一定的状态，如何确定系统的运行轨迹(流程)。

2. 活性

活性在系统中用于检测是否存在死锁。一个系统存在的一个潜在问题是死锁，为了避免死锁，系统的 Petri 网模型必须具有活性。

检测 Petri 网是否具有活性包括以下四个方面：

(1) 互斥：同时争夺唯一资源；

(2) 占用且等待；

(3) 无抢占；

(4) 循环等待。

死锁关系图如图 2-13 所示。

冲突(互斥)或冲撞关系如图 2-14 所示。冲突的实质是竞争资源，是指两者都有发生权，但在同一时刻只能有一个发生的关系。冲突双方谁先发生由系统实际运行环境及状态决定，即谁有优先权是不确定的。冲突又称为选择（choice）或不确定（nondeterminism），是对系统性能影响最大的事件类型。

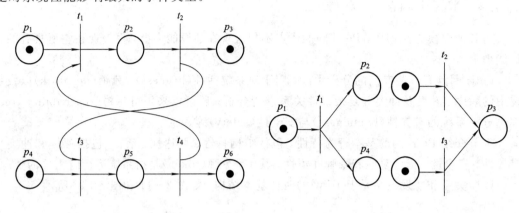

图 2-13　死锁关系图　　　　　　　　　图 2-14　冲突关系图

3. 有界性

有界性是一个非常重要的特性，它保证系统在运行过程中不需要无限的资源，如图 2-15 所示。有界性反映了一个库所在系统运行过程中能够获得的最大令牌数，即所能获得的最大资源数，它与系统的初始令牌有关。

在实际系统设计中，必须使网络中的每个库所在任何状态下的令牌数小于库所的容量，这样才能保证系统的正常运行。

4. 安全性

安全性是指 Petri 网的每一个库所要么有一个令牌，要么没有令牌。安全性是有界性的一种特殊情况，安全的 Petri 网一定是有界的。

图 2-16 为系统安全性示意图。

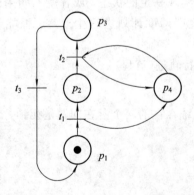
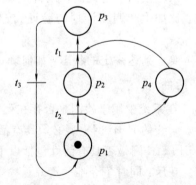

图 2-15　Petri 网的有界性示意图　　　　图 2-16　系统安全性示意图

5. 守恒性

在制造业系统和过程控制系统中存在着一个重要的问题：错误复原，即系统能否重新回到原来状态（保证系统的循环特性）。如果系统可以错误复原，那么系统至少要具有两种性质：

（1）可逆——系统可自生初始化；

（2）主宿（回家）——系统经过有限步骤将回到期望状态。

在一个 Petri 网系统中，令牌被用来描述系统资源。对这类 Petri 网，守恒性是一个重要性质。网络中代表资源的令牌保持恒定，在 Petri 网运行中既不会增加也不会减少，则称该网具有令牌守恒性。

2.4.5　Petri 网的性能分析

Petri 网性能分析的方法有三种，称为可覆盖树（Cover ability tree）法、关联矩阵法和状态方程法。其中可覆盖树法基本上涵盖了所有可达标识或者它们覆盖的标记的枚举。它可以应用于所有类别的网，但仅限"小"网，因为考虑到状态空间爆炸的复杂性。另一方面，关联矩阵法和状态方程法非常强大，但在许多情况下，它们只适用于 Petri 网的特殊子类网或者特殊情况。考虑到在生物网络中的应用，本书只介绍可覆盖树法的思路。

Petri 网的可覆盖树表明了该网中所有可能到达的状态（树的节点）和使能的迁移（弧的标记）。用 m 表示标识向量，初始标识 $m_0 = (11000)^T$，标识 $m_1 = (00100)^T$，$m_2 = (00011)^T$。若 $\forall p \in \overline{P}$：$m_2(p) \geqslant m_1(p)$，则表示 m_2 覆盖 m_1，表示为 $m_2 \geqslant m_1$；再引入一个特别符号 ω，表示无穷大的 token（令牌）概念，对于任意正数 k 都有：$k < \omega$ 且 $\omega \pm k = \omega$。

分析步骤如下：

（1）m_0 作为"树根"（可作上 new 记号）。

（2）对有 new 记号的标识 m 做以下事情，否则终止。

（3）选择某一"new"标识 m。

① 若 m 与树中间已有的其他标识 m 相同，则将其记为"old"，转向其他"new"标识。

② 若在 m 下无变迁使能，则将 m 记为"dead end"。

（4）对于 m 下使能的所有变迁 t，做以下事情：

① 激发 t，产生标识 m'；

② 若从树根至 m' 的路径上存在一标识 m''，使得 m' 覆盖 m''，但 m'' 不等于 $m'(m' > m'')$，则对于那些使 $m'(p) > m''(p)$ 成立的 p：用 ω 取代 $m'(p)$；

③ 以 m' 为一节点，从 m 到 m' 画一有向线，将其记为 t，并将 m' 记为"new"。

（5）除去 m 的"new"标志，回到步骤（2）。

基本性能分析：

（1）当且仅当树中所有节点上均不出现 ω 时，PN 网是有界的（可以在树中找出所有库所中最大的令牌 K，称为 PN 是 K 有界的）。

（2）当且仅当树中所有节点上仅包含 0 或 1 时，PN 网是安全的；否则没有记为 ω 的库所是安全的。

（3）在不包含 ω 的树中，若给定的任何 2 个节点之间，都存在一条有向路径，在该路径上所有变迁都出现，则 PN 是活的（包含 ω 的树无法确定活性）。

（4）在不包含 ω 的树中，若从任何节点到根节点之间都存在一条有向路径，则 PN 是可逆的（包含 ω 的树无法确定活性）。

2.5　布尔网络的构建

近年来，随着复杂网络研究的兴起，人们开始广泛关注网络结构复杂性及其与网络行为之间的关系。要研究各种不同的复杂网络在结构上的共性，首先需要有一种描述网络的统一工具。这一工具在数学上称为图。任何一个网络都可以看做是由一些节点按某种方式连接在一起而构成的系统。具体网络的抽象图表示，就是用抽象的点表示具体网络中的节点，并用节点之间的连线来表示它们之间的连接关系。

实际网络的图表示方法可以追溯到 18 世纪伟大的数学家欧拉对著名的"Koningsberg 七桥问题"的研究。欧拉对七桥问题的抽象和论证思想，开创了数学的一个分支——图论的研究。因此，欧拉被公认为图论之父。事实上，今天关于复杂网络的研究与欧拉当年关于七桥问题的研究在某种程度上是一脉相承的，即网络的结构与网络的性质密切相关。但是，在欧拉解决七桥问题之后的相当长一段时间里，图论并未获得足够的发展。直到 1936 年匈牙利数学家哥尼格(D. Koing)出版了图论的第一部专著《Theory of directed and undirected Graphs》，此后图论进入了发展与突破的快车道，并且在很多领域得到广泛的应用。比如在生命科学的研究中，生物学家就使用图表示调控作用的各种关系。对于生物系统来说，使用"节点—边"的语言很容易将分子间生理上的相互作用加以抽象，形成各种网络来探讨其生理行为，如现在经常讨论的基因调控网络、蛋白质—蛋白质相互作用网络、新陈代谢网络等。不仅如此，某些功能上的相互作用也能用网络语言的方式来表述，如将信使核糖核酸、蛋白质看做节点，而将它们之间的化学反应看做边。下面简单介绍一些有关图的概念。

一个具体的网络可以抽象为一个由点集 V 和一个边集 E 组成的图 $G = (V, E)$。节点数记为 $N = |V|$，边数记为 $M = E$。E 中每一条边都有 V 中的一对点与之相对应，可以记为 $e = (i, j)$。如果对于任意的点对(i, j)与(j, i)，对应同一条边，则称该网络为无向网络(undirected network)，否则称为有向网络(directed network)。如果给每一条边都赋予相应的权值，那么这个网络就称为加权网络(weighted network)，否则称为无权网络(unweighted network)。当然，一个网络中可能包含许多不同类型的节点，如图 2 - 17 所示。

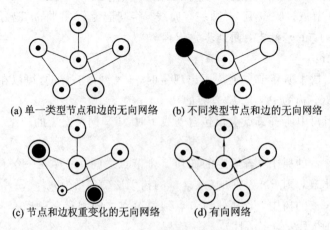

(a) 单一类型节点和边的无向网络　(b) 不同类型节点和边的无向网络

(c) 节点和边权重变化的无向网络　(d) 有向网络

图 2 - 17　不同类型的网络

我们在研究一些调控系统的时候，将调控系统中的各种元素如基因、蛋白质或其他分子表示为图的顶点，并用带权的有向边将它们连接起来。权可以表示连接的两个元素之间某种特定的作用关系，如＋1和－1分别用来表示激活作用和阻遏作用。也可以采用无向图，则边仅表示两个元素之间存在作用关系，如蛋白质—蛋白质作用网络。目前，已经有很多公开的数据库包含这种相互作用的信息，如KEGG（东京基因和基因组百科全书）、GeNet、GeneNet和很多其他数据库。并且，已有很多对这些数据库进行浏览和可视化的工具，也有很多数据库直接集成了在线的可视化工具。在图模型中，图的结构特性特别适合于预测生物网络中的作用关系，也可以预测一个特定的扰动对网络中某一个元素或整个网络的影响。图模型在研究各种生物网络的拓扑结构性质方面有着广泛的应用价值。图的特征有助于探索生物网络的基本组织结构，图模型也是其赋予静态拓扑结构动态性模型的基础。下面介绍在图模型的基础上构建的随机布尔网络的一些性质。

2.5.1　布尔网络简介

1969年，考夫曼（Kauffman）提出了著名的布尔网络（Boolean Network，BN）模型，用于研究基因调控网络和细胞分化过程。他将基因的表达分为两种形式：表达（1）和不表达（0），通过布尔函数描述基因之间的相互作用。这种网络模型简单，对数据的数量和质量要求较低，能够反映系统运行过程中的动态特性，为网络控制中出现的非线性动力学行为提供了很好的近似。因此，布尔网络成为研究基因调控网络的重要模型。目前，布尔网络已经广泛应用于酵母细胞周期表达、哺乳动物细胞周期表达、果蝇体节极性网络等不同生物的基因调控网络的研究。

给定一个有向图$G(V, E)$，其中顶点V代表基因，边E表示基因之间的作用或一个基因的产物对另外一个基因的作用。下面举一个例子，从基因A、B到基因C之间的有向边表示A、B对C的联合作用。在图结构中并没有表示这种具体作用的方式，因此，需要其他额外的表示方法。一种最简单的方法就是假定基因是一个二值实体，即在任何时刻基因的活动状态只有两种：开或关，并且它们之间的相互作用是布尔函数。于是，在此例中，基因C的状态是由一个布尔函数的输出决定的，而该函数的输入是基因A、B的状态。因此，有向图仅仅表示了基因之间的输入输出关系。下面我们用更正式的方法来表述这个思想。

由Kauffman引入的布尔网络由两部分组成：

Ⅰ：节点（基因）集$\{x_1, \cdots, x_n\}$；

Ⅱ：布尔函数列表$\{f_1, \cdots, f_n\}$。

每个基因的状态$\sigma_i \in \{0, 1\}(i=1, \cdots, n)$是一个二值变量，它在$t+1$时刻的状态完全由$t$时刻基因$x_{j1}, x_{j2}, \cdots, x_{jk_i}$的状态根据布尔函数$f_i: \{0, 1\}^{k_i} \rightarrow \{0, 1\}$来确定。即有$k_e$个调控基因指向基因$x_i$，从而形成了该基因的"连线"。因此，其状态可以写为

$$\sigma_i(t+1) = f_i(\sigma_{j1}(t), \sigma_{j2}(t), \cdots, \sigma_{jk_e}(t)) \tag{2-3}$$

可见，基因的状态是由基因的入度和其布尔函数共同决定的。一种最简单的情形是，每个基因的入度都为K，即入度的概率分布为k的δ函数。随机布尔网络（Random Boolean Network）中的布尔函数f_i（有时也称耦合函数）是随机选取的，同时其输入基因也是随机选取的。这种方法常常用来研究动力系统的总体性质。σ_i代表基因x_i的状态，$\sigma_i=1$表示基因x_i表达，$\sigma_i=0$表示基因x_i没有表达。一个给定基因将其输入信息（结合在该基因上的调控因子）转化为输出，这个输出就是它在下一个时刻的状态或表达。所有基因的状态都是

按照给它们指定的布尔函数同步更新的，并且一直重复这一过程。这种人工同步更新方式既可以简化计算，同时又能保证网络的定性特征不变。显然，网络的动态特性完全由式（2-3）确定。

布尔网络是比较简单的网络模型。而如此简单的描述可能是适当的，其原因来源于这样一个事实，布尔变量为在一些控制网络中出现的非线性动力学提供了很好的近似。布尔网络是描述基因调控网络复杂结构的有力工具，同时也可对网络系统动力学进行有效的分析。它将系统的各种循环状态映射为不同的吸引子区域，区域之外的状态树或子树都定义为暂态，并且所有基因的活动状态采用同步更新机制。随着时间的变化，系统状态逐渐从暂态向吸引子区域以及不同的吸引子区域之间动态跃迁。根据系统初始状态以及布尔规则的不同，相同基因组构成的网络系统会呈现出不同的状态跃迁过程，从而可以对基因调控网络系统复杂的动力学过程进行再现和深入分析。

2.5.2 布尔网络的状态

下面依照式（2-3）给出的布尔网络，构造一个有 5 个基因 $\{x_1, \cdots, x_5\}$ 的布尔网络，每个基因对应的布尔函数如表 2-1 所示，序号 j_1、j_2 和 j_3 表示函数的输入连接基因的编号。它的最大连通度 $K=\max_i k_i$ 为 3。注意，其中基因 x_4 的布尔函数 $\sigma_4(t+1)=f_4(x_4(t))$ 是仅有一个输入变量的自调控的例子，即它的输入变量就是自己。

表 2-1　一个有 5 个基因的布尔网络的函数真值表

连接基因编号 ╲ 布尔函数		f_1	f_2	f_3	f_4	f_5
		0	0	0	0	0
		1	1	1	1	0
		1	1	1	—	0
布尔函数数值		1	1	0	—	0
		0	1	1	—	0
		1	1	1	—	0
		1	1	0	—	0
		1	1	1	—	1
j_1		5	3	3	4	5
j_2		2	5	1	—	4
j_3		4	4	5	—	1

该布尔网络的状态转移图如图 2-18 所示。在布尔网络中，系统的状态是指在某一时刻网络中所有基因的表达状态所构成的向量。因为该网络共有 5 个基因，则其可能的状态为 $2^5=32$ 个。每个状态用一个圆圈表示，状态之间的箭头表示由表 2-1 中的布尔函数所确定的状态转移方向。

布尔网络的状态分为暂态和吸引子两种。由于布尔网络内在的确定方向性以及状态的有限性，容易看出，当系统进入到某些状态后将会无限期地停留在这些状态，我们称其为吸引子（attractors）。系统进入到哪个吸引子取决于其初始状态。例如图 2-18 中的状态

(00000)是一个吸引子，最终进入到它的其他 7 个（暂时）状态构成它的吸引域（basins of attraction）。吸引子表示动态系统的固定点，即系统的一种长期行为。一般来说，一个系统可以有多个吸引子。有一个 13 个节点的随机布尔网络的状态空间，其共有 $2^{13}=8192$ 个状态，15 个吸引子环。系统从任何一个状态开始演化，最终都将汇集到这 15 个吸引子环。

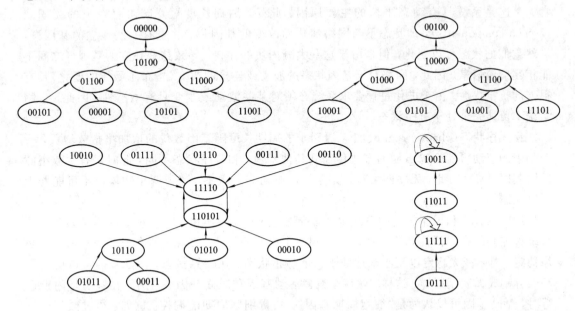

图 2-18　表 2-1 定义的布尔网络的状态转移图

从一个吸引子状态开始，最终又回到它自己，这中间所需的状态转化数称为吸引子的周期（cycle length）。例如吸引子（00000）的周期为 1，而状态（11010）和（11110）组成了一个周期为 2 的吸引子。

2006 年，哈佛大学的 Huang 等对同一白血病细胞株 HL-60 分别加入 DMSO 和 atRA，七天后两个细胞群体达到相同的状态，从而在实验上证明了细胞状态的演化轨迹及吸引子的存在。对布尔网络吸引子的解释主要有三种，下面简单介绍一下。

1. 吸引子代表系统的一种"记忆"形式

1999 年，Huang 提出布尔网络的吸引子代表系统的一种"记忆"形式。在有基因扰动的情况下，实际遗传调控网络具有高度稳定性。在布尔网络模型下，这意味着当出现少数基因状态的暂时变化（如通过外部的刺激），系统仍能处于原先吸引子的吸引域，从而最终能回到该吸引子。总之，吸引域越大，对应的稳定性就越高。在生物体内，网络的这种稳定性确保了细胞在变化的环境中能够维持正常的功能状态。发育生物学已经建立了有关"细胞决定"的外部及遗传变化的相关理论，它也同样适用于癌症的发生过程，并且，即使 DNA 没有发生变异，基因表达模式也可以遗传。在布尔网络中，可以通过迟滞（hysteresis）解释这种现象，即当外部刺激取消后，它所引起的系统状态变化并不能恢复到原先的状态。如果某个特定基因的变化能够导致系统转移到另外一个新的吸引子，那么关闭该基因将导致网络进入新的吸引子状态。

2. 吸引子反映细胞的类型

Kauffman[2] 的直觉是布尔网络的吸引子应该反映细胞的类型，如果细胞的类型可以用其中的基因表达模式确定，那么这一想法就非常合理。目前公认的，很多像基因组这样的复杂自适应系统处于有序和无序状态之间，或者是无序的"边缘"。

在有序状态（ordered regime）下，吸引子的周期长度很短、数量少并且非常稳定，即暂时的波动常常会导致系统重新回归到原来的吸引子。短的吸引子数量很少意味着吸引域非常大，这是系统具有动态平衡的主要原因。此外，周期长度短意味着存在大的凝固块（frozen components），即状态不随网络演化而改变的基因集合。也有一些孤立的基因群，虽然它们的状态可以变化，但是由于这些大凝固块的存在，导致这些孤立的基因群之间不能相互交流信息。因此，网络对于基因状态的波动或连接的改变（指布尔函数的变化）具有很强的抗干扰性。由于进化过程要求系统必须对某些波动或改变具有敏感性，因此，生物系统不可能完全处于有序状态。

在无序状态（chaotic regime）下，吸引子的周期长度随基因数量的增加呈指数增长，一个基因的波动可能会以雪崩的方式传播到其他基因。和有序状态不同，此时仅有少数小的凝固基因孤岛。因此，无序网络对初始条件及波动非常敏感，这说明生物体也不可能处于无序状态。

运行在有序和无序之间的系统处于临界状态（critical regim）。Kauffman 认为："生命系统首先必须在灵活性和稳定性之间达到一个内部的妥协，要在多变的环境下生存，它必须稳定，但不能太稳定以至于永远处于一个静止状态。在临界状态，活动基因可以由凝固基因分割成孤立基因群。这样，就存在很多活动基因和凝固基因。当网络在吸引环附近运行时，活动基因可以认为是"细胞周期基因"，负责细胞周期的调控。例如，通过微阵列技术研究发现的基因目录，它们的转录水平在细胞周期内呈现周期性变化。

3. 吸引子代表细胞的状态

对布尔网络吸引子的另外一种理解是它代表细胞的状态，如增生（proliferatio）（细胞周期）、凋亡（apoptosis）（编程死亡）、分化（differentiation）（完成组织特异性的功能）等。Huang 通过生物学实验验证了这一非常有趣的观点。这种观点对理解细胞的动态平衡和肿瘤发展提供了一个新的视角。通常认为肿瘤是正常细胞状态之间的一种不平衡状态，例如，如果一个突变导致细胞进入凋亡吸引子的概率很小，那么它将不会凋亡并呈现出一种无控的增长状态。同样，如果增生吸引子的吸引域很大将导致一种超增生状态，即肿瘤的发生。这一观点与前一种观点并不一定对立，相反，它们之间是互补的。当给定一个细胞类型，它必然存在不同的细胞功能状态。因此，一个细胞类型可能包含几个近邻吸引子，它们对应着不同的功能状态。

2.5.3 布尔网络动态行为研究

研究布尔网络的状态是研究布尔网络动态行为的基础，下面我们简单介绍一下基于有序无序的布尔网络动态行为。

网络的动态特性通常分为有序性（order）、无序性（chaos）和临界性（criticality）。有序性实际上对应着系统的稳定性，而无序性则反映了系统对外界刺激的灵敏性。运行在相变附近，即有序和无序之间的系统通常称为临界系统。这种临界系统既能够在一定扰动范围内保持系统的稳定性，又能够对扰动做出反应，保证系统的灵敏性。Kauffman 很早就意识到：生命系统必须在灵活性和稳定性之间达到一个内部的妥协，要在多变的环境下生存，它必须稳定，但不能太稳定以至于永远处于一个静止状态。生命系统应该运行在临界状态，并靠近有序的那一侧。网络的动态特性是其拓扑结构和功能结构共同作用的结果。研究系统的动态行为其实就是研究系统状态在一个非常小的扰动下的演化行为，即扰动后系统是否会回到原来的吸引子或者一个稳定的状态分布。影响布尔网络动态行为的因素主要有网络连通性、偏斜、布尔函数的类型等。研究网络结构和动态行为之间关系的一种方法就是：建造并模拟这些网络的行为，然后研究该类网络的性质。因此，首先必须构造大量的满足特定要求的随机网络，然后计算与动态特性有关的某种统计量的值，或者是使用统计方法计算该类型网络中代表性网络的某种统计量，对网络进行分类。研究网络动态行为的最终目的是为了实现网络的控制和干预，通过研究不同类别的网络演化时的输出信号与生物信号之间的关系，寻找最佳可控网络，为药物靶点的识别、疾病的预防和治疗等问题提供理论基础。

1986 年，Derrida 和 Pomeau[3]提出了用 Derrida 曲线在原点附近的斜率量度网络动态行为的方法。$y^a(t)=(\sigma_1^a,\cdots,\sigma_n^a)$ 和 $y^b(t)=(\sigma_1^b,\cdots,\sigma_n^b)$ 是 t 时刻网络的两个随机选择的网络状态，定义其归一化的汉明距离是其中基因状态不同位数的平均值，其表达式为

$$\rho(t)=\frac{1}{n}\sum_1^n(y_i^a(t)\oplus y_i^b(t)) \tag{2-4}$$

其中：$\oplus$ 是异或运算。给定一个随机布尔网络，令 $y^a(t)$ 和 $y^b(t)$ 表示当前状态，$y^a(t+1)$ 和 $y^b(t+1)$ 表示网络演化的后继状态，$\rho(t+1)$ 是这两个后继状态的汉明距离，$\rho(t+1)$ 随 $\rho(t)$ 变化的曲线称为 Derrida 曲线。

图 2-19 是一个对应有序、临界和无序的动力系统的 Derrida 曲线。运行在有序状态的网络，其相近的状态趋向于收敛到同一状态，Derrida 曲线位于主对角线以下。从初始很小的汉明距离 $\rho(t)$ 到数值增大的 $\rho(t+1)$ 意味着 Derrida 曲线位于主对角线之上，即其斜率在原点附近大于 1。这表明一个很小的基因扰动最终会导致完全不同的状态，即网络对初始状态非常敏感——这就是无序的特点。临界状态的网络，其斜率在原点附近等于 1。对

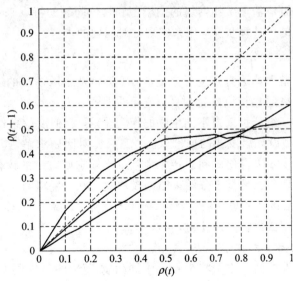

图 2-19 一个对应有序、临界和无序的动力系统的 Derrida 曲线示意图[4]

于较小的 $\rho(t)$，Derrida 曲线位于主对角线之上的面积越大，网络就越无序。

2.6 网络比对的模型和算法

生物网络比对是一个新兴的研究领域，还处在起步阶段，目前大多数研究工作只是针对某个特定问题或特定应用，算法的时间复杂度较高，多个网络比对时算法的运行效率不高。生物网络比对模型和算法研究的目的是开发一个通用的生物网络比对软件，可以高效地进行多个生物网络及多种应用模式的比对，类似于序列比对软件 BLAST。

生物网络可以抽象为图，网络中的节点对应图的顶点，网络中节点之间的相互作用对应图的边，生物网络的比对可以看做图的比较。图的顶点和边可以带有属性，边可以是有向边或无向边，不同类型的生物网络对应的图也是不同的。生物网络比对就是要找到生物网络顶点之间的映射关系，使得生物网络之间的相似性得分最高。

生物网络比对问题和图的匹配问题密切相关，在此，我们以蛋白质相互作用网络（Protein Interaction Network，PIN）为例来说明它们之间的关系。PIN 可以看做是顶点带标签的无向图，不同生物的 PIN 规模不同，目前其相互作用数据尚不完善，因此，PIN 之间的比对对应图的非精确匹配。生物网络比对问题又不同于一般的图的匹配问题，原因在于生物网络数据的特殊性：一方面是生物网络数据的不完整性和噪声，大量的相互作用通过目前的实验手段还未被检测到，而检测到的结果存在假阳性（实际上不存在，但实验结果呈阳性）和假阴性（实际上存在，但实验结果呈阴性）数据。因此，我们在进行生物网络比对的时候要充分考虑到数据的这些特性，建立合理准确的图模型。另外一方面，生物网络的规模都比较大，因此，一般的图的匹配算法很难直接应用到生物网络的比对中。生物网络比对需要利用生物网络数据的生物学特点和拓扑结构的特征来建立合适的图模型，针对具体应用借助有关图的匹配算法或其他的图论算法对问题进行求解。

比对模型和算法是生物网络比对方法的两个核心：比对模型是对生物网络比对问题的抽象和数学建模，一般是基于生物网络的图模型和具体问题的特点来进行构建的；比对算法指的是比对模型上的可计算步骤，用来实现比对问题的求解。

1. 比对模型和算法的分类

我们基于比对模型和算法对其进行分类，第 1 类是基于图模型的启发式搜索方法，该方法基于多个生物网络建立相应的比对图，它可以是积图（product graph）或者其他形式。比对图中的顶点对应一组分别来自不同生物的相容元素，相似度信息作为属性附加在比对图上。基于比对图模型设计启发式的搜索算法，完成比对问题求解。第 2 类是基于目标函数的约束优化方法，该方法将比对问题转化为某个已知求解方法的优化问题，借用已知的算法求解比对问题。第 3 类是基于分治策略的模块化方法。生物网络的规模较大并且具有模块化结构，基于分治策略的思想将生物网络划分为模块，降低问题求解的难度，通过较小规模的模块比对来完成生物网络比对。

1）基于图模型的启发式搜索方法

基于图模型的启发式搜索方法将来自于不同生物 PIN 的一组同源蛋白质作为比对图的顶点，将生物网络的相似性转化为比对图上的属性，将多个网络的比对问题转化为一个比对图上的问题，针对此比对图上的问题，设计启发式搜索算法予以求解。启发式搜索算法的设计一般采用种子生长方式的贪心策略，首先选定满足某种要求的顶点集合作为种子，由种子初始化目标集合，然后开始自底向上的搜索。基于局部最优的原则选择一个点加入到目标集合中，类似种子的生长，每一个目标集合对应比对结果的一个子集。这类方法多应用于挖掘不同生物网络中的保守模块及蛋白质复合物预测、蛋白质相互作用预测、蛋白质功能预测、同源蛋白质预测等。

启发式搜索方法包括 MaWISH 比对方法、NetworkBLAST 比对方法、Gremlin 比对方法等，它们的特点如下：

(1) 比对图的建立。将多个生物网络融合成一个比对图，例如点积图或边积图。

(2) 相似性得分函数的定义。根据生物网络比对的匹配准则设计相似性得分函数。

(3) 比对问题的转化。基于前两步的工作将多个生物网络之间的比对问题转化为一个比对图中对应的问题，例如最大权重子图问题或最大图问题。

(4) 搜索算法的设计。设计启发式的搜索算法完成比对图中的问题。

(5) 比对结果直接反映在比对图中。搜索得到的每个子图对应一个局部映射。

2）基于目标函数的约束优化方法

生物网络比对问题是一类优化问题，具有一般优化问题的特征，基于目标函数的约束优化方法解决了生物网络比对问题，通过将比对问题转化为某个常规的优化问题，采用已知的求解方法予以解决。此处的目标函数是一个更广义的概念，它是对生物网络比对映射关系的一种描述，可以呈现为传统优化问题中明确定义的目标函数。生物网络比对的匹配准则可以转化为约束条件，但不局限于此，通过将比对问题转化为常规优化问题进行求解，间接得到比对问题的解。不同于基于图模型的启发式搜索方法：一方面本方法并不明确定义相似度函数，很多时候将其转换为约束条件；另一方面本方法所得到的最优解并不直接反映比对结果，而是需要转换。

约束优化方法包括 IsoRank 比对方法、MNAligner 比对方法等，它们的特点如下：

(1) 比对问题的规约。生物网络比对问题是一类优化问题，通过发掘比对问题的特性将其规约为一个已知的优化问题。

(2) 优化问题求解。通过前一步的转化之后，一般采用已知的求解方法予以解决。

(3) 解的还原。这一类方法由于将比对问题转化为其他问题进行求解，因此有时需要将比对结果进行还原。

3）基于分治策略的模块化方法

由于生物网络的规模较大并且具有模块化结构，因此采用分治策略将原来的网络划分为小的模块，在模块比对的基础上完成生物网络比对。

模块化方法包括 Match-and-Split 比对方法、基于分治策略的其他模块化比对方法等。

这一类方法求解生物网络比对问题有两个关键步骤：一是模块的划分，二是模块的比对，这也是该方法的两个重要特点。

(1) 模块的划分。有两种方法完成模块的划分：一种方法是基于网络的拓扑结构，借助已有的模块划分算法对生物网络进行划分；另外一种方法是结合比对的匹配规则、拓扑结构或者其他的网络特性进行划分。两种方法各有特色，前者可以借鉴已有的聚类算法进行划分，后者可以根据比对的不同应用目的设计更有针对性的划分算法。

(2) 模块的比对。模块规模相比原来的生物网络会小很多，可参考图论中的匹配算法设计模块比对算法，也可以根据比对的准则和模块的特性设计启发式的模块比对算法。

2．三种比对方法的发展与比较

基于图模型的启发式搜索方法是比对方法中的主流。它将图的相似性计算方法和具体比对问题的特点相结合定义相似度函数，根据不同应用对问题进行建模，借助图论中的算法进行求解。根据生物网络数据的特性，借鉴图的相似性计算和匹配的研究成果研究生物网络比对问题将会有很广阔的研究空间，并且互有助益。生物网络比对问题的最初研究正是基于图模型来展开的，目前依然有很多的比对方法是借助图模型和启发式的搜索算法来完成的。研究者在这一类比对方法的研究中引入了越来越多的其他理论和模型，例如隐马尔可夫模型等。

基于目标函数的约束优化方法的特点在于对生物网络比对问题的归约和裁剪，将某些优化方法应用到问题的求解中。其关键之处在于，我们需要充分挖掘问题本身的特点对其进行建模，例如基于图的矩阵表示形式，借助矩阵的特征以及矩阵运算来求解问题；借助优化解的某些特性来归约问题；或者将问题归约到其他领域的某个问题，利用已有方法进行求解。

基于分治策略的模块化方法基于生物网络的模块化结构将网络划分为模块，借助多个模块之间的比对完成原网络的比对。这类方法一方面降低了原问题的难度，另一方面可以针对模块比对的特点充分利用局部信息加速比对过程。该方法的局限性在于可能会忽略掉模块之间的连接关系，比较依赖所用的模块划分方法。但是在通过比对挖掘保守功能模块方面，该方法的高效性会得到很好的发挥。借鉴生物网络的结构分析，模块挖掘及聚类算法的研究成果可以促进模块化比对方法的研究。

3．生物网络比对软件

1）软件种类

基于成熟的生物网络比对算法，研究者也设计开发了相应的比对软件。根据软件的应用特点，可以将这些软件分为路径查询匹配软件和图的查询匹配软件两大类。

（1）路径查询匹配软件。它主要完成生物网络比对中通路的查询和比对，主要应用在代谢网络的比对中。由于代谢网络反映的是生物体内酶的催化反应，一般情况下，通路结构可以很好地反映细胞内的这一生化过程，因此，代谢网络的比对分析多数是针对代谢网络中的通路结构。此外，也有一些针对蛋白质相互作用网络中保守路径的比对研究。

（2）图的查询匹配软件。它主要完成生物网络比对中图的查询和比对，主要应用于PIN 的比对研究中。但是通过修改参数也可以完成其他类型网络的比对。

2）关键问题

生物网络比对是一个多学科交叉领域的综合问题，需要借助多个学科的理论和工具，需要多个学科研究者的共同研究和探索。在此，我们对生物网络比对研究中几个亟待解决的关键问题进行了分析与归纳。

（1）生物网络数据的预处理。通过整理、汇总各种实验数据得到的各种生物网络数据目前还不完善，而进行生物网络比对首先要对数据进行预处理。

（2）相似性计算。这是生物网络比对的基础。在图模型比对方法中，相似性是启发式搜索算法中的搜索导向；在约束优化方法中，相似性是定义目标函数的基础；在模块化方法中，相似性同样指导着模块的划分和比对。

（3）比对方法的评价。评价包含两个方面的内容：一是基于算法分析理论对比对算法的执行效率进行评估，二是基于算法运行结果对生物学意义进行评估。

4. 生物网络比对的应用

生物网络数据是由生物体内分子之间的相互作用形成的一类重要的生物数据，研究网络数据更能从系统层面揭示生物学的规律。生物网络比对的应用主要集中在以下四个方面：

（1）结构预测。通过不同生物的网络数据的比对研究，发现其在结构上的异同，进而借助模式结构去研究其他生物的网络数据。

（2）功能预测。类似于结构预测，通过生物网络比对借助已知生物网络中蛋白质的功能预测其他生物体中同源蛋白质的功能，或者基于功能的相似性预测蛋白质之间的同源性。

（3）系统发生分析。结构和功能的预测是基于比对结果的局部信息进行的，系统发生分析则借助比对结果的全局信息。通过比对得到两个物种生物网络的相似性，基于此进行系统发生分析的研究，或者在网络划分的基础上基于多个模块比对的结果进行系统发生分析的研究。

（4）与疾病等相关的特定研究。将生物网络比对的思想和方法直接用于特定的网络，针对某个具体问题开展研究。

2.7　网络聚类的模型和算法

1. 复杂网络的特性

复杂网络可以定义为一个无向简单图 $G(V, E)$，由一个顶点集 $V(G)$ 和一个边集 $E(G)$ 组成。边集 $E(G)$ 中的每条边 e_i 都有 $V(G)$ 中的一对顶点 (u, v) 与之对应。图 G 中的每个顶点表示真实网络中的一个个体，每条边表示一对个体之间的相互作用。复杂网络的主要统计特征是小世界性、无标度性，并且节点度服从幂律分布。网络簇定义为网络的稠密连通分支，同簇节点间相互连接密集、异簇节点间相互连接稀疏。

结构决定功能是系统科学的基本观点，复杂网络的核心研究内容是为了揭示复杂网络功能和结构之间的内在联系。复杂网络最普遍和最重要的拓扑结构特性是有网络簇结构，复杂网络聚类方法的目的在于揭示出复杂网络中真实存在的网络簇结构。

2. 复杂网络聚类算法在生物网络中的应用

复杂网络簇结构在社会网络、科技网络和生物网络等许多复杂网络中普遍存在，这里主要针对复杂生物网络讨论其簇结构和生物功能间的相互关系。

（1）在蛋白质相互作用网络中的应用。蛋白质是生命活动的物质基础，蛋白质分子之间的相互作用对实现蛋白质的功能至关重要。蛋白质-蛋白质相互作用网络（Protein-Protein Interaction Network，PPIN）的数学模型是无向图，蛋白质表示节点，相应蛋白质间的相互作用表示边。PPIN 是典型的复杂生物网络，研究表明，在 PPIN 中，连接紧密的簇往往由功能相近的蛋白质构成。

应用于 PPIN 中的聚类方法主要是图聚类方法，现在关于 PPIN 聚类方面的研究大概分为两大类：层次聚类算法和非层次聚类。非层次聚类方法主要是基于图论的一些方法。层次聚类算法按照其聚类树生成方式的不同可分为聚集式算法和分割式算法。由于层次聚类算法简洁易实现、信息丰富和很少有输入参数的特点，所以被大量采用。

（2）在新陈代谢网络中的应用。2002 年，Ravasz 等人第一次揭示了网络的层次结构，代谢网络中大的模块是由一些小的模块组成的，小的模块又是由一些更小的模块组成的，这些模块都是高度连接的，也就是说代谢网络中的模块是按层次化方式组织起来的。他们用顶点间的拓扑重叠（topological overlap）作为相似指数，并假设重叠越多的代谢物属于同一模块的几率越大；然后采用凝聚聚类方法，通过计算整个代谢网络的拓扑重叠矩阵来实现网络分割。用这种方法对蛋白代谢网络进行分析，得出了细致的功能关系结构，该方法可用于对蛋白质相互作用网络的研究。

（3）除了蛋白质网络和新陈代谢网络，复杂网络聚类方法在蛋白质相似性网络、基因调控网络和药靶网络（drug-target，DT）等其他生物网络中也有广泛应用。但是，目前人们只是利用主观定义的目标函数或启发式规则来识别和刻画网络簇结构，还未能客观地认识网络簇的本质意义，因而这些分析常常会产生误差。

现有的聚类算法在不同方面取得了一些进展，但仍有许多问题未能解决。虽然聚类方法可以应用在不同的复杂生物网络中，但目标又有所不同，如寻找功能模块、预测蛋白质功能和发现功能独立的代谢途径等，而一种聚类方法又只能给出满足某种特定目标的结果，所以对复杂生物网络分析可能需要多种聚类方法的综合分析。另外，生物网络的数据集庞大且存在较高的假阳性和假阴性，因此如何对数据集进行有效的预处理对获得准确的聚类结果至关重要。如何选择合适的数据预处理方法仍然是一个有待解决的问题。

2.8 网络可视化软件介绍

2.8.1 Pajek 简介

Pajek 可以运行在 Windows 环境中，也可以运行在 Unix 和 Mac 环境中。它主要用于含有上千及至数百万个节点的大型网络的分析和可视化操作中，但限于非商业用途。Pajek 可以对以下网络提供分析和可视化操作工具：合著网、化学有机分子、蛋白质受体相互作用网、家谱、因特网、引文网、传播网（AIDS、新闻、创新）、数据挖掘（2 - mode 网）等。大型网络数据也可在 http：//vlado. fmf. uni-lj. si/pub/networks/data/中找到。

通过 Pajek 可完成以下工作：在一个网络中搜索类（组成、重要结点的邻居、核等）；析取属于同一类的结点并分别显示出来，或者反映出结点的连接关系（更具体的局域视角）；在类内收缩结点，并显示类之间的关系（全局视角）。

除普通网络（有向、无向、混合网络）外，Pajek 还支持多关系网络，如 2 - mode 网络（二分/二值图，网络由两类异质节点构成）和暂时性网络（动态图，网络随时间演化）。最新 Pajek 版本可通过：http：//pajek. imfm. si/doku. php？id=download 获取，安装步骤如下。

（1）运行下载到的 pajek118. exe 文件，按照提示一步步安装，其中安装目录选择中英文皆可。安装完成后，会得到如图 2 - 20 所示的界面。

名称	修改日期	类型
Pajek	2013/1/24 21:22	文件夹
Pajek	2013/1/24 20:17	快捷方式

图 2-20　Pajek 安装示意图 1

（2）其中，Pajek 目录如图 2-21 所示。Data 目录下含有很多数据文件，包括 .net，.clu，per，.vec 等不同数据格式的文件。

名称	修改日期	类型
Data	2013/1/24 20:17	文件夹
Doc	2013/1/24 20:17	文件夹
MACRO	2013/1/24 20:17	文件夹
log1.log	2013/1/24 20:20	文本文档
pajek.exe	2007/2/24 17:24	应用程序
pajek.gif	2000/7/6 23:36	GIF 图像
Pajek.ico	1997/2/8 16:50	图标
pajek.ini	2013/1/24 21:22	配置设置
rep1.rep	2013/1/24 20:18	REP 文件

图 2-21　Pajek 安装示意图 2

2.8.2　Pajek 数据对象

Pajek 是专门用来分析大型网络（含有成百上千个结点）的专用程序，它包含以下六种数据对象，如图 2-22 所示。

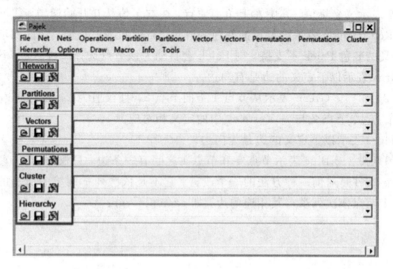

图 2-22　Pajek 工作示意图

1. Networks（网络）

网络的主要对象是节点和边，其默认扩展名为 .net。在输入文件中，网络有多种表现方法：

  (1) 利用弧线/边(如：1 2—从 1 到 2 的连线)；

  (2) 利用弧线列表/边序列(如：1 2 3—从 1 到 2 的连线和从 1 到 3 的连线)；

  (3) 矩阵格式；

  (4) UCINET、GEDCOM 和化学式。

下面对前三种输入文件作简单的介绍。

(1) 一个简单的. net 文件示例(example. net)

```
    * Vertices 5
    1   "node1"   0.45   0.5 ic Red triangle
    2   "node2"   0.6    0.5 ic Black
    3   "node3"   0.6    0.7 ic Orange
    4   "node4"   0.5    0.7 ic Pink
    5   "node5"   0.55   0.65 ic Black
     * Arcs
    1   2   2     c Green
    2   3   1     c Red
    2   4   3     c Yellow
     * Edges
    5   1   3     c Blue
    4   3   6     c Black
```

文件格式说明如下：

① * Vertices 5 说明图中存在的节点数目为 5，Vertices 与 5 之间用空格分隔。

② 1 "node1" 0.45 0.5 ic Red triangle

其中，1 代表第一个节点；"node1"表示该节点的标记，可理解为节点的名字；0.45 表示 x 坐标值，0.5 表示 y 坐标值。其中左上角为原点，往右 x 值从 0 开始递增，往下 y 值从 0 开始递增；ic Red triangle 表示该节点的颜色为红色，且形状为三角形，默认的形状为圆。如果文件中定义的颜色 Pajek 不支持，则 Pajek 会自动为该节点选择一种颜色。

③ * Arcs 表示以下定义的边是有向边。

④ 1   2   2   c Green 表示从节点 1 指向节点 2，且权值为 2，该有向边的颜色为绿色。其中，节点 1、节点 2 与 * Vertices 中的定义相对应。

⑤ * Edges 表示以下定义的边是无向边。

⑥ 5   1   3   c Blue 表示节点 5 和节点 1 之间有一条边，且权值为 3，颜色为蓝色。

(2). vgr 文件是对前一种方法的一个改善。它不是依次列举网络中所有的边，而是对网络中的每个节点依次列举与其相连的边。如 example. vgr：

```
    1   2   3
    2   4   6
    3   5
    4   2
    5   1
    6   5
```

（3）. mat 文件用邻接矩阵的方式表示网络。连接矩阵是一个 n 维矩阵，（其中，n 为复杂网络的节点数），它反映了两个节点之间具体的连接关系。若从节点 i 有一条边指向节点 j（对于无向图而言，即节点 i 和节点 j 之间有边连接），则矩阵中相应的元素 $a_{ij} \neq 0$，且其值为该边的权值（对于无权图而言，则为 1）。若从节点 i 没有一条边指向节点 j（对于无向图而言，即节点 i 和节点 j 之间没有边相连），则 $a_{ij} = 0$。如 matrix. mat：

```
* Vertices 7
     1   "a"
     2   "b"
     3   "c"
     4   "d"
     5   "e"
     6   "f"
     7   "g"
* Matrix
   0   2   1   0   0   0   0
   0   0   0   1   1   0   0
   0   0   0   0   0   1   1
   0   0   0   0   0   0   0
   3   0   0   0   0   0   0
   0   0   0   5   0   0   0
   0   0   0   0   0   1   0
```

2. Partitions（分类）

分类指明了每个节点分别属于哪个类，默认扩展名为. clu。

一个 . clu 文件是对一个 . net 文件中的节点进行分类。如写出 example. net 对应的分类文件 example. clu：

```
* Vertices 5
   1
   1
   2
   3
   3
```

3. Permutations（排序）

排序将节点重新排列，默认扩展名为. per。

它表示复杂网络中各节点的重新排序。与 Partition 类似，它同样可以由用户人为指定或者由 Pajek 自动根据某种算法排序（如按度的大小排序、随机排序等）。在 Permutations 文件中会给出各节点新的排列顺序，其后缀名为. per。与 Partition 文件类似，需要注意的是 Permutations 文件中给出的是重新排序后各节点的序号，而不是各个序号所对应的节点。如：

```
   1   1
```

2 2

3 6

4 7

5 4

6 3

7 5

它表示节点 1 在深度优先算法中排在第一位，节点 2 排在第二位，节点 3 排在第 6 位，依次类推，它表示的节点顺序是 1，2，6，5，7，3，4（注意不是 1，2，6，7，4，3，5）。

4．Clusters（类）

类表示节点的子集（如来自分类中的一个类），其默认扩展名为.cls。

它表示复杂网络中具有某种相同特性的一类节点的集合，如 Partitions 文件中按某种特性分类后的一类节点。利用这个文件，用户可以对一类节点进行操作，避免了多次处理单个节点的麻烦。

5．Hierarchies（层次）

层次表示按层次关系排列的节点，其默认扩展名为.hie。

它表示复杂网络中各个节点的层次关系，常用于家谱图的分析。这种层次结构类似于数据结构中的树。需要注意的是，在表示复杂网络层次结构的树中，结点（node）的定义不同于复杂网络图中的节点（vertice）。树中是将复杂网络中同一个类的所有节点视为一个结点，然后考虑这些类之间的层次关系。如图 2-23 所示。

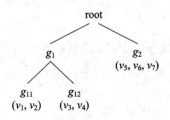

图 2-23 层次关系示意图

该图表示的网络中一共有 7 个节点：v_1，v_2，…，v_7。它的层次关系为：根结点 root 有两个子结点 g_1、g_2。其中，g_2 是一个叶子结点（leaf），它包括三个网络节点 v_5，v_6，v_7。而 g_1 又有两个子结点 g_{11}、g_{12}，它们都是叶子结点分别包括两个网络节点。

6．Vectors（向量）

向量指明每个节点具有的数字属性（实数），其默认扩展名为.vec。

它以向量的形式为某些操作提供各节点所需的相关数据。

2.8.3 Pajek 实例演示

1．使用 Pajek 画出 example.net、example.mat 所对应的图形

（1）打开 example.net 文件，如图 2-24 所示。

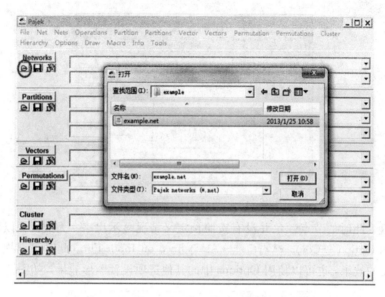

图 2-24 Pajek 工作图 1

（2）点击"打开"按钮且数据文件正确，则会出现如图 2-25 所示的窗口。

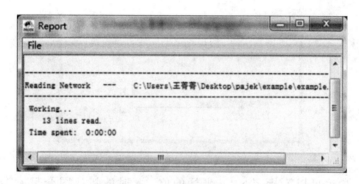

图 2-25 Pajek 工作图 2

（3）如果 .net 文件中存在错误（不满足该软件所要求的数据文件格式），比如，将

　　 1　　 ″node1″ 0.45 0.5 ic Red triangle

改为

　　 1″node1″ 0.45 0.5 ic Red triangle

即删除了 1 和 ″node1″ 之间所必须的空格，则会出现如图 2-26 所示提示。

图 2-26 Pajek 错误提示图

（4）点击菜单栏上的 Draw→Draw，得到如图2-27 所示界面。

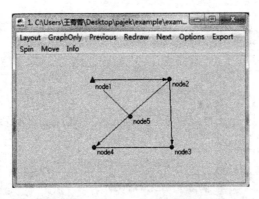

图 2-27 Pajek 输出示意图 1

可以发现，此时的节点颜色并没有按照预定义情况显示出来。为此，可以做如下修改：选择菜单栏的 Options→Color→Vertices→As Defined on Input File。此时可以拖动点的位置，达到自己想要的效果，也可以使用 Options 中的其他选项设置图形效果，如图 2-28 所示。

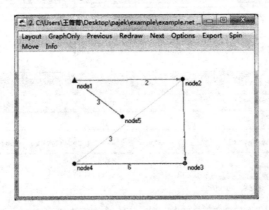

图 2-28 Pajek 输出示意图 2

节点的定义中也可以不指定 x、y 坐标的值，此时的拓扑图会呈一个椭圆形，如图 2-29 所示。

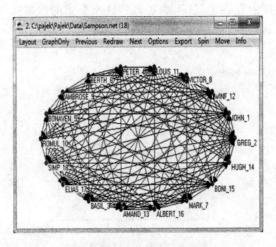

图 2-29 Pajek 输出示意图 3

2. 画出 matrix.mat 所对应的图形

画出的 matrix.mat 所对应的图形如图 2-30 所示。

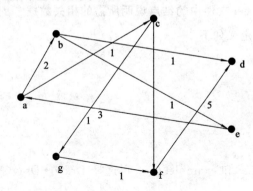

图 2-30　Pajek 输出示意图 4

下面对比较常用的 Options 进行说明，如图 2-31 所示。

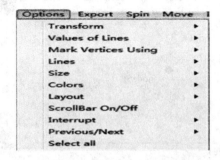

图 2-31　Pajek 的 Options 示意图

（1）Mark Vertices Using→Labels（Numbers），使用如 node1 或者 1 标记节点。这点可以灵活使用，通过替换结点的 Labels，显示同一个结点的不同属性值。

（2）Lines→Draw Lines→Edges，Arcs，该选项可以用来控制 Arcs 或者 Edges 的显示与否，由此可以控制图形的复杂度。

（3）Layout→Arrows in the Middle 控制箭头在 Arcs 的中间显示。

3. 使用 Pajek 显示分类效果

在 Networks 中选择 example.net 文件，在 Partitions 中选择 example.clu 文件，在菜单栏中选择 Draw→Draw Partition，得到如图 2-32 所示界面。

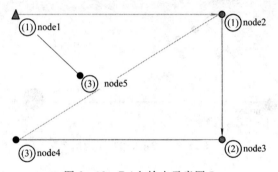

图 2-32　Pajek 输出示意图 5

从图 2-32 中可以看出，属于不同类的结点用不同的类别标记；(1)、(2)、(3)属于同一类别的结点用相同的颜色标记。

4. 使用 vec 文件对.net 文件中的结点说明所需的相关数据

例如：example.vec 定义如下

　　∗ Vertices 5

　　1 5

　　2 4

　　3 3

　　4 2

　　5 1

同时选择 example.net 和 example.vec，再选择 Draw→Draw-Vector，得到如图2-33所示界面。

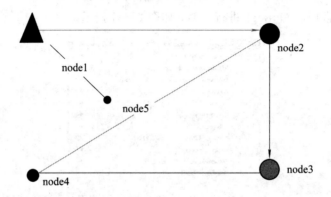

图 2-33　Pajek 输出示意图 6

从图 2-33 中可以看到，结点 1 到结点 5 的结点大小依次从大到小排列，正如 vec 文件中所定义的那样。

若同时选择.net、.vec、.clu 文件，Draw→ Draw-Partition-Vector，可以得到三者结合的效果，如图 2-34 所示。

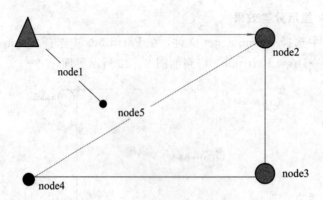

图 2-34　Pajek 输出示意图 7

2.8.4　Pajek 常用功能介绍

1. 度的计算

对于有向图来说，一个节点的度可分为入度和出度两类。节点 i 的入度定义为指向节点 i 的点的数目，出度为被节点 i 指向的节点的数目。出度和入度之和即为该节点的总的度。

对于无向图来说，只有总的度。

下面对有向图求入度，求出度和总的度的方法类似。

有向图 digraph. net 文件内容如下所示，其图形如图 2 - 35 所示。

```
* Vertices 4
1    "node1"
2    "node2"
3    "node3"
4    "node4"
* Arcs
1    2    3
2    1    2
3    2    5
3    4    1
4    1    2
4    3    3
```

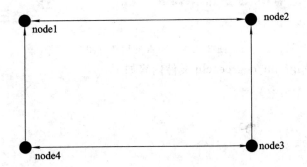

图 2 - 35　Pajek 输出示意图 8

在菜单栏中选择 Net→Partitions→Degree→Input（入度）（Output 表示出度，All 表示总的度，无向图中只有总的度），如图 2 - 36 所示。

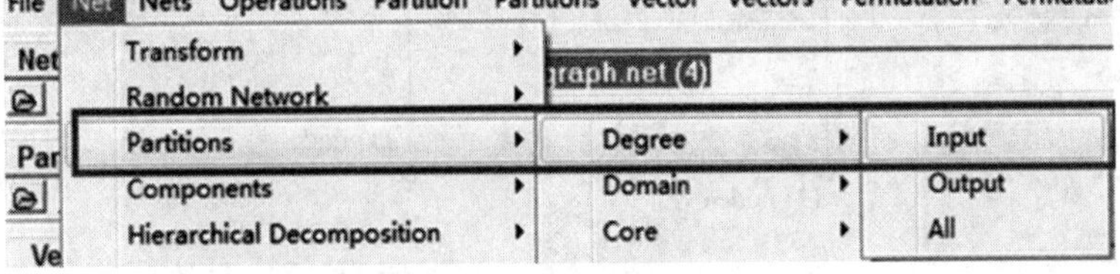

图 2 - 36　Pajek 使用示意图 1

结果会生成一个 Partitions 文件，它按照每个节点的度值为网络中所有的节点分类，而类的标号就是节点的度，如图 2-37 所示。

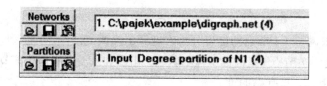

图 2-37　Pajek 使用示意图 2

此时可以将生成的 Partitions 文件保存，如图 2-38 所示。

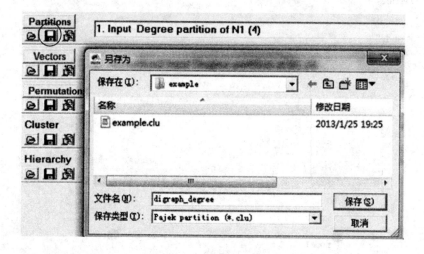

图 2-38　Pajek 使用示意图 3

同时，生成的 digraph_degree. clu 文件内容如下：

```
* Vertices 4
2
2
1
1
```

也可以将计算出的结果在图上显示出来，选择 Draw→Draw-Partition，得到如图2-39所示界面。从图中可以看出，拥有相同入度的节点会被分到同一个类中。

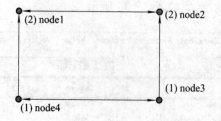

图 2-39　Pajek 输出示意图 9

对于一个非常复杂的网络，光凭肉眼很难判断哪些节点比较重要。此时，可以利用 Pajek 计算出复杂网络中各节点的度，根据各节点度的大小就可以很容易地判断其重要性。

2. 两点之间的距离

1）两点之间的最短距离

无权复杂网络中连接两个节点 i 和 j 的最短路径，即是找到这样一条路径，使得从节点 i 到 j 所经过的边数最少。对于有权复杂网络而言，如果考虑权值，即是使得这条路径所经过的各边的权值之和最小。

对图 2-40 求 node1 到 node2 之间的最短路径。

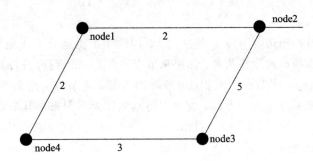

图 2-40　Pajek 使用示意图 4

选择 Net→Paths between 2 vertices→One Shortest（只显示一条路径），选择起点为 1、终点为 3 之后，且选择考虑权值，会生成一个 .net 文件，如图 2-41 所示。

图 2-41　Pajek 使用示意图 5

可以使用 Draw→Draw 将该路径显示出来，如图 2-42 所示。

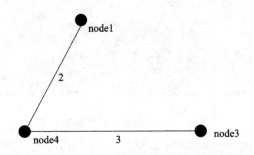

图 2-42　Pajek 输出示意图 10

实际上，一个复杂网络两个节点之间的最短路径可能并不止一条，可以使用 Net→Paths between 2 vertices→All shortest 得到两点之间所有的最短路径。

2）网络的直径

复杂网络中两个节点 i 和 j 之间的距离定义为连接两个节点的最短路径上的边数，而复杂网络中任意两个节点之间的距离的最大值叫做复杂网络的直径 D。

选择 Net→Paths between 2 vertices→Diameter，运行的结果在 Report 窗口中，如图 2-43 所示。

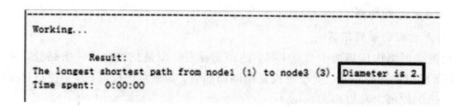

图 2-43　Pajek 输出示意图 11

3）k 近邻

如果节点 i 通过 k 条边与节点 j 相连，那么这两个节点就互为 k 近邻。对于有向图而言，则分为 k 出近邻和 k 入近邻两种。如果从节点 i 出发，沿着有向边的箭头所示方向，通过 k 条边可到达节点 j，则节点 j 为节点 i 的 k 出近邻，而节点 i 则为节点 j 的 k 入近邻。对于有向图来说，如果忽略边的方向，就可以将其当作无向图来求其节点的 k 近邻。

对于一个有向图，使用 Net→k-Neighbors→Output 的命令，在弹出的对话框中输入最长的 k 步距离，处理的结果是一个 Partitions 文件。生成的 Partitions 文件中，如果从 node4 出发，经过 2 条以内的出边可以到达节点 i，则节点 i 就为 node4 的近邻，它所属的类的编号就为这个最短步距。但是，如果 2 步以内不能到达节点 i，则节点 i 不是 node4 的近邻，它所属的类的编号即设为默认值 9999998。

下面以 example.net 为例，求 node4 的 2 近邻，如图 2-44 所示。

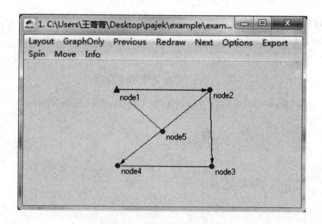

图 2-44　Pajek 输出示意图 12

选择 Net→k-Neighbors→Output，选择节点 4，距离为 2，如图 2-45 所示。

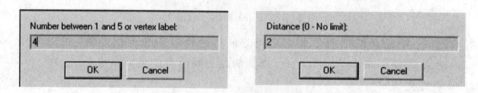

图 2-45　Pajek 使用示意图 6

生成的.clu 文件如下所示：

　　* Vertices 5

9999998

9999998

1

0

9999998

3. 网络图的遍历

1）深度优先搜索遍历

假设从复杂网络图的某一个节点 i 出发进行一次遍历，首先访问节点 i，再访问一个与 i 相邻的节点 j，接着访问一个与 j 相邻且未被访问的节点。以此类推，直至某个被访问节点的所有相邻节点均被访问过为止。然后退回到尚有相邻节点未被访问的节点 k，再从 k 的一个未被访问的相邻节点出发，重复上述的过程，直到复杂网络图中所有和 i 有相同路径的节点都被访问过。若此时复杂网络图中尚有节点未被访问（即该复杂网络图为不连通网络图），则另选一个未被访问的节点作为起始点，重复上述过程直至复杂网络图中所有的节点都被访问过为止。

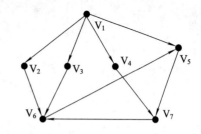

图 2-46　Pajek 使用示意图 7

对如图 2-46 所示的一个有向网络图进行遍历。

选择 Net→Numbering→Depth first→Strong，默认是对 V_1 进行深度优先搜索，生成一个 Permutations 文件，从而得到访问的顺序为 V_1，V_2，V_6，V_5，V_7，V_3，V_4。如果选择的是 Weak，则会将图当成无向图，得到的访问顺序为 V_1，V_2，V_6，V_3，V_5，V_7，V_4。

2）广度优先搜索遍历

假设从复杂网络图的某一个节点 i 出发进行一次遍历，首先访问节点 i，再访问所有与 i 相邻的节点 j_1，j_2，$\cdots$，j_k，接着访问一个 j_1，j_2，$\cdots$，j_k 的未被访问的相邻节点。以此类推，直至图中所有被访问过的节点的相邻节点都被访问过。若此时复杂网络图中尚有节点未被访问（即该复杂网络图为不连通网络图），则另选一个未被访问的节点作为起始点，重复上述过程直至复杂网络图中所有的节点都被访问过为止。

对图 2-4 所示的有向图进行广度优先搜索，选择 Net→Numbering→Breadth first→Strong，得到的搜索顺序为 v_1，v_2，v_3，v_4，v_5，v_6，v_7。

2.9　本 章 小 结

本章介绍了全书的信息学基础知识。由于本书围绕着生物网络进行建模，因此有必要了解信息学中的相关网络模型。本章首先介绍了以概率论为基础的网络模型，包括马尔科夫模型、隐马尔科夫模型和贝叶斯网络模型。随后介绍了两种抽象型网络模型，分别是 Petri 网和布尔网络。这两种计算模型已经广泛应用于实际科学问题中，也包括生物网络，有良好的信息理论基础。最后讲述了网络的分析方法，包括网络比对方法、网络聚类方法以及网络可视化方法。通过学习本章内容，读者能够理解一个生物问题如何抽象成网络模型、该网络模型如何分析以及展示等。

参 考 文 献

[1] Huang S. Gene expression profiling, genetic networks, and cellular states: an integrating concept for tumorigenesis and drug discovery[J]. Journal of Molecular Medicine, 1999, 77(6): 469－480

[2] Shmulevich I, Kauffman S A. Activities and sensitivities in Boolean network models[J]. Physical Review Letters, 2004, 93(4): 048701

[3] Derrida B, Pomeau Y. Random networks of automata: a simple annealed approximation[J]. EPL (Europhysics Letters), 1986, 1(2): 45

[4] 王向红, 等. 布尔网络动态行为研究. 浙江师范大学学报(自然科学版). 2012, 35(1): 47－53

第三章 大规模网络化数据的处理方法

在生物网络的构建中，通常面对的是大规模数据。对于大规模生物网络的构建和分析，本质上是对图进行处理。在这里，我们不区分网络和图的概念。本章主要从 Why、How、What 三个层面来分析图挖掘。Why——研究图挖掘的意义，How——研究图挖掘的一些方法与算法，What——研究图挖掘的一些工具与计算模型。

其中，3.1 节图问题概论主要着手于图挖掘的意义，3.2 节图问题的研究领域与算法，是从 How 的层面进行介绍，3.3 节介绍具有重要意义的社交网络分析，最后几节主要阐述处理图问题的一些工具与分布式图计算模型，如当下流行的、能有效处理大图的 MR - BSP 模型、GraphLab 与 GraphBuilder 分布式计算模型，这些模型都是实现云计算的强大基石。

3.1 图问题概论

图是最常用的数据结构之一，用以描述事物之间错综复杂的关系。在生物技术领域，图数据挖掘技术可以帮助生物学家减轻蛋白质结构匹配实验的代价；在小世界（社会）网络分析中，对小部分节点的高度局部聚类的挖掘，有助于理解如何能接触到其他人、设计网络，有利于信息或其他资源的有效传输，从而不用太多的冗余连接而使网络过载。概括而言，生物信息学（蛋白质结构分析、基因关系识别）、社会网络（实体间的联系）、Web 分析（Web 链接结构分析、Web 内容挖掘和 Web 日志搜索）以及文本信息检索等的迅速发展积累了大量图数据，对于图数据的挖掘逐渐成为研究领域的热点。一些诸如聚类、分类、频繁模式挖掘的传统数据挖掘研究逐渐拓展到图数据领域。正是由于这些应用的紧迫要求，对于图结构数据挖掘的研究已经成为目前数据挖掘领域的一个重要研究方向。

与此同时，图结构的复杂性和特殊性也成为研究的难点。

难点 1：图边的数量是顶点数量的指数倍。而具有规模超大的顶点和边数量的图数据愈来愈普遍，对存储提出了挑战。

难点 2：图同构问题一般认为不是 P 问题也不是 NPC 问题，虽然它明显是一个 NP 问题。判断两个大图是否同构非常困难，而图同构的概念却大量用在相关的图挖掘算法中。

难点 3：由于图的复杂性，使得图挖掘算法具有较高的计算复杂性，基于图的算法很难进行并行化。

难点 4：很多传统的数据挖掘算法无法应用到图数据中，需要重新设计合适的算法。由于图结构的复杂性，算法的设计要求高效性，并且对实验机器的配置要求较高。

在深入探讨这些话题前，我们先来严格定义一下图。在进行图数据挖掘技术的探讨之前，先给出图数据的一些相关定义。

图由节点的有穷集合 V 和边的集合 E 组成。其中，为了与树形结构加以区别，在图结构中常常将节点称为顶点，边是顶点的有序偶对，若两个顶点之间存在一条边，就表示这两个顶点具有相邻关系。

图有两种常见结构，一个是有向图，即每条边都有方向，另一个是无向图，即每条边都没有方向。

在有向图中，通常将边称做弧，含箭头的一端称为弧头，另一端称为弧尾，记作 $\langle v_i, v_j \rangle$，它表示从顶点 v_i 到顶点 v_j 有一条边。如图 3-1 所示为一有向图。

若有向图中有 n 个顶点，则最多有 $n(n-1)$ 条弧，我们将具有 $n(n-1)$ 条弧的有向图称做有向完全图。以顶点 v 为弧尾的弧的数目称做顶点 v 的出度，以顶点 v 为弧头的弧的数目称做顶点 v 的入度。

在无向图中，边记作 (v_i, v_j)，它蕴涵着存在 $\langle v_i, v_j \rangle$ 和 $\langle v_j, v_i \rangle$ 两条弧或二者取一。如图 3-2 所示为一无向图。若无向图中有 n 个顶点，则最多有 $n(n-1)/2$ 条弧，我们将具有 $n(n-1)/2$ 条弧的无向图称做无向完全图。与顶点 v 相关的边的条数称做顶点 v 的度。路径长度是指路径上边或弧的数目。若第一个顶点和最后一个顶点相同，则这条路径是一条回路。若路径中顶点没有重复出现，则称这条路径为简单路径。

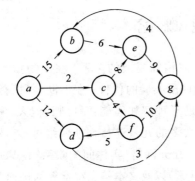

图 3-1 有向图

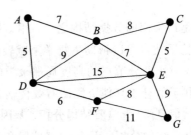

图 3-2 无向图

在无向图中，如果从顶点 v_i 到顶点 v_j 有路径，则称 v_i 和 v_j 连通。如果图中任意两个顶点之间都连通，则称该图为连通图，否则，将其中的极大连通子图称为连通分量。

在有向图中，如果对于每一对顶点 v_i 和 v_j，从 v_i 到 v_j 和从 v_j 到 v_i 都有路径，则称该图为强连通图；否则，将其中的极大连通子图称为强连通分量。

3.2　图问题的研究领域及算法

长期以来，图数据挖掘问题得到了广泛的研究，其主要研究领域有图的基本分析、图的匹配、关键字查询、频繁模式挖掘、图的聚类、图的分类等，其中图挖掘的定义来源于频繁模式挖掘，因此将对频繁模式挖掘作重点介绍。

3.2.1　图的基本分析

图的基本分析包含常见的最短路径、图的遍历、最小生成树等问题，以及意义重大的

PageRank 分析。

PageRank——网页等级度分析，2001 年 9 月被授予美国专利，专利人是 Google 的创始人之一拉里·佩奇（Larry Page）。

PageRank 根据网站的外部链接和内部链接的数量和质量来衡量网站的价值。PageRank 背后的概念是，每个到页面的链接都是对该页面的一次投票，被链接的越多，就意味着被其他网站投票越多，这就是所谓的"链接流行度"，即衡量多少人愿意将他们的网站和你的网站挂钩。PageRank 这个概念引自学术中一篇论文的被引述的频度，即被别人引述的次数越多，一般判断这篇论文的权威性就越高。

3.2.2　图的匹配

图匹配的过程是比较图之间结构相似度的过程。Conte 等总结了大量的图匹配算法[1]，同时描述了图匹配技术在模式识别及机器视觉领域的应用类型。图匹配可以分为精确的图匹配和非精确的图匹配。尽管精确的图匹配要求有数学上严格的描述，但是它在现实应用中往往并不实用。对于精确图匹配，常用的方法有图（子图）同构、最大公共子图、最小公共子图等；对于非精确图匹配，编辑距离是一种最直观的衡量图差异度的方式，该技术起源于字符串的匹配。其主要思想是通过编辑操作对结构差异进行建模，反映出不同结构之间可以经过适当的编辑操作而相互转化的特点，比如删除一个节点或修改边的属性。一套标准的编辑操作包括节点的插入、节点删除、节点替换、边插入、边删除、边替换等。针对编辑距离，Myers 等基于贝叶斯的思想对编辑距离的概率分步进行建模，取得了很好的效果；Justice 等第一次提出了基于二项线性规划（Binary Linear Program，BLP）计算图编辑距离（Graph Edit Distance，GED）的算法，并且对于编辑代价的选择给出了一种很好的解决方案。

3.2.3　图数据中的关键字查询

基于图数据的关键字查询技术面临越来越多的挑战，包括查询语义学、排位的准确率、查询的效率等。一般地，图查询使用一个图模式（检索图）作为输入，从含有相同或类似图模式的数据库中检索图，从而搜索到构成检索图的各个图模式。针对大规模的图数据库，关键字查询技术主要面临两个挑战：如何有效地挖掘图结构和如何查找包含所有查询关键字的子图结构。很多图搜索算法的关键字查询结果是一个至少包含每个匹配关键字的节点集合中一个节点的最小有根树。为了衡量查询结果的好坏，对最小有根树进行边和节点的分解，首先分别对每一条边和每一个节点打分，然后通过计算这棵树结构的整体得分获得这棵树的结构信息，从而作为查询结果的效果度量。总的来说，图数据的关键字查询算法可以分为两类：一类是通过挖掘图的连接结构找到匹配的子图结构，代表的算法为 BANKS[2]和双向查询算法[3]，但这些方法的典型缺陷是由于研究者并不知道图的整体结构，也不知道关键字在图中的分布，进行图挖掘带有一定的盲目性；另一类算法为 BLINKS 基于索引，它使用索引指导图挖掘，并且支持向前跳跃式搜索。

3.2.4　频繁模式挖掘

频繁模式即在数据集中出现的频数不低于某个阈值的模式，常见的模式有项集、子序列和子结构。例如基于购物篮的分析中，糖和鸡蛋在事务数据集中频繁地一起出现，则糖和鸡蛋的集合属于频繁项集，糖、鸡蛋都是该项集中的项。如果限制项集中的顺序，比如先买电脑，再买移动硬盘，则称之为序列，频繁出现的序列即为频繁序列模式。而子结构涉及子图、子树或子格，是一种复杂的结构数据。

频繁模式的发现对于社会关系挖掘以及其他数据间关系的挖掘都有重大的意义。而且，它还有助于数据检索、分类、聚类及其他数据挖掘任务的执行。目前，频繁模式的挖掘也是数据挖掘的一个焦点。本节只着重介绍频繁子图的挖掘，以下提及的模式，如无特别说明，特指子图。

频繁子图挖掘(Frequent Subgraph Mining) 是指在图集合中挖掘公共子结构，常见的频繁子图挖掘算法可以分为 4 类：基于 Apriori 的算法、基于模式增长的算法、基于模式增长和模式归约算法以及基于最小描述长度的近似算法。

基于 Apriori 的频繁结构挖掘算法包括 AGM（Apprioribased Graph Mining)[4]、FSD (Frequent Subgraph Discovery)[5]、路径连接算法[6]等。AGM 算法以递归统计为基础，通过在每一步增加一个节点来扩展子结构的规模，可以挖掘出所有的频繁子图，特别是对于合成密集型数据集具有良好的性能。FSD 算法对 AGM 算法进行了改进，每次添加一条边而不是顶点，加强了候选子图的剪枝，并在计算候选子图的支持度时采取了一定的优化措施，执行效率较 AGM 有所提高。虽然只限用于连通图，但由于现实中很多应用均可以转换为连通图，所以 FSD 这个限制并未影响到它的应用范围。

基于模式增长的频繁结构挖掘算法包括 gSpan[7]、FFSM（Fast Frequent Subgraph Mining)[8]、Close Graph[9]等。这些算法均通过逐步扩展频繁边得到频繁子图。为了减少冗余候选子图的产生，Yan 等首次提出了基于深度优先搜索（Depth First Search ，DFS）及最右路径扩展技术生成频繁子图的算法 gSpan。gSpan 通过对访问过的顶点集合反复扩展，建立一个完全的深度优先搜索树。由于 gSpan 扩展时只对最小的 DFS 编码进行最右扩展，所以有效地减少了复制图的产生。Yan 等之后又提出了 CloseGraph 算法，这种算法不仅能够减少不必要的生成子图，而且在挖掘大型图数据集时也能充分提高挖掘的效率。此外，Huan 等提出了采用深度逐层递归来挖掘频繁子图的算法 FFSM。FFSM 算法能够回避图与图之间直接的同构测试，通过使用一种代数图方法高效地处理子图同构的基本问题，它的性能优于 gSpan 算法。

基于模式增长和模式归约的精确稠密频繁子结构挖掘算法包括 CloseCut 及 Splat 等。CloseCut 和 Splat 就是用于在大型关系图中挖掘具有连通性约束的闭频繁图模式，它们采用边连通性的概念并运用相关的图论知识来加速挖掘过程。CloseCut 是一种基于模式增长的算法，而 Splat 是一种模式归约的算法。

基于最小描述长度的近似频繁子结构挖掘算法有 SUBDUE 等。SUBDUE 是一个基于图的学习系统，它采用贪心策略，根据最小描述长度（Minimum Description Length，MDL)原则挖掘近似的频繁子结构，同时，它还支持近似子结构的发现。SUBDUE 的特色就在于它可以根据先验知识对 MDL 的计算方法进行修改，从而可以灵活地应用到实际问题中，比如社会关系网络图等本身定义就很模糊的领域。

3.2.5　图的聚类

目前，图聚类算法研究主要有两个研究方向：节点聚类(Node Clustering)和对象聚类(Object Clustering)。一个图数据库可以只包括一个大图，也可以由很多相对小的图构成。针对前者，聚类的对象就是图中有密切联系行为的节点，图聚类的目的类似于图分割、子图探索等，Flake 等讨论了一系列图节点聚类的算法。针对后者，聚类的对象就是图本身，此时图之间的距离可以根据结构性相似函数来衡量，比如编辑距离，也可以选择使用类似于频繁模式的结构特征来衡量。Aggarwal 等使用文档结构进行图聚类。此外，一些传统的技术，诸如基于距离的结构化方法、基于概要信息的结构化方法，已经拓展到结构化数据的聚类算法中。

3.2.6　图的分类

图分类是图挖掘的一个重要研究分支，根据是否提供了训练元组的类标号，可分为无监督分类和有监督分类。总的来说，目前的图分类方法主要包括基于频繁模式的分类方法、基于概率子结构的分类方法及基于图核函数的分类方法。使用频繁子结构(频繁子图)作为分类特征进行分类的算法，一般包含 3 个主要步骤：挖掘频繁子图，选择分类特征，构造分类模型。图核是两个标号图之间的相似性度量。最主流的图核有两种：一种是基于游走的图核(Walk-based Graph Kernel)；一种是基于循环的图核(Cyclic-based Graph Kernel)。Horvath 等基于核函数提出了一种根据图中环模式集合和树模式集合定义图核函数，然后利用支持向量机进行分类的方法。然而，图核函数的计算往往只适用于环个数被某一常数所限的图。

3.2.7　社交网络分析

社交网络，即网络＋社交的意思，通过网络这一载体把人们连接起来，从而形成具有某一特点的团体。

SNA(Social Network Analysis，社交网络分析)已经成为一个关键技术，也是一项热门的研究。一个多世纪以来，人们使用社交网络来比喻复杂的社交系统下成员之间的关系，囊括了所有层级，以及从人际关系到国际关系。1954 年，J. A. Barnes 开始使用这个术语，系统化地呈现关系模式，统整了大众与社会科学家的传统概念：有限制的群体(例如部落、家庭)和社会分类(例如性别、种族)。

社交网络分析是大数据分析的一个分支，就是对信息化的社会网络下产生的大量数据进行分析，得出网络中人际关系及相关的信息。这些分析包括用户行为分析、关键用户分析、话题分析、用户情绪分析等。

如图 3-3 所示的社交网络分析，利用 PageRank 分析某人的知名度。

在社交网络中蕴含着大量的数据价值，这也必然促生了社交网络分析，如：

(1) Facebook 全球活跃用户已超过 5 亿；

(2) 每天全球有 1.1 亿条微博发出；

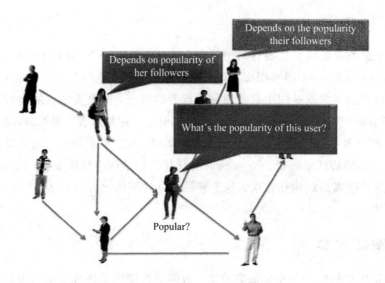

图 3-3　社交网络分析

（3）Facebook 的主机存储着约 100 亿张照片，占据 PB 级存储空间；

（4）Ancestry.com，一个家谱网站，存储着 2.5PB 数据。

通过社交网络分析个人的网络地图，为企业建立可视化、可测量的模型，挖掘人们在联络、信息流动与价值交换等互动过程中潜藏的商业智能，企业可以在员工、商业伙伴的管理及与客户关系方面获得新的洞察力，从中获得商机，规避风险。企业社交网络的商业价值如图 3-4 所示。

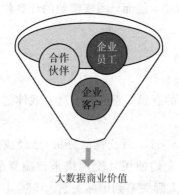

图 3-4　企业社交网络的商业价值

社交网络分析对于一个企业商业的价值如下：

首先，着眼于企业员工的分析。着眼于员工，探索网络中人与人之间的交流以及信息流动所预示的意义，建立企业视景，探索哪些员工对企业的经营业绩贡献最大，哪些员工的工作超负荷或者面临瓶颈，哪些员工的突出能力未被企业发掘和利用。

其次，着眼于商业伙伴的分析。查看与商业伙伴之间发生的交易和关系是否将会创造经济利益，能够帮助企业更好地了解哪些商业伙伴的行为符合企业对他们的要求，哪些商业伙伴在价值网络中非常清楚他们的角色和位置，哪些商业伙伴拥有某些无形价值而未被企业发掘和利用。

最后，着眼于客户关系网的分析。识别在社群中拥有影响力的个人、团体或某种趋势，帮助企业了解哪些客户或群体中的哪些成员能够影响其他客户和事情的前景，哪些人是潜在的将严重影响客户满意度的人，哪些人在推动产品和技术的革新方面拥有特殊的影响力。

3.3　图分析的发展——大数据时代的到来

最早提出"大数据"(Big data)时代到来的是全球知名咨询公司麦肯锡，麦肯锡称："数据，已经渗透到当今每一个行业和业务职能领域，成为重要的生产因素。人们对于海量数据的挖掘和运用，预示着新一波生产率增长和消费者盈余浪潮的到来。""大数据"在物理学、生物学、环境生态学等领域以及军事、金融、通信等行业存在已有时日，却因为近年来互联网和信息行业的发展而引起人们关注。

随着云时代的来临，大数据也吸引了越来越多的关注。著云台的分析师团队认为，大数据通常用来形容一个公司创造的大量非结构化和半结构化数据，这些数据在下载到关系型数据库用于分析时会花费过多的时间和金钱。大数据分析常和云计算联系到一起，因为实时的大型数据集分析需要像 MapReduce 一样的框架来向数十、数百甚至数千台电脑分配工作。

"大数据"在互联网行业指的是这样一种现象：互联网公司在日常运营中生成、累积的用户网络行为数据，这些数据的规模是如此庞大，以至于不能用 GB 或 TB 来衡量，大数据的起始计量单位至少是 PB(1000 个 TB)、EB(100 万个 TB)或 ZB(10 亿个 TB)。

大数据到底有多大？一组名为"互联网上一天"的数据告诉我们，一天之中，互联网产生的全部内容可以刻满 1.68 亿张 DVD；发出的邮件有 2940 亿封之多(相当于美国两年的纸质信件数量)；发出的社区帖子达 200 万个(相当于《时代》杂志 770 年的文字量)；卖出的手机为 37.8 万台，高于全球每天出生的婴儿数量 37.1 万，全球互联网用户已经超过 20 亿，2013 年互联网流量达到 667Exabytes！当我们还在将大数据技术应用与卫星云图、地震预警、生物制药等"高科技"划等号的时候，其实我们已经进入了大数据时代：Facebook 每天需要处理 10TB 的用户数据，Twitter 每天产生 7TB 数据，企业已经置身于一个数据爆炸的社会化商务时代。

截至 2012 年，数据量已经从 TB(1024GB＝1TB)级别跃升到 PB(1024TB＝1PB)、EB(1024PB＝1EB)乃至 ZB(1024EB＝1ZB)级别。国际数据公司(IDC)的研究结果表明，2008 年全球产生的数据量为 0.49ZB，2009 年的数据量为 0.8ZB，2010 年增长为 1.2ZB，2011 年的数据量更是高达 1.82ZB，相当于全球每人产生 200GB 以上的数据。而到 2012 年为止，人类生产的所有印刷材料的数据量是 200PB，全人类历史上说过的所有话的数据量大约是 5EB。IBM 的研究称，整个人类文明所获得的全部数据中，有 90% 是过去两年内产生的。而到了 2020 年，全世界所产生的数据规模将达到今天的 44 倍。

伴随着大数据时代的到来，图数据也迎来了大规模时代。以互联网和社交网络为例，近十几年来，随着互联网的普及和 Web 2.0 技术的推动，网页数量增长迅猛。据 CNNIC 统计，2010 年中国网页规模达到 600 亿，年增长率为 78.6%，而基于互联网的社交网络也后来居上，如全球最大的社交网络 Facebook，已有约 7 亿用户，国内如 QQ 空间、人人网等，发展也异常迅猛。

真实世界中实体规模的扩张，导致对应的图数据规模迅速增长，动辄有数十亿个顶点和上万亿条边。本处所指的大规模强调的是单个图的大规模性，通常包含 10 亿个以上顶点。这样大规模的图对海量数据处理技术也提出了巨大挑战。以搜索引擎中常用的 PageRank 计算为例，一个网页的 PageRank 得分是根据网页之间相互的超链接关系计算而得到的。将网页用图顶点表示，网页之间的链接关系用有向边表示，按邻接表形式存储 100 亿个图顶点和 600 亿条边，假设每个顶点及出度边的存储空间占 100 字节，那么整个图的存储空间将超过 1TB。如此大规模的图，对其进行存储、更新、查找等处理的时间开销和空间开销远远超出了传统集中式图数据管理的承受能力。针对大规模图数据的高效管理，如存储、索引、更新、查找等，已经成为急需解决的问题。

针对图向大数据的演化，诞生了一些分布式图计算模型，这些模型是处理大数据图的有效利器，如 Google 的 Pregel、中国移动研究院的 MR - BSP、CMU 的 GraphLab、Intel 的 GraphBuider，这些并行模型也是接下来将要介绍的重点。

3.4　单机分析工具

在介绍用于大数据图的分布式图模型前，先介绍几种用于小型或中型规模的图分析的利器：Pajek、UCINET、NetworkX 和 NetMiner 3。

3.4.1　Pajek

在 2.8 节中已经介绍了 Pajek 的用法，这里简单介绍如何用 Pajek 分析大规模网络数据。Pajek 软件是可以处理节点数大于 100 万的大型网络，同时具有网络分析和可视化功能的软件，属于高端学术类软件，由 Andrej Mrvar 等于 1996 年开发。该软件可以从网上免费获取，限于非商业运用[11]。该软件设计的目标主要有以下几点[12]：

(1) 将一个大网络分解为多个子网络，这些子网络可以单独显示，从而有助于进一步精确的分析。

(2) 为使用者提供强大的可视化工具。

(3) 为大型网络提供有效的分析算法。

Pajek 软件的结构完全基于六大数据结构及数据结构之间的转换：网络（NetWorks），是 Pajek 的主要处理对象，包括节点和边；分类（partitions），指明每个节点所属的类；排列（permutations），将节点重新排序；聚类（clusters），节点的子集；层次（hierarchies），按照层次关系排序的节点；向量（vectors），指明节点所具有的数字属性（实数）。其中排列、分类、向量可以存储节点的属性，例如顺序、实名、数值等。PAJ 文件可以存储任何一种数据格式。

Pajek 提供了多种数据输入方式，例如可以直接定义一个网络，这种做法通常适合较小的网络，可以从网络文件中导入 ASCII 格式的网络数据，也可以导入来自其他软件的数据，例如 UCINET 的文件。网络文件中包含节点列表和弧/边（arcs/edges）列表，可以高效率地输入大型网络数据。每个数据对象都拥有它自己的描述方法。其中，很多方法可以用于描述网络、实例、度的计算、深度、核心或类、中心度、发现关系类型（强、弱、链接、对称）、路径或流、结构空洞和对两个网络的一些二元操作。

如图 3-5 所示是使用 Pajek 分析 FlashP2P 系统性能的一个案例。

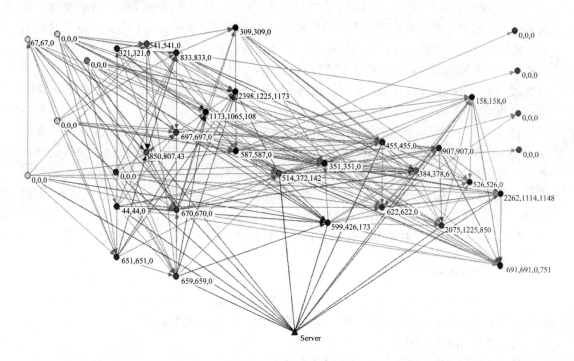

图 3-5　Pajek 绘图实例

图 3-5 中，圆形节点表示客户端，下方的三角形表示服务器，客户端可以向服务器请求资源，亦可以向另一客户端通过 P2P 模式请求资源，为了能使 P2P 占有率最高能达到 80%，从而减轻服务器负担，可使用 Pajek 构建客户节点与服务器节点的资源请求关系视图，进而分析整个系统的性能，并提出改进措施。

节点的位置与颜色表征了拥有资源的多少，越是靠右的节点，所含资源越多，节点上的权值有 3 个字段，分别为在某一时段向他人（包括服务器）请求资源的总次数、成功次数、失败次数。

使用 Pajek 构建这样一个资源请求视图，能很直观地观察系统的运行状态，从而对系统的方案设计提出相应的改进。

3.4.2　UCINET

UCINET 是目前最广为人知，也是被使用最多的网络分析软件，属于高端学术类软件。它最初由加州大学欧文分校（University of California at Irvine）的社会网络权威学者 Linton Freeman 编写，后来主要由波士顿大学的 Steve Borgatti 和威斯敏斯特大学的 Martin Everett 维护更新。UCINET 最大可以处理 32 767 个节点的网络数据，但是节点数为 5000～10 000 时，速度就变得很慢了。该软件可以免费使用 60 天。

UCINET 的数据格式都是矩阵形式存储的，一个数据集通常包含两个文档[13]，一个包含的是实际的数据，另一个包含的是数据的相关信息。UCINET 的数据集可以直接导入，也可以在 UCINET 中编辑，或者使用 data 菜单中的 spreadsheet 转化成 UCINET 需要的数据。可以被转化的数据类型主要包括 ASCII 数据、以 DL 形式存储的 ASCII 数据、

Excel 数据，以及来自 KrackPlot、NEGOPY 和 Pajek 的数据。

UCINET 提供了包括子集选择、合并、排序、变换、数据再编码等在内的数据管理和处理工具。值得注意的是，UCINET 的数据不仅可以带有数据属性值，而且可以处理缺失值。此外，因其含有强大的矩阵代数语言，可以自由处理一模、二模数据。UCINET 可以画散点图、系统图和树状图，并以 BMP 格式存储，但本身并没有图形可视化程序，而是通过集成 NetDraw、Pajek、Mage 实现可视化。此外，UCINET 的数据还可以通过 KrackPlot 进行可视化。

UCINET 中包括社团发现和区域（regions）分析、中心性（centrality）分析、个体网络（ego network）分析和结构洞（structure holes）分析等网络分析程序，还包含了为数众多的基于过程的分析程序，如聚类（cluster）分析、多维量表（multidimensional scaling）、二模标度（奇异值分解、因子分析和对应分析）、角色和地位分析（结构、角色和正则对等性）和拟合中心-边缘模型，以及中位数、标准偏差、回归分析、方差分析、自相关、QAP 矩阵相关、回归分析、t 检验等从简单统计到拟合基于置换的 p1 模型在内的多种统计程序。

3.4.3 NetworkX

NetworkX 是基于 Python 的软件包，是为创建、操作、研究复杂网络的结构特性、动态特征和功能特点而设计的。NetWorkX 虽然不像上面两个软件那样广为人知，却是少有的专为复杂网络设计的软件。

NetworkX 主要有以下几个方面的特点[14]：

（1）基于标准图论和统计物理。

（2）包含了很多经典的图和合成网络。

（3）节点和边可以是"任意"的，也可以是时间序列、图像、XML 记录等。

（4）在原有高质量软件的基础上开发而成。

（5）它是开源的。

（6）可以在多种系统平台上运行，如 Linux、Mac OSX、Windows XP/2000/NT 等。

NetWorkX 使用"dictionary of dictionaries of dictionaries"（简写为 dict-of-dicts-of-dicts）数据格式，这使得它非常适合稀疏网络。有向图有两个 dict-of-dicts-of-dicts 结构，一个关于接收节点，另一个关于发出节点。多边无向图或多边有向图采用"dictof-dicts-of-dicts-of-dicts"格式，其中第 3 个"dict"是边的标识，第 4 个"dict"是边的属性[15]。图形对象的创建可以通过 Graph generators 来进行，或者从现有的资源中导入数据，例如矩阵列表、边的列表、GML、GraphML、LEDA 等，或者通过添加节点和边的方式进行。在 NetWorkX 中添加节点，可以单个添加，也可以批量添加，如含有节点的列表、节点集、图形、文件等。边的添加与之类似。

NetWorkX 提供的基本图形类型有 Graph（无向图）、DiGraph（有向图）、MultiGraph（多边无向图）、DimultiGraph（多边有向图）。所有的图形都用 boolean 属性描述图形的有向性、权重、多边图等性质。NetWorkX 可以进行最短路径计算、广度优先聚类、同构分析、社团发现、个体网络分析、差异性分析、中心性分析等。中心性分析包括节点介数、边介数、度、接近度等，基本没有统计功能。Pajek、UCINET、NetMiner 都是菜单驱动的，但 NetWorkX 是通过命令行来进行操作的，相对增加了使用的难度。

3.4.4　NetMiner 3

NetMiner 3 是由 Cyram Co., Ltd. 开发的，是一款商业软件，也免费提供功能简单的学生版软件，但是需要通过身份认证才能获得许可密钥，还有 14 天的评估版。根据适用的网络大小，NetMiner 共有 5 种许可密钥，其中大型网络可以处理 100 000 个节点，1 000 000 条链接，巨型网络可以处理 1 000 000 个节点，10 000 000 条链接。NetMiner 是一款把社会网络分析和可视化探索技术结合在一起的软件工具。它允许使用者以可视化和交互的方式探查网络数据，以找出网络潜在的模式和结构。当前版本 3.4.0.d 是 2009 年 9 月 24 日更新的，最新版添加了 3D 图形可视化展示，并且提升了软件处理速度，对大型网络进行自我网络、k-core 等计算从几个小时降到一分钟以下[16]。

NetMiner 采用了一种优化了的网络数据类型，包括 3 种类型的变量：邻接矩阵（称做层）、联系变量和行动者属性数据。

数据可以通过以下 3 种方式添加：

（1）直接通过"建立矩阵编辑器"，该功能类似于 UCINET 的 spreadsheet 编辑器；

（2）通过导入 Excel 数据表格、CSV 或者 UCINET DL 文件；

（3）打开包含 3 种数据变量值的 NetMiner 数据文件、NTF 文件。

导出的数据可以存储为 NTF 文件，或者导成 Excel、CSV 及 UCINETDL 文件。NetMiner 包含数据转换、再编码、对称处理、对分检索等数据处理功能。其缺点是不允许指定缺省值。

NetMiner 拥有可与 Pajek 和 NetDraw 类比的可视化功能，并且所有的结果可以以文本和图形两种方式呈现。网络图形的绘制基于 spring-embedding 算法、多维量表算法，分析处理程序包括节点中心性、聚类等，以及环绕布图和随机布图等小程序。spring-embedding 的两大算法 Kamada-Kawai 和 Fruchterman-Reingold 用于 NetMiner 可视化。Kamada-Kawai 算法意在得到各个点的坐标，从而计算欧氏距离，该算法和 Pajek 中的 Kamada-Kawai 算法非常相似。NetMiner 也可以根据需要设置节点的颜色、形状、大小。节点的大小反映被引数量，节点越大被引率越高。NetMiner 支持 3D 可视化，包含一个图形编辑器支持自动布图和人为绘制。所有的可视化展示可以以 EPS、GIF、JPEG、PDFPNG、EMF 等格式存储。

NetMiner 具有影响力、结构洞等关系，以及邻近结构分析、子图布局、中心性分析、派系分析、核分析、社团发现等基本的复杂网络分析功能。同 Pajek 一样，NetMiner 可以计算输入、输出及双向接近度，但是 UCINET 只能计算无向图的接近度。此外，还包含为数众多的基于过程的分析程序，如聚类（cluster）分析、多维量表（multidimensional scaling）、矩阵分解、对应分析、结构对等分析等。NetMiner 作为一款网络挖掘分析和可视化工具，可以对数据进行有效的管理，进行 What-if 分析、交互的可视化分析，此外它还嵌入了强大的统计程序和图表。NetMiner 支持一些标准的统计过程，如描述性统计、ANOVA、相关和回归，以及拟合优度统计、t 检验等。

4 种绘图软件的对比如表 3-1 所示。

表 3 - 1　4 种绘图软件的对比

功能	Pajek	UCINET	NetworkX	NetMiner 3
特征参数	√	√	√	√
统计模型	×	√	×	√
社团发现	×	√	√	√
动态网络	√	×	√	×
可视化	√	×	√	√

3.5　大图分析——分布式图计算模型介绍

本节主要介绍几种用于大数据图分析的图计算模型，如 MR - BSP、GraphLab、GraphBuilder。

3.5.1　MR - BSP

MR - BSP 是一种基于 MapReduce 大同步并行计算模型，顾名思义它是基于 MapReduce 模型改进而来的。在该模型中，MapReduce 作业执行计划分为 Map 和 Reduce 两个阶段，也称之为一次 MR 过程，MR 过程中每个阶段内部的异步并行任务（$Map_0 \sim Map_m$ 或者 $Reduce_0 \sim Reduce_n$）都运行在易并行的理想模式下（所谓易并行模式是指：若干并行任务可以在互斥的输入集划分上无通信代价地独立执行）。

在 Map 阶段，输入数据被自动切分成等大小的独立输入片段 $Split_0 \sim Split_m$（Split 的默认值是 64 MB，和底层分布式系统存储块等大小，这种策略避免了因 Split 跨越块边界而可能引发的数据传输导致的网络代价），输入片段是若干键值对构成的集合。MapReduce 并行处理框架会依据数据本地化优化策略将 $Map_0 \sim Map_m$ 分布到输入片段所在的执行节点上运行，执行过程中 $Map_0 \sim Map_m$ 之间不存在任何依赖关系，无需通信交互，符合易并行的形式化定义，其产生的中间结果是新的键值对集合。

在 Reduce 阶段，由 $Map_0 \sim Map_m$ 产生的中间结果经过按输出键分区操作后（默认是采用散列分区的方式，在输入数据集的分布不偏斜的情况下，散列能得到分散均匀的中间结果分区）产生的中间结果分区 $Part_0 \sim Part_n$ 作为 $Reduce_0 \sim Reduce_n$ 的输入。执行过程中 $Reduce_0 \sim Reduce_n$ 之间不存在任何依赖关系无需通信交互，符合易并行的形式化定义，最终 $Reducen$ 的输出结果会自动被持久化到底层存储介质上（默认是 HDFS）。

Map 阶段和 Reduce 阶段之间是串行同步的，存在一个相对用户透明的隐式同步和通信过程。Reducer 必须等到最后一个 Mapper 执行完毕后才开始执行（但是，其中 Mapper 产生中间数据的 Shuffle 过程是与 Mapper 以重叠方式执行的，即任一个 Mapper 结束后，Reducer 就可以 Shuffle 中间结果，这样可以缩短并行流水处理的长度，提高处理的效率）。如果一个并行应用需要使用多趟 MR 过程，那么一次 MR 过程与下一次 MR 过程之间也是链式串行同步的。通信和数据交互也仅发生在一次 MR 过程中的 Map 阶段和 Reduce 阶段之间以及多趟 MR 过程之间。

然而，图问题的并行计算中存在一定的依赖性，并行操作间有通信或同步的需求，基于图问题的词特征、图问题并不适合用 MapReduce 模型来处理。

基于此背景，新加坡国立大学伍赛教授与西北工业大学潘巍教授等领导的课题小组提出了在 Mapreduce 模型基础之上引入 BSP 模型[17]，来有效地弥补 Mapreduce 原有的不足。

如图 3-6 所示为 Mapreduce 模型和引入 BSP 模型后的 MR-BSP 模型。

BSP（大同步计算）是一种消息传递机制，大同步计算模型中，一个并行作业由一系列超级步（Supersteps）组成，每个超级步构成一个相并行（Phase Parallel）。大同步计算主要由 3 个有序的部分构成：

（1）易并行计算，超级步内各任务独立的异步并行执行；

（2）通信，并行任务在超级步结束前利用消息传递机制完成数据的交互；

（3）障栅同步，同步等待同一个超级步内所有并行任务的交互全部完成，整个并行才可以向下一个超级步移动，进入下一轮的相并行。从图 3-6(b) 中可以看到，支持 BSP 模型的 Mapreduce 并行处理框架和原始的 Mapreduce 并行处理框架在整体框架逻辑上保持一致。从宏观的角度观察，如果将一次 MR 过程的整个 Map 阶段视为一个超级步，整个 Reduce 阶段视为另一个超级步，两个阶段间的 Shuffle 过程视为超级步间的障栅同步和通信过程，那么其实 MapReduce 本身也是符合大同步计算的。

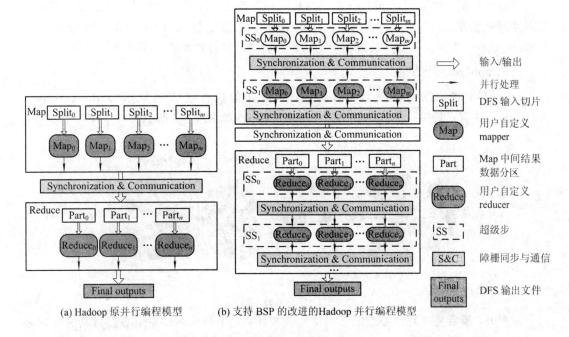

(a) Hadoop 原并行编程模型　　(b) 支持 BSP 的改进的 Hadoop 并行编程模型

图 3-6　BSP 并行图计算模型[17]

3.5.2　GraphLab

MapReduce 框架的出现，促进了并行计算在互联网海量数据处理中的广泛应用，而针对海量数据的机器学习对并行计算的性能、开发复杂度等提出了新的挑战。

机器学习算法，包含图算法具有下面两个特点：数据依赖性强，运算过程各个机器之间要进行频繁的数据交换；流处理复杂，整个处理过程需要多次迭代，数据的处理条件分支多。

MapReduce 是典型的 SIMD 模型，Map 阶段集群的各台机器各自完成负载较重的计算过程，数据并行度高，适合完成类似矩阵运算、数据统计等数据独立性强的计算，而对于机器学习类算法并行性能不高。

另一个并行实现方案就是采用纯 MPI(Native MPI)的方式。纯 MPI 方式通过精细的设计将并行任务按照 MPI 协议分配到集群机器上，并根据具体应用在计算过程中进行机器间的数据通信和同步。纯 MPI 的优点是，可以针对具体的应用进行深度优化，从而达到很高的并行性能。但纯 MPI 存在的问题是，针对不同的机器学习算法需要重写其数据分配、通信等实现细节，代码重用率低，机器拓展性能差，对编程开发人员的要求高，而且优化和调试成本高。因而，纯 MPI 不适合敏捷的互联网应用。

为解决机器学习的流处理，Google 提出了 Pregel 框架，Pregel 是严格的 BSP 模型，采用"计算-通信-同步"的模式完成机器学习的数据同步和算法迭代。Goolge 曾称其 80％的程序使用 MapReduce 完成，20％的程序使用 Pregel 实现。因而，Pregel 是很成熟的机器学习流处理框架，但 Google 一直没有将 Pregel 的具体实现开源，外界对 Pregel 的模仿实现在性能和稳定性方面都未能达到工业级应用的标准。

2010 年，CMU 的 Select 实验室提出了 GraphLab 框架，GraphLab 是面向机器学习的流处理并行框架。同年，GraphLab 基于最初的并行概念实现了 1.0 版本，在机器学习的流处理并行性能方面得到很大的提升，并引起业界的广泛关注。2012 年，GraphLab 升级到 2.1 版本，进一步优化了其并行模型，尤其是自然图的并行性能得到了显著改进。

1. GraphLab 并行框架

GraphLab 将数据抽象成 Graph 结构，将算法的执行过程抽象成 Gather、Apply、Scatter 三个步骤。其并行的核心思想是对顶点的切分，以图 3-7 所示为例子作一个说明。

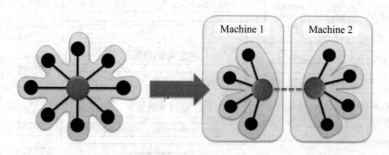

图 3-7　图的分割

示例中，需要完成对中心点的邻接顶点求和计算，串行实现中，中心点对其所有的邻接点进行遍历，累加求和。而在 GraphLab 中，将中心点进行切分，中心点的边关系以及对应的邻接点部署在两台处理器上，对各台机器上并行进行部分求和运算，然后通过 master 顶点和 mirror 顶点的通信完成最终的计算。

2. 数据模型 Graph

顶点是数据模型的最小并行粒度和通信粒度，边是机器学习算法中数据依赖性的表现方式。对于某个顶点，其被部署到多台机器上，一台机器作为 master 顶点，其余机器作为 mirror。master 作为所有 mirror 的管理者，负责给 mirror 安排具体计算任务；mirror 作为该顶点在各台机器上的代理执行者，与 master 数据保持同步。对于某条边，GraphLab 将其唯一部署在某一台机器上，而对边关联的顶点进行多份存储，解决了边数据量大的问题。

同一台机器上的所有 edge 和 vertex 构成 local graph，在每台机器上，存在本地 id 到全局 id 的映射表。vertex 是一个进程上所有线程共享的，在并行计算过程中，各个线程分摊进程中所有顶点的 Gather→Apply→Scatter 操作。

如图 3-8 所示的例子说明 GraphLab 是如何构建 Graph 的。

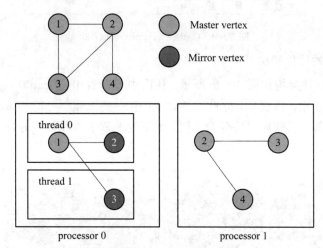

图 3-8　Graph 的构建形式

3. 执行模型 Gather - Apply - Scatter

每个顶点每一轮迭代经过 Gather→Apple→Scatter 三个阶段。

（1）Gather 阶段。

工作顶点的边（可能是所有边，也可能是入边或者出边）从邻接顶点和自身收集数据，记为 gather_data_i，各个边的数据 GraphLab 会求和，记为 sum_data。这一阶段对工作顶点、边都是只读的。

（2）Apply 阶段。

Mirror 将 Gather 计算的结果 sum_data 发送给 master 顶点，master 汇总为 total。Master 利用 total 和上一步的顶点数据，按照业务需求进行进一步的计算，然后更新master 的顶点数据，并同步 mirror。在 Apply 阶段中，工作顶点可修改，边不可修改。

（3）Scatter 阶段。

工作顶点更新完成之后，更新边上的数据，并通知对其有依赖的邻接顶点更新状态。在 Scatter 过程中，工作顶点只读，边上数据可写。

在执行模型中，GraphLab 通过控制 3 个阶段的读写权限来达到互斥的目的。在Gather 阶段对顶点与边只读，Apply 对顶点只写，Scatter 对边只写。并行计算的同步通过master 和 mirror 来实现，mirror 相当于每个顶点对外的一个接口，将复杂的数据通信抽象成顶点的行为。

如图 3-9 所示的例子说明了 GraphLab 的执行模型。

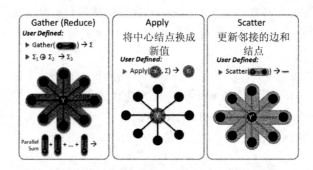

图 3 - 9　Gather - Apply - Scatter

4. GraphLab 的软件架构

GraphLab 的软件架构如图 3 - 10 所示。从图中可以看出，GraphLab 主要可用于图分析，图模型的计算，计算机视觉，除此以外，还具有一些机器学习的相关算法，如聚类、主题模型、协同过滤等。该软件架构分为 4 层，由下到上依次为硬件设施层、基础组件层、接口层和应用层。

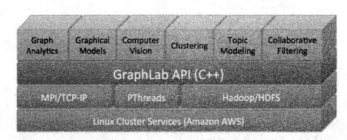

图 3 - 10　GraphLab 软件架构

硬件层提供分布式存储与计算的硬件基础，集群设备。

基础组件层提供 GraphLab 数据传输、多线程管理等基础并行结构的组件模块，详细功能包括通信、数据序列化、数据交换、多线程管理等功能模块。下面简单介绍各模块功能。

（1）通信（dc_tcp_comm.cpp）。

GraphLab 基于 TCP 协议的长连接在机器之间进行数据通信。在 GraphLab 初始化阶段，所有机器建立连接，将 socket 数据存储在 std∷vector＜socket_info＞ sock 结构中。

GraphLab 使用单独的线程来接收和发送数据，其中接收或发送都可以配置多个线程，默认每个线程中负责与 64 台机器进行通信。在接收连接中，tcp_comm 基于 libevent 采用 epoll 的方式获取连接到达的通知，效率高。

（2）数据序列化（oarchive & iarchive）。

oarchive 通过重载操作符"＞＞"将对象序列化后写入 ostream 中，在 GraphLab 中对 POD(Plain Old Data) 和非 POD 数据区分对待，POD 类型的数据直接转为 char * 写入 ostream，而非 POD 数据需要用户实现 save 方法，否则将抛出异常。iarchive 的过程与 oarchive 的过程相反。所有通过 rpc 传输的数据都通过 oarchive 和 iarchive 转化为 stream，比如 vertex_program、vertex_data。

（3）数据传输流（buffered_stream_send2.cpp）。

oarchive 和 iarchive 是数据序列化的工具。在实际的传输过程中，数据并没有立即发送出去，而是缓存在 buffered_stream_send 中。

（4）多线程管理 Pthread_tools。

Thread 类封装了 lpthread 的方法，提供了 thread_group 管理线程队列，封装了锁、信号量、条件变量等同步方法。

接口层为应用层提供各种调用接口，应用层对外提供的机器学习服务包括：

① 图基本分析。图的基本分析包括图的节点数、边数、平均度、寻找 Hub 节点、是否存在孤岛等。

② 图模型。图模型属于结构模型（见模型），可用于描述自然界和人类社会中大量事物和事物之间的关系。在建模中采用图模型可利用图论作为工具。按图的性质进行分析为研究各种系统特别是复杂系统提供了一种有效的方法。构成图模型的图形不同于一般的几何图形。例如，它的每条边可以被赋予权，组成加权图。权可取一定数值，用于表示距离、流量、费用等。加权图可用于研究电网络、运输网络、通信网络以及运筹学中的一些重要课题。

③ 机器视觉。机器视觉是人工智能的重要应用之一，由于不属于生物网络研究范畴，本处不再赘述。

④ 聚类。聚类是典型的机器学习方法，用于对样本进行分组，由于事先没有标记，也称为无监督学习，和进化树、进化网的构建有相似之处。

⑤ 主题模型。主题模型是对文字隐含主题进行建模的方法。它克服了传统信息检索中文档相似度计算方法的缺点，并且能够在海量互联网数据中自动寻找出文字间的语义主题。

⑥ 协同过滤。协同过滤（Collaborative Filtering），简单来说是利用某兴趣相投、拥有共同经验之群体的喜好来推荐使用者感兴趣的信息，个人通过合作的机制给予信息相当程度的回应（如评分）并记录下来，以达到过滤的目的进而帮助别人筛选信息，回应不一定局限于特别感兴趣的，特别不感兴趣信息的记录也相当重要。协同过滤又可分为评比（rating）或者群体过滤（social filtering），是推荐系统中最常使用的方法。

3.5.3　GraphBuilder

GraphBuilder 模型由英特尔研究院（Intel Labs）开发，是针对大数据的可扩展的开源 Java 库，可以将大数据集构建成图形（能够反映数据之间关系的网络状结构图），帮助行业和学术界的科学家或数据分析师快速分析大型数据集。

GraphBuilder 使用 MapReduce 并行编程模型进行扩展，其主要组件及与 Hadoop MapReduce 的关系如图 3-11 所示。

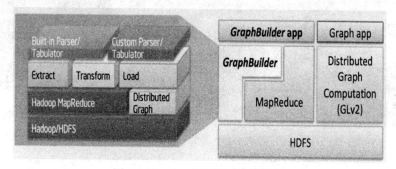

图 3-11　GraphBuilder 软件架构

飞速增长的大数据以及图数据促进了对分布式机器学习框架的研究。这些框架能有效分析海量数据中的内在关联，因而诞生了众多能有效应对机器学习问题或图问题的框架，如谷歌的 Pregel、阿帕奇开源组织的 Hama、卡内基梅隆大学的 GraphLab、中国移动研究院的 BC‑BSP，这些框架一方面能有效地处理迭代及数据依赖问题，另一方面能以分布式的方式处理商业级的海量数据。但是为了让数据分析家能使用这些框架，他们必须用工具从原始数据中构建任意节点和边的大图。

然而不幸的是，能够从无结构化或半结构化数据中高效、方便地构建这种大图的工具至今还不存在。当一个数据分析师使用诸如 Hadoop 框架与 MapReduce 模型时，他不但需要深入地了解机器学习与图算法本身，还必须了解如何高效地构建并行化图，并对图进行分割，以适应分布式计算的需求。这样一来数据分析师必将花费大量的时间在数据准备阶段，没有多少时间用于真正的数据分析。

基于这样一个背景，Intel 提出了 GraphBuilder 框架，一个可扩展的开源 Java 库，用于从大数据中构建图。它是基于 MapReduce 模型扩展而来的，除了构建复杂大图，还提供其他相应功能，如图的格式化、图的列表化、图压缩、图的转换、分割、序列化以及输出格式化。

首先，使用 GraphBuilder 提炼大图，步骤如下：
- 预处理——特征选择，标记，列表化；
- 图构建——任意数量的节点与关系边；
- 图的标准化——对稀疏图标进行压缩；
- 图的转换——过滤边，重复边的去除，有向边与无向边的相互转换；
- 图的分割——对大图切割以适应于分布式图处理框架；
- 图的序列化——支持 JSON 格式的序列化。

然后，将构建好的图交由 GraphLab 来处理。

GraphBuilder 能够识别的原始数据是丰富多样的，包括结构化、半结构化、无结构等各种数据格式，如图 3‑12 所示。

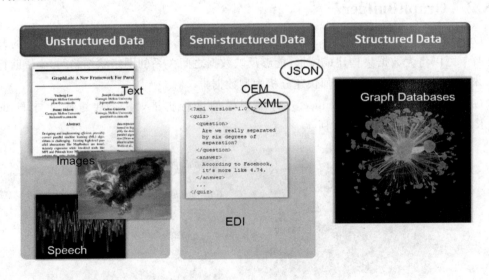

图 3‑12　GraphBuilder 可处理的图数据格式

使用 GraphBuilder 构建实际图的示例如表 3－2 所示。如著名的图模型问题——人物知名度分析，在用 GraphLab 提供的图模型算法进行处理前，需要用 GraphBuilder 从原始的社交文本网络数据中去粗取精，提取出关系图。首先需要从社交数据中提取用户，以及人物间的关系，并构建用户有向图，方向为人物对另一个名人或普通人的关注。构建完基本有向图后，继续采用 GraphBuilder 对图进行优化，如对稀疏图进行压缩，如果节点或边过多，可对图进行适当的分割或者聚合，标注节点与边信息，直至将图形提交给 GraphLab 提供的接口去处理。

表 3－2　GraphBuilder 构建实际图示例

应用	原始数据	预处理	图的格式化	添加关系信息
人物知名度	社交网络数据	提取用户及相互间的关系	有向图	节点为知名度，边无信息
隐藏主题分析	XML 文档	提取文档与单词	双向图（文档与单词）	词频或 TF－IDF 信息
推荐系统	活动日志	提取用户、商品及其评分	双向图（用户与商品）	用户评分信息
蛋白质相互作用网络	蛋白序列	预测不同蛋白间的相互作用关系	无向图（加入基因调控关系也会变成部分有向图）	节点为蛋白质，边表示是否存在相互作用关系

3.6　本章小结

考虑到生物网络多是大规模复杂网络，本章总结了目前社交网络、因特网网络分析研究的前沿技术，期望能够对读者在解决实际问题时有所帮助。本章首先把网络的拓扑结构简化为图模型，介绍了离散数学中图论的基本概念，并简述了图的分析、匹配、关键字查询、频繁模式挖掘、聚类、分类和社交网络分析的基本方法。这些方法同样适用于生物网络的分析。随后简单介绍了大数据背景下大规模网络分析的困难和挑战。最后简要介绍了相关的分析工具，分为单机工具和并行分布式工具。通过本章的介绍，读者可以对大规模网络的分析有初步的理解，从而能够从容处理节点数超过十万的大规模生物网络，蛋白质相互作用网络就是一例，将在下一章介绍。

参 考 文 献

［1］ CONTE D，FOGGIA P，SANSONE C，et al．Thirty years of graph matching in pattern recognition ［J］．International Journal of Patten Recognition and Artificial Intelligence，2004，18(3)：265－298

［2］ BHALOTIA G，HULGERI A，NAKHE C，et al．Keyword searching and browsingin databases using BANKS［C］// Proceedings of the 18th International Conference on Data Engineering．Washington，DC：IEEE Computer Society，2002：431－440

［3］ KACHOLIA V，PANDIT S，CHAKRABARTI S，et al．Bidirectional expansion for keyword search on graph databases［C］//Proceedings of the 31st International Conference on Very Large Data Bases．

Trondheim：VLDB Endowment，2005：505 - 516

[4] INOKUCHI A，WASHIO T，OKADA T，et al. Applying the Apriori-based graph mining method to mutagenesis data analysis ［1］. Journal of Computer Aided Chemistry，2001 ，2(1)：87 - 92

[5] KURAMOCHI M，KARYPIS G. Frequent sub-graph discovery［C］//Proceedings of the 2001 IEEE International Conference on Data Mining. Washington，DC：IEEE Computer Society，2001：313 - 320

[6] VANETIK N，GUDES E，SHIMONY S E. Computing frequent graph patternsfrom semi-structured data［C］// Proceedings of the 2002 IEEE International Conference on Data Mining. Washington，DC：IEEE Computer Society，2002：458 - 465

[7] YAN XI - FENG，HAN JIA - WEI. gSpan：Graph-based substructure pattern mining［C］//Proceedings of the 2002 IEEE International Conference on Data Mining. Washington，DC：IEEE Computer Society，2002：721 - 724

[8] HUAN JUN，WANG WEI，PRINS 1. Efficient mining of frequent sub-graphs inThe presence of isomorphism ［ C］ //Proceedings of the 2002 IEEE International Conference on Data Mining. Washington，DC：IEEE Computer Society，2002：549 - 552

[9] YAN XI-FENG，HAN JIA-WEI. Close graph：Mining closed frequent graphpatterns［C］//Proceedings of the 9th ACM SIGKDD International Conference on Knowledge Discovery and Data Mining. New York：ACM Press，2003：286 - 295

[10] IBM：Biglnsights、Streams 引领大数据时代 ChinaByte 比特网. http://soft. chinabyte. com/

[11] BATAGELJ V，MRVAR A. Pajek-Program for Large NetworkAnalysis［EB/OL］. ［2009 - 09 - 15］. http：//Pajek. imfm. si/doku. php？id＝Pajek

[12] BATAGELJ V，MRVAR A. Pajek manual［EB/OL］. ［2009 - 10 - 07］. http：//Pajek. imfm. si/ doku. php？id＝download

[13] 邓军. 整体网络分析讲义. UCINET 软件实用指南［M］. 上海：上海人民出版社，2009：34 - 55

[14] HAGBERG A，SCHULT D，SWART P. NetworkX［EB/OL］. ［2009 - 9 - 21］. http：//networkx. lanl. gov/

[15] Hagberg A，Schult D，Swart P. NetworkX Documentation［EB/OL］. ［2009 - 9 - 21］. http：// networkx. lanl. gov/.

[16] CyramCo. ，Ltd. NetMiner-Social Network Analysis Software［EB/OL］. ［2009 - 10 - 3］. http：// www. netminer. com/NetMiner/home_01. jsp.

[17] 潘巍，李战怀，伍赛，陈群. 基于消息传递机制的 MapReduce 图算法研究［J］. 2011(10) Vol. 34

[18] Joseph E. Gonzalez，Yucheng Low，Haijie Gu，Danny Bickson，Carlos Guestrin. PowerGraph：Distributed Graph-Parallel Computation on Natural Graphs. OSDI 12

第四章 蛋白质相互作用网络的建模与分析

蛋白质是生物体内最重要的组成成分之一，参与几乎所有的生命过程和细胞活动。蛋白质-蛋白质相互作用（Protein-Protein Interaction，PPI）是指两个蛋白质之间可能存在的生物化学作用、结构域作用或复合体关系等，它们对于许多生物功能都是至关重要的。比如，利用蛋白质信号传递分子之间的联系把信号从细胞表面传导进入细胞内部的过程是信号传导的核心。蛋白质之间有时为了共同完成某一生物学功能，相互作用的时间可能会比较长；有时只是其中一个蛋白为了修饰另一个蛋白，从而作用时间可能较短。利用相互作用，蛋白质可以实现从局部调节全局生命过程的功能。基因调节、免疫应答、信号转导、细胞组装等都离不开蛋白质-蛋白质相互作用。

蛋白质相互作用网络（Protein-Protein Interaction Network，PPIN）是一个无向图，如图4-1所示，每一个节点代表一种蛋白质，每条边表示一个蛋白质-蛋白质相互作用。因此，一个节点数和边数都确定的蛋白质相互作用网络代表了一定数量的蛋白质之间的相互作用情况。蛋白质相互作用网络根据刻画的需要可以是无权图，也可以是带权图。当蛋白质相互作用网络为带权图时，每条边的权值可刻画两个蛋白质之间相互作用的可信度或紧密度等。

图4-1 蛋白质互作网络

对生物分子相互作用网络进行拓扑分析是生物信息学处理生物分子网络的一个重要手段。针对蛋白质相互作用网络，目前的研究者提出过许多不同的拓扑特征，如度、簇系数、最短路径条数、Motif、功能模块、Hub 蛋白等，这些拓扑特征使我们能够比较和表征不同的复杂网络。通过对这些特征的分析或组合分析，可从生物信息学的角度发现了蛋白质相互作用网络丰富的生物学意义。

1. 度

一个蛋白质的度(Degree)表示在蛋白质互作网络中与该蛋白质直接相互作用的蛋白质的数目。度可以反应一个蛋白质在蛋白质相互作用网络中功能的多样性与生物学重要性。一般来说，蛋白质的度越大则其参与的生物功能越多，其生物学重要性越强。

2. 簇系数

一个蛋白质的簇系数(Cluster Coefficient)是指在蛋白质相互作用网络中该蛋白质的邻居之间的实际相互作用数目与邻居之间理论上可包含的相互作用数目之比。簇系数能够反应一个蛋白质在蛋白质相互作用网络中的局部重要性。一般来说，簇系数越大则该蛋白的邻居之间的"合作"越紧密，从而该蛋白在这一局部生物学功能中越重要。

3. 最短路径条数

一个蛋白质的最短路径条数(Number of Shortest Paths)是指在蛋白质相互作用网络中所有两两蛋白质之间存在的最短路径通过该蛋白质的条数。一个蛋白质的最短路径条数能够反应一个蛋白质在蛋白质相互作用网络中的全局重要性。一般地，蛋白质相互作用网络中通过某一蛋白质的最短路径越多，该蛋白对于全局网络的连通性的贡献也就越大，即其对蛋白质相互作用网络的全局协调能力越大。

4.1　问 题 描 述

随着人类基因组计划全部测序工作的初步完成，蛋白质作为基因功能的主要体现者，对其表达模式和功能的研究成为热点。蛋白质组概念从提出到现在，虽然只有短短的十几年时间，其研究却已得到了突飞猛进的发展，正在成为本世纪科学研究的前沿。

众所周知，基因是具有遗传功能的单元，一个基因是 DNA 片段中核苷酸碱基特定的序列，此序列载有某特定蛋白质的遗传信息。所以 DNA 核苷酸序列是遗传信息的存储者，它通过自主复制得以保存，通过转录生成信使 RNA，进而翻译成蛋白质的过程来控制生命现象，即存储在核酸中的遗传信息通过转录翻译成为蛋白质，体现为丰富多彩的生物界，这就是生物学中的中心法则(central dogma)。

蛋白质是由许多氨基酸聚合而成的生物大分子化合物，是生命的最基本物质之一。自然界中的蛋白质种类很多。从分子形状看，蛋白质有球状(球蛋白)和纤维状(纤维蛋白)两种类型；按化学组成，蛋白质可分为两大类：一类是简单蛋白，它全由 α-氨基酸组成，另一类是结合蛋白，这类蛋白除含 α-氨基酸外，还含有核酸、脂类、糖、色素以及金属离子等。蛋白质是重要的生物大分子，其组成单位是氨基酸。组成蛋白质的常见氨基酸有 20 种，均为 α-氨基酸。每个 α-氨基酸的碳上连接一个羧基，一个氨基，一个氢原子和一个侧链 R 基团。20 种氨基酸结构的差别就在于它们的 R 基团结构的不同。根据侧链 R 基团的极性，可将 20 种氨基酸分为 4 大类：非极性 R 基氨基酸（8 种）、不带电荷的极性 R 基氨基酸（7 种）、带负电荷的 R 基氨基酸（2 种）和带正电荷的 R 基氨基酸（3 种）。

蛋白质间的相互作用是细胞实现功能的基础。细胞进行生命活动过程的实质就是蛋白质在一定时空下的相互作用。相互作用的蛋白质的含义为：参与同一个代谢途径（metabolic pathway）或生物学过程（biological process）；属于同一个结构复合物（structural complex）或分子机器（molecular machine）的元件。它们之间可以发生（物理上的）接触，也可以不接触，而仅是遗传上关联。研究蛋白质间相互作用的最终目标是建立模式细胞系统中全部蛋白质相互作用的网络，即蛋白质相互作用组（interactome），这将为研究蛋白质的其他功能及细胞的全局特征构筑一个框架。得益于越来越多的高通量实验技术的出现和日臻成熟，如酵母双杂交、质谱方法和蛋白质芯片等，目前已积累了大量的蛋白质组数据。当前的问题是，分析和研究这些数据的手段和能力严重滞后，使得花费大量人力和财力获得的数据未能产生更多有生物学意义的结果。因此，发展先进高效的信息分析和数据挖掘手段，从大量而繁杂的蛋白质组数据中找出内在联系，以揭示蛋白质的功能及相互作用关系具有重大意义。

蛋白质相互作用数据的飞速增长并且呈现出海量数据特征，传统的高通量技术在分析这些数据时费时、费力且准确率低。与此同时，由于实验技术和实验条件的限制，在模式生物中存在大量难以通过实验研究的蛋白质。截止到 2013 年 2 月，在蛋白质数据库（Protein Data Bank，PDB）中已经收录了 87 979 种生物大分子的结构。截止到 2012 年 5 月 18 日，蛋白质相互作用数据库（Database of Interacting Proteins，DIP）中有 25 388 个蛋白质的 75 019 条相互作用记录。虽然现在针对蛋白质相互作用的实验方法在速度和精度上都有所提高，但相对于蛋白质的结构测定速度来说还是远远不够的。因此，需要使用机器学习方法来预测蛋白质相互作用、解释蛋白质相互关系及功能、构建蛋白质功能函数和分析蛋白质相互作用网络的拓扑结构及其网络属性。

蛋白质相互作用是分子生物学研究的热点及难点。蛋白质作为最主要的生命活动载体和功能执行者，对其复杂多样的结构功能、相互作用和动态变化进行深入研究，有助于在分子、细胞和生物体等多个层次上全面揭示生命现象的本质。2002 年，Kitano 在 Nature 和 Science 上发表关于系统生物学研究的综述，文章明确指出蛋白质相互作用是生物体中众多生命活动过程的重要组成部分，是生物体生化反应的基础，是后基因组时代的主要任务。细胞的许多重要生理或病理活动如信号转导、细胞周期调控、癌症发生都是通过蛋白质相互作用及其网络来实现的。蛋白质相互作用在生物体中几乎无处不在，对生命活动过程中蛋白质作用的研究有助于揭示生命过程的许多本质问题。因此，研究蛋白质相互作用及其网络具有必要性和紧迫性。传统的实验方法费时费力，成本高，通常每次仅能研究某一对或几对蛋白质相互作用，难以从系统和整体的角度研究蛋白质相互作用及其网络。新近发展起来的高通量实验方法，正如 von Mering 2002 年在 Nature 上发表关于评价蛋白质相互作用正确性的论文中指出，在 80 000 对相互作用中，只有 2400 对能够被两种或两种以上的高通量方法检测到。实验方法在提供大量数据的同时，会带来大量的假阳性和假阴性数据。蛋白质相互作用及其网络预测方法研究，将提供一个新的整合各种数据来预测蛋白质功能的平台，拓展对蛋白质功能的理解。同时提高蛋白质相互作用及其网络的预测准确性，可快速而准确地注释新测序的基因组，指导尚未通过大规模实验研究的生物物种的功能研究，是实验手段的一个有力的补充和传统实验结果的验证工具，节省了大量时间和实验成本，将更快地推动我国生物医学的发展。对生命活动过程中蛋白质相互作用的研究有助于揭示生命的本质，理解一个蛋白质如何与另一个蛋白质相互作用以及它们如何行使功能是理解生命运动的基础。此外，任何一种疾病在表现出可察觉症状之前，体内就已经有一些蛋白质发生了变化。确定疾病的关键蛋白质和标志蛋白质及其相互作用有利于疾病的诊断和病理的研究，比如癌症、早老性痴呆等人类重大疾病。同时，蛋白质及其相互作用研究对药物筛选也具有重要指导意义。随着后基因组时代的到来，蛋白质研究变得更加广泛而深入，同时蛋白质与蛋白质相互作用的重要性也越来越受到重视。蛋白质是生命活动的主要执行者，从遗传物质复制到基因表达调控，从细胞信号传导到新陈代谢，从生物体生长繁殖到细胞凋亡或坏死，蛋白质相互作用均在其中扮演了重要角色。因此，研究蛋白质之间如何通过相互作用形成分子间调控网络，包括遗传调控途径、新陈代谢途径和信号传导途径，具有重要的生物学意义。它将不仅有助于从系统角度进一步理解各种生物学过程，还能广泛应用于探索疾病的发生机制，预测和评价相应的治疗手段，同时还可以寻找新的药物靶标，为新药研发开辟道路。

复杂网络研究一直被广泛应用于自然科学、社会科学以及信息科学等众多学科领域，形成了大量跨学科的成熟理论与应用成果。生物信息学中通过将蛋白质分子抽象为图中的点，蛋白质间的相互作用抽象为图中的边，构造蛋白质相互作用网络(PPI)模型。利用计算机图形理论，通过分析图中节点的度或中心性等局部拓扑特性，以及图的连通性、传导性等一系列全局特性来理解蛋白质生理特征和细胞活动机制，是计算机学家们研究生物问题的重要途径与方法。

蛋白质相互作用网络与代谢网络、转录调控网络、信号传导网络等构成了生物信息学研究中的重要网络模型。蛋白质相互作用对生命体的活动具有重大意义，蛋白质通过自相互作用以及与细胞其他组成分子间的相互作用来执行与调解其生理功能，相互作用的紊乱可能导致疾病的发生。因此，研究蛋白质相互作用网络能够帮助我们系统地理解细胞的一些生理特征，比如鲁棒性、小世界无尺度特性、层次化模块性、基序结构等重要特性。蛋白质相互作用的测定技术有蛋白质亲和色谱、免疫共沉淀等实验方法，同时还存在许多计算方法，如利用基因融合、系统发育谱、同源蛋白相互作用、结构域相互作用以及微阵列基因共表达信息来预测蛋白质间相互作用。随着实验技术的发展，蛋白质相互作用数据库也在迅速增长和完善，如蛋白质相互作用数据库 DIP，生物相互作用数据通用库 BioGrid，MIPS 酵母基因组综合数据库 CYGD，分子相互作用数据库 MINT，生物分子相互作用网络数据库 BIND，人类蛋白参考数据库 HPRD，评分的蛋白质功能关联网络数据库 STRING，EBI 分子相互作用数据库 IntAct 等，它们是各种基于网络的理论研究的物质基础。

由于实验技术的限制，现存的相互作用数据通常都不完整并可能存在矛盾，因此有学者提出利用简单方法或一些概率模型来整合不同数据库源的数据以提高其覆盖率和可靠性。近年来，对蛋白质相互作用网络的研究成为计算生物学的热点，在蛋白质功能预测、复合物挖掘、关键蛋白质预测、致病基因筛选等许多领域都获得了广泛的认可和应用。

4.2　相　关　研　究

蛋白质相互作用及其构成的相互作用网络提供了一个新的整合各种数据来预测功能的平台，也拓展了对功能的理解。提高预测准确性可以快速而且准确地注释新测序基因组，为尚未通过大规模实验研究的生物物种的功能研究提供一个便利框架。除此以外，对理解蛋白质功能预测等生物学问题也是非常必要的。对于蛋白质相互作用的研究通常包括两类方法：一类是实验方法，一类是计算生物学方法。

4.2.1　实验方法

在后基因组时代，需要发展分析蛋白质相互作用的实验方法。实验方法的发展使得科研工作者们能够在更短的时间内鉴定出更多的蛋白质及其相互作用关系。目前，鉴定蛋白质相互作用的实验方法有很多，主要有生物物理学、分子生物学和遗传学等方法。具体来说，主要有免疫共沉淀（Immunoprecipitation）、蛋白质亲和色谱（Protein Affinity Chromatography）、亲和印迹（Affinity Blotting）、交联技术（Cross-linking）、表面等离子共振技术（Surface Plasmon Resonance，SPR）、荧光共振能量转移技术（Fluorescence Resonance Energy Transfer，FRET）、噬菌体展示技术（Phage Display）以及合成致死筛选（Synthetic Lethal Screening）等方法。这些先进的、大规模分析蛋白质相互作用技术的发展推动了蛋白质组学的进步，但是这些方法却存在如下缺陷：

（1）都受到当前实验科学的制约，既耗时又耗力；

（2）都受到蛋白质相互作用的时间和空间制约，结果存在着功能偏向性；

（3）在检测出大量蛋白质相互作用的同时，这些方法也带来了大量的假阳性和假阴性数据。因此，对蛋白质相互作用的研究开始转向寻求计算方法预测。

4.2.2　计算生物学方法

为了解决生物实验技术的缺陷，辅助生物实验的进行，并对由实验所获得的相互作用数据进行分析，使用计算方法来研究蛋白质相互作用成为当前计算机科学、数学、生物学等相关领域研究人员所关注的一个热点。近年来，涌现出大量用于蛋白质相互作用的预测算法。这些方法从不同的生物学背景知识出发，主要有基于基因组信息的方法，如系统发育谱（phylogenetic profile）、基因邻接（gene neighborhood）和基因融合（gene fusion event）；基于蛋白质家族进化相关信息的方法，如系统发育树相似（similarity of phylogenetic trees）（即镜像树（mirror tree）方法）、相关变异（correlated mutation）（即计算机虚拟双杂交（In silico two-hybrid method，I2h））；基于蛋白质结构信息的方法，如 Sprinzak 和 Margalit 提出了一种简单的统计方法——序列信号相关（correlated sequence-signatures）方法，Gomez 等基于蛋白质内部所含的结构域，构建了一个相互作用的 attraction 模型和一个 attraction-repulsion 模型，Deng 等基于最大似然估计（MLE）方法使用从实验中得到的蛋白质-蛋白质相互作用数据来推断 domain-domain 相互作用；基于氨基酸序列的方法，如 Martin 等设计氨基酸序列的特征描述符来预测蛋白质的相互作用，Shen 等提出把氨基酸的三联体组合信息进行编码，选择支持向量机的 S-核函数作为预测方法，Guo 等提出利用氨基酸序列的自协方差编码方式预测酵母蛋白的相互作用等，来对蛋白质的相互作用进行多方面的研究；基于自然语言处理的文献挖掘方法；基于机器学习方法预测蛋白质相互作用，如核方法、SVM、随机森林、贝叶斯网络。比较国内外预测蛋白质相互作用的方法，可以发现存在以下问题：

（1）基于基因组信息的方法不能判断功能相关的蛋白质是否在物理（physical）上直接接触，对大多数生物都具有的蛋白质不适用，而且其准确性依赖于完成测序的基因组数量以及系统发育谱构建的可靠性。

（2）基于蛋白质家族进化相关信息的方法，其主要限制是要预测的蛋白质对必须要有高质量、完整的多序列比对，而这一要求对小家族的蛋白质来说非常苛刻。

（3）对于基于蛋白质一级结构信息的方法来说，如何选取合适的物理、化学特征并对蛋白质序列进行矢量化是一个难点问题。矢量化序列只能针对单结构域，可多结构域蛋白质在自然界中又是广泛存在的。

（4）氨基酸序列的编码方式多种多样，如何对这些编码方式进行有机整合，提高最终的预测精度，一直以来都缺乏系统的研究。

4.2.3　蛋白质相互作用的评估

目前已经有多种实验方法或计算方法能够对蛋白质相互作用进行研究和预测，并且每一种方法在应用时都尽量避免假阳性。由于所有的研究方法都具有技术上的偏向性或缺陷，从而导致结果中错误数据比例较高，但是在这些蛋白质相互作用数据中必然潜藏着具有生物学意义的信息。因此，为了能够从这些数据中有效地挖掘出具有生物学意义的信息，有必要对数据的质量进行评价。

假阳性和假阴性是最常用的概念。假阳性是指能够被实验技术检测到的、但在细胞中并不存在的蛋白质相互作用。假阴性是指不能被实验技术检测到的、但在细胞中确实存在的蛋白质相互作用。每一种实验技术或计算方法都存在一定程度的假阴性和假阳性。因此，在实验或预测结果后，任何方法得到的结果都不可避免地要进行假阴性和假阳性的评估。目前对蛋白质相互作用数据中假阴性和假阳性的评估主要是根据已有的相关蛋白质的功能、亚细胞定位、代谢途径、功能注释以及蛋白质复合物的相关信息来进行评估的。尽管这些数据并不全面，但是也能够在一定程度上反映预测结果的质量。

假阳性和假阴性的存在主要是由以下结果之一引起的：

（1）蛋白质相互作用的动力学本质。蛋白质表达和相互作用模式在不同生物学条件下是不同的，而目前所有的实验方法或计算方法都不能做到动态检测或预测，因此只能对真实存在的蛋白质相互作用得到一个粗略的描述。

（2）实验方法或计算方法的局限性。每一种实验或计算方法所依据的生物学原理不同，因此每一种方法预测的结果也只能部分描述真实的相互作用。

（3）在实验或计算过程中产生的错误。

这三个因素使得应用不同方法得到的蛋白质相互作用网络不同，或者不同的实验室应用相同的方法也不能得到相同的蛋白质相互作用网络。

4.2.4　可信度的评估和提高

尽管目前还没有建立能系统评价蛋白质相互作用的统计方法，但是已经有几个启发式方法被用来评价蛋白质相互作用，这些方法能够在一定程度上对蛋白质相互作用进行评估，并且为进一步提高这些数据的可信度提供了一定线索。

最简单的方法就是，应用不同的方法对同一物种的蛋白质相互作用进行研究，得到大量不同的数据，然后对这些数据进行整合就可以显著提高蛋白质相互作用的可信度。例如，如果同一对蛋白质相互作用能够被两个不同的实验检测到，这种联合观测就提高了这个特定相互作用的可信度。在标准条件下应用多个独立的检测方法、大范围双杂交检测能够鉴定系统性的假阳性。Ito 等人对酵母蛋白质相互作用数据进行分析，观察到 4 次蛋白质相互作用数据的 EPR 指数（反应大规模数据的整体质量）为 0.60，三次的只有 0.55，两次的只有 0.4，一次的只有 0.2。这表明随着观察次数的增多，数据的可信度增强。

文献也是用来评估由大规模技术产生的蛋白质相互作用的一个有价值资料，其基本思想是，如果两个蛋白质的名字出现在同一篇文章中，这两个蛋白质就有可能具有相互作用。尽管这种有关蛋白质相互作用的信息不可靠，但是能够证实蛋白质相互作用或者至少为判断相互作用提供一定的线索。基于文献挖掘的方法，Jenssen 等人最近通过分析 1000 万个 MEDLINE 记录生成人类 13 712 个基因－基因共引用的网络。

计算方法也被用来评价大规模蛋白质相互作用的观测结果。为了验证蛋白质相互作用数据，Deane 等人开发了两种方法，即表达谱可靠性指数（expression profile reliability index）和平行进化同源确认方法（Paralogous Verification Method，PVM）。通过比较相互作用的两个蛋白质的基因表达谱，用表达谱可靠性指数来估计这种相互作用具有生物学意义的可能性。这种方法的思想就是具有高度相关表达模式的蛋白质更可能具有相互作用。平行进化同源确认方法基于的原理是，如果两个蛋白质是同源的，它们相互作用的蛋白质也趋向于同源。PVM 评价了 8000 对酵母中蛋白质相互作用，其中 3003 对得到可信度鉴定。其他计算方法主要是应用其他生物学信息来评价蛋白质相互作用的可信度水平，包括应用蛋白质相互作用数据和其他类型的数据，以及预测方法也有助于证实蛋白质相互作用。

近年来，一系列的实验和计算机模拟方法使广大研究人员获得了许多模式生物的大量蛋白质相互作用数据，例如细菌、酵母、线虫和果蝇。这些数据的获取为了解生物学系统的总体结构和蛋白质相互作用机理提供了数据基础。从这些数据中提取出功能模块成为生物体行为理解、蛋白质功能预测和药物设计的研究热点。

同时，迅速发展的复杂网络理论，如小世界网络特性、无尺度网络模型、网络传播机理、网络模块和社团结构都可以加速对蛋白质相互作用网络拓扑结构以及动力学特性的理解。经典图论的概念和理论同样也有助于系统地研究蛋白质相互作用网络的拓扑、组织、功能和演化。

下面主要介绍蛋白质相互作用网络全局拓扑结构的度量准则、局部结构特点和具有生物学意义的子网。

4.2.5　蛋白质相互作用网络全局拓扑结构的度量准则

在当今生物信息学和系统生物学的研究中，蛋白质相互作用网络的拓扑结构分析是一个热门话题。蛋白质相互作用网络的全局度量可以用来衡量整个网络的拓扑结构。网络节点的平均度(K)、聚类系数(C)、平均路径长度(L)和网络直径(D)是衡量网络拓扑结构的四个基本指标；此外，度分布$P(k)$、聚类系数的度分布$C(k)$、最短路径分布$SP(i)$和拓扑系数分布$TC(k)$这四个度分布也被广泛应用于蛋白质相互作用网络的分析中。这些指标可以有效地获取蛋白质相互作用网络的拓扑特点，并能够为研究蛋白质相互作用网络的演化、蛋白质功能、网络的稳定性和动力学特性提供广阔的视角。

随着获得的蛋白质相互作用网络数据的日益增多，全面分析蛋白质相互作用网络成为在系统水平上理解该网络的生物学意义和功能、揭示细胞演化机理的重要步骤。2004 年，有学者比较了四个数据库中酵母蛋白质相互作用网络的数据，发现每个蛋白质相互作用网络都具有无尺度的拓扑结构和分层的模块性。2006 年，北京军事科学医学院的 Dong Li 等人分析了秀丽线虫和果蝇的蛋白质相互作用网络，得到了同样的结论并发现了更多的拓扑结构。一般来讲，生物网络都展现出了很好的无尺度特性或小世界特性。这些特性为研究细胞演化机理提供了可能性。

同时需要注意的是，数据的不完全性和数据中存在的噪声均会影响对生物网络的研究。2005 年，日本名古屋生物模拟控制研究中心的 Reiko Tanaka 与美国加利福尼亚大学的学者 Tau‐Mu Yib、John Doyle 合作研究发现，一些蛋白质相互作用网络并不呈现幂律统计特性。同年，美国波士顿癌症系统生物学与癌症生物学系的 Han J. D. 等人提出，从现有的蛋白质相互作用网络中存在的无尺度特性并不能推断出全部的蛋白质相互作用。而且，上述拓扑度量只是全局度量，它们还很粗略，不能精确地描述出网络的拓扑结构特性。

4.2.6 蛋白质相互作用网络的局部结构特点

为了说明细胞中调控、相互作用、新陈代谢和转导的作用机理，需要把网络中的元素予以归类。网络中心性是网络中的元素（节点）与其他元素相对位置的定量度量。网络中心性也可以用来衡量一个元素在整个网络中的相对重要性，诸如发育、进化和保守性等很多生物现象都显示，处于中心位置的元素十分重要。

2001 年，美国印第安那州圣母大学的 Jeong 和芝加哥西北大学医学院病理学系的 Mason 等人在酵母蛋白质相互作用网络中发现，一个蛋白质的中心性与其基因的重要性是紧密联系的，如果去除这段基因就很可能会使生物体致命。2006 年，西班牙圣地亚哥大学复杂系统研究小组的 Estrada 通过比较六个中心性度量发现，在酵母蛋白质相互作用网络中，基于图的谱属性的网络子图中心性在识别 essential 蛋白质上有着最好的性能。这些研究在药物研制中选择最可能的靶细胞有着很高的应用价值。同年，德国植物遗传学和农作物研究中心的 JBH Junker 等人做成了 CentiBiN 工具软件，用于计算和发现生物网络中的中心性[36]。这个软件可以在有向或者无向的网络中计算出 17 个不同的中心性，这样一来，网络中任何一个元素的重要性都可以用一个数字来量化。

在所有的中心性中，度中心性（也就是每个节点的度）是最简单的一种。具有很高的度的节点被称为 hub。事实上，hub 蛋白质往往都是 essential 蛋白质或者是具有相对比较慢的进化速率的蛋白质。在蛋白质相互作用网络中，这些 hub 蛋白质更愿意与节点度较低的蛋白质相连接，而不是与其他的 hub 蛋白质相连接。但是，以上所有结论都会受到数据中噪声的严重影响。2006 年，加拿大多伦多西奈山医院与多伦多大学药物遗传学和微生物学系的 Batada 等人对文献中出现的蛋白质相互作用重新做了评估，提出 hub 蛋白质可能是 essential 蛋白质，或者至少是对适应性有很大影响的蛋白质的设想，但是它们的进化速率并不慢。同年，美国密歇根州大学生态与进化生物学系的 Xionglei He（贺雄雷）和 Jianzhi Zhang 提出一小部分随机分布的相互作用是 essential 相互作用，破坏掉这些相互作用中的任何一个都可能会给生物体造成致命的影响。顺便提及的是，2007 年贺雄雷回国到中山大学任教，成为中山大学最年轻的教授和博士生导师，当时不满 30 岁。2012 年，34 岁的贺雄雷教授领导的课题组在研究染色质结构如何调节 DNA 突变工作中取得重要进展，其研究成果以论文形式发表在 2012 年 3 月 9 日的《科学》杂志上。这是中山大学首篇以第一单位在《科学》杂志发表的论文。

2004 年，哈佛大学药物学院癌症系统生物学中心和生物化学与分子药理学系的 Han 等人提出了"date hub"和"party hub"的概念。在蛋白质相互作用网络中，party hub 是需要与其邻居共同表达的 hub；而 date hub 是不需要与邻居共同表达的 hub。但在 2006 年，Batada 等人提出了相反的意见：他们认为 hub-hub 相互作用并没有被抑制；date hub 与其他 hub 相比，并没有不同的生物学特性。同年，瑞典斯德哥尔摩大学生物信息学研究中心的 Ekman 等人在分子域水平上研究了 hub 与 non-hub、date hub 与 party hub 的特征后指出，hub 蛋白质的结构域比较丰富，date hub 结构域是长程无关的。尽管如此仍需要注意到所有这些结论并不是完全准确的，它们在很大程度上还依赖于现在所获得数据的数量和质量。

4.2.7　具有生物学意义的子网

从直观上看，生物网络是通过特征拓扑模式来表现功能的。从理论上讲，把网络分解成社团或模块是理解复杂网络基本结构的一个有效方法。

网络中的 motif 是网络模块中重复出现的部分。阐明 motif 的基本功能、识别生物网络中的模块已经引起了人们极大的兴趣。

一个网络的 motif 是这个网络中明显重复出现的部分（或者子网）。生物网络也被认为是具有模块化结构的复杂网络（这里的模块是指在拓扑或功能上相对独立的子网）。在各种各样的生物网络中都发现了 motif，许多有代表性的 motif 出现在多个物种中。这正好说明了 motif 在调控、相互作用、转导和进化中起着重要的作用。

2003 年和 2004 年，中国科学院计算技术研究所的卜东波研究员和 Hongehao Lu 等人借鉴 Web 页面链接网络分析研究中的思路，提出了一种可挖掘芽殖酵母蛋白质相互作用网络中的近似全连接和近似二分网络模式的方法，利用 GO 数据库对蛋白质相互作用网络中的蛋白质节点进行功能注释。2006 年，台湾研究者 Lee 等人列举了蛋白质相互作用网络中所有经常重复出现的模式。他们发现，进化对于网络模式和蛋白质节点的限制作用有很大的不同。此外，在大规模网络中，motif 的检测和可视化方面已经出现了一些有效的工具软件。motif 只强调了网络的统计学特性，并不能代表节点间的所有连接；同样，对 motif 的研究也不能代表对整个网络的研究，但可以利用它们估计不同子网的分布并研究其全局属性，同时可以结合度分布来获得生物网络其他方面的信息。

生物网络被认为是由许多在拓扑或功能上相对独立的子网组成的。一般来讲，模块可以被看做子网：模块内部的连接非常紧密，模块之间的连接则很稀疏。揭示生物网络中的模块结构对于理解生化过程和信号通路都有很大的帮助。在复杂网络领域中，模块结构也被称为社团结构。现已有很多挖掘复杂网络中社团结构的算法。

在生物网络中，人们使用划分和局部搜索的方法把整个复杂网络分解成功能单元。特别要指出的是，层次聚类法对于代谢网络和蛋白质相互作用网络很有效。2004年，Lu等人应用了一个简单的度量来描述任意两点间的连接关系。2005年，西班牙巴伦西亚大学信息学系和遗传学系的Arnau和Sergio Mars等人基于蛋白质相互作用网络中任意两个节点之间的最短路，利用层次聚类法解决了最短路中有限长度的难题。但需要指出的是，现有的层次聚类方法缺少可靠的度量准则。同样需要注意的是，研究网络中很少出现的子网是十分重要的，但列举出全部子网在计算上是不可行的。因此，2004年，加拿大多伦多大学和安大略湖癌症学会的Przulj等人只注意蛋白质相互作用网络中特定的部分，并从中寻找模块。很明显，列举出所有给定模式所组成的子网在实现上是不可行的。为了解决这一难题，2004年，以色列魏茨曼科学院的Kashtan等人提出了基于子网重要性采样的算法。这一算法通过估计子网密度逐步逼近网络规模。

利用已知的生物数据对得到的模块进行功能注释是必要的。通常意义上来讲，利用MIPS数据库或者GO数据库对一个模块内的蛋白质进行功能注释后，会发现具有功能同源性的蛋白质往往呈现超几何分布。在同一个模块内的蛋白质一般具有相似的表达谱、亚细胞定位和基因显性，这也充分说明功能与模块组织的相关性。

4.2.8 蛋白质相互作用网络研究面临的困难与挑战

蛋白质相互作用网络的研究发展至今，仍存在以下困难和挑战：

第一，数据质量不高。各种获取蛋白质相互作用数据的实验方法和计算机模拟方法都有其局限性，因此所获得的数据并不完整，噪声比较多，数据的假阳性也比较高。通常情况下，各种实验方法得到的蛋白质相互作用数据的重叠率并不是很高，整合这些数据所产生的相互作用网络具有很大的噪声，这会严重影响后续的研究。因此，必须要对数据进行预处理以消除潜在的假阳性数据。

第二，即使假设网络中没有假阳性数据，使用传统的图分解法或者聚类方法来划分蛋白质相互作用网络也是很困难的。蛋白质相互作用网络的一个显著特点就是它的无尺度特性(少部分节点(hub)的度很高，而大多数节点却只有很少的相互作用)。使用传统聚类分析方法得到的结果很差：通常只会得到一个或少数几个规模庞大的聚类，而其他为数众多的聚类却只包含了少数的节点(可能每个聚类只有一个节点)。因此，结合蛋白质相互作用网络的拓扑结构信息，改进已有聚类算法，是一个亟待解决的问题。

第三，多功能蛋白质引发的聚类困难。研究发现，一些蛋白质具有多种功能。也就是说，对于这些蛋白质的有效聚类只能采用松弛聚类的方法，目前主要采用对hub蛋白质进行松弛聚类或是在原始的蛋白质相互作用网络中对边进行聚类的方法，但现有方法并不适用于严格聚类的要求，得到的只是近似解。因此，发展严格聚类方法也是下一步要解决的问题。

第四，由于模块边界以及蛋白质相互作用网络的层次结构并不十分明确，利用现有的模块划分方法所得到的结果并不相同。另外，大多数方法都引入了一些对蛋白质相互作用网络局部密度很敏感的参数，虽然可以利用已知的功能注释或者基因信息来选择最佳参数，但实验结果也会受到所选择参数的影响。

第五，随着研究的深入，蛋白质相互作用网络结构呈现越来越复杂的趋势。某些模块间的相互作用趋向于成为许多功能上无关的通路互相连接的纽带，而不同网络之间的相互作用（如蛋白质-基因相互作用网络和代谢网络等）使得分析复杂化。根据生物体的特点，蛋白质相互作用网络和代谢网络一样，网络中会存在正负反馈环的影响，这将使得网络结构更加复杂。

4.2.9 一些蛋白质相互作用的数据库

目前，已经有不少专门收集 PPI 数据的数据库。下面简单介绍一下比较有名的几个。

1. The Bio-molecular Interaction Network Database（BIND）

BIND 数据库存储了相互作用、蛋白质复合物和通路的信息。BIND 存储的相互作用不局限于蛋白质，还包括 RNA、DNA、小分子等。他们开发了一个聚类分析工具，可以根据特定的功能把相互作用分为不同的领域。

2. The Database of Interacting Proteins（DIP）

DIP 收集了由实验验证的蛋白质-蛋白质相互作用。数据库包括蛋白质的信息、相互作用的信息和检测相互作用的实验技术三个部分，用户可以根据蛋白质、生物物种、蛋白质超家族、关键词、实验技术或引用文献来查询 DIP 数据库。DIP 收集的数据主要来自酵母双杂交和免疫共沉淀。DIP 也对新的实验数据的可靠性提供在线评估的功能。

3. IntAct

IntAct 收集的数据是由工作人员手工从出版文献中提取出来的，包括实验方法、条件以及相互作用的结构域。IntAct 还包含无相互作用的蛋白质。目前，数据库收录了涉及64 568 个蛋白质之间的 305 970 个相互作用，这些数据从 17 905 个实验中获得。

4. A Molecular INTeraction database（MINT）

MINT 收集了从文献中提取出来的分子相互作用的数据，大部分集中于物理上的直接相互作用，计算出的 PPI 以及基因相互作用未包含在内。MINT 包含酵母中 35 617 个蛋白之间的 241 458 个相互作用，同时还开发了 MINT Viewer 来观察 PPI。

4.3 确定蛋白质相互作用网络的计算方法

根据蛋白质复合物的种类、作用力以及结合时间的长短对蛋白质相互作用进行分类，这些包括：

（1）同源和异源低聚体复合物。如果蛋白质相互作用发生在两个相同的蛋白质之间，称这种相互作用为同源相互作用；反之，称为异源相互作用。

（2）专性和非专性复合物。参与非专性相互作用的蛋白质一般具有独立的稳定性，而对于专性的蛋白质相互作用，原聚体的结构往往并不稳定。

（3）短暂和永久复合物。蛋白质相互作用可以根据复合物的持续时间分为短暂相互作用和永久相互作用。

蛋白质相互作用归纳起来分为以下五种形式：

(1) 分子或亚基的聚合；

(2) 分子识别；

(3) 分子杂交；

(4) 分子自我装配；

(5) 多酶复合体。

蛋白质之间的相互作用主要依赖于一些弱的共价键或次级键，包括氢键、范德华力、疏水作用和盐桥等。

虽然高通量的实验方法使我们得到的蛋白质相互作用数据得到了大规模的增加，但这些方法都有着各自的缺点。这些实验技术都要花费大量的时间和人力，结果也都存在着功能偏向性，更令人困扰的是它们都有不同程度的"假阳性"和"假阴性"特征，使结果分析起来非常困难。正是这些问题的存在，相关的研究人员开始转而寻求计算方法来预测两个蛋白质是否会相互作用。目前，蛋白质-蛋白质相互作用的预测已经成为当代生物信息学最活跃、最艰巨的目标之一。通常情况下，计算方法或计算机模拟都要比大多数的实验分析方法快得多，并能节省大量人力、财力。正因为如此，在过去短短的几年时间里，研究人员提出了很多生物信息学方法来研究蛋白质相互作用。这些方法基于不同的原则，对不同的蛋白质属性进行研究，基本上可以分为三种：基于基因组信息的方法、基于进化信息的方法和基于蛋白质结构的方法。有时会将三种方法融合，直接从蛋白序列提取信息，也被称为基于氨基酸序列的方法。另外，也有研究者利用了基于文献信息的方法，成为基于序列方法的有益补充。随着机器学习分类方法的发展，有研究人员认为可以通过修改核函数代替序列的特征提取，基于机器学习方法也成为目前研究的热点。

早期的计算方法大都基于蛋白质氨基酸序列相似性或编码基因融合原理，以及蛋白质系统发生谱来研究。然而研究表明，这种基于微观序列或同源性的预测方法并不准确，这是由于相同序列的蛋白质在不同的折叠或者结构特征下可执行不同的功能，蛋白质功能与其结构具有更直接的关联，而同源性数据又较难获得，所以蛋白质功能的预测应该从更宏观的角度，如蛋白质三维结构、蛋白质相互作用等方面来分析，才有可能取得更好的效果。随着高通量实验技术的发展，酵母双杂交等实验获得了大量蛋白质相互作用数据。通过分析蛋白质间的相互作用，利用已有的蛋白质功能信息，根据未知蛋白与已知蛋白间的关联性来注释未知的蛋白质，这种基于网络的功能预测的方法已经受到了生物信息界越来越多研究者的关注。

4.3.1 基于基因组信息的方法

有三种典型的预测方法是基于基因组信息的，它们分别是系统发育谱(phylogenetic profile)、基因邻接(gene neighborhood)和基因融合(gene fusion event)。

系统发育谱方法(如图 4-2 所示)基于如下假定：功能相关的(functional related)基因在一组完全测序的基因组中预期同时存在或不存在，这种存在或不存在的模式(patten)被称做系统发育谱；如果两个基因，它们的序列没有同源性，但它们的系统发育谱一致或相似，可以推断它们在功能上是相关的。Pellegnini 等人选择了 16 个完成测序的细菌基因组，构建大肠杆菌核糖体蛋白 RL7、鞭毛结构蛋白 FlgL 和组氨酸合成蛋白 His5 等三种蛋白的系统发育谱，结果显示，功能相关的蛋白能够很好地聚类(cluster)在一起。这个方法提供了一种为未知功能蛋白注释（annotation）的方式。它的限制是不能判断功能相关的蛋白是否在物理（physical）上直接接触，对大多数生物都具有的蛋白质不适用；其准确性依赖于完成测序的基因组数量以及系统发育谱构建的可靠性。

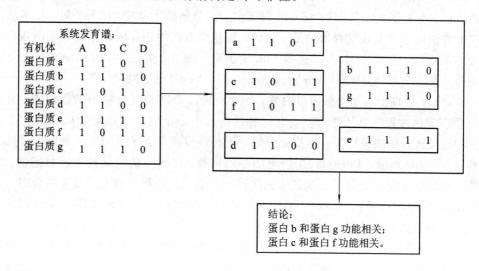

图 4 - 2　系统发育谱方法示意图

在这里选择的是 4 个生物基因组，考察其中一个基因组所包含的 7 个蛋白质。第一步，对所有的 7 个蛋白质，按照它是否在 4 个基因组中出现，以 1 或 0 表示，1 表示出现，0 表示不出现，构成系统发育谱；第二步，对系统发育谱进行聚类；对系统发育谱一致或相似的蛋白质，认为它们之间功能相关。

基因邻接方法的依据是，在原核生物基因组中，功能相关的基因承受着相同的选择压力，倾向于在基因组中连在一起，构成一个操纵子，这种基因之间的邻接关系（neighborhood relationship）在物种演化过程中具有保守性，可以作为基因产物之间功能关系的指示标识。但这个方法只能适用于进化早期的结构简单的微生物。

基因融合事件方法基于如下假定：由于在物种演化过程中发生了基因融合事件，一个物种的两个（或多个）相互作用的蛋白，在另一个物种中融合成为一条多肽链，因而基因融合事件可以作为蛋白质功能相关或相互作用的指示。该方法也被用于发现蛋白质之间的功能关联与直接相互作用。研究表明，基因融合事件在代谢蛋白（metabolic protein）中尤为普遍。这个方法的限制在于只能够预测在进化过程中发生融合的蛋白质之间的功能关联，不能判断发生融合的蛋白是否在物理上直接接触。

4.3.2　基于进化信息的方法

大量的相关研究表明，发生相互作用的蛋白质对（protein pairs）有着共同进化（co-evolye）的趋势。基于进化信息的方法基于这样的假设，即一对发生相互作用的蛋白质之间不是物理上发生关联，就是遗传上发生关联。

系统发育树相似（similarity of phylogenetic trees），即镜像树（mirror tree）方法就是一种典型的基于进化信息的方法。这个方法的思想是，功能相关的蛋白质或同一个蛋白的不同结构域之间受功能约束，其进化过程应该保持一致，即呈现共同进化特征，通过构建和比较它们的系统发育树,如果树的拓扑结构显示相似性,这种相似的树就被称做镜像树,从而可以推测建树基因的功能是相关的。Goh 等人引入了线性的相关系数(correlation coefficient),以便量化树的相似性。也有些学者利用这个方法尝试大规模蛋白质相互作用的预测,他们分析了大肠杆菌的 67 000 对蛋白,正确预测了其中的 2742 对。从本质上来说,这个方法同上述系统发育谱法是一致的。镜像树方法的主要限制是要预测的蛋白质对必须要有高质量、完整的 MSAs,这些 MSAs 还要考虑两个蛋白质来自同一家族的问题。

另外一种方法是相关变异(correlated mutation),即计算机虚拟双杂交(in silico two-hybrid method, i2h)。物理上相互接触的蛋白质,如处在同一个结构复合物中的蛋白质,其中一个蛋白质在进化过程中累计的残基变化,通过在另一个蛋白质中发生相应的变化予以补偿,这种现象被称做相关变异。相关变异的分子机制设想是为了抵消由于基因的持续突变漂移(constant mutational drift)产生的小的序列调整,以保持结构复合物的稳定性,维持其功能。相关变异位置提供了多肽链表面接触点信息,有人利用相关变异并结合多序列比对(Multiple Sequence Alignments, MSAs)产生的保守位置,有效地提高了预测识别接触点的概率。相关变异可以发生在分子间,也可以发生在分子内部,这一方法提供了从头开始(ab initio)预测蛋白质三维结构的理论基础。与镜像树方法一样,相关变异方法也需要高质量的 MSAs,而且由于这种方法是基于共同进化的假设,所以自然要同时考虑各个基因组中相应的蛋白质。

4.3.3 基于蛋白质结构的方法

结构决定功能,蛋白质所有的功能信息都蕴藏在蛋白质的氨基酸排列中。基于蛋白质结构的方法都是从蛋白质的结构出发,使用从蛋白质结构获得的信息来研究蛋白质之间的相互作用或相互作用位点。其实在基于蛋白质进化信息的方法中使用的多序列比对就使用到了蛋白质的一级结构——氨基酸序列。

Sprinzak 和 Margalit 提出了一种简单的统计方法——序列信号相关(sequence signal correlation)方法,这种方法通过检查实验方法所获得的相互作用蛋白质对,发现序列特征信号在不同对的相互作用蛋白中重复地出现,这一现象被称做序列信号相关。利用序列域信号相关作为相互作用蛋白质的识别标识,可以预测未知功能蛋白与已知蛋白的相互作用,减少直接实验的搜索空间。

Deng 等人基于最大似然估计(MLE)方法使用从实验中得到的蛋白质-蛋白质相互作用数据来推断 domain-domain 相互作用,通过估计出每一对 domain 之间发生相互作用的概率反过来预测蛋白质-蛋白质相互作用。这个方法在分析不完全的数据集和处理实验中的错误方面有着很强的鲁棒性。

Gomez 等人将蛋白质-蛋白质相互作用等效于其内部所含的结构域(domain)之间的相互作用,构建了一个相互作用的吸引(attraction)模型。他们把要研究的数据集中的所有蛋白质相互作用看成是一个网络,并把这个网络看成是一个有向图 $G=\langle V, E\rangle$,这个图的节点 E 代表蛋白质,而边 V 代表蛋白质之间的相互作用。每个蛋白都由其所含的 domain 表示,然后为每一个 domain 都分配了与其他 domain 相互作用的概率,随后定义了蛋白相互作用概率与 domain 相互作用概率的关系模型,可根据蛋白质所包含的 domain 来预测蛋白与蛋白之间的相互作用。他们进而把这个模型扩展为 attraction-repulsion 模型,并且使用这个模型在 Pfam 数据库上获得了 0.70 的 ROC 值。

4.3.4 基于氨基酸序列的方法

Shen 等人基于蛋白质对中的氨基酸序列信息预测蛋白质相互作用,克服了大多数预测方法的局限性,即必须了解蛋白质的同源性才能够预测相互作用。他们提出氨基酸的三联体组合信息编码,选择基于 S-核函数的支持向量机(SVM)作为预测器进行预测,S-核函数为

$$K(D_{AB}, D_{CD}) = \exp(-\gamma \| s \|^2$$
$$= \min\{(\| D_A - D_E \|^2 + \| D_B - D_F \|^2), (\| D_A - D_F \|^2 + \| D_B - D_E \|^2)\})$$
$$(4-1)$$

其中,D_A 为蛋白质 A 氨基酸序列的三联体编码矢量,其他蛋白质以此类推。首先,依据侧链各残基的物理化学属性包括残基大小、疏水性、电荷性等性质,将序列氨基酸分为 7 类并且按照序列顺序编码,每次取 3 位共有 343 种编码方式。分类原则包括偶极子 Dipole <1.0、$1.0<$Dipole<2.0、$2.0<$Dipole<3.0、Dipole>3 以及残基大小 Volume<50、Volume>50。SVM 的学习样本包括从 Human Protein References Database(HPRD)得到的 16 243 个正样本与通过随机组合方式得到的 16 243 个负样本,得到的预测精度达到 83.9%。该方法成功地用于蛋白质相互作用网络的预测,包括单个中心网络、多个中心网络与一个大型的复杂蛋白质相互作用网络。

Guo 等人提出通过氨基酸序列的自协方差(auto covariance)编码方式来预测酵母蛋白的相互作用。该编码方式充分考虑了序列内部氨基酸之间的长程相互作用,能有效提高蛋白质相互作用的预测精度。首先,得到 20 种氨基酸的 7 种理化性质,包括疏水性、亲水性、残基大小、极性、极化率、溶解表面积与电荷参数,然后根据自协方差编码方式对这些矢量化数据进行编码,表达式如式(4-2)所示。

$$AC_{lag} = \frac{1}{n - lag} \sum_{i=1}^{n-lag} \left(X_{i, j} - \frac{1}{n} \sum_{i=1}^{n} X_{i, j} \right) \left(X_{i+lag} - \frac{1}{n} \sum_{i=1}^{n} X_{i, j} \right) \qquad (4-2)$$

其中,n 为氨基酸序列 X 的长度,lag 为选择的滑动窗的宽度。其次,构造正负学习样本,考虑分别来自 DIP 数据库的正样本和 3 种不同方式构建的负样本,包括通过随机选取方式构造蛋白质对;通过亚细胞定位方式构造位于不同亚细胞区间的蛋白质对;通过变换氨基酸序列位置构造蛋白质对。通过基于径向基核函数的 SVM 作为预测器进行预测,得到的预测精度达 88.09%。

4.3.5 基于自然语言处理的文献挖掘方法

基于自然语言处理的文献挖掘(Natural Language Processing,NLP)技术,是指根据一定的语义和模式从文献中自动提取相关的信息片段,这个过程称为信息抽取(IE)。大量已知的 PPI 信息存储于生物、医学相关的科学文献中,文献数据库涵盖大量 PPI 信息,甚至包括 PPI 的亚细胞定位、生物学功能等更为详尽的信息,成为文献挖掘必要的数据基础。Daraselia 等人采用一种称为 MedScan 的方法从 PubMed 提取了 1 000 000 多条 PPI,提取结果与 BIND、DIP 数据库比较后发现,数据准确率高达 91%。Jang 等人从 PubMed 收集文献摘要,自动查询并提取蛋白质两两相互作用信息,其获得的 67.37% PPIs 可在

DIP 数据库中找到。文献数据挖掘方法的困难在于科学文本的复杂特性和人类语言的不确定性，这些算法处理的数据具有很高的噪声水平。此外，数据挖掘程序处理的基因名称和蛋白质名称存在同义或多义的情况，使处理问题的难度增大。同时，自动化的获取系统仅仅停留在扫描文献数据库中的标题和摘要，这是因为大部分出版刊物的全文并不是免费可用的。文献数据挖掘模型如图 4 - 3 所示。

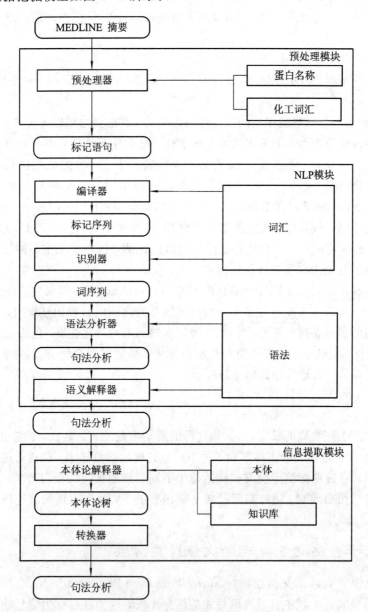

图 4 - 3　文献数据挖掘模型

4.3.6　基于机器学习方法预测蛋白质相互作用

1. 核方法

核方法通过坐标变换进行重新编码，保留原有数据的规律并使变换后的信息更容易检测，它能够高效率地分析数据之间的非线性关系，并避免过度拟合。基于核的学习方法，首先是以支持向量机的形式出现的。由于核函数决定了支持向量机的分类能力，因此，在构造了恰当的核函数之后可以得到具有良好分类性能和泛化能力的支持向量机。同时，基于核的经典学习算法还包括核主分量分析（Kernel Principal Component Analysis，KPCA）、核典型相关分析（Kernel Canonical Correlation Analysis，KCCA）与核费舍尔判别分析（Kernel Fisher Discriminant，KFD）等。这些理论和思想最先应用于文本归类和图像识别，随后核方法尤其是支持向量机被成功用于解决生物信息学中的分类问题。三种序列核，包括谱核、模体核与 Pfam 核，用于预测蛋白质相互作用；Asa 提出用配对核描述蛋白质对之间的关系，并且结合支持向量机预测蛋白质相互作用；Koji 从构造最大熵学习核函数出发预测蛋白质相互作用；Lanckriet 通过构造分布核结合支持向量机用于酵母蛋白相互作用预测并取得较好结果。核函数的构建是使用核方法解决问题的关键步骤。从核函数本身的机理出发，核函数可以看成是一个特殊的积分算子（Mercer 核的原始定义），对应一个再生的 Hilbert 空间（RKHS）；从数据出发，核函数可以看成是一个矩阵算子。

2. 支持向量机（SVM）

SVM 由 Vapnik 等人提出并发展，因其较强的泛化能力而引起研究者广泛的关注与浓厚的兴趣。其基于结构风险最小化理论是指寻找最优界面来实现最小泛化误差，而非实现最小化经验误差，它能较好地解决小样本、非线性、高维数和局部最小等问题，且能从原理上解决其他传统机器算法（如神经网络）过拟合现象，已被成功用于人脸识别、语音识别、蛋白质空间结构识别与相互作用预测等诸多模式识别领域中。SVM 用于解决线性可分为两类样本分类问题，其核心思想是找到一个最优分类超平面，使两类样本的分类间隔最大化。对于非线性问题，首先经非线性映射将样本映射到一高维特征空间，然后用线性方法解决。为此，SVM 引入核函数

$$K(x, x_i) = \Phi(x)\Phi(x_i) \tag{4-3}$$

来实现高维映射。核函数的引入，可有效避免维数灾难及计算复杂性等问题。

Bock 等人基于一个已知蛋白质相互作用数据库 DIP，训练了一个机器学习系统来预测蛋白质相互作用，该系统仅仅依赖于蛋白质的一级结构和相关的氨基酸物理化学属性。他们选择支撑向量机（Support Vector Machine，SVM）方法构建了一个分类器，SVM 具有对样本重复性不敏感的特点，且适用于特征量较大的样本集。对每个蛋白质复合物的每一条氨基酸序列，物理化学属性包括电荷（charge）、疏水性（hydrophobicity）、残基的表面张力（surface tension）等。他们利用一个交叉验证方法获得了 80% 的正确率。但这种方法的问题是只用三个属性显然不能完全表达各种氨基酸对相互作用发生的影响，而且对蛋白质序列的矢量化也是一个难点。

3. 随机森林

随机森林（RF）是 Leo Breiman 提出的一个组合分类器算法，它是由许多单棵分类回归树（CART）组合而成的，最后通过简单多数投票法来决定最终分类结果。随机森林算法（RFA）具有如下几个特点：

（1）较少的参数调整；

（2）不必担心过度拟合；

（3）适用于数据集中存在大量未知特征的情况；

（4）能够估计哪个特征在分类中更重要；

（5）当数据集中存在大量的噪音时同样可以取得很好的预测性能。

随机森林是由多个决策树 $\{h(x, \theta_k)\}$ 组成的分类器，其中 $\{\theta_k\}$ 是相互独立且同分布的随机向量，最终由所有决策树综合决定输入向量 x 的最终类标签。Qi 等提出构建一个来自于不同数据源的随机森林算法对蛋白质相互作用进行预测。首先，整合高通量的蛋白质相互作用数据源，以减少假阳性与假阴性数据。其次，提出一种新的确定蛋白质之间相似性的算法。基于随机森林算法用于确定蛋白质之间的相似性，并使用改进的 KNN 分类算法进行分类预测，得到较好的预测结果。

4. 贝叶斯模型

Jansen 提出基于全基因组的贝叶斯模型预测酵母蛋白相互作用。使用弱相互作用的和基因相关的特征包括信使 RNA 共表达、co-essentiality 和定位信息等作为贝叶斯网络的学习样本。不同的蛋白质相互作用对不同来源的数据具有不同的偏好，首先分别利用单个数据源对蛋白质相互作用进行预测，然后统计出不同的相互作用结果对不同数据源的偏好并将其设计为不同的权重，然后作为检验信息集成到贝叶斯模型中。在利用贝叶斯模型对数据进行集成的过程中，某些数据源可能满足独立性假设，这些数据可以利用朴素贝叶斯（Naïve Bayesian）模型来集成，而某些数据源之间可能不满足独立性假设，这些数据可以利用完整贝叶斯网络（Full Bayesian network）来集成，然后将两种模型最终集成到一个模型中，从而实现不同来源数据的集成，并利用最终得到的贝叶斯模型对蛋白质相互作用进行预测。预测结果表明，针对某一程度的敏感性与现有的高通量实验数据集相比结果更准确，并且通过串联亲和纯化实验验证了以上结果的正确性。

Patil 和 Nakamura 基于 3 个基因组特征，包括已知三维结构的相互作用蛋白质结构域、GO 注释和序列同源，利用贝叶斯网络过滤啤酒酵母的高通量蛋白质相互作用数据。由一个或多个基因组特征支持的来自高通量数据的蛋白质相互作用具有较高的似然率，并且因此更倾向于真实相互作用。Collins 等研究了面向啤酒酵母真实相互作用组的全面图集。该方法用贝叶斯分类器的一个判别函数作为实验观测值的似然率的度量，由此建模得到一个得分矩阵，再对已得分的 PPI 集进行层次聚类，从而得到真实相互作用与蛋白质混合物。这些方法的使用为研究蛋白质相互作用提供了一条有效、简洁和快速建立细胞内蛋白质相互作用网络的途径。

4.4　蛋白质相互作用数据可靠性评价

目前，由于多个物种的全基因组序列已经测出，开发在全基因组水平上预测可能的相互作用蛋白的计算方法受到广泛的重视。对于高等生物，预测其相互作用蛋白网络是很困难的，并且实验数据在一定程度上也被噪声所污染，并且基于计算的预测方法往往会产生很多假阳性的结果。事实上，目前已经提出了一些方法来评价实验测出的相互作用的可靠性，如表达谱可靠性指数（Expression Profile Reliability Index）和平行进化同源确认方（Paralogous Verification Method，PVM）。Satio 等人引入了相互作用的一般性方法，即根据 PPI 网络拓扑图的连接数量特征评价相互作用水平，得到相互作用的可靠性。Lee 等为酵母蛋白质相互作用数据集建立了一个能从噪声数据中识别真实的蛋白质相互作用对的评估系统，系统基于神经网络算法并利用相互作用蛋白质的三个特征：功能类的相似性、共定位的出现率和 IGZ 拓扑特征，该系统平均准确率较高。Yu 等人构造了一种可调的映射框架，预测出第二代具有高可靠性的高通量数据集，它覆盖了通过 Y2H 实验方法得到的 20％的酵母蛋白相互作用。首先得到五种可靠的酵母蛋白质相互作用的数据集，其中，蛋白质物理上（Binary）的相互作用数据包括 Uetz、Ito；蛋白质功能上的相互作用（Co-complex）数据包括 Gavin、Krogan；来自于文献挖掘的数据集包括 LC-multiple。从五个高可靠性的数据库 BIND、DIP、MIPS、MINT 与 IntAct 中挖掘出 1172 对蛋白质相互作用对，规则是该相互作用对必须至少出现在两篇文献与两个数据库之中。通过去掉一些不是由高通量实验得到的结果后获得 983 对蛋白质相互作用对，983 对蛋白质相互作用对与 MIPS 化合物和 PDB 结构数据库得到的结果构成 1318 对蛋白质相互作用对。按照蛋白质相互作用对必须同时至少出现在五篇文献中与多种实验方法验证，可以得到正学习样本，共 116 对蛋白质相互作用对。从 14×10^6 个蛋白质非相互作用对中选择 116 对蛋白质非相互作用对，这些非相互作用对不能出现在已经公布的相互作用数据库之中。

综合有关遗传学知识、转录信息和 PPI 网络拓扑作为证据，学习合适的模型。当前，如何组合各种证据，准确评价各种高通量实验方法得到的蛋白质相互作用数据的可靠性，从相应的 PPI 网络中挖掘更多的知识仍是一个挑战性的问题。Rhodes 提出一种基于概率分布的集成模型对人类蛋白质相互作用数据进行预测，得到 40 000 对相互作用数据，这些数据通过高通量实验与别的计算方法得到验证。学习样本来自于直向同源蛋白相互作用数据（Ortholog Interactions），包括 C. Elegans、D. Melanogaster 与 S. Cerevisiae 等 3 种模式生物的相互作用，协同共表达（Co-expression）数据，具有相同生物函数的相互作用蛋白质，Interpro 数据，基于大多数普通的数据库之上，对蛋白质家族、区域、功能位点进行独特的、无冗余的描述。学习样本包括黄金正样本（Gold Standard Positive），来源于Human Protein Relational Database（HPRD）数据库，共有 11 678 个训练集与 5784 个测试集；黄金负样本（Gold standard Negative）采用亚细胞定位来源于细胞核与质膜的非相互作用蛋白，共 3 106 928 个负样本。

在分析蛋白质相互作用网络时，经常使用一些用于从不同角度描述、刻画网络拓扑结构的特征度量，如节点的聚类系数、节点的介数、边介数等；此外，在对网络进行聚类分析时，通常还需要基于上述基本的网络特征度量建立两两节点之间的相似性度量。为了能在不同的网络分析方法之间展开横向比较，研究者们也发展了一系列网络分析评价指标。本节将介绍蛋白质相互作用网络常用的网络特征度量指标及网络分析评价指标，它们可以为划分无尺度的蛋白质相互作用网络提供足够的信息，并有效地减少噪声。

4.4.1 相似性评价指标

1. 基于聚类系数的度量

基于聚类系数的相似性评价指标是从图论中发展而来的。聚类系数121、901代表了一个节点与其邻居节点之间的相互连接性。用 n 表示节点 v 的邻居节点集合中存在的连接总数，则度为 k 的节点的聚类系数定义如下

$$CC(v) = \frac{2n_v}{k_v(k_v - 1)} \quad\quad (4-4)$$

为了说明两个有边直接相连的节点 v_i 和 v_j 的相似性，首先计算每个节点的聚类系数 CC_{v_i} 和 CC_{v_j}；然后去掉连接两个节点的边，重新计算它们的聚类系数 CC'_{v_i} 和 CC'_{v_j}。对于每个节点来说，这两个聚类系数的差值代表了这条边对两个节点的重要性。基于聚类系数的两个节点的相似性表示如下

$$S_{CC}(v_i, v_j) = CC_{v_i} + CC_{v_j} - CC'_{v_i} - CC'_{v_j} \quad\quad (4-5)$$

如果两个节点在原始的图中没有连接的话，则这两个节点基于聚类系数的相似性值为 0。使用标准化的方法，使这个度量值在 $[0,1]$ 范围内。

2. 基于介数的度量

基于介数的度量准则最早由 Newman 等人提出。在社会科学和生物网络的聚类中，这是一个常用的度量，主要用于检测社团之间的连接。为了利用网络的全局拓扑结构信息，使用基于边介数的度量，即

$$S_{eb}(v_i, v_j) = 1 - \frac{SP_{ij}}{SP_{max}} \qu\quad (4-6)$$

其中，SP_{ij} 是通过边 ij 的最短路径数；SP_{max} 是整个图中通过一条边的最短路径数的最大值。同样地，这一度量也只适用于有连接的相互作用对，也把这个度量标准化在 $[0,1]$ 范围内。

4.4.2 有效性评价指标

当使用某种方法对网络进行聚类分析之后，得到了包含 k 个聚类的结果，这是对原始网络的一种划分。为了评价这种划分的有效性，特别是评价这种划分的生物学意义，需要对其建立有效性评价指标。

1. 基于拓扑结构的模块化度量

Newman 等人提出的基于拓扑结构的模块化度量是使用 $k \times k$ 的对称矩阵 $\boldsymbol{D}$ 进行聚类。其中 d_{ij} 表示模块 i 和模块 j 中节点间相互连接的边的个数，d_n 表示模块 i 中节点间相互连接的边的个数。

$$M = \sum_i \left(d_n - \left(\sum_j di_j \right)^2 \right) \quad\quad (4-7)$$

其中，M 的取值反映了聚类的效果：其值越大，说明两个聚类之间的连接越少，对它们进行分离的效果越好；反之，若 M 值越小，则说明聚类效果越差。

2. P 值

由于每个蛋白质都可能具有多种不同的功能，当将一个聚类中所有蛋白质指派为某一种功能分类时，就会不可避免地损失准确性。可以通过定义一个 P 值来度量这种功能指派的合理程度。假设一个聚类中的节点个数是 n，其中 m 个蛋白质有同一种功能注释；数据库中有 N 个蛋白质，其中 M 个有同样的功能注释。使用超几何分布，计算 P 值如下

$$P = \sum_{i=m}^{n} \frac{\binom{M}{i}\binom{N-M}{n-i}}{\binom{N}{n}} \ququad (4-8)$$

显然，P 值越小，说明按照这种聚类所进行的功能指派随机发生的概率越小，有其生物学意义。

4.5 本章小结

蛋白质-蛋白质相互作用及其网络构建是系统生物学中最核心和基础的问题之一。本章先对问题进行了描述，蛋白质-蛋白质相互作用可以理解为一个机器学习领域的分类问题，而多个蛋白质之间的相互作用关系则构成了蛋白质相互作用网络。蛋白质相互作用网络可以直观地描述出系统中各个蛋白之间的关联和关系，对药物筛选、细胞活性分析等研究都有重要意义。随后，本章介绍了蛋白质相互作用网络的若干计算问题和不同解决方法，目前的解决方法虽然类别繁多，但还没有在准确率上达到理想的程度，如何将多种方法融合以提高预测准确率是未来研究的重点。本章最后还对蛋白质相互作用数据的可靠性进行了评价，合适的评价指标将有助于提高网络构建的准确程度。

第五章　基因调控网络的建模与分析

经科学家长期研究发现，多达 80% 的人类疾病属于复杂疾病。这类疾病具有家族聚集倾向性和遗传异质性等特征，一般是由多个遗传基因以及环境因素协同作用积累产生的，且病因复杂，基因型与表型间没有简单的对应关系，称为多基因病（或多基因遗传病）。现代医学研究认为疾病的发生、对药物的反应差异性等复杂性状与基因突变或遗传多态性密切相关。因此，解决基因对人类的影响作用是科学界的重点课题。

一个基因的表达并不是独立的，而是受其他基因的影响，同时这个基因又影响其他基因的表达，这种相互影响、相互制约的关系构成了复杂的基因表达调控网络。基因调控网络研究是数学、信息学、计算机科学向分子生物学渗透形成的交叉点。基因组学和蛋白质组学相关技术的发展和应用，汇聚了大量的表达谱和生物大分子相互作用网络图谱信息。生物信息学为存储、处理、分析和整合这些庞大复杂的信息提供了强大的技术平台。

基因调控网络的生物信息学研究的目的，是试图通过建立模型来深入理解基因调控的时空机制，研制识别和发现疾病治疗中潜在靶标的预测工具。分子生物学的进步，生物信息学的发展，分析和计算技术已能使我们系统地研究生物系统中复杂的分子过程，尤其用高通量的基因表达鉴定可以测量基因调控网络的输出。建立不同的网络模型来描述生物系统的行为，有助于搞清协同工作的基因的作用机理，阐明复杂的基因调控过程。

基因调控网络的研究有助于理解生命组织内部基因及其产物的生成过程和调控关系，可以实现对基因功能的整体认识和把握。这对于寻找和识别人类致病因子的研究有重要的应用。譬如，在癌症的研究中，所有的试验工具都偏向于显性致癌基因，而在很大程度上忽视了非显性致癌基因的协同作用。实际上，往往是好几种基因的协同作用才导致了肿瘤的形成，因此识别协同作用的非显性致癌基因就显得特别重要，也体现了基因调控网络的重要性。基因的网络分析也是生命信息挖掘的重要手段，利用微扰产生的信息暴露对基因调控网络进行分析，从中可以挖掘基因功能的信息、基因之间协同作用关系的信息和网络中信息传输的信息等。

5.1　简　　介

关于中心法则的基本内容已经在第一章详细地介绍了，这里重提基因等几个相关的概念，并介绍基因调控。

1. 基因

基因是具有特定生理功能的 DNA 序列，DNA 中表现出的整个信息集称为基因组（genome）。DNA 序列是遗传信息的储存者，它通过自主复制得到永存，并通过转录生成信使 RNA、翻译生成蛋白质的过程来控制生命现象。

2. 基因表达

基因表达是指细胞在生命过程中把蕴藏在 DNA 中的遗传信息经过转录和翻译，转变为具有功能的蛋白质分子的过程。

3. 转录、翻译及反转录过程

双链 DNA 中方向通常为 $3'\rightarrow5'$ 的链（模板链）被转录为 mRNA(messenger RNA，即信使 RNA，方向通常为 $5'\rightarrow3'$)。对真核生物(eukaryote)来说，不含内含子(intron)。rRNA(ribosogmal RNA，即核糖体 RNA)提供翻译场所，由 tRNA(transfer RNA，即翻译 RNA)根据 mRNA 翻译并合成蛋白质(protein)。反转录指的是以 mRNA 为模板合成 cDNA(complementary DNA，即互补 DNA)的过程。因为 mRNA 仅含外显子(extron)，合成的 cDNA 也仅含有外显子。

4. 基因表达调控

围绕基因表达过程中发生的各种各样的调节方式统称为基因表达调控。基因表达调控具有多层次性，主要表现在转录水平上的调控(Transcriptional regulation)、mRNA 加工成熟水平上的调控(Differential processing of RNA transcript)、翻译水平上的调控(Differential translation of mRNA)。基因表达调控网络的机制很复杂。原核生物基因表达的调控主要发生在转录水平上。真核生物细胞的组织多样性基因结构比原核生物更加复杂，并且真核生物基因的转录和翻译在时间和空间上完全分隔，基因调控范围更大，包括 DNA 水平上的基因拷贝和重排、转录、转录后 RNA 的加工和运输、翻译，以及翻译后蛋白质修饰等多个层次。但总的来说，和原核生物一样，真核生物中转录水平的调控是基因表达调控中最重要的一环。因此，目前主要研究转录水平上的基因调控。

5. 基因表达谱数据

基因表达谱数据反映了基因在转录时 RNA 的浓度，其主要形式是矩阵形式，行表示基因，列表示样本。基因主要由基因芯片技术获得，其数据格式如下：

$$\text{mRNA samples}$$

$$X_{n\times m} = \begin{bmatrix} x_{11} & \cdots & x_{1m} \\ \vdots & \ddots & \vdots \\ x_{n1} & \cdots & x_{nm} \end{bmatrix} \text{genes}$$

其中，x_{ij} 为基因 i 在 mRNA 样本 j 上的表达值。

所谓基因调控网络，就是基于微阵列数据，对基因之间表达关系相互依赖程度的一种仿真或重建。这为我们了解生物体中哪些基因被表达、表达时间、表达位置以及表达的程度如何提供了可视化的参考模型。在深入研究基因与疾病关系、药物靶子设计等方面，基因调控网络具有重要的应用价值。微阵列技术的发展产生了大量的基因表达数据，这为人类充分认识并挖掘基因间的相互关系提供了可能。目前，基因表达数据库已有很多，如何实现这些数据之间的共享、交换，并提取有价值的信息加以整合，以便在更大范围内绘制基因调控网络，是研究者们面临的新的挑战。基因调控网络旨在从貌似杂乱无章的基因表达数据库中发现基因间的调控关系，因此从微阵列中估计调控网络就成为最重要的研究课题。

5.2　基因调控网络

20世纪50年代DNA双螺旋结构的发现，揭开了分子生物学的新时代。自此，在分子水平上研究基因和基因表达，促进了生物学的大发展。不过，在当时的条件下，生物学家主要是分析、研究单个基因及其表达，至多简单地研究几个基因之间的关系。随着基因测序技术的发展，尤其是高密度DNA芯片和蛋白质质谱等技术的应用，可以在短时间内获得大量生物体基因表达的数据，这就为从基因组水平上研究基因网络准备了条件。基因网络的研究始于20世纪60年代，Rater描述了控制原核生物的分子基因系统组织的特点。另一项研究是Kauffman通过简单的逻辑规则研究基因网络动力学。20世纪90年代实验数据的增加加速了基因网络理论的研究。

随着芯片价格的下降，研究人员可以获得越来越多的基因表达数据，包括同一时刻不同细胞中的各种mRNA的相对或绝对表达量、不同时刻或不同个体的同一种细胞中各种mRNA的表达量，这为研究基因之间的相互影响关系提供了数据基础。基因调控网络是一组基因调控另一组基因表达的过程。参与调控的对象不止有基因，有时还有microRNA、组蛋白等元素。本章研究的是基因蛋白质的调控，关于microRNA、组蛋白等表观遗传因素的生物网络将在第6章介绍。

基因调控网络有如下几个特点：

（1）基因数量大，在研究中通常要研究上万个基因的调控关系（人类的基因大约是25 000个）。

（2）分子种类多，通常涉及的有DNA、mRNA、蛋白质等大分子，如果考虑microRNA、组蛋白修饰等表观遗传因素，该网络将更加复杂。

（3）基因表达具有时空性，同一个基因在不同的细胞周期中会有不同的表达量，也有可能行使不同的功能。

（4）真核生物中大多数的基因会受多个基因协同调控。

目前基于推断和识别基因网络的研究，应用最多的方法是从基因表达谱（gene expression profiles）进行推断识别，主要包括从表达数据识别基因调控网络结构；通过随机扰动，分析个体基因对全局动态网络性能的影响得出网络特性；根据大规模的数据进行基因网络分析，识别基因网络中的调控关系，获得网络参数，推断网络特征；通过建立静态网络，推断网络中基因之间在稳态下的相互作用机制。

为了更好地处理数据，就需要有相应的模型。迄今为止，研究基因调控网络的模型很多，分类方法不尽相同。最早使用基因调控网络的模型是加权矩阵模型，除此之外，还有很多模型和相应的从数据中学习模型的方法。最简单的模型是布尔网络模型，已经有不同的算法用于推断这样的模型，主要是基于信息理论。还有其他的模型，如线性模型、神经网络模型、微分方程、贝叶斯网络模型等。由于贝叶斯网络模型对于推断基因调控网络有其自身的优越性，所以其是现在研究的热点之一。但是由于经典的贝叶斯学习算法不能直接应用到基因表达数据上，所以目前针对基因表达数据本身特点的算法还需要不断提出和改进。

5.3　布尔网络模型

5.3.1　普通布尔网络

随着 DNA 微阵列技术的发展，使同时测量几千个基因在不同条件下的表达水平成为可能。但确定基因间的调控关系至今还是一个极具挑战性的问题，因此人们建立了各种各样的模型来预测基因间的调控关系，如布尔网络模型、线性组合模型、微分方程模型、加权矩阵模型、静态贝叶斯网络模型和动态贝叶斯网络模型等。下面简要介绍各种基因调控网络相关模型的研究现状、基本思想、算法以及优缺点等。

Kauffman 首先建立了一个基于理想化的模型，即布尔网络模型。Akustu 提出的识别算法能很好地找到表达模式。Liang 等人开发了反向工程算法（REVerse Engineering ALgorithm，REVEAL），是建立在比较输入和输出数据的 Shannon 熵（平均信息熵）的基础上的，其最大的优点是事先无须确定入度（indegree），每个节点的最小入度 k 在算法中确定，该方法基于输入和输出数据信息熵的比较可以用来确定入度。与 Akutsu 等人的方法相似，一旦输入节点被指定，在 $k=2$ 的情况下，也可以穷尽搜索模型数据中的调控规则。该算法的优点是不事先确定计算复杂度，随算法的不同可以找到最小复杂度。1998 年 Yuh 等人综合以往的研究结果，详细分析了海胆 Stronglocentrotus Purpuratus 基因 Endol16，对这一基因转录水平的基因调控网络进行了逻辑描述。

布尔网络模型可以确定基因之间相互作用的定性关系，有助于发现药物的作用靶点。布尔网络可以研究基因调控网络的动态行为和生物现象之间的关系。另外，通过布尔网络也可以研究基因网络的干预，比如采取相关的干预措施可以避免细胞从常态转向病态或从病态转向凋亡等。

在布尔网络中，每个基因所处的状态是"开"或者是"关"。状态"开"表示一个基因转录表达形成基因产物，而状态"关"则代表一个基因未转录。基因之间的相互作用关系由布尔表达式来表示，根据该表达式可计算被其他基因激励的基因的状态，因此该模型输出的结果就是一个布尔网络。

当一个节点代表基因时，该节点与一个稳定的表达水平相联系，代表该节点对应的基因产物数量。如果一个节点代表环境因素，则该节点的值代表环境刺激量。各节点的值是"1"或者是"0"，分别表示"高水平"和"低水平"。

在网络系统演化的动力学过程中，系统状态的时间转换序列动态汇聚于状态空间的循环模式，布尔网络模型将该重复状态模式称为一个吸引子区域，区域之外的状态树或子树都定义为暂态，并且所有基因的活动状态采用同步更新机制。随着时间的变化，系统状态逐渐从暂态向吸引子区域跃迁，或者在不同的吸引子区域间动态跃迁。根据系统初始状态以及逻辑规则的不同，相同基因构成的网络系统会呈现出不同的状态跃迁过程，产生不同的状态演化轨迹，并最终汇聚于不同的吸引子循环区域，再现了基因调控网络系统复杂的动力学过程，促进了人们对基因调控网络的深入分析。

图 5-1 为一个简单的 3 个节点的布尔网络配线图，该图表达了这 3 个基因之间的调控关系。3 个基因节点的布尔网络系统有 $2^3=8$ 个系统状态。

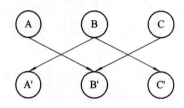

图 5-1 3 个节点的布尔网络的调控关系

表 5-1 是一个具有单态节点的吸引子,该吸引子周围覆盖了 5 个状态。

表 5-1 具有单态节点的吸引子

时间序列	1	2	3	4	5	6
A	1	1	0	0	0	0
B	0	1	1	1	0	0
C	1	1	1	0	0	0

为了更加清楚地表示各状态间的转化,以及最后的重复状态,用图 5-2 表示。

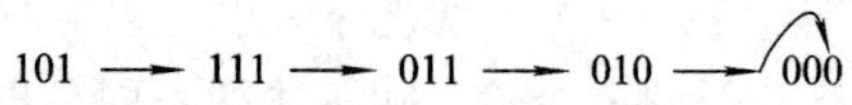

$$101 \longrightarrow 111 \longrightarrow 011 \longrightarrow 010 \longrightarrow 000$$

图 5-2 具有单态节点的吸引子

表 5-2 是一个具有两态节点的吸引子,其周围覆盖了 3 个状态。

表 5-2 具有两态节点的吸引子

时间序列	1	2	3	4
A	1	0	1	0
B	1	1	0	1
C	1	1	0	1

为了更加清楚地表示这三个状态间的转化关系,以及最后的重复状态,用图 5-3 表示。

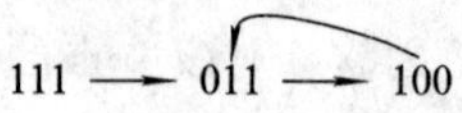

$$111 \longrightarrow 011 \longrightarrow 100$$

图 5-3 具有两态节点的吸引子

研究表明,很多真实的生物学问题可通过看似简单的布尔规则来回答,布尔网络强调的是基本的全局网络,而不是定量的生化模型。这类网络的动态行为可以对很多生物学现象建模,如细胞状态动力学、处理类似开关电路的过程、稳定和滞后现象等。另外,布尔网络提供了一种能表示基因复杂关系的结构(如异或关系 XOR),而且通过证明发现这符合生物学基因调控网络的性质(如全局复杂性、自组织、冗余等)。

布尔网络和马氏链(Markov Chains)结合起来可处理概率框架下的不确定性,从而引进概率布尔网络 PBN(Probabilistic Boolean Network)模型。概率布尔网络模型在布尔网络模型的基础上增加了对父代基因集合的概率选择,它合并了基于规则的基因之间的依赖关系，可进行全局网络动态的系统研究，也可在数据和模型选择上处理不确定性，网络的每一部分都根据一个信号是否超过一个允许的域值来确定该部分是开启还是关闭。概率布尔网络模型把几个好的预测器的结合作为一个目标基因的预测，一个概率模型随机选择这些好的预测器中的一个。

布尔网络的优点如下：

第一，可以借助机器学习或者其他智能训练的方法来构建一个具体的布尔网络，即根据基因表达的实验数据建立待研究的基因之间的相互作用关系，确定每个基因的调控输入，并且为每个基因生成布尔表达式，或者形成网络系统的状态转换表。

第二，布尔网络模型简单，便于计算。

第三，布尔网络模型为深入分析生物系统的基因调控关系提供了一个非常有价值的概念框架，系统中离散状态跃迁的动力学过程描述了基因调控网络状态的复杂进化过程。

第四，从系统生物学角度看，状态转换序列动态汇聚于吸引子区域是系统中非常重要的动力学过程，不但可以应用于布尔网络，还应用于一般的非线性、离散或连续的网络模型中，网络系统状态的动力学推理分析也为深入认识和揭示生物系统的运行机制提供了新的思路。

第五，许多状态可能汇聚于同一个吸引子，这就意味着对于现存的系统而言，一个很小的系统扰动不会对整个系统的最终结果产生影响。

第六，网络系统中可能存在多个吸引子区域，每个吸引子区域也可能覆盖多个状态，这些吸引子可以对应于同一基因调控网络的不同稳态模式，也可以对应于多细胞生物系统中不同的细胞类型，比如正常细胞和患病的癌症细胞等。

第七，各种外界刺激等扰动也可能会引起系统在吸引子区域间的动态跃迁，比如伤后愈合过程可以对应于从吸引子外围不稳定的状态动态跃迁到原来吸引子区域的一条状态轨迹，因此吸引子的循环特性也有可能解释复杂生物系统中普遍存在的节律与周期等特性。

布尔网络面临的巨大挑战是：

第一，对于复杂的网络，在网络构造过程中，其搜索空间非常大，需要利用先验知识或合理的假设减小搜索空间，以便有效地构造布尔网络。

第二，布尔网络是一种离散的数学模型，它无法正确地反映基因表达的实际情况。例如布尔网络不能反映各个基因表达的数值差异，不考虑各种基因作用大小的区别等，而在连续网络模型中，各个基因的表达数值是连续的，并且以具体的数值表示一个基因对其他基因的影响。

第三，布尔网络强调的是基本的全局网络而不是一种定量的生化模型，相比于真实的基因网络，布尔网络模型比较简单粗糙，它把内部的遗传功能和相互作用理解为逻辑规则，但是在生物体内，基因之间的关系复杂，且具有自组织稳定性，因此单纯从基因表达水平用每个基因的一条逻辑规则来推断常常会导致错误规则。

第四，布尔网络建模的缺点在于其本质上的确定性（determinism），它对于一个更为复杂的网络调控系统所有的轨迹都是严格确定的，基因表达并不是有或无这样简单的状态。另外，在使用布尔网络模型的算法中，每个基因的输入节点数量指定为 k 是一个必要条件，而在真实条件下并非如此。算法在基因个数比较多的情况下，计算复杂性也是制约其实际应用的一个主要因素。

5.3.2 概率布尔网络

上一节介绍的布尔网络是一种确定性的模型，即给定一个初始状态，系统会唯一地到达一个目标节点。由于生物系统具有随机性和复杂性的特点，一个基因有可能在不同的条件下适用不同的布尔函数；另外，基因表达数据本身也带有不确定性，受到采样条件与实验手段的影响。为了解决上述问题，可以使用概率布尔网络来构建基因调控网络。

首先，对于每一个基因都存在一组布尔函数，下一时刻的状态由其中一个布尔函数决定。这一组布尔函数中每个函数都有一个选择概率，选择概率之和为 1。整个概率布尔网络由多个普通布尔网络组成，每个网络的选择概率是其对应布尔函数的选择概率的乘积。

如果选择概率等于 1，则每经过一段时间，系统都要重新选择一个新的网络来决定下一个状态，这种网络模型称为暂态概率布尔网络；当选择概率小于 1 时，系统以当前网络运行，直到外部条件改变而选择新的网络，这种模型称为上下文相关概率布尔网络。

在实际的基因调控网络中，由于某种原因，一个基因的状态可能突然发生改变，为了表示这种不确定性，可以加入随机扰动，即概率布尔网络中任意两个状态之间都可以以一个特定的概率直接到达。概率布尔网络模型不仅更加真实地描述了基因调控网络系统，也为生物网络的动态干预研究奠定了基础。对网络的扰动或干预通常可以归结为各种优化问题，主要有以下三种优化方法。

第一，对基因状态的扰动。改变网络当前状态中一个或多个基因的状态，使网络从一个新的状态演化。扰动的目的是使网络中跳出一个不期望的稳定状态或吸引子，通常分为暂态扰动和恒定扰动，前者指仅在当前时刻翻转一个或多个基因的状态，后者指翻转某些基因的状态并保持这些基因的状态不变。基因状态的扰动并没有改变网络本身，所以不影响网络的长期稳定状态。优化目标是寻找能在有限时间内以最大概率到达目标状态的一个或多个调控基因。

第二，对网络局部结构的干预。从基因调控网络的角度来说，肿瘤可能是由于某些基因状态之间的某种不平衡引起的，其原因可能是某种变异引起基因间作用关系的改变，即网络结构的改变。对于这种情况，必须通过改变网络结构（布尔函数）来改变其长期稳定状态分布。优化目标是寻找一种能够到达期望稳态分布而最少改变布尔函数的方法。

第三，对外部控制变量的干预。在癌症治疗中，通过放射治疗、化学药物治疗等使网络状态分布远离失控的增生或凋亡状态。因此利用外部变量的有限域调控方法，通过动态调整外部变量的状态序列（即环境），逐步引导系统从一种稳定状态分布达到另一种稳定状态分布。由于概率布尔网络模型的各态遍历性，目标函数实际上是一种期望值。需要指出的是，外部变量也可以是诸如网络中所有基因的一个主调控基因。

目前，基于概率布尔网络的基因调控网络预测方法主要有确定系数法、最佳子集法、种子基因生成子法和基于贝叶斯网络的方法。确定系数法是最早提出的一种预测概率贝叶斯网络结构的统计方法，它主要评价一个基因对提高目标基因表达水平预测的程度。最佳子集法也是一种常见的方法，其主要思想是对布尔函数类型或变量个数加以限制，然后从这些函数集合中找出与观测数据最一致的一个或多个作为目标基因的预测函数。如果对网络灵敏度正则化，可以提高最佳子集法的预测精度。种子基因生成子法的主要思想是：多尺度复杂网络中有一种普遍现象，即在一个大规模的网络中存在大量由少数节点组成的簇,这些簇中的节点紧密相互作用并执行特定的功能,然后这些簇与簇之间再进一步连接形成更高一级的网络。基于贝叶斯网络的方法是根据一定的先验知识构建网络的拓扑结构,从中选取具有高可信度的贝叶斯网络作为概率布尔网络的基础网络,具体将在 5.5 节进一步介绍。

5.4 数 学 建 模

5.4.1 线性组合模型

线性组合模型是一种连续网络模型,在这种模型中,一个基因的表达是若干个其他基因表达值的加权和,其基本表示形式为

$$X_i(t+\Delta t) = \sum_j W_{ij} X_j(t) \tag{5-1}$$

其中,$X_i(t+\Delta t)$ 是基因 i 在 $t+\Delta t$ 时刻的表达水平,W_{ij} 代表基因 j 的表达水平对基因 i 的影响。在这种基因表示形式中,还可以增加其他数据项,以逼近基因调控的实际情况。例如,增加一个常数项,反映一个基因在没有其他调控输入时的活化水平。

将上述表达式转换为线性差分方程,描述一个基因表达水平的变化趋势。这样,在给定一系列基因表达水平的实验数据之后,即给定每个基因的时间序列 $X_i(t)$ 之后,就可以利用最小二乘法或者多重分析法求解整个系统的差分方程组,从而确定方程中的所有参数。最终,利用差分方程分析各个基因的表达行为。实验结果表明,该模型能很好地拟和基因表达实验数据。

D'haeseleer 等用这种方法分析了大鼠脊髓和海马回的基因表达数据,建立了一个包含有 65 个基因的模型,精确地描绘出网络调控轨迹,包括脊髓发育、海马回发育以及海马回损伤等。但是由于对哺乳动物中枢神经系统的调控作用所知不多,许多预测行为并不能被准确地证实。在实际应用中,由于芯片数据常常是成千上万的基因,这意味着巨大的运算量,且芯片所测的时间点数较少,通常还不能求出解析解。同时,线性模型将基因间的相互作用都近似地看成一种线性关系,这与实际基因间的相互作用关系往往是非线性的不相符,因此模型尚需进行改进。但却发现了一个有趣的问题,即 W_{ij} 是稀疏矩阵。

5.4.2 加权矩阵模型

加权矩阵模型与线性组合模型相似,在该模型中,一个基因的表达值是其他基因表达值的函数,表达式如式(5-2)和式(5-3)所示。

$$r_i(t) = \sum_j W_{ij} u_j(t) \tag{5-2}$$

$$u_r(t+1) = \frac{1}{1+e^{-(\alpha_i r_i(t)+\beta_i)}} \tag{5-3}$$

加权矩阵模型和线性模型的相同点是都使用权重来表示基因间的调控关系,不同的是:在加权矩阵模型中,基因 i 的最终转录响应还需要经过一次非线性影射。

Weaver 等人首先将加权矩阵应用于环境的相关因素研究,描述了转录调控网络关系,构造了 5 个环境因素在不同情况下的调控网络关系,并找到与环境变化有关和无关的两类

基本的基因簇，为环境的治理提供了重要的线索。

加权矩阵模型的优点是可利用线性代数方法和神经网络这些成熟的方法进行分析，并且具有周期稳定的基因表达水平，这符合实际生物系统。这种模型中还可加入新的变量，以模拟环境条件变化对基因表达水平的影响。该模型的缺点是：和线性组合模型一样，加权矩阵模型属于权重矩阵模型，建立网络时，需要考虑所有基因两两之间的相互影响，其大小是基因数目的平方，从而导致权重矩阵很大，并且由于初始化选择会影响该方法的收敛性，该方法在计算量和稳定性方面均存在问题。

5.4.3 微分方程模型

Wahed 和 Hertz 用一系列非线性微分方程模拟基因调控网络。该方法只需要寻找描述某个基因变化的参数，而无需对网络进行离散性假设。对这个系统中的 n 个节点，用遗传算法来决定常数项，并可以推断出其他的参数、$n \times n$ 交互作用矩阵以及误差项。由于在不同的计算下，遗传算法会得到不同的计算结果，因此最终的参数应取平均值。在微分方程建立的过程中，由于数据的缺乏，Wahed 和 Hertz 只能研究一阶方程的情况，这导致了只能应用简单的加权矩阵来重建网络。如果有更多可用的数据，那么就可用更高阶项描述一个比布尔网络更复杂的交互作用模型。Wahed 的方法曾被用来决定人工神经网络和基因调控网络的参数。

Chen 提出了一种基因调控网络的微分方程模型。他们做了大量的假设，如线性转移函数、基因网络系统具有一定的稳定性等，并采用稳定系统的傅立叶变换技术来确定各种参数。模型的参数可以反映出 RNA 和蛋白质的复制、翻译以及降解过程。这种方法特别适用于周期性表达的基因，如细胞周期等类似的模型。用连续性模型可以处理离散性模型难以处理的情况，如它可以通过控制权重值来调节输入信号的大小；通过参数平滑的方法来适应外部条件的连续性变化等。

5.5 贝叶斯网络模型

5.5.1 静态贝叶斯网络模型

Friedman 基于线性衰退提出了离散的和连续的静态贝叶斯网络。Cooper 提出的 K2 算法采用的适应度函数是 BDe 的一个特例，指数系数设为 1，网络初始化为一个指定的节点，计算此时网络的得分假定为 score1。然后将一个节点加入到父节点集中，计算此时网络的得分，假定为 score2，如果 score2 不高于 score1，则取消该次操作；否则将该节点加入到父节点集中。如此循环，直到得分不再变化为止。K2 的缺点是需要节点的顺序，该顺序在某些领域是不能事先得到的。Cheng 提出的三阶段算法是基于依赖分析的方法，也是基于加入边和减少边的，但加入边的顺序会严重影响推断的精度。和 K2 算法一样，该算法的缺点是需要节点的顺序，该顺序在某些领域是不能事先得到的。Tsamardinos 提出了 MMHC(Max-Min Hill-Climbing)算法。该算法共分两个阶段：第一阶段，对于目标 T，提供一种确认与 T 相连的无向边；第二阶段，采用启发式的搜索方法确定一个带有方向的网络结构。该算法在处理大规模数据时有其独特的优势，但是后一阶段的启发式搜索与加入边的先后顺序有关。

在静态贝叶斯模型中，基因调控被表示为一个有向无环图 $G = \langle V, E \rangle$。顶点 $i \in V$，$1 \leqslant i \leqslant n$，可以表示基因、mRNA 浓度、蛋白质浓度、蛋白质修饰或联合体、代谢物或其他小的分子、试验条件、基因信息或结论（如诊断结果或其他的预测结果等）。每一个随机变量都有一个基于其所有父节点的条件概率，图 G 和这些条件概率共同定义一个静态贝叶斯网络，并且唯一指定了一个联合概率分布。

静态贝叶斯网络（Bayesian Network）的优点是：

第一，能够获取变量间的多种类型的调控关系。

第二，微阵列数据通常含有很多噪声，静态贝叶斯网络是基于概率来建立基因调控网络，因此统计工具的使用对从噪声数据里提取有用信息非常有效，在实验中也证明了这一点。

第三，能处理上百个变量。

但所有静态贝叶斯网络都具有以下缺点：

第一，静态贝叶斯网络是无环的，这和真实网络中的回馈反应是不符的；

第二，静态贝叶斯网络单纯应用了统计学中的概率观点，虽然对处理噪声很有用，但是却忽略了生物系统的动态性。

5.5.2 动态贝叶斯网络模型

为了克服静态贝叶斯网络的两大严重不足，Friedman 等人首先将动态贝叶斯应用于基因网络的分析，构建了一个离散的动态贝叶斯（Dynamic Bayesian Networks，DBN）模型，使用的适应度函数是 BDe。动态贝叶斯网络基于基因表达序列来建立基因调控网络，为随时间进化的随机变量建立模型，是静态贝叶斯网络的一个扩展。Smith 和 Ong 等人也构建了一个离散的模型。Ong 构建的模型的一个进步是将生物知识引入到建模中。虽然离散模型具有健壮性、学习的简单性和非线性等优点，但是离散化通常会带来两个问题：第一，离散化可能损失信息；第二，离散化阈值的选择可能影响预测的基因调控网络的结果。为了避免离散化，Kim 等人定义了连续动态贝叶斯网络和无参衰退模型来发现更多的非线性依赖关系。Imoto 等人使用非参数衰退来提取基因间的非线性关系。Cho 等人在 2006 年提出的动态贝叶斯网络的参数估计，可以很好地估计动态贝叶斯网络的条件概率，进一步推动了动态贝叶斯网络的发展。

动态贝叶斯网络的优点是能够推测出环路基因调控网络，如回馈循环，这在生物系统中是普遍存在的，符合生物系统的动态性。

但是现存的动态贝叶斯网络均存在一个严重的缺点：由于没有结合生物知识对模型进行适当的假设，致使计算的复杂性很高，并且预测出来的基因调控网络的精度也比较低，而且时间复杂性比较高。

5.6 基因调控网络各种构建模型的比较

基因调控网路是生物网络中最重要的一种。利用基因表达数据研究基因调控网络的方法可以分为三类：以微分方程为代表的精细模型、以聚类方法为代表的粗粒度模型和介于两者之间的布尔网络、贝叶斯网络模型。

布尔网络模型强调的是基本的全局网络而不是一种定量的生化模型，相比于真实的基因网络，布尔网络模型比较简单粗糙。因此只把布尔网络模型作为深入分析生物系统的基因调控关系的一个非常有价值的概念框架，为研究真实基因调控网络提供建模基础。

线性模型将基因间的相互作用都近似地看成是一种线性关系，而实际中基因间的相互作用关系往往是非线性的，因此不符合生物系统的要求。

微分方程模型将基因间的调控关系看成是微分方程，克服了线性模型中的线性，但由于数据的缺乏，只能使用一阶微分方程，影响了预测的精度。

加权矩阵模型的优点是可以利用线性代数方法和神经网络这些成熟的方法进行分析，并且具有周期稳定的基因表达水平，符合实际生物系统。该模型的缺点是它属于权重矩阵模型，建立网络时，需要考虑所有基因两两之间的相互影响，计算量很大，而且稳定性也不好。

和上面三种模型远远不同，贝叶斯网络是一种基于统计的模型，因此抗噪声能力要优于其他模型。其缺点是不允许循环，这不符合生物体本身的要求。

动态贝叶斯网络是静态贝叶斯网络的一种扩展，和静态贝叶斯网络一样，也是基于统计的思想，但可以推断出环路基因调控网络，这更加符合生物体本身的生命周期现象。现存的动态贝叶斯网络存在的两大缺点：第一，时间复杂性和空间复杂性很高；第二，精确度不高。存在这两大弊端的一个很重要的原因就是忽略了生物体本身的特性，没有利用这些特性对模型进行简化。

基因调控路径和网络的研究对于生物信息学来说是一个重大挑战，它不仅需要有效地整合海量的基因表达数据，还需要对基因调控的生物机理有深入的理解。随着生物信息学和分子生物检测技术的不断发展，人们发现基因调控网络无法解释更多的调控现象，很多被调控的基因不是由上游基因导致的，而是由 microRNA、组蛋白等表观遗传因素导致的。表观遗传网络已不再是基因网络的补充和修饰，而在生命调节和进化中起主导作用。因此，在研究基因调控网络的同时，有必要仔细研究相关的表观调控网络。

5.7 本 章 小 结

基因调控网络是生物信息学和系统生物学研究的基础问题，旨在通过对不同时间、条件下的基因表达数据进行分析，从而得到基因的表达变化规律和调控规律。本章首先介绍了基因调控网络的相关背景知识，然后将调控关系抽象成最简单的"是"和"否"，从而用第二章中介绍的布尔网络对其建模，并讲述了如何用普通布尔网络和概率布尔网络对基因表达调控进行建模和预测。随后介绍了更为复杂的线性组合模型、加权矩阵模型和微分方程模型，以及以概率论为基础的静态贝叶斯模型和动态贝叶斯模型。最后对不同构建模型进行了比较。基因是遗传信息的携带者，基因之间的调控直接影响了遗传的性状。除了基因调控以外，表观遗传调控也是影响性状的重要方面，而且是近年来的研究热点，下一章我们将详细介绍表观遗传调控的相关计算问题。

第六章　表观遗传网络的建模与分析

6.1　简　　介

表观遗传学(epigenetics)是与遗传学(genetic)相对应的概念。遗传学是指基于基因序列改变所致基因表达水平的变化,如基因突变、基因杂合丢失和微卫星不稳定等;而表观遗传学是指基于非基因序列改变所致基因表达水平的变化,如组蛋白修饰和 microRNA 导致的基因沉默等;表观基因组学(epigenomics)则是在基因组水平上对表观遗传学改变的研究。

第五章介绍了基因层面对应的网络化调控结构,即基因调控网络;本章从表观遗传学层面出发,介绍表观遗传网络的计算建模与分析方法。其中,主要关注的是 microRNA 与疾病的网络关系,以及组蛋白修饰同基因表达的调控关系。

microRNA 的相关基础知识已在 1.4.2 节中介绍。本章主要关注 microRNA 与疾病的关系,包括如何获取 microRNA 导致疾病的数据,然后根据疾病和 microRNA 之间的相互关系构建网络。得到 microRNA 与疾病的网络数据后,可以进一步推断哪些 microRNA 是潜在的致病因素,接着介绍一种基于布尔网络的致病 microRNA 挖掘,最后则介绍构建 microRNA 组和表型之间的权重网络。

组蛋白修饰也是表观遗传学研究的重要方向之一,它会影响染色质蛋白的相互作用,进而影响外显子的表达,从而起到表达调控作用。本章将首先介绍如何构建组蛋白修饰与选择性剪切外显子表达的调控网络,并介绍相关的生物实验结果。然后介绍非稳态组蛋白修饰网络的构建方法。

6.2　microRNA 与疾病的网络关系构建

构建 microRNA 与疾病的网络关系,即是一个数据收录、整理与分析的过程。大部分生物网络的构建都是类似的思路。因此,本节详细介绍 microRNA 数据获取、数据库搭建和数据分析的过程,以期为读者后续的研究工作提供借鉴和启迪。

6.2.1　数据获取与数据库构建

分子生物学实验、特别是高通量的实验方法会产生海量数据,存储、分析这些数据是生物信息学的重要任务,大量计算机学科方法广泛应用在这个领域中。近年来,生物信息学数据库的容量和类型急剧增长,数据库的数量也在逐年增加,一些生物信息学和分子生物学期刊建立了数据库专刊,专门介绍新技术、新方法,以及新研究方向形成的新数据库。截至 2009 年 6 月,国际上已经有 1000 多种生物信息相关数据库。

牛津大学主办的核酸研究(Nucleic Acids Research，NAR)杂志自1993年起每年出版一期数据库专刊，收集当年较为重要的新数据库以及已有数据库的更新与升级。该期刊维护着一个数据库列表，记录以往刊发在NAR上的有效数据库以及当年的新建数据库，还有部分其他杂志刊发的重要数据库。该数据库列表按研究领域对收集的数据库进行了简单分类(见表6-1)，但有部分数据库因为同时属于不同角度的研究领域而处于多个分类中。

表6-1　NAR Molecular Biology Database Collection 对数据库的分类

数据库类别	子类数量	数据库数量	数据库类别	子类数量	数据库数量
核苷酸序列数据库	4	134	人类基因和疾病	4	129
RNA序列数据库	0	62	微阵列数据和其他基因表达数据库	0	67
蛋白质序列数据库	6	189	蛋白质组学资源	0	20
结构数据库	4	125	其他分子生物学数据库	2	42
基因组数据库(无脊椎动物)	8	260	细胞器数据库	1	26
代谢和信号通路	4	119	植物数据库	4	106
人类和其他脊椎动物基因组	3	113	免疫学数据库	0	27

生物信息学数据库另一个重要的应用领域是生物医学领域，面向临床数据、疾病、表型数据、遗传和多态性数据、病毒和其他微生物基因组信息，以及辅助药物开发的数据库在生物医学研究中发挥着关键作用。如在线人类孟德尔遗传(Online Mendelian Inheritance in Man，OMIM，http://www.omim.org/)疾病数据库收集了目前已知的实验证实的蛋白质编码疾病基因和人类疾病之间的关系(如图6-1所示)，广受相关领域研究者们的青睐和使用。

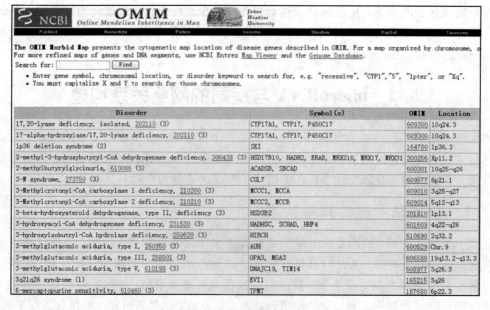

图6-1　OMIM数据库查询界面

MicroRNA 是一类单链非编码小 RNA，能够负调控基因表达。MicroRNA 通过结合在它的靶基因 3′端不翻译区域的互补位点上来控制 mRNA 降解或者抑制翻译。过去的 10 年中，已经挖掘了哺乳类细胞中的数百种 microRNA，证据显示 microRNA 在多个生物过程中起到了关键作用，包括细胞周期控制、细胞生长与分化、细胞凋亡和胚胎发育等。

近年来，许多与 microRNA 相关的数据库系统陆续出现。miRBase（http://www. mirbase. org/）、miRGator（http://mirgator. kobic. re. kr/）和 miRGen （http://www. diana . pcbi. upenn. edu/miRGen. html）主要针对 microRNA 注释和系统命名。TarBase（http://www. microrna. gr/tarbase/）、miRNAMap2. 0（http://mirnamap. mbc. nctu. edu. tw/）和 microRNA. org 收集了实验证实的或计算预测的 microRNA 与靶基因的关系，其中 microRNA. org 还提供了不同组织中 microRNA 的表达谱。这些数据库系统为研究 microRNA 在基因调控中的功能提供了大量数据资源。此外，一些算法和基于 web 的程序也被开发用于预测 microRNA 的靶基因和位点，如 TargetScan（www. targetscan. org）、PicTar（http://pictar. mdc-berlin. de/）、PITA（http://www. pita. co. uk/）和 RNAhybrid（http://bibiserv. techfak. uni-bielefeld. de/rnahybrid/）等。

microRNA 的致病特征是新兴的研究热点。越来越多的证据显示 microRNA 在人类疾病的发病以及预测和治疗中扮演着重要角色。2002 年，科学家首次发现 miR-15 和 miR-16 与慢性淋巴细胞白血病有关系。全基因组关联分析证明许多人类 microRNA 基因位于癌症相关的基因组区域。最近的研究发现许多 microRNA 的绝对表达水平在肿瘤中显著下降。该研究还显示，使用 217 个 microRNA 的表达水平对癌症分类的效果比使用包含 16 000 个以上编码基因的 mRNA 微阵列效果更好。所有这些证据都显示了研究 microRNA 在疾病发病中的必要性，这些疾病包括多种癌症、代谢疾病、心脑血管疾病等。例如 2007 年我国哈尔滨医科大学校长杨宝峰在《Nature Medicine》上发表文章，实验证实 miR-1 的失调能导致心脏病的发生。2008 年发现 miR-373 及 miR-520c 的上调能促进乳腺癌的转移。

目前已被发现的疾病与 microRNA 的关系，基本都是通过生物学家用生物学实验证实的，而每次生物实验都需要付出不菲的代价。因此，有研究者利用文本挖掘和人工校对的方法从 Pubmed 文献数据库中获取 microRNA 与疾病尤其是癌症的关系，并构建了 miR2Disease 数据库（http://www. mir2disease. org/）。

miR2Disease 数据库中的记录主要提供 microRNA 失调与人类疾病的关系。读者可以使用诸如"microRNA disease"、"miRNA disease"、"microRNA cancer"、"miRNA cancer"等关键词搜索 PubMed 文献数据库，下载相关文献。miR2Disease 数据库共收录有 346 个人类 microRNA 信息、132 种人类疾病信息以及 2884 条 microRNA 与疾病之间的关联信息。miR2Disease 数据库中使用的是由专业的医学词汇（即 UMLS 系统，参见 http:// diseaseontology. sourceforge. net/）命名的疾病名称，这样便于用户搜索和分析资料。miR2Disease 数据库收集了每篇文献中相关研究的细节，包括 microRNA ID、文献中的疾病名称、疾病在人类疾病本体中的 ID、microRNA 的表达水平以及检测 microRNA 表达的实验方法、microRNA 致病媒介的靶基因（这些基因可以参阅相关文献或者直接从 TarBase 数据库中查阅），以及该 microRNA 的其他已证实的靶基因和使用计算方法预测的靶基因的链接，最后是一段 microRNA 与疾病关系描述信息和文献相关信息。由于 miR2Disease 数据库中的核心内容即为 microRNA 同疾病之间的关系，因此采用关系数据库的形式存储相关的信息，除了 microRNA 与疾病关系对外，由 PMID 和文献号共同作为每条记录的主键。

  miR2Disease 数据库使用的界面非常人性化，用户可以很方便地使用 microRNA ID、相关疾病名称或者靶基因名称进行查询操作，而且它还提供了许多外部 microRNA 数据库的链接，例如 microRNA 序列及注释信息数据库 miRBase、经过实验验证的 microRNA 靶基因数据库 TarBase，以及 microRNA 功能计算预测数据库 TargetScan、miRanda 和 PicTar。此外，miR2Disease 数据库还提供与 NCBI PubMed 中参考文献之间的超链接及该文献在 PubMed 中的 ID 号和完整的引文介绍。在最新版本的 miR2Disease 数据库中，有 1/7 的记录是有关 microRNA 失调导致人类疾病相关信息的。

  miR2Disease 提供三种检索信息的方式，即分别通过 microRNA ID、疾病名称以及靶基因来检索 microRNA 与疾病关系的纪录。这是因为 microRNA、疾病和靶基因是 microRNA 失调导致疾病过程中的三个核心角色，即 microRNA 的异常表达导致其靶基因表达水平改变，从而反应在宏观生命过程上就是疾病的发生。

  由于不同文献对疾病名称没有统一规范，因此 miR2Disease 不得不把文献中各种表示形式的疾病名称映射到标准的人类疾病本体 term 上去，以保证研究者在利用数据进行分析时能得到足够完整的相关结果。

  miR2Disease 数据库还提供一种模糊查找功能，用户即使不知道疾病的确切名称，也可以借助该功能通过医学疾病参考词汇进行查询。用户输入一个查询关键词之后，系统就会在数据库中搜索出所有包含该关键词的记录，这些记录会以"疾病树（disease tree）"的形式展现出来，其中既包含疾病本身，也包含其"祖先节点（ancestor node）"和所有的亚类。在"疾病树"中包含查询关键词的部分会以高亮粗体的方式显示出来，每一个包含有 microRNA 与疾病关系相关信息的部分也会给出超链接，用户通过这些超链接就可以很轻松地获得与该疾病相关的所有 microRNA 的信息。在搜索结果页面，单击每一条记录末尾处的"more..."按钮可以了解到更多具体的相关信息。

  由于 microRNA 研究时间较短，在研究过程中对 microRNA 命名时有变化，因而文献中出现的 microRNA 命名没有遵循统一的标准。比如，大部分的原始文献都不会给出导致某种疾病到底是某一个 microRNA 家族中哪个成员的详细信息及名称。例如在很多文献中提到的"let-7"是与腺瘤相关的，但并没有给出到底是 let-7、let-7b 还是 let-7g。因此，使用 microRNA ID 进行搜索也有可能出现混淆，因此，该数据库对 microRNA ID 也提供了模糊查询，通过模糊查询，用户即使不清楚 microRNA 精确 ID 也能在 miR2Diesease 数据库中查询到相关信息。

  有时使用一个 microRNA 名称可以查到好几个 ID 号，用户可以根据自己的兴趣做进一步选择。图 6-2 给出了使用 microRNA ID 号进行查询的简要工作流程图。

  在 miR2Disease 数据库中，靶基因可以被分为三类，即原始参考文献中报道的靶基因、TarBase 数据库（该数据库收录的都是经过实验验证的数据）报道的靶基因，以及使用计算机软件（例如 Miranda、TargetScan、PicTar）预测出的靶基因。用户可以使用第一种和第二种靶基因进行搜索，目前还不支持使用第三种靶基因进行搜索，不过今后的版本可能会支持该功能。microRNA 与疾病的关系在搜索结果页面和详细介绍页面都有显示（见图 6-2）。而且，miR2Diesease 数据库还提供过滤功能，用户可以选择只显示 microRNA 与疾

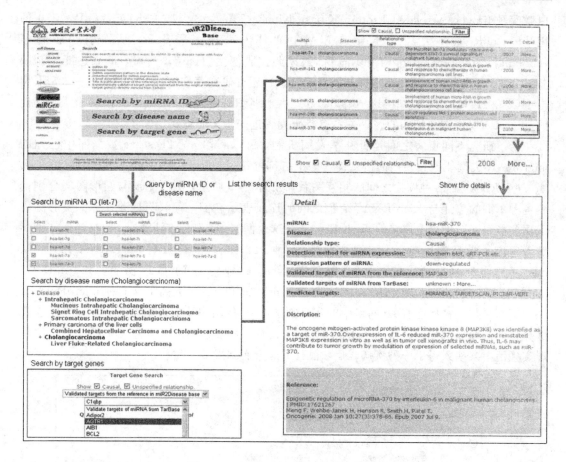

图 6 - 2 miR2Disease 的简要工作流程

病关系的相关信息。

关于 microRNA 靶基因的研究目前还不够全面，实验证实的靶基因较少，算法预测靶基因的准确率也有待提高，现有证实的 microRNA 的靶基因只是全部靶基因的小部分，也由于基因名称和别名较为混乱的现状，数据库中采用下拉列表选择靶基因的方式以靶基因为关键字的检索。通过这三条途径检索得到的记录，突出显示了 microRNA 和疾病之间的关联关系，通过每条记录后面的链接可以进一步了解这条记录的详细内容。

6.2.2 网络构建与数据分析

完成了数据收集和数据库构建后，需要对得到的 microRNA 与疾病之间的关系进行分析并挖掘其中有价值的信息，比如 microRNA 失调究竟是病因还是病果。

microRNA 失调与人类疾病密切相关，然而 microRNA 失调究竟是疾病发生的原因还是疾病发生的结果呢？通过对 miR2Disease 数据库收录的记录进行分析，发现大约有 1/7 的microRNA 失调导致疾病发生，它们会引起癌症、代谢性疾病、心血管疾病等。例如 miR - 10b高表达抑制了 HOXD10 基因的翻译，引起 RHOC 这种促转移基因（pro-metastatic gene）高表达，从而导致乳腺癌细胞的扩散、转移。再如 miR - 373 和 miR - 520c 的明显上调抑制了CD44 表达，因而刺激了乳腺癌细胞的转移。Meng 等人则发现癌基因——促分裂原活化蛋白激酶（Mitogen-Activated Protein Kinase Kinase Kinase 8，MAP3K8）是 miR - 370 的靶基因，miR - 370 的下调会导致 MAP3K8 基因表达水平升高，从而引起胆管癌（cholangiocarcinoma）。此外，miR - 375 通过调控肌侵蛋白（myotrophin）的表达能控制胰岛素分泌，miR - 375 的上调能抑制胰岛素释放。还有研究表明 miR - 1 和 miR - 133 下调与 HCN2/HCN4 再表达（re-expression）和肥大心肌细胞电重构（remodeling）等有关。其他的 microRNA 失调与疾病的因果关系有待研究者进一步实验证实。

为了研究不同疾病之间是否共享发病机制，可以利用 miR2Disease 数据库中已知的 microRNA 失调能导致疾病的信息构建一个二部网络（bipartite network），以描述 85 种致病 microRNA 和 32 种癌症之间的相互关系，如图 6 - 3 所示，图中矩形与圆形图案分别代表各种不同的癌症与 microRNA。它们之间的连线表示它们之间具有因果关系。实心圆表示那些能引起 5 种以上癌症的 microRNA。在这个网络中，肺癌、乳腺癌、卵巢癌这三种疾病表现出了最高的连接度，它们分别与 25 种、23 种和 18 种致病 microRNA 相连。从 microRNA 方面来说，hsa-let-7a 失调是导致 9 种癌症的罪魁祸首，hsa-miR-21、hsa-miR-124a、hsa-let-7c、hsa-miR-145、hsa-miR-16 和 hsa-miR-221 这 6 种 microRNA 每一种都至少与 5 种癌症有关（网络中的实心圆图案）。从图中我们可以发现，多种癌症连着部分相同的致病 microRNA，暗示着这些疾病共享一些发病机制。这种现象可以用于解释现实生活中某些人得了一种疾病之后，很有可能会有并发症发生。

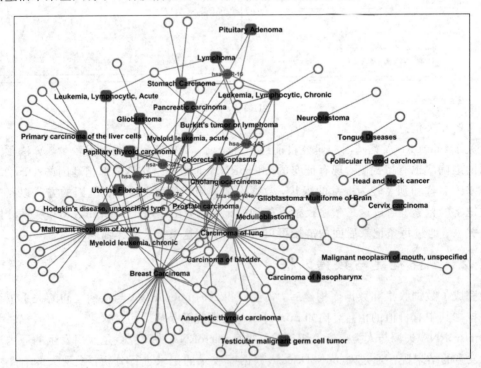

图 6 - 3　不同疾病共享发病机制

通过对 miR2Disease 中的数据分析发现，有三种导致 microRNA 失调的主要机制。

首先，microRNA 位于与疾病有关的基因座内，例如杂合子缺失的微小区域（minimal regions of loss of heterozygosity）、微小扩增区域（minimal amplicon）或断裂位点

(breakpoint cluster region)等脆性位点区域。比如 miR-15 和 miR-16 都位于人染色体的 13q14 区域,该区域在超过半数的 B 细胞性慢性淋巴细胞性白血病(B-cell Chronic Lymphocytic Leukemia,B-CLL)患者中都出现缺失。因此,大多数的 B-CLL 患者(68%)中这两个基因也都有缺失或表达下调。相反,miR-17-92 多顺反子位于 B 细胞淋巴瘤基因扩增区域,因此会过表达(过表达是指转录翻译出的蛋白质量超过计划量)。

其次,microRNA 失调是由异常的表观遗传学(epigenetic patterns)改变所致,例如 DNA 异常甲基化、组蛋白异常修饰等。比如,在正常情况下,人类正常组织中 let-7a-3 基因的启动子区域是高度甲基化的,但是在肺癌组织中该区域则是低甲基化的。这种启动子区域低甲基化状态会激活 let-7a-3 这种癌基因,引发肺癌。此外,异常的高甲基化会导致乳腺癌患者体内 miR-9-1 失活。

最后,microRNA 失调是由参与 microRNA 生物合成的酶的功能异常所致。比如,Otsuka 等人发现的 miR-24 和 miR-93 可以针对病毒 L 蛋白(large protein)和 P 蛋白(phospho protein)基因。在 Dicer1 缺陷的细胞中,缺乏 miR-24 和 miR-93 会增强 VSV 病毒的复制效率。在 miR2Disease 数据库中,上述这些信息都位于"分析页面"中,可以从网站主页上链接进入。

总之,miR2Disease 数据库为人们提供了一个有关 microRNA 失调与人类疾病关系方面的综合网上数据资源平台,有助于进一步了解 microRNA 失调与人类疾病之间的关系。

6.3 基于布尔网络的 microRNA 挖掘

生物网络是由细胞中参与基因调控的 DNA、RNA、蛋白质以及代谢产物所形成的相互作用网络。生物网络研究期望从系统的角度全面揭示基因组的功能和行为,从分子层次对生命机制进行详细的解释,从而实现系统地解释细胞活动、生命活动,揭示疾病的发病机制以及在基因水平上进行疾病诊断和治疗等目标。因此,生物网络在研究生物体的生长、发育以及疾病等过程方面发挥着重要作用。基因网络的研究成果有着重要的理论意义和应用价值。

布尔网络是比较简化的网络模型,已成为刻画生物网络复杂结构的有力工具。布尔网络是由 Kauffman 提出的一个基于理想化、自然机制的模型,可以抽象出复杂系统的基本原理和功能特性,是研究生物网络的重要工具。最典型的布尔型生物网络是蛋白质相互作用网络,网络中每个节点表示一个蛋白质,每条边表示蛋白质之间的相互作用。

人类复杂疾病,比如心脑血管疾病、癌症,往往是由多个基因异常所致,每个基因对疾病发生发展的作用是微效的,但微效基因具有累加效应,即一个基因对表型作用很小,但若干个基因共同作用可对表型产生明显影响,加剧了疾病的发生发展。对生物网络进行分析发现,导致表型相同或相似的疾病基因一般位于同一个生物模块内,或者在同一个蛋白质的复合体内,或者在同一条通路上,或在蛋白质相互作用网络的同一个功能模块上。由此可见,基因之间的关联和显型之间的相似性之间存在正相关,这为利用基因与表型之间的二元关系挖掘疾病基因提供了生物学依据。人们为此进行了大量且有成效的研究工作,提出了许多基于蛋白质相互作用网络的疾病基因挖掘方法,这些方法典型的步骤是先构建一个生物网络,然后在此网络上利用未知基因与已知疾病基因的功能相关性来挖掘新的疾病基因，如图 6-4 所示，但是这些基于网络的方法都是针对编码蛋白质的疾病基因挖掘的，本节介绍一种基于布尔型生物网络的疾病 microRNA 挖掘方法，对基因调控网络和蛋白疾病关系网络形成补充。

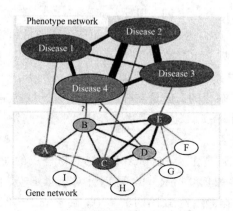

图 6-4　基于布尔网络的疾病基因挖掘

　　microRNA 网络的研究在 microRNA 组学的研究范畴内。本节首先介绍 microRNA 组学的定义，microRNA 的生物学功能特点，并基于生物学知识抽象出构造 microRNA 网络的计算模型的依据。然后根据模型的需要介绍相关的数据（microRNA 靶基因预测数据），并对这种数据的可靠性和可用性进行分析。最后介绍基于 microRNA 靶基因预测数据构造 microRNA 网络的方法。

　　microRNA 组学（microRNomics）的主要任务是对细胞中全部 RNA 分子的结构与功能进行系统的研究，从整体水平阐明 RNA 的生物学意义。根据 RNomics 的命名法，microRNA 组学定义为在基因组水平上研究 microRNA 的挖掘、表达、生物合成、结构以及调控的基因组学分支。根据本书第一章的背景介绍部分可知，作为中心法则中一个重要的调控层的组成成分，microRNA 组学是研究人类疾病生物学的重要手段。

6.3.1　构建 microRNA 网络的理论依据

　　microRNA 是一类单链小分子 RNA，由茎环结构的转录前体加工而成。microRNA 与靶标基因 3′非翻译区域（3′UTR）结合，通过降解信使 RNA（mRNA）或抑制其翻译，从而在转录后对靶标基因的表达水平进行调控。图 6-5 显示了 microRNA 的生物合成过程以及两种作用机制。研究 microRNA 与靶基因的调控关系发现一个 microRNA 可调控多个靶基因，一个靶基因也可受到多个不同的 microRNA 调节，而且每个 microRNA 对于靶基因的作用强度存在差异。正是由于靶基因的这种重叠性使得 microRNA 之间在功能上有了一定的关联。例如 miR-222 簇和 miR-106b 簇对于 Cip/Kip 家族蛋白的共同调控，miR-17 簇和 miR-106a 簇作为 miR-106b 簇的横向同源 microRNA 簇也对该家族的成员有调控作用，具体描述如图 6-6 所示。其中实线表示实验证实的调控关系，虚线表示基于序列特征的预测结果。进一步研究 microRNA 对于靶基因的作用发现，这种作用模式可以用二元开关、调谐互作等来描述。所谓二元开关，是指在 microRNA 的作用下使得靶基因产物蛋白的含量降低到一个无关紧要的水平。这样的例子包括 lin-4 靶向 lin-14 和 lin-28，以及 let-7 靶向 lin-41。

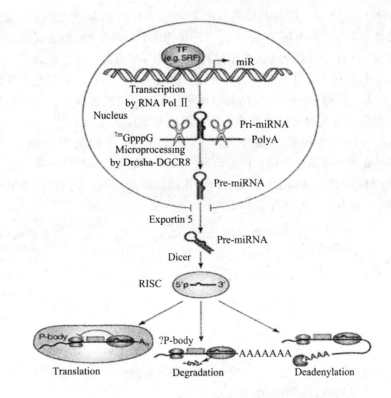

图 6-5　microRNA 生物合成过程及作用机制

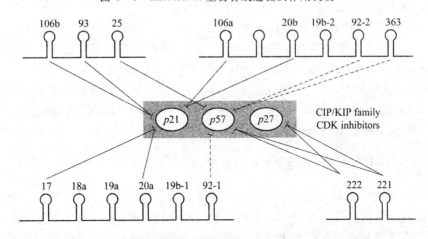

图 6-6　miR-222 簇和 miR-106b 簇共同调控 Cip/Kip 家族蛋白

　　调谐互作是指 microRNA 调控蛋白产出水平,使得产量在保证细胞功能的前提下降低到更优的水平。该作用如同可变电阻器,而不仅仅是二元闭合开关。这样的例子包括 miR-8 对于 atrophin 的靶向作用和 miR-375 对于 Mtpn 的靶向作用。

　　Bartel 等人提出用一个组合可变电阻模型来形象地描绘多个 microRNA 对于同一个靶基因作用的组合特点和 microRNA 与靶基因 mRNA 的互补配对程度以及 microRNA 表达水平对于靶基因表达水平的影响。如图 6-7 所示,每个位于 mRNA3′UTR 区域的 microRNA 互补结合位点可比作一个可变电阻(图的底部锯齿弧线代表电阻,箭头表示电阻调节器），可变电阻 A、B、D 和 E 协同作用来降低 mRNA 的翻译从而保证该细胞类型中的最优蛋白含量水平。可变电阻 A 和 D 由于 microRNA 与 mRNA 大范围的互补配对对应了很高的电阻值，D 对应的紫色箭头表示这种 microRNA 的表达水平比较低，但是这种低表达水平被大范围的互补配对所中和从而保证了比较大的电阻值。可变电阻 B 虽然互补程度比较低，但是由于该种 microRNA 的表达水平比较高，也能保证比较大的电阻值。而 C 和 E 由于表达量和互补配对程度均不高所以电阻值都比较低。

　　microRNA 与疾病的关联关系主要是以 microRNA 靶向的靶基因来介导的。以 microRNA 与癌症的关联关系为例，目前认为 microRNA 通过调控抑癌基因起了癌基因的作用，如 miR-372 对抑癌基因 LATS2 的抑制作用；或 microRNA 通过调控原癌基因起了抑癌基因的作用，如 let-7 对原癌基因 RAS 的负调控。

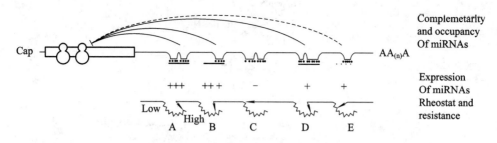

图 6-7　组合可变电阻器模型[1]

从上面的介绍我们可以归纳出以下几点：

（1）microRNA 通过靶向靶基因行使其生物功能；

（2）microRNA 的靶基因间存在重叠，正是这种重叠导致了功能上的关联；

（3）microRNA 对靶基因的作用由于序列配对和表达量的影响等有程度上的差别；

（4）microRNA 与疾病的关联关系主要是通过靶基因来介导的；

（5）研究 microRNA 之间的功能关系可以转化为研究它们的靶基因集合之间的关系。

　　以上归纳的几点可作为将生物学背景知识抽象成构造 microRNA 功能相关网络的依据，用计算模型来模拟生物学模型。

6.3.2　microRNA 靶基因预测数据分析

　　由于 microRNA 主要是通过靶向相关功能基因来发挥作用的，因此获得 microRNA 的靶基因数据对于分析和研究 microRNA 的功能具有重要意义。但是基于生物实验的方法发现 microRNA 靶基因在实验技术上存在困难，因此由实验证实得到的 microRNA-靶基因关系很少。然而，microRNA 与靶基因的相互挖掘主要是通过 microRNA5′端的第 2-7 核酸为中心的区域（称为 microRNA 的种子序列）与 mRNA 的 3′UTR 区域序列进行配对实现的，而且 microRNA 靶基因具有跨物种保守性，这些 microRNA-靶基因相互作用的规律性决定了可以采用计算的方法来预测 microRNA 的靶基因。从 2003 年第一个靶基因预测软件 miRanda 出现到现在，已涌现出 10 余种靶基因预测软件。各种预测软件考虑了不同的 microRNA 靶基因识别因素，并根据算法给出了各个 microRNA 对靶基因的作用分值。按照靶标预测原理，预测算法可以分为两类：基于规则的预测和基于机器学习方法的预测。相关软件如表 6-2 和表 6-3 所示，另外，表 6-4 归纳了相关的 microRNA 靶标预测数据库。

表 6 - 2 基于规则的 microRNA 靶标预测软件

方法	物种	规 则	来 源
PITA	human，fly，worm，mouse	seed pairing，thermodynamics	http://genie. weizmann. ac. il/pubs/mir07/mir07_dyn_data. html
Moving Targets	Fly	seed pairing，thermodynamics，multiple sites，target accessibility	available if request
mirWIP	Worm	seed pairing，target accessibility，thermodynamics，conservation，multiple sites	http://146. 189. 76. 171/query. php
TargetScan	human, mouse, rat，fish，mammals	seed pairing，thermodynamics，target accessibility，multiple sites	http://www. targetscan. org/
Target ScanS	mammals，worm，fly	seed pairing，conservation，thermodynamics，target accessibility，multiple sites	http://genes. mit. edu/tscan/targetscanS2005. html
RNAhybrid	Fly	seed pairing，target accessibility，thermodynamics	http://bibiserv. techfak. uni-bielefeld. de/rnahybrid/
DIANA-microT	All	seed pairing，conservation，target accessibility	http://diana. cslab. ece. ntua. gr/microT/
miRanda	human，mouse, rat	seed pairing，conservation，target accessibility	http://cbio. mskcc. org/research/sander/data/miRNA2003/miranda_new. html
RNA22	All	seed pairing，conservation，target accessibility，multiple sites	http://cbcsrv. watson. ibm. com/rna22. html
Micro Inspector	All	seed pairing，thermodynamics	http://bioinfo. uni-plovdiv. bg/microinspector/
EMBL	human，mouse，fly，worm，zebrafish	seed pairing，conservation，free energy	http://www. russelllab. org/miRNAs/
STarMir	All	seed pairing，target accessibility	http://sfold. wadsworth. org. /cgi-bin/starmir_2. pl
microTar	mouse, fly	seed pairing，target accessibility	http://tiger. dbs. nus. edu. sg/microtar/
MiRonTop	Human，mouse, rat	Seed pairing，target accessibility，thermodynamics，conservation，multiple sites	http://www. microarray. fr: 8080/miRonTop/index

表 6-3　基于机器学习方法的 microRNA 靶标预测软件

名称	原　理	来　源
PicTar	Hidden Markov Model（HMM）	http://pictar. mdc-berlin. de/
BCmicrO	Bayesian Network（BN）	http://saci. uthscsa. edu/compgenomics/Bcmicro/BcmicrO. html
GenMiR++		http://www. psi. toronto. edu/genmir/
miRTif	Support Vector Machine（SVM）	http://bsal. ym. edu. tw/mirtif/
miREE		http://didattica-online. polito. it/eda/miREE/
MirTarget2		http://mirdb. org/miRDB/
TargetMiner		http://www. isical. ac. in/~bioinfo_miu/
MultiMiTar		http://www. isical. ac. in/~bioinfo_miu/multimitar. htm
mirSVR	Support Vector Regression（SVR）	http://www. microrna. org/microrna/home. do
TargetSpy	MultiBoost	http://www. targetspy. org. /

表 6-4　用于 microRNA 靶标预测的数据库

数据库	方　式	物　种	来　源
UCSC	genome sequences	All	ftp：//hgdownload. cse. ucsc. edu/goldenPath/
NCBI	genome sequences	All	ftp：//ftp. ncbi. nih. gov/genomes/
miRBase	experimentally verified miRNAs	All	http://www. mirbase. org/
TarBase	experimentally verified miRNA targets	several animal species, plants, and viruses	http://diana. cslab. ece. ntua. gr/DianaToolsNew/index. php？r = tarbase
miRNAMap 2.0	experimentally verified and computationally validated miRNA targets	several animal species	http://mirnamap. mbc. nctu. edu. tw/
miRWalk		human, mouse, and rat	http://www. umm. uni-heidelberg. de/apps/zmf/mirwalk/
miRecords		several animal species	http://mirecords. biolead. org/
vHoT		Viruses	http://dna. korea. ac. kr/vhot/
ASRP		Plant	http://asrp. cgrb. oregonstate. edu/

　　既然各个预测算法所依据的评价准则存在差异，那么相应的预测结果之间是否一致呢？有研究者对人类 microRNA 的各个基于预测算法的数据库结果之间以及基于预测算法与基于实验证实的数据库之间的关系进行了分析，结果汇总在表 6-5 中。

表 6-5 实验证实的和计算预测的 microRNA 靶基因分析

数据库	microRNA 个数/靶基因个数	互作对数	包含的 Tarbase 中的实验证实互作数
miRanda	711/ 22 474	584 403	16 (0.003%)
PicTar	171/ 6885	54 947	31 (0.06%)
PITA	470/ 8720	152 040	23 (0.02%)
TargetScan	455/ 15 878	955 644	44 (0.004%)

表 6-5 中显示的 4 种计算预测方法 miRanda、PicTar、PITA 和 TargetScan 共包含 816 个 microRNA 与 22 968 个靶基因的 1 529 836 个互作对。这些互作对里面只有 2565 个 (0.17%) 在 4 个数据源里面共同出现，190 480 个 (12.4%) 至少在 2 个数据源里面出现，48 个 (0.003%) 被实验证实了。

这就出现了一个问题：既然各个靶基因预测算法之间的结果有如此大的差异，那么是否意味着我们无法利用靶基因的信息来衡量 microRNA 之间的功能关联了呢？答案是否定的。根据表 6-5 可知，不同的预测算法利用的预测靶基因的 microRNA 特征以及评价指标之间虽然有很大的共性，但是也有明显的差异。各个算法所考虑的这些特征和准则都在一定程度上能够反映 microRNA 靶基因互作的生物学背景知识，而 microRNA 靶基因互作的真正的、根本性的原理是什么，生物学研究结果还不能给出一个确切的、满意的答复。虽然每个算法还无法反映 microRNA 靶基因互作生物过程的全貌，但至少是某几方面的反映，在一个算法的 microRNA 靶基因结果中能够反映两两 microRNA 之间该算法所依据的准则上的关联性，例如 microRNA 种子序列的相似性、靶基因位点上下文环境的特点等。结论是，从横向上看虽然各个预测算法给出的结果在重叠性和准确性上都值得怀疑，但是如果我们不关心各个 microRNA 靶基因之间关系的准确性而关心某个算法所利用的生物学背景知识而体现出来的 microRNA 之间的相似性的话，还是可以利用这些预测数据集来衡量 microRNA 之间的功能关联性的。借鉴前人研究工作的经验，本书选用预测性能比较好的、考虑的预测评价指标各不相同的两种预测算法的数据 TargetScan 和 PITA 的 microRNA-靶基因数据来构建 microRNA 网络。

6.3.3 布尔型 microRNA 网络的构建与分析

microRNA 功能网络的表示方法为：一个 microRNA 功能网络表示成一个无向图 $G_{mnet} = (V_m, E_m)$，其中 V_m 表示网络中所有的 microRNA，$V_m = \{v_{m1}, v_{m2}, \cdots, v_{m_{N_m}}\}$，$N_m$ 表示网络中 microRNA 的个数，$E_m = \{\{v_{mi}, v_{mj}\}\}$，其中 $v_{mi}, v_{mj} \in V_m$，$i, j \in \{1, 2, \cdots, N_m\}$ 表示网络中两两节点即 microRNA 之间的关联边，对于不带权重的布尔型网络可用邻接矩阵 $\boldsymbol{M}_{bmnet}[N_m][N_m]$ 表示。下面介绍布尔型 microRNA 功能网络的构造方法。

microRNA 是通过调控靶基因来行使生物学功能的，因此可以通过两个 microRNA 靶基因之间的关系来建立 microRNA 之间的功能关系。构建功能相关的 microRNA 网络的方法如下：

(1) 如果两个 microRNA 的靶基因显著重叠，那么这两个 microRNA 功能相关（见图 6-8(a)）；

（2）如果两个 microRNA 的靶基因在蛋白质相互作用网络上显著互作，那么这两个 microRNA 功能相关（见图 6-8(b)）；

（3）如果两个 microRNA 的靶基因显著共享相同的 Gene Ontology(GO)功能类，那么这两个 microRNA 功能相关（见图 6-8(c)）。

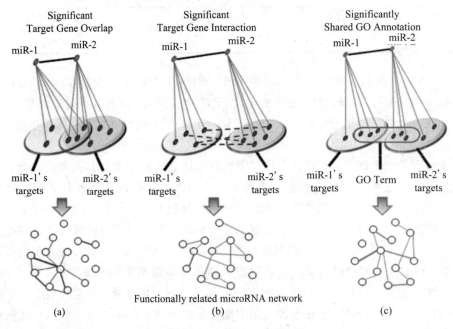

图 6-8　布尔型 microRNA 网络构建方法

用 hypergeometric test 检验靶基因之间的关系是否显著，即

$$p = 1 - \sum_{i=0}^{m-1} \frac{\binom{M}{i}\binom{N-M}{n-i}}{\binom{N}{n}} \tag{6-1}$$

其中，显著性水平阈值为 0.01，如果经过 Benjamini-Hochberg 校正后的 $p<0.01$，那么这两个 microRNA 的靶基因集合之间的关系是显著的，从而 microRNA 之间的功能是相关的。

检验两个 microRNA 的靶基因是否显著重叠时，参数定义为：N 表示所有人类 microRNA 靶基因的数目；M 表示两个 microRNA 中一个 microRNA 的靶基因数目；n 表示另一个 microRNA 的靶基因数目；m 表示这两个 microRNA 靶基因重叠的数目。

检验两个 microRNA 的靶基因是否显著互作时，参数定义为：N 表示蛋白质相互作用网络里所有节点全部两两互作时的互作数目；M 表示蛋白质相互作用网络里实际的互作数目；n 表示两个 microRNA 靶基因集合之间所有可能的互作数目；m 表示两个 microRNA 靶基因集合之间实际的互作数目。

检验两个 microRNA 的靶基因是否显著共享 GO 功能类时，参数定义为（以 GO 的生物学过程本体为例）：N 表示 GO 生物学过程所有的功能类；M 表示两个 microRNA 其中一个 microRNA 的靶基因能富集的功能类的数目；n 表示另一个靶基因能富集的功能类的数目；m 表示两个 microRNA 各自富集的功能类的交集的数目。

通过以上过程，即完成了 microRNA 布尔网络的构建。得到该网络后需要分析该网络的特性，事实上，该网络与前面章节介绍的蛋白质相互作用网络是有共同点的。针对蛋白质相互作用网络等生物网络的研究发现这些网络具有一些普适性的特点，如度的分布服从幂率分布，网络具有层次模块性等。下面将分别分析布尔型 microRNA 网络这两个方面的特性。根据图论中学习的概念，无向图中一个节点 x 的度即该节点邻居的数目，记为 D_x。再设节点 x 的邻居之间的相互作用数目为 n_x，那么该节点的簇系数可以根据式(6-2)计算得出，记为 C_x，则有

$$C_x = \frac{2n_x}{D_x(D_x-1)} \qquad\qquad (6-2)$$

式中，$D_x(D_x-1)/2$ 代表结点 x 的邻居间可能允许的最多相互作用的数目。因此，任意节点的簇系数的取值区间为 $[0,1]$。特别地，当一个蛋白质节点的簇系数为 0 时，表示该蛋白质节点最多只有一个邻居或者其邻居之间无相互作用关系。

1. 布尔型 microRNA 网络的幂率分布检验

幂率分布的通式可表示为 $y = c * x^{-r}$，其中 x、y 是正的随机变量，c、r 均为大于零的常数。这种分布的共性是绝大多数事件的规模很小，而只有少数事件的规模相当大。一些研究蛋白质网络的文献中提到蛋白质相互作用网络的度分布服从幂率分布，而且幂指数在 2~3 之间，表现出无尺度特性，即节点度值波动很大，只有少数节点是网络的 HUB 节点。布尔型 microRNA 网络的度分布情况如图 6-9(a)所示，可以看到该网络中度的数值偏高，且服从 $c = 48.79$，$r = 0.6675$ 的幂率分布，r 的值相对较小，说明虽然度分布有波动，但是这种波动远远不及蛋白质网络中的明显。这一结果与 microRNA 作为细胞中广泛存在的微型调控因子的作用相符合，度的数值偏高是因为许多 microRNA 是协调起作用的，而且通常发挥微调作用的反映；而只有少数节点具有较高的度值也与很多 microRNA 具有组织特异性，只有少部分 microRNA 在多个组织中广泛表达这一事实符合。

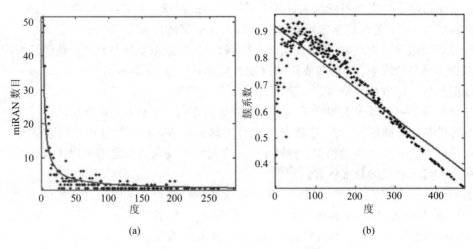

(a)　　　　　　　　　　　　　(b)

图 6-9　布尔型 microRNA 网络特性分析

2. 布尔型 microRNA 网络的层次模块性

簇系数(Cluster Coefficient，CC)是指在网络中该节点的邻居之间的实际相互作用数目与邻居之间理论上可包含的相互作用数目之比。簇系数能够反应一个节点在网络中的局

部重要性。一般地，簇系数越大，则该节点的邻居之间的"合作"就越紧密，从而该节点在这一局部的功能中越重要。簇系数和度之间如果是负相关的话则表明该网络具有层次模块性。从图 6-9(b)可以看到，布尔型 microRNA 网络的簇系数和度之间具有负相关的趋势，这一点也与 microRNA 的生物学特点相符合，即 microRNA 往往是一个家族高度同源的各个成员之间或者 microRNA 簇（指的是在染色体上位置临近的多个 microRNA 构成的集合）内部成员之间合作紧密，共同靶向某些生物过程、通路来行使转录后的调控功能，而这些家族或者簇之间的连接就相对稀疏了，如图 6-10 所示。

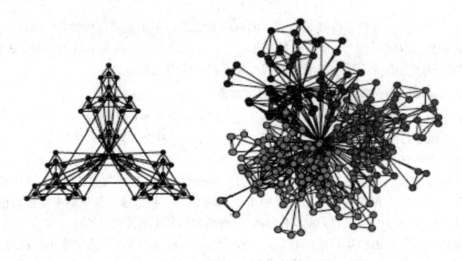

图 6-10　网络的层次模块性

6.3.4　布尔型 phenome-microRNAome 网络的构建

随着生命科学研究的不断深入，诞生了一系列的组学：基因组学、蛋白质组学、代谢组学、表型组学等，各个组学之间既各有侧重又在更高的层面上广泛地存在关联，因此出现了如将表型组和互作组学（蛋白质组学）结合起来研究的双重网络模型，基于该种模型的研究取得了很多的成果。受这些成果的启发，本节主要介绍 phenome-microRNAome 双重网络模型的各个组成部分及构建方法。

表型网络的研究属于表型组学的一个重要研究方向。表型是生物体的任何可观察到的特征或者性状，如形态、发育、生物化学或者生理特性等，是生物体内基因表达与环境因素共同作用或者互作产生的结果。特别地，广受关注的疾病表型是指生物体与特定的症状关联的损害机体功能的异常状态。

表型组是一个细胞、组织、器官、有机体或者物种表现出来的所有表型的集合。它包含了受到遗传或者环境影响的表型特征。特别地，本书的研究主要关注人类的致病 microRNA 的预测，因此本书提到的表型均指人类疾病表型。

在线人类孟德尔遗传（Online Mendelian Inheritance in Man，OMIM，http://www.omim.org/）数据库是人类基因和遗传疾病的目录数据库。其中的数据记录以文本的形式描述了所有已知的孟德尔遗传病并包含了 12 000 多个基因的信息。OMIM 专注于表型和基因型的关系，是基于生物信息学方法研究疾病相关问题的重要数据库。在这里，我们借用图论的理论和概念来描述疾病表型之间的关联关系。一个疾病表型网络表示成一个带权

无向图 $G_{pnet} = (V_p, E_p)$，其中 V_p 表示网络中所有的表型，$V_p = \{v_{p1}, v_{p2}, \cdots, v_{pN_p}\}$；$N_p$ 表示网络中表型的个数；$E_p = \{\{v_{pi}, v_{pj}\}\}$，其中 $v_{pi}, v_{pj} \in V_p$，$i, j \in \{1, 2, \cdots, N_p\}$ 表示网络中两两节点即表型之间的关联边；$W_p = \{w_{pij}\}$，表示边 $e_{pij} = \{v_{pi}, v_{pj}\}$ 的权重，$w_{pij} \in [0, 1]$，这里一般可用权重矩阵 $M_{wpnet}[N_p][N_p]$ 来表示带权无向图。

现有的构建疾病表型网络的方法大多是基于 OMIM 数据库，采用文本挖掘的方法来实现的。其中 Driel 等人[2] 利用文本挖掘的方法计算得到了人类疾病表型相似矩阵，这种度量疾病表型相似性的方法自 2006 年发表后目前已经被研究疾病关系、挖掘疾病关联的蛋白或基因等相关领域的研究人员引用了多次，相关成果大都发表在如 Nature 系列等高影响因子的期刊上，从侧面证实了该计算方法的有效性和合理性，本节也将采用这个疾病表型相似性数据。该相似矩阵的生成方法如下：

第一步：数据筛选。选择 OMIM 数据库中那些描述一个疾病表型的 OMIM 记录，为 5080 条。

第二步：对每个 OMIM 疾病表型描述文本构造特征向量。选择医学主题词汇表（MeSH）的解剖（A）和疾病（C）部分来从 OMIM 记录中提取术语。也就是说，某个 OMIM 记录的特征向量的每一维都代表一个 MeSH 概念。某给定概念的术语在某个 OMIM 记录中出现的次数反映了该概念与该表型的相关程度。

第三步：对特征向量进行改进。主要分为三个方面：

（1）加入概念层次性信息。由于 MeSH 概念具有层次性，上义词和下义词之间关系紧密。为了在特征向量中保持这一相似性，在特征向量里面先找出某词的所有下义词，然后增加其上义词与某 OMIM 记录的关联性，通过这样包含上、下义词相似性的关系。具体见式（6-3）

$$r_c = r_{c,\,counted} + \frac{\sum r_{hypo's}}{n_{hypo,\,c}} \tag{6-3}$$

式中，c 为主题词中的一个概念；r_c 为概念 c 与某表型的相关度；$r_{c,\,counted}$ 为概念 c 在某 OMIM 记录中出现的次数；$r_{hypo's}$ 为概念 c 的下义词与某表型的相关度；$n_{hypo,\,c}$ 为概念 c 的下义词个数。

（2）考虑概念信息量。OMIM 记录中概念的信息量并不相同，比如"视网膜色素上皮细胞"出现的次数较少因而比"大脑"这样频繁出现的术语能够提供更多的特异性信息。这里采用倒排文档频率测度来度量这种概念频率在重要性上的差异，见式（6-4）

$$gw_c = lb \frac{N}{n_c} \tag{6-4}$$

式中，gw_c 为概念 c 的倒排文档频率（或者称为全局权重）；N 为用于分析的所有 OMIM 记录的数量；n_c 为包含概念 c 的 OMIM 记录的数量。

（3）考虑 OMIM 记录的文本描述长度的差异。OMIM 记录的描述信息的长度存在差异，带有较长描述文本的 OMIM 记录相对于带有较短描述文本的记录对于同一个概念来说可能会包含更多的出现次数，因此会对概念与记录的相似性度量造成偏差，对于这方面的偏差用式（6-5）进行矫正。

$$r_c = 0.5 \times \left(1 + \frac{r_c}{r_{mf}}\right) \tag{6-5}$$

式中，r_c 为概念 c 与某表型的相关度；r_{mf} 为概念 c 所在的某 OMIM 记录中出现次数最多的 MeSH 概念的频率。

第四步：基于改进的特征向量的 OMIM 记录相似性计算。两个 OMIM 记录之间的相似性由经过第三步逐步精化得到的特征向量的夹角余弦值用式（6-6）来衡量。

$$s(x, y) = \frac{\sum_{i=1}^{l} x_i y_i}{\sqrt{\sum_{i=1}^{l} x_i^2} \sqrt{\sum_{i=1}^{l} y_i^2}} \qquad (6-6)$$

式中，x、y 分别为对应两个 OMIM 记录的特征向量；l 为 MeSH 概念的个数。

为了构建布尔型 phenome 网络，我们选择表型相似得分阈值为 0.3，表性相似得分大于 0.3 的两个疾病表型之间用一条边相连，这样就构建了一个包含 5080 个节点、500 672 条边的 phenome 网络。

为了得到布尔型 phenome-microRNAome 网络，可以用已知的实验证实的 microRNA-disease 关系（如图 6-11 所示）连接前面构建的布尔型 phenome 及 microRNA 网络得到，如图 6-12 所示，在这个网络中，灰色的箭头线表示已知的 microRNA 与疾病关系，红色带箭头的虚线表示待挖掘的关系。

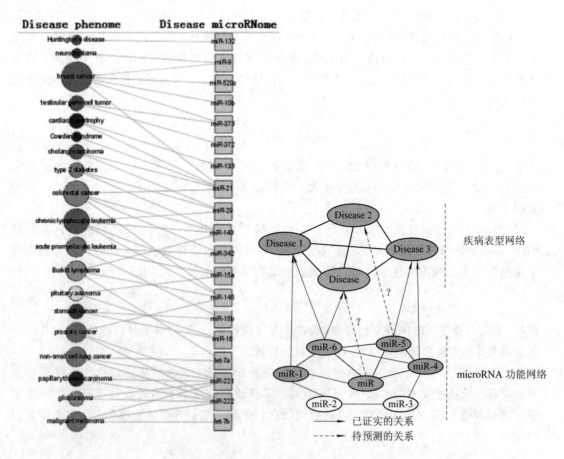

图 6-11　实验证实的 microRNA-disease 关系　　图 6-12　人类 phenome-microRNAome 网络

6.3.5 基于布尔型网络的疾病 microRNA 挖掘算法

输入：任意感兴趣的某种疾病 D_p；疾病表型网络权重矩阵 $M_{\text{wpnet}}[N_p][N_p]$；表型相似得分的阈值 T；所有人类 microRNA 集合 All_miRs＝{miR$_1$，miR$_2$，…，miR$_{Nm}$}；布尔型 microRNA 网络的邻接矩阵 $M_{\text{bmnet}}[N_m][N_m]$；已知的 microRNA-disease 关系数据表，用一个二维数组 Relation[N_r][2] 来存储，其中第一列代表 microRNA 在邻接矩阵中的下标，第二列代表疾病表型在表型权重矩阵中的下标，N_r 表示关系数目。

输出：人类 microRNA 集合中每个成员导致疾病 D_p 的可能性的排序。

基于蛋白质相互作用网络挖掘疾病基因的许多研究都是基于这样一个事实：功能相关的蛋白质编码基因失调倾向导致表型相同或相似的疾病。在我们基于布尔型 phenome-microRNAome 网络挖掘疾病 microRNA 之前，先要检验疾病 microRNA 是否存在类似的理论依据：功能相关的 microRNA 失调倾向导致表型相同或相似的疾病，为此，本节从两个角度来验证其正确性：

（1）同一个 microRNA 所导致的疾病之间的表型相似度显著高于同等大小的、随机的疾病集合的各个元素之间的平均相似度，具有统计显著性。

（2）同一种疾病对应的致病 microRNA 之间的功能相关性显著高于同等大小的、随机的 microRNA 集合的各个元素之间的平均功能相关度，具有统计显著性。

在衡量两个 microRNA 功能相关度的时候，采用了两个指标：一个指标是这两个 microRNA 在网络里共享的搭档数目（依据是：在布尔型 microRNA 网络里，如果两个 microRNA 共享的搭档越多，其功能越相关）；另一个指标是两个 microRNA 在网络里最短距离的负指数（依据是：在布尔型 microRNA 网络里，如果两个 microRNA 离得越近，其功能越相关）。布尔型 microRNA 网络中两个节点 V_{m_i} 与 V_{m_j} 之间基于最短距离的功能相关度定义为

$$\text{sim}(V_{m_i}, V_{m_j}) = e^{-\text{SPM}_{\text{bmnet}}[i][j]} \tag{6-7}$$

式中，$\text{SPM}_{\text{bmnet}}[i][j]$ 表示节点 V_{m_i} 与 V_{m_j} 之间的最短距离。计算两个节点之间的最短路径一般采用 Dijkstra 算法，该算法是计算一个节点到其他所有节点的最短路径的典型算法，其主要思想为：

① 将 microRNA 网络的顶点集 V 分成 S（开始只包含源点，S 包含的点都是已经计算出最短路径的点）和 $V-S$ 集合（$V-S$ 包含那些未确定最短路径的点）；

② 从 $V-S$ 中选取这样一个顶点 w：满足经过 S 集合中任意顶点 v 到 w 的路径最短，即满足"源到 v 的路径 ＋ v 到 w 的路径"最小的那个 w。其中 v 属于 S，w 属于 $S-V$。将 w 加入 S，并从 $V-S$ 中移除 w。

③ 如此反复步骤②，直到 $V-S$ 变为空集为止。

从两个角度验证的结果如图 6-13 所示。图中 A 的横轴表示表型相似得分值，纵轴表示概率值，图中箭头对应的是已知的 microRNA-disease 关系对应的值，而蓝色曲线代表随机取 10 000 个同等大小的数据集后计算出的表型相似得分的分布。由图中 A 可以看出同一个 microRNA 所导致的疾病之间的表型相似度显著高于同等大小的、随机的疾病集合的各个元素之间的平均相似度，具有统计显著性。图中 B 的横轴表示两个 microRNA 共享的搭档，纵轴跟 A 一样；图中 C 的横轴表示两个 microRNA 之间的最短路径长度的负指数。

由图中 B 和 C 可知，同一种疾病对应的致病 microRNA 之间的功能相关性显著高于同等大小的、随机的 microRNA 集合的各个元素之间的平均功能相关度，具有统计显著性。因此，功能相似的 microRNA 失调倾向于导致表型相同或相似的疾病，我们可以根据这个结论来设计得分函数，挖掘疾病 microRNA。

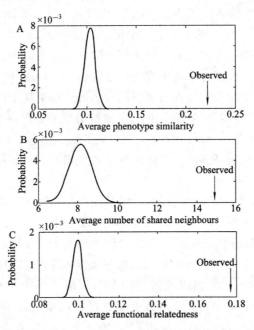

图 6-13　功能相关的 microRNA 失调倾向导致表型相似的疾病

　　基于布尔型网络的疾病 microRNA 挖掘算法，其主要思想可用图 6-14 形象地描述，这种思想类似于"牵连犯罪"(guilt by association) 的推理，是在生物网络研究中经常会被提

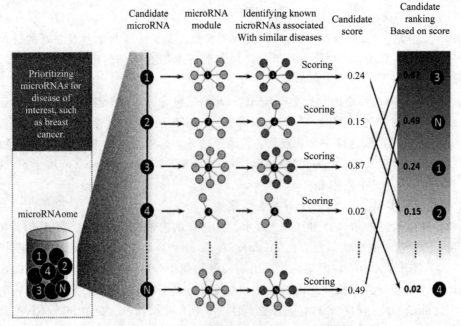

图 6-14　基于布尔型网络的疾病 microRNA 挖掘流程图

到的思想，在蛋白质网络、基因网络中的应用得到了很多有意义的结果[190]。在这里，我们把它应用到疾病 microRNA 的挖掘中来，具体描述如图 6-14 所示。

对于给定的一种疾病和第 i 个 microRNA，通过计算一个得分值来度量它们之间的相关性，得分定义为

$$\text{Score}_i = 1 - \sum_{i=m}^{M} \frac{\binom{M}{i}\binom{N-M}{n-i}}{\binom{N}{n}} \qquad (6-8)$$

基于布尔型网络的疾病 microRNA 挖掘算法如图 6-15 所示。

基于布尔型网络的疾病 microRNA 挖掘算法

输入：感兴趣的某种疾病 D_p；人类所有 microRNA。

输出：每个人类 microRNA 导致疾病 D_p 的可能性排序。

Step 1　对于疾病 D_p 根据表型相似度阈值 osim_thres 确定相似的疾病集合 $\Omega(p)$，$\Omega(p) = \{D_i \mid M_{\text{wpnet}}[i][p] \geqslant \text{osim\_thres}\}$，$i = (1, 2, \cdots, N_p)$；

Step 2　在 microRNA 网络里搜索 $\Omega(p)$ 对应的致病 microRNA 集合 miRDsimset$_p$，miRDsimset$_p = \{\text{miR}_j \mid \text{relation}[x][1] = j \& \& \text{relation}[x][2] = p'\}$，$x = (1, 2, \cdots, N_r)$，$D_{p'} \in \Omega(p)$，miRDsimset$_p$ 包含的元素个数用 M 表示；

Step 3　对于每个候选 microRNAc_miR$_i$，其在布尔型 microRNA 网络中的直接邻居构成的集合 Nbrset$_i = \{\text{miR}_j \mid M_{\text{bmnet}}[i][j] = 1\}$，$j = (1, 2, \cdots, N_m)$，Nbrset$_i$ 包含的元素个数用 n 表示；

Step 4　计算 miRDsimset$_p$ 和 Nbrset$_i$ 的重叠元素数目，记为 m，并令 $N = N_m$，用累次超几何分布值作为候选 microRNAc_miR$_i$ 导致疾病 D_p 的可能性得分，由式(6-8)计算得到；

Step 5　对于所有 N_m 个得分进行升序排序，认为排序的位置越靠前，其导致疾病 D_p 发生的可能性越大。

图 6-15　基于布尔型网络的疾病 microRNA 挖掘算法

对于上述算法的 5 个步骤，每一步的时空复杂度如表 6-6 所示，n 表示 microRNA 网络的节点数目，即 microRNA 的数目，N 表示疾病表型网络的节点数目。

表 6-6　每步时空复杂度分析

步　　骤	时间花费	空间花费
1	$O(N)$	$O(N^2)$
2	$O(n)$	$O(n^2)$
3	$O(n)$	$O(n)$
4	$O(n^2)$	$O(n^2)$
5	$O(n \lg n)$	$O(n \lg n)$
合计	$O(n^2)$	$O(n^2)$

为了验证结果的可靠性，我们以乳腺癌为案例进行分析。对于给定的乳腺癌，我们对所有人类 microRNA 进行打分，然后排序，通过查询已发表的文章，发现排在前 100 位的 microRNA 许多已被实验证实，如表 6-7 所示。

表 6 - 7 排在前 100 位中已被证实与乳腺癌相关的 microRNA

microRNA	Rank	References
Hsa-miR-429	1	Gregory et al., 2008
Hsa-miR-141	2	Gregory et al., 2008
microRNA	Rank	References
Hsa-miR-200a	3	Gregory et al., 2008
Hsa-miR-200b	4	Gregory et al., 2008
Hsa-miR-29c	5	Yan et al., 2008
Hsa-miR-196a	6	Iorio et al., 2005
Hsa-miR-29b	8	Volinia et al., 2006; Yan et al., 2008
Hsa-miR-20a	10	Yu et al., 2008
Hsa-miR-200c	11	Gregory et al., 2008
Hsa-miR-7	23	Reddy et al., 2008; Foekens et al., 2008; Webster et al., 2009
Hsa-miR-335	25	Yan et al., 2008
Hsa-miR-125b	27	Iorio et al., 2005; Scott et al., 2007
Hsa-miR-98	28	Yan et al., 2008
Hsa-miR-127-5p	33	Yan et al., 2008; Saito et al., 2006
Hsa-miR-31	42	Yan et al., 2008
Hsa-miR-17	46	Hossain et al., 2006; Volinia et al., 2006; Yu et al., 2008
Hsa-let-7f	47	Iorio et al., 2005; Jiang et al., 2005; Yan et al., 2008
Hsa-let-7i	50	Iorio et al., 2005
Hsa-miR-221	56	Zhao et al., 2008; Miller et al., 2008;
Hsa-miR-16-1	57	Zhang et al., 2006
Hsa-miR-202	64	Iorio et al., 2005
Hsa-miR-373	67	Huang et al., 2008
Hsa-let-7a	68	Yu et al., 2008; Iorio et al., 2005
Hsa-miR-497	73	Yan et al., 2008
Hsa-let-7d	79	Iorio et al., 2005
Hsa-miR-510	88	Findlay et al., 2008
Hsa-miR-18a	93	Zhang et al., 2009
Hsa-miR-146b-5p	96	Bhaumik et al., 2008
Hsa-miR-155	100	Kong et al., 2008

6.4 基于权重网络的 microRNA 挖掘

最常见的权重生物网络是带权的蛋白质相互作用网络。根据一定的生物学知识给相互作用的蛋白质计算一个权值，在许多研究领域发挥了重要作用，比如基于蛋白质相互作用网络的蛋白质功能预测和疾病相关的蛋白质编码基因预测等。Chua 等人在蛋白质相互作用网络上，除了利用直接互作的蛋白质对外，还利用间接互作的蛋白质信息，给每对互作的蛋白质赋予一个权重，然后基于带权的蛋白质相互作用网络预测蛋白质新的功能，取得了不错的效果[3]；也有研究者利用蛋白质网络的拓扑特性，给每个蛋白质互作计算了互作可信度得分，然后整合带权的表型网络，在疾病基因挖掘的研究中发挥了重要作用。

前面介绍的基于布尔型 microRNA 网络的疾病 microRNA 挖掘方法，适用于已经知道 microRNA 的靶基因，但不知道 microRNA 抑制靶基因的强度情况。

当知道每个 microRNA 抑制靶基因的强度时，前面提出的几种基于布尔型网络的疾病 microRNA 挖掘方法都不能充分利用抑制强度信息，因为在构造布尔型 microRNA 网络时只根据靶基因重叠的显著性来确定两个 microRNA 之间的关联关系。因此，当知道 microRNA 对靶基因的抑制强度时，利用强度信息构建权重型 microRNA 网络，并基于权重型 microRNA 网络挖掘疾病 microRNA 将有助于疾病 microRNA 挖掘性能的提高。基于以上分析，本节介绍一种基于权重网络的疾病 microRNA 挖掘方法。

6.4.1 权重型 microRNA 网络的构建算法

由于 microRNA 主要通过调控靶基因来发挥作用，因此利用 microRNA 的靶基因对研究 microRNA 之间的功能关系具有重要意义。microRNA 识别靶基因主要通过 microRNA $5'$-端第 $2\sim8$ 位碱基为中心的区域(被称为 microRNA 的种子序列)与 mRNA 的 $3'$-UTR 区域序列反向互补形成 microRNA：mRNA 二聚体结构。目前，大部分的 microRNA 靶基因预测软件主要采用以下三种假设来进行预测：

(1) 种子序列与靶基因形成 Watson-Crick 配对；

(2) microRNA 与靶基因结合位点在进化上具有保守性；

(3) microRNA：mRNA 二聚体结构的热力学稳定性。

本书 microRNA 的结合位点采用 PITA 算法预测得到，结合位点的得分计算公式为

$$\Delta\Delta G = \Delta G_{\text{duplex}} - \Delta G_{\text{open}} \tag{6-9}$$

其中，ΔG_{duplex} 为 microRNA 与靶基因结合时释放的能量，ΔG_{open} 为靶基因为了结合 microRNA 打开本身结构所需的能量，$\Delta\Delta G$ 为两个能量的差异。由于 RNA 自由能为负时表示释放能量，所以当 $\Delta\Delta G$ 越小时，microRNA 越有可能与靶基因结合。双荧光素酶基因检测试验显示，PITA 算法的预测结果比 miRanda、PicTar 等算法的预测结果准确。如果考虑结合位点上下游序列信息，该算法的预测性能将进一步提高。

PITA 算法的参数设置为：7bp 最小种子序列，允许一个碱基 G：U 匹配，考虑结合位点上下游序列，不存在单独碱基不匹配。由于能量值 $\Delta\Delta G$ 越小，microRNA 越有可能与靶

基因结合，本书采用公式(6-10)对一个 microRNA 与所有基因的结合位点能量作标准化，从而实现将 microRNA 的结合能量 $\Delta\Delta G$ 控制在 $0\sim1$ 之间，使能量值与 microRNA 结合靶基因的可能性成正比关系。

$$\Delta\Delta G_i' = \frac{\Delta\Delta G_i - \Delta\Delta G_{\min}}{\Delta\Delta G_{\max} - \Delta\Delta G_{\min}} \tag{6-10}$$

式中，$\Delta\Delta G_{\max}$ 与 $\Delta\Delta G_{\min}$ 为一个 microRNA 与所有基因的结合位点中最大与最小的 $\Delta\Delta G$ 能量值，$\Delta\Delta G_i$ 为 microRNA 第 i 个结合位点的 $\Delta\Delta G$ 值，$\Delta\Delta G_i'$ 为变换后 microRNA 第 i 个结合位点的能量值，这是一个 microRNA 与靶基因的一个靶位点的结合能力值。在许多情况下，一个靶基因的 $3'$UTR 有同一个 microRNA 的许多个结合点，因此表示一个 microRNA 和一个靶基因的结合能力时，需要整合多个位点的能力值，我们采用的整合公式如(6-11)所示。

$$\text{Interaction\_score} = -\lg\left(\sum e^{-\Delta\Delta G_i'}\right) \tag{6-11}$$

基于这些连续的 microRNA 与靶基因之间的得分值，我们基于统计方法构建带权的 microRNA 网络。

目前实验证实的 microRNA 靶基因非常少，因为没有高通量实验证实 microRNA 靶基因的技术。目前可用的靶基因数据主要由计算方法所预测，从计算预测方法获得的数据可知，一个 microRNA 通常调控数百个靶基因，对大多数靶基因起微调作用，每个 micro RNA-target 对都有一个互作得分，因此，我们利用这些互作得分来计算每对 microRNA 之间的功能相似性，从而构造权重 microRNA 网络。每对 microRNA 的功能相似得分定义为这两个 microRNA 对靶基因调控模式的相似性。对任意给定 microRNA 对 $(m_1 - m_2)$，我们先列出 $m_i(i=1, 2)$ 与所有人类基因的互作得分，表示为

$$\vec{V}_{m_i} = \{w_{m_i, g_1}, w_{m_i, g_2}, w_{m_i, g_3}, \cdots\}(i = 1, 2) \tag{6-12}$$

式中，w_{m_i, g_j} 为 microRNAm_i 与靶基因 g_j 的互作得分。如果 g_j 没有被 PITA 预测为 m_i 的靶基因，则 w_{m_i, g_j} 等于零。然后计算向量 $\vec{V}_{m_1}$ 和 $\vec{V}_{m_2}$ 之间的 Pearson 相关系数作为 $(m_1 - m_2)$ 的功能相似得分，定义为

$$W_{m_1 m_2} = \frac{\text{cov}(\vec{V}_{m_1}, \vec{V}_{m_2})}{\sigma(\vec{V}_{m_1})\sigma(\vec{V}_{m_2})} \tag{6-13}$$

形象的描述如图 6-16 所示，权重 microRNA 网络的构建算法如图 6-17 所示。

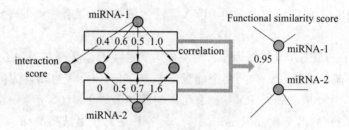

图 6-16   microRNA 之间功能相似得分的计算示意图

权重 microRNA 网络的构建算法

输入：PITA 算法预测的 microRNA 靶位点数据。

输出：权重 microRNA 网络。

Step 1 根据公式(6-9)和(6-10)把 microRNA 与靶位点信息转化为 microRNA 与靶基因的信息，每个 microRNA 的靶基因信息表示成式(6-12)的形式。

Step 2 由公式(6-13)计算出每对 microRNA 之间的功能相似性得分。

Step 3 确定得分阈值 T，滤掉低于 T 的得分，用保留的得分构造带权的 microRNA 网络，节点表示 microRNA，边上的权值表示两个 microRNA 之间的功能相似程度。

图 6-17　权重 microRNA 网络的构建算法

6.4.2　权重型 phenome-microRNAome 网络的构建

我们用已知实验证实的 microRNA-disease 关系连接已构建的权重 microRNA 网络以及权重型疾病表型网络，如图 6-18 所示。我们采用了两种方式对每个 miRNA 与致病 microRNA 集合的关系进行度量，一种是取 miRNA 与每个致病 microRNA 集成员的互作得分的平均值，另一种是取 miRNA 与每个致病 microRNA 集中互作得分最大的成员之间的得分值。

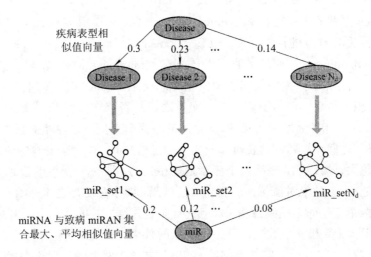

图 6-18　权重 phenome-microRNAome 网络构造示意图

1. 问题描述

输入：感兴趣的某种疾病 D_p；疾病表型网络权重矩阵 $M_{wpnet}[N_p][N_p]$；所有人类 microRNA 集合 All_miRs＝{miR$_1$，miR$_2$，…，miR$_{Nm}$}；权重型 microRNA 网络的权值矩阵 $M_{bmnet}[N_m][N_m]$；已知的 microRNA-disease 关系数据表，用一个二维数组 Relation$[N_r]$[2]来存储，其中第一列代表 microRNA 在邻接矩阵中的下标，第二列代表疾病表型在表型权重矩阵中的下标，N_r 表示关系数目。

输出：人类 microRNA 集合中每个成员导致疾病 D_p 的可能性的排序。

Wu 等人[4]在 2008 年研究疾病与蛋白质关联关系的文章中提出了一个假设，即如果某疾病 D_p 和某蛋白 P_c 之间是关联的，那么 D_p 在疾病网络中与其他疾病的表型相似情况应该

与 P_c 在蛋白质网络中与其他蛋白质的功能相似情况相关。基于这个假设，他们构造了 phenome-interactome 网络，建立一个自回归模型，计算"一致性得分"(accordance score)来度量某个基因与某种疾病的关联程度。对某种疾病相关的染色体区段内的所有基因都计算一个得分，预测得分最大的那个基因是该疾病的致病基因。他们提出的方法在疾病与蛋白质关联关系中获得了比较好的预测性能。

本节介绍的重点是基于生物网络来挖掘疾病 microRNA，编码蛋白质的疾病基因挖掘理论不能直接应用到疾病 microRNA 的挖掘中来，因此，本节验证该假设是否适用于 phenome-microRNAome 网络，如果满足，我们接下来构建模型对疾病 microRNA 进行挖掘并评价其性能。

对于一个疾病与 microRNA 对 $\langle D_p, m \rangle$，疾病 D_p 对应的表型向量 $\text{dis\_vect}_p = (d_{\text{simp}_1}, d_{\text{simp}_2}, \cdots, d_{\text{simp}_j})$，$j = (1, 2, \cdots, n_d)$，其中的 d_{simp_j} 表示疾病 D_p 与 N_r 个已知的疾病与 microRNA 关系对中涉及到的 n_d 个疾病的权重。microRNA m 对应的 microRNA 向量 $\text{mir\_vect}_m = (m_{\text{simm}_1}, m_{\text{simm}2}, \cdots, m_{\text{simm}j})$，$j = (1, 2, \cdots, n_m)$，其中的 $m_{\text{simm}\,j}$ 表示疾病 microRNA m 与 N_r 个已知的疾病与 microRNA 关系对中涉及到的 n_d 个疾病的原因 microRNA 集合的权重，考虑用 m 与 microRNA 集合各个元素的权重的最大值或者平均值来作为 m 与 microRNA 集合的权重。设 $\text{dismirset}_j = (\text{mir}_{j_1}, \text{mir}_{j_2}, \cdots, \text{mir}_{j_{n'}})$，其中 dismirset_j 表示某疾病 j 对应的致病 microRNA 集合，n' 表示该集合中的元素数目，则采用取平均的方法其对应的向量 $\text{mir\_vect}_{m_1} = (\text{msim}_{m_1}, \text{msim}_{m_2}, \cdots, \text{msim}_{m_j})$ 中的元素 $\text{msim}_{m_j} = \text{mean}(\text{dismirset}_j)$，取最大的方法 $\text{msim}_{m_j} = \text{max}(\text{dismirset}_j)$。

用 Pearson 相关系数来衡量疾病表型向量 dis_vect_p 和 microRNA 向量 mir_vect_m 的相关性。Pearson 相关系数一般用于衡量两个变量之间是否存在线性相关关系，两向量的相关性可以用 Pearson 相关系数 r 来描述，r 描述的是两个变量间线性相关强弱的程度。r 的取值在 -1 与 $+1$ 之间，若 $r > 0$，表明两个变量是正相关的，即一个变量的值越大，另一个变量的值也会越大；若 $r < 0$，表明两个变量是负相关的，即一个变量的值越大，另一个变量的值反而会越小。r 的绝对值越大表明相关性越强，要注意的是这里并不存在因果关系。若 $r = 0$，表明两个变量间不是线性相关，但有可能是其他方式的相关(比如曲线方式)。

为了比较 Pearson 相关系数在区分正反例上的效果，从 $n_d \times N_m - N_r$ 个反例中均匀随机抽取了样本容量为 10 000 的随机反例共 100 次，在这 100 个随机反例和所有正例上分别计算 Pearson 相关系数，将结果统计频率分别画出直方图，结果如图 6-19 所示，图中的说明对应于 microRNA 向量的取法，不同方法的结果在图中用不同的颜色表示。图中显示，随机反例数据集的表型向量 dis_vect_p 和 microRNA 向量 mir_vect_m 一致性得分大部分集中在 0 附近，而正例中的 microRNA 向量 mir_vect_m 取 m 与 microRNA 集合各个元素的权重的最大值作为 m 与 microRNA 集合的权重和，正例中的 microRNA 向量 mir_vect_m 取 m 与 microRNA 集合各个元素的权重的平均值作为 m 与 microRNA 集合的权重的一致性得分值则相对比较大。至此已经确定了如果某疾病 D_p 和某 microRNA m 之间是关联的，那么在 D_p 疾病网络中与其他节点的表型相似情况应该与 m 在 microRNA 网络中与其他节点的功能相似情况相关，这一假设可以作为构造挖掘模型的基础假设，下面将具体描述模型对应的算法步骤。

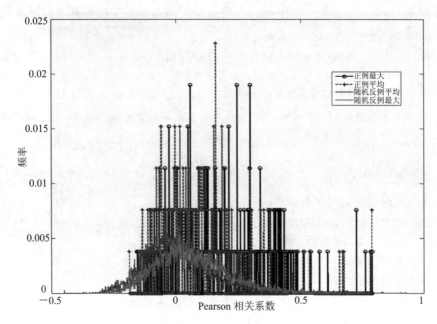

图 6 - 19　正反例 microRNA-disease 关系的一致性得分的分布

2. 挖掘算法

利用 PITA 预测的 microRNA-target 关系构建权重 microRNA 网络，用已知的实验证实的 microRNA-disease 关系连接权重 microRNA 网络和疾病表型相似网络，构建权重型 phenome-microRNAome 网络，在这个网络上计算感兴趣的疾病 d 和所有人类 microRNA m 之间的一致性得分，得分越大说明该 m 越有可能导致疾病 d 的发生。计算一种疾病和一个 microRNA 之间的一致性得分，形象描述如图 6 - 20 所示。一致性得分定义为

$$CS_{dm} = \frac{\mathrm{cov}(\mathrm{dis\_vec}_d, \ \mathrm{mir\_vec}_m)}{\sigma(\mathrm{dis\_vec}_d)\sigma(\mathrm{mir\_vec}_m)} \tag{6-14}$$

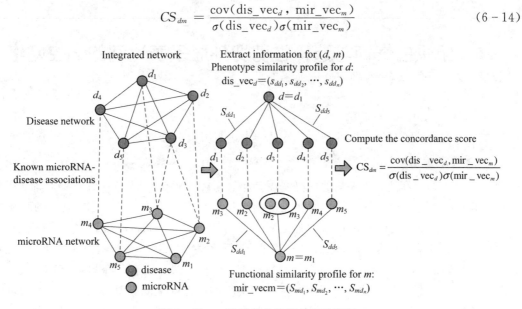

图 6 - 20　一致性得分计算方法示意图

基于权重 phenome – microRNAome 网络的疾病 microRNA 挖掘算法如图 6 - 21 所示。

基于权重网络的疾病 microRNA 挖掘算法

输入：权重型 phenome-microRNAome 网络；感兴趣的某种疾病 d。

输出：所有人类 microRNA 导致疾病 d 的可能性排序。

Step 1 构造疾病 d 对应的表型向量 dis_vec$_d$ = $(s_{dd_1}, s_{dd_2}, \cdots, s_{dd_n})$，这里 s_{dd_i} 表示疾病 d 和疾病 d_i 的表型相似得分；候选 microRNA 集合中的成员 m 对应的 microRNA 向量 mir_vec$_m$ = $(s_{md_1}, s_{md_2}, \cdots, s_{md_n})$，$m = (1, 2, \cdots, N_m)$，当取平均时，$s_{md_i} = \dfrac{1}{size(d_i)} \sum\limits_{m_j \in d_i} w_{m, m_j}$，当取最大时，$s_{md_i} = \max\limits_{j \in size(d_i)} w_{m, m_j}$，$w_{m, m_j}$ 表示 microRNA m 和 m_j 的功能相关系数，$size(d_i)$ 表示导致疾病 d_i 的已知的疾病 microRNA 的数目。

Step 2 将上一步得到的表型向量 dis_vec$_d$ 和 microRNA 向量 mir_vec$_m$，$m = (1, 2, \cdots, N_m)$ 根据公式(6 - 14)计算一致性得分 CS$_{dm}$。

Step 3 对 N_m 个候选 microRNA 根据一致性得分 CS$_{dm}$ 降序排序，排在前面的 microRNA 与疾病关联的可能性更大。

图 6 - 21 基于权重网络的疾病 microRNA 挖掘算法

对于上面算法的 3 步，每一步的时间复杂性如表 6 - 8 所示，n 表示 microRNA 的数目，N 表示疾病表型数目。

表 6 - 8 每步时空复杂度分析

步骤	时间花费	空间花费
1	$O(N)$	$O(N^2)$
2	$O(n)$	$O(n)$
3	$O(n \lg n)$	$O(n \lg n)$
合计	$O(n \lg n)$	$O(N^2)$

6.5 组蛋白修饰与选择性剪切外显子表达间的调控网络

6.5.1 简介

本书首先介绍剪切、选择性剪切、外显子表达与组蛋白修饰的相关概念和研究进展。

1. 外显子剪切

在分子生物学和遗传学中，剪切是基因初始转录体 pre-mRNA 的一种重要修饰。在剪切的过程中，内含子会被移除掉，而外显子则被保留下来，并结合在一起。典型的真核生物信使 RNA 在被正确地翻译成蛋白质之前，剪切的过程是必不可少的。在真核生物中，很多内含子的移除过程是在一种小的核糖核蛋白复合体(snRNPs)的催化作用下完成的，该 snRNPs 叫做剪切体(spliceosome)，但是，也存在着一部分内含子是自剪切的情况。剪切的过程发生在所有生命体当中，但是在不同类型的生命体之间，剪切的程度和类型可能会有所不同。在真核生物体内，剪切可能发生在大多数编码蛋白基因的信使 RNA 上，以及部分非编码 RNA 上；而在原核生物体内，剪切几乎不发生在非编码 RNA 上。在这两类生命体中，还有一点重要的不同是：原核生物没有和剪切体相关的反应通路(pathway)。

选择性剪切即基因转录产生的 pre-mRNA 根据不同的剪切方式产生不同的成熟 mRNA，从而导致蛋白质的多样性。自从发现选择性剪切以来，研究结果表明，人类基因转录过程存在着大量选择性剪切事件，根据高通量深度测序发现，约有 95% 的人类基因存在选择性剪切，它是真核生物调节基因表达和产生蛋白质组多样性的重要调控机制。在医学研究方面，选择性剪切与许多疾病有着密切的联系，例如癌症、神经系统疾病等。由此，医学、遗传学、生物信息学等领域的学者对其投注大量精力，希望能找到更多的剪切事件，深入了解其调控机制。

剪切位点识别是选择性剪切研究的关键步骤，通过对外显子/内含子结构的定位以及剪切位点特征来预测剪切位点，是传统预测选择性剪切位点的研究方法。随着第一代测序方法的运用，出现了许多用于序列比对的算法、软件以及数据库，专门用于选择性剪切研究的资源逐渐丰富，例如常见的 ASD[6] 选择性剪切数据库。但是第一代测序方法的代价较高，因此，后基因组时代的测序技术努力迈向千美元基因组和百美元基因组的目标。下一代高通测序技术的高通量低成本特点为科学研究提供了新的舞台。近年来，RNA-seq(高通量 RNA 测序)逐渐成为基因表达和转录组分析的新手段，这一时期，也出现了许多用于短序列比对以及基于 RNA-seq 选择性剪切位点预测的软件和数据库。

选择性剪切的表现形式有很多，它可以扩展或跳过外显子，或者保留部分内含子。选择性剪切包含以下类型：盒式外显子(cassette exons)、并发盒式外显子(tandem cassette exons)、互斥型盒式外显子(mutually exclusive exons)、选择性 5′ 和 3′ 剪切位点(alternative 5′ 和 3′ splice sites)以及选择性 poly(A)(alternative poly(A) usage)，如图 6-22 所示。

传统上，研究者们一直认为转录和剪切两个过程独立进行，一个在 DNA 水平，一个在 RNA 水平，但是，越来越多的证据表明剪切和转录同时发生。最近的研究表明，外显子区域上会富集核小体，同时，还伴随着特定的组蛋白修饰(如 H3K36me3 等)，这些特定的表观特征会在 RNAPII 的协调下帮助剪切体正确地定位外显子，并执行剪切。

2. 高通量测序数据

为了研究转录延长区域组蛋白修饰的生物学功能，需要很多生物实验数据，高通量分子生物学实验数据可以为我们的研究提供良好的支持。新一代大规模高通量测序技术允许更多的测序反应在同一表面同时进行，其突出的优点是成本低、速度快以及价格低廉，典型的代表产品为 454、Illumina 以及 ABI 公司推出的新一代测序仪。在核酸级别分析生物现象，高通量测序已经成为一种非常普遍且有效的技术。

在本节中，主要使用了基于 RNA-seq(测量基因表达水平)和 ChIP-seq(测量组蛋白修饰水平)两种技术得出的数据。RNA-seq 可以测量出不同组织和不同实验条件下整个细胞全基因组的转录产物。RNA-seq 具有以下优势：测量精度高且独立实验间的可比较性和可重复性好。ERANGE 和 TopHat 是分析 RNA-seq 数据最常用的两种软件。两种软件的侧重点不同，ERANGE 主要强调能够确定准确的表达水平值，而 TopHat 是为了能够发现新的剪切连接。ChIP-seq 技术是对染色质免疫共沉淀实验获得的 DNA 片段进行大规模测序，该技术可以将研究者关注的蛋白质结合位点精确地定位到基因组上，并且已经被成功地应用到测定全基因组范围内的转录因子结合位点、组蛋白修饰、DNA 甲基化等相关研究中。高通量测序技术的原始数据由数以百万计的序列标签所组成，这样，一个基本的问

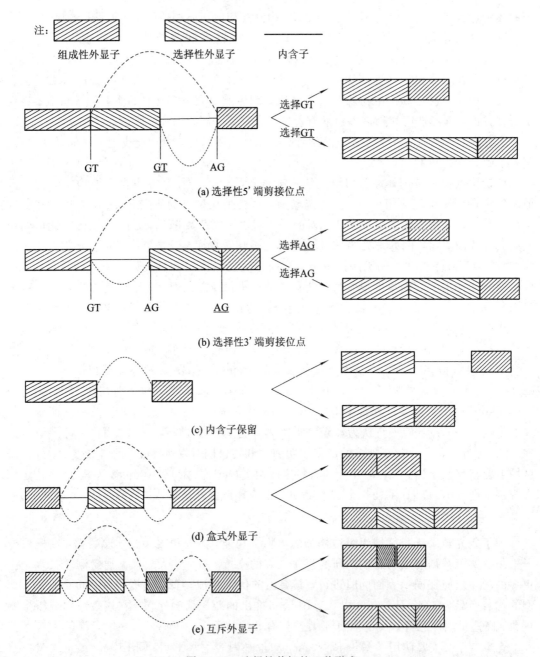

注：

组成性外显子　　　选择性外显子　　　内含子

(a) 选择性5′端剪接位点

(b) 选择性3′端剪接位点

(c) 内含子保留

(d) 盒式外显子

(e) 互斥外显子

图 6-22　选择性剪切的 5 种形式

题是如何在基因组上确定序列标签显著富集的区域，这些区域被认为是可能的蛋白质结合位点。研究者们已经提出很多算法来从原始数据中识别序列标签的峰值，例如 SISSR 和 Macs 等。这些软件在 ChIP-seq 数据的相关分析中都得到了相当广泛的应用。

2007 年和 2008 年，Barski 和 Zhao 等人分别在 Cell 和 Nature 上发表了两组人类 CD4+ T 细胞中组蛋白修饰的高通量测序数据，其中包括 20 种组蛋白甲基化、18 种组蛋白乙酰化以及 RNAPII、CTCF 和 H2A.Z[5,6]，这是目前为止最全面的一套组蛋白修饰数据。

3. 组蛋白修饰的调控

研究者们已经发现启动子区域多种组蛋白修饰和基因表达之间存在着联系，其中，大多数组蛋白乙酰化都具有基因活化的功能，特定的组蛋白甲基化，如 H3K4me3 也被发现会富集在活化基因的转录起始位点附近，并被指出具有调节转录起始的功能。2010 年，Karlic 等研究者首次提出了利用基因启动子区域组蛋白修饰预测基因表达水平的线性回归模型[7]，并系统地分析了基因启动子区域组蛋白修饰和基因表达之间的关系。该工作基于 Unigene 并从人类 RefSeq 基因中选取了 14 802 条基因作为研究对象；选择基因的转录起始位点前后各 2000nt 作为基因的启动子区域；并基于全基因组的 38 种组蛋白修饰和 RNAPII 的 ChIP-seq 数据得到了每条基因启动子区域的组蛋白修饰水平，基于 RNA-seq 数据得到了每条基因的表达水平。组蛋白修饰与基因表达水平间的线性回归模型描述如下：

$$e_j = \sum_{i=1}^{N} a_i h_{ij} + b \tag{6-15}$$

其中，h_{ij} 是自变量，表示在基因 j 的启动子区域上组蛋白修饰 i 的水平；e_j 是因变量，表示基因 j 的表达水平；a_i 和 b 分别为该线性模型的回归系数和截距。基于以上定量关系模型，该研究得出以下结论：

（1）启动子区域组蛋白修饰和基因的表达水平间存在定量关系；

（2）在预测模型中，部分组蛋白修饰比其他组蛋白修饰更重要；

（3）以上定量关系在不同的细胞类型之间具有通用性。

近几年，还有研究人员在 Karlic 等人工作的基础上对启动子区域组蛋白修饰和基因表达的关系进行了更细致的分析。他们考察了转录起始位点和终止位点前后各 4000nt 范围内 160 段 100nt 长的区域，并分别研究了这些区域上组蛋白修饰对基因表达的不同影响。思路与 Karlic 等研究者的方法类似，这里不作详细介绍。

4. 转录延长区域相关工作

转录延长区域相关的工作主要集中在外显子剪切的研究中。约 95% 的多外显子基因的转录产物都会经历选择性剪切，这种现象大大地增加了生命体转录组（transcriptome）和蛋白质组（proteome）的复杂性，而且异常的选择性剪切还会导致疾病的发生。因此，研究者们对导致选择性剪切事件的原因表现出浓厚的兴趣。近二十年来，研究者们已经利用一些序列特征解释了大量的选择性剪切事件。虽然这些研究都详细地分析了个别序列特征与剪切事件之间的联系，但是很显然，选择性剪切事件应该是多种序列特征共同作用的结果。2010 年，Barash 等人基于上千种 RNA 序列特征的组合找出了一种"外显子剪切密码"，该密码可以用来预测不同组织中外显子的选择性剪切事件[8]。

下面我们对 Barash 等人的工作进行详细介绍。为了得到"外显子剪切密码"，该工作搜集了 1014 种序列特征，主要包括四种：已知的序列 motif、新的序列 motif、短序列 motif 以及和转录体结构相关的特征。其中，已知的序列 motif 有 171 个，这些 motif 是在和组织特异性相关的外显子附近发现的，并且和剪切因子的结合相关；新 motif 包括 326 个仅有很弱的证据或者根本没有证据说明它们和组织特异性剪切相关的 motif，其中包括 12 个已经验证的或者是可能的外显子\内含子剪切的增强子\沉默子以及 314 个在选择性剪切外显子旁内含子内的短保守序列；短序列 motif 有 460 个，它们已经被报道和选择性剪切相关；转录体结构相关的特征有 57 个，这些特征决定转录体的剪切水平，例如外显子\内含子的长度、二级结构中每个区域的概率等。此外，该工作搜集了 27 种鼠组织细胞中的 3665 个盒式选择性外显子的表达谱数据。利用以上数据，该工作基于信息理论给出了一种"密码质量"的度量方式。该度量的表达式如下：

$$H = \sum_{i \in \text{datapoints}} \sum_{s \in \{\text{inc, exc, nc}\}} q_i^s \lg\left(\frac{p^s(c_i, r_j)}{\overline{q^s}}\right) \tag{6-16}$$

其中，q_i^s 是外显子的包含率（inclusion）增加（$s=\text{inc}$）、排除率（exclusion）增加（$s=\text{exc}$）或者没有变化（$s=\text{nc}$）的概率，$\overline{q^s}$ 是在所有组织类型中，所有外显子的包含率\排除率增加或者没有变化概率的平均值。$p^s(c_i, r_j)$ 是基于 RNA 序列特征 r_j 和组织类型 c_i 的剪切模式 s 概率的预测值。

假定 $p^s(c_i, r_j)$ 的参数为 θ，通过公式 $\theta^{\text{code}} = \text{argmax}_\theta H$ 便可以找到相应的"剪切密码"。该过程使基于 RNA 序列特征和组织类型的预测值能够尽量地接近剪切模式的真实测量值，从而建立起序列特征和剪切事件之间的联系。

在不同组织细胞中，基因组的序列结构并未发生变化，这些工作发现了相同的序列特征在不同组织中对选择性剪切的影响，但仍然未能找到造成这些差异的调节因素。近年来，研究者们试图从表观层面找到答案。首先，很多证据表明转录的延长和外显子的剪切同时发生，这为染色质结构能够影响外显子剪切提供了必要的先决条件。最近，一些研究者观察到了个别组蛋白修饰在外显子区域上的富集，如 H2BK5me1、H3K36me3、H3K79me1 和 H4K20me1 等。少数生物实验验证了组蛋白修饰与外显子剪切之间的相关性，如 H3K36me3，其机制是外显子上特定的序列特征外显子剪切沉默子（ESS）可以吸引多聚嘧啶结合蛋白（PTBP），而组蛋白修饰 H3K36me3 可以与 PTBP 相互作用来调节选择性剪切事件的发生。

与编码基因的 RNA 成熟过程类似，在 miRNA 成熟的过程中，pri-miRNA 也需要经历 RNA 剪切，然而，pri-miRNA 的结构多种多样，相同的蛋白质复合体如何识别复杂的 RNA 结构一直以来也是让人困惑的问题。一些研究发现 pre-miRNA 的二级结构可能有助于 miRNA 剪切酶的定位，但是，在癌症细胞的研究过程中，研究者们又发现了矛盾的现象。最近的研究表明 miRNA 的转录和剪切同时发生，并且 pre-miRNA 的序列上具有核小体的富集。这些事实表明染色质的结构可能会影响到 miRNA 剪切酶的定位和剪切。但是，总的来说，我们对于转录延长区域上表观因素对于编码基因以及非编码基因 RNA 剪切的影响仍然了解的很少。

5. 基于组蛋白修饰的基因组功能元件注释

以上介绍了两类基因组功能元件上组蛋白修饰的研究工作。接下来，我们介绍利用组蛋白修饰注释和发现基因组功能元件的相关研究。

迄今为止，研究者们已经发现了超过 100 种组蛋白修饰，并且发现了部分组蛋白修饰与特定基因组功能元件之间的联系，但是，这些研究都是针对单一组蛋白修饰的分析。近年来，研究者们对于特定组蛋白修饰组合的功能以及基于组蛋白修饰组合模式发现和注释新基因组功能元件表现出强烈的兴趣。以往此类研究的思路为：首先，利用有监督学习方法学习得到特定功能元件上组蛋白修饰的组合模式（例如启动子和增强子等），然后，利用该模式在其他未知区域进行预测。2008 年，Hon 等人首次利用无监督学习方法在基因组部分区域上寻找组蛋白修饰的特定组合模式[9]，该研究说明以往工作中发现的与启动子和增强子相关的组蛋白修饰组合模式都可以在没有关于功能元件分类的前提下被找到，该方法称为 ChromaSig。2010 年，Ernst 等人利用 HMM 方法在全基因组范围内寻找组蛋白修饰的特定组合模式[10]，并发现了 51 种不同的组蛋白修饰组合模式（染色质状态），该方法称为 ChromHMM。

在介绍以上两种工作之前，首先介绍染色质状态的概念。组蛋白修饰的组合模式称为染色质状态。令 $h=\{h^1, h^2, \cdots, h^N\}$ 表示 N 种组蛋白修饰，h_t^i 表示第 t 个核小体上第 i 种组蛋白修饰的水平，$h_t^i=1$ 表示第 t 个核小体上有修饰 h^i，$h_t^i=0$ 表示没有修饰 h^i；称 $H_t=\{h_t^1, h_t^2, \cdots, h_t^N\}$ 为第 t 个核小体上染色质状态，并称 $H=\{H_1, \cdots, H_T\}$ 为 T 个核小体上染色质状态。图 6-23 为染色质状态示意图，带阴影的球表示核小体，周围的小球表示组蛋白修饰的位点，彩色的球表示该位点被修饰（$h_t^i=1$），透明的球表示该位点未被修饰（$h_t^i=0$）。

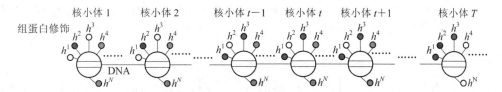

图 6-23　染色质状态示意图

下面，我们对 ChromaSig 和 ChromHMM 分别进行介绍。

（1）ChromaSig。

为了找到在基因组上频繁出现的染色质状态，ChromaSig 方法进行了两部分操作。第一部分，该方法首先找出所有富集组蛋白修饰且长为 2000nt 的区域，这些区域是可能出现染色质状态的区域。但是，一些研究工作中已经指出基因启动子以及增强子的染色质状态通常都大于 2000nt，因此，以上找出的区域只是大的染色质状态中的一部分，而大的染色质状态可以在以上区域的附近找到。这样，ChromaSig 在以上每个区域周围 7000nt 范围内寻找长为 4000nt 的染色质 motif。这种搜索区域以及 motif 长度的选择保证了至少 75% 的富含组蛋白修饰的区域可以被覆盖。第二部分，ChromaSig 方法基于欧几里得距离将这些富含组蛋白修饰的区域聚类。一个特定区域 i 可能被聚类到 motif M、背景分布 B 或者其他的 motif M' 中。对于一个特定的组蛋白修饰 h，它在偏移量 l、方向 p 的区域 i 上，且被分配到 M 中的似然度为：

$$L_{i, h, l, p} = \frac{P(M \mid \text{locus } i \text{ at } l, p)}{P(B \mid \text{locus } i \text{ at } l, p) + P(M' \mid \text{locus } i \text{ at } l, p)} \tag{6-17}$$

该工作利用贪心算法选择适当的参数 l 和 p 来最大化目标函数 $\sum_{i \in M} \sum_{\text{at} l, h} L_{i, h, l, p}$，从而将每个富含组蛋白修饰的区域 i 聚类。

在算法上，ChromaSig 首先找到具有相同染色质状态的少数几个区域作为种子 motif。然后，将该种子扩展使其包含其他区域，并同时修改该种子 motif。步骤如下：令 D 表示一个特定 motif 对应区域的集合，初始时，该集合为空。随后，ChromaSig 检查不在该集合中的区域五次。所有能够和该 motif 匹配的区域将被加入到 D 中,并从原集合中删除,以免重复查找。该过程重复进行,直到无法找到更多的种子。

(2) ChromHMM。

ChromHMM 方法利用多变量隐马尔科夫模型 HMM 发现染色质状态。首先,将基因组分割为 200nt 不交叠的小区间。令 $c \in C$ 表示一条染色体,C 表示所有染色体的集合,c_t 表示染色体 c 上的一段区间,其中,$t = 1, \cdots, T_c$ 对应于染色体 c 上所有 200nt 长的区间。c_1 对应于染色体 c 上第 1 到 200 个碱基对的区间,T_c 是染色体 c 上不交叠的 200nt 长区间的个数。如果在第 c_t 个区间上第 i 种组蛋白修饰出现($1 \leqslant i \leqslant N$),则令 $h_{c_t}^i = 1$,否则,令 $h_{c_t}^i = 0$。这样,我们用 $H_{c_t} = (h_{c_t}^1, \cdots, h_{c_t}^N)$ 表示在区间 c_t 上组蛋白修饰的组合。

该模型假定隐状态的数目固定,设为 K。释放概率 $b_{k, i}$ 表示当前观测中第 i 个输入变量($i = 1, \cdots, N$)处于第 k 个状态($k = 1, \cdots, K$)的概率,在每个隐状态中,释放概率为所有独立变量的释放概率之积。转移概率 a_{ij} 表示从状态 i 转移到状态 j 的概率,其中 $i = 1, \cdots, K$ 且 $j = 1, \cdots, K$。除此外,初始状态分布 $\pi_i (i = 1, \cdots, K)$ 表示染色体第一个区间的状态是 i 的概率。令 $s_c \in S_C$ 为染色体 c 上隐状态的序列,S_C 是所有可能的状态序列的集合。令 s_{ct} 表示在序列 s_c 中,染色体 c 上位点 t 对应的状态。这样,组蛋白修饰数据 H 的似然度可以表示如下:

$$P(H \mid \pi, a, b) = \prod_{c \in C} \sum_{s_c \in S_C} \pi_{s_{c1}} \left(\prod_{t=2}^{T_C} a_{s_{ct-1}, s_{ct}} \right) \prod_{t=1}^{T_C} \prod_{m=1}^{M} b_{s_{ct}, i}^{h_{ct}^i} (1 - b_{s_{ct}, i})^{(1-h_{ct}^i)} \quad (6-18)$$

进一步,为了确定隐马尔科夫模型的隐状态个数,ChromHMM 分别训练出具有不同隐状态个数且和样本数据拟合最好的隐马尔科夫模型,然后,通过比较不同模型的 BIC 打分,确定适当的隐状态个数。

以上工作发现了与基因组功能元件相关的组蛋白修饰组合模式。但是,这些工作并未区分这些组蛋白修饰的功能,包括调节与该元件相关的功能或者调节特定组合中其他组蛋白修饰的水平。

6.5.2 基于贝叶斯网络的组蛋白调控网络构建

在前面章节中,我们已经说明了组蛋白修饰间相互作用对于调控基因表达具有重要的意义,本节介绍组蛋白修饰间的调控关系。2008 年,Yu 等人首次基于全基因的组蛋白修饰 ChIP-seq 数据,利用生物信息学方法构建了基因启动子区域上 20 种组蛋白修饰以及基因表达水平间的调控网络[11]。2009 年,van Steensel 等人利用类似的思路构建了染色质蛋白之间的调控网络[12]。在方法上,为了降低数据的复杂性,这两个工作都将连续的原始数据离散化,然后利用贝叶斯网络学习出调控关系。下面我们对这两个过程进行介绍。值得注意的是,这种思路的问题是离散化过程会造成信息丢失,而且不同的离散化过程还会影响到网络结构学习的结果。

1. 离散化

利用 k-means 方法将每个基因启动子区域组蛋白修饰的 ChIP 信号强度(即 ChIP-seq 数据的 read 数目)离散化为高、中和低三个值。类似地,基于 DNA microarray 数据的基因表达水平也被离散化。该方法分别在两个范围内对基因的表达水平进行离散化:第一,在不同组织细胞内同一基因的表达水平间；第二，在同一细胞中所有基因的表达水平间。第二种方法假定组蛋白修饰在调控基因表达方面具有更普遍的意义。进一步地，对两种离散化过程得出的结果进行比较。

van Steensel 等人使用了七种不同的离散化规则。其中四种使用了四分位数的阈值将数据二值化为"目标基因"（值为 1）和"非目标基因"（值为 0）。另三种方法将数据离散化为低（值为 0）、中（值为 1）和高（值为 2）三个值，其中，每个值对应的范围分别是 0%～33%、34%～65% 和 66%～100%；0%～15%、16%～94% 和 95%～100%；以及 0%～10%、11%～89% 和 90%～100%。由于没有标准的判断准则，该工作假定一个好的离散化规则会产生一个贝叶斯网络，而该网络会和 BioGrid 相互作用关系数据库以及 PubMed 文献具有最大的交集。基于以上假设，该工作对七种离散化策略进行了比较。

2. 贝叶斯网络结构学习

以上两个工作都使用了现有的贝叶斯网络工具包学习网络结构（分别是 WinMine (http://research. microsoft. com/en-us/um/people/dmax/winmine/tooldoc. htm) 和 Banjo (http://www. cs. duke. edu/~amink/software/banjo/)）。贝叶斯网络的基本假设是网络结构和参数不随时间发生变化，但是在许多实际情况中，网络的拓扑结构会发生变化。例如，在细胞中，基因之间的调控关系以及信号转导过程会因为外界的刺激而发生变化。为了解决该问题，可以将贝叶斯网络扩展成非稳态贝叶斯网络。

（1）贝叶斯网络结构学习。

贝叶斯网络是一种有向无环图，它的有向边表示变量之间的条件依赖关系。为了学习贝叶斯网络结构，首先需要定义一种打分规则来计算条件概率 $P(D|G)$，其中 D 是观测数据，G 表示网络结构。打分规则可以评价网络结构的合理性。常用的打分规则有两种：贝叶斯狄利克雷(BDe)打分和贝叶斯信息标准(BIC)打分，其中 BDe 是条件概率 $P(D|G)$ 的精确解，而 BIC 打分是在大样本前提下对 $P(D|G)$ 的一种近似。进一步，网络结构学习的目标是找到具有最高打分的图结构。但是，这是一个 NP-complete 问题，所以，通常利用启发式的搜索方法，例如贪心策略和模拟退火策略，或者采样的方法来学习网络结构。关于贝叶斯网络的详细内容已在 2.3 节中介绍。

下面，我们对 BDe 和 BIC 两种打分规则分别进行介绍。

BDe 打分规则的表达式如下：

$$P(D \mid G) = \prod_{i=1}^{n} \prod_{j=1}^{q_i} \frac{\Gamma(\alpha_{ij})}{\Gamma(\alpha_{ij} + N_{ij})} \prod_{k=1}^{r_i} \frac{\Gamma(\alpha_{ijk} + N_{ijk})}{\Gamma(\alpha_{ijk})} \tag{6-19}$$

其中，q_i 是 x_i 父节点 $\pi(x_i)$ 取值的个数，r_i 是变量 x_i 取值的个数，$N_{ij} = \sum_{k=1}^{r_i} N_{ijk}$，$N_{ijk}$ 是当变量 x_i 的父节点是 x_j 时，x_i 取值为 k 的样本个数。α_{ij} 和 α_{ijk} 是预先给定的 Dirichlet 超参数。

BIC 打分规则的表达式如下：

$$P(D \mid G) \approx \lg L - \frac{d}{2} \lg m \tag{6-20}$$

其中，L 是似然函数 $P(D|G)$ 的最大似然估计，d 是独立参数的个数，m 是样本的个数。

（2）非稳态动态网络结构学习。

为了解决非稳态假设的问题，研究者们已经提出了很多方法。Yoshida 等人提出了利用 dynamic linear model with Markov switching 的技术来构建随时间变化的基因调控网络。Talih 和 Hengarten 利用 Markov Chain Monte Carlo(MCMC)构建了一种随时间变化的高斯图模型，并成功地应用到金融领域。Xuan 和 Murphy 基于凸优化和动态规划的方法，利用迭代的过程构造了一种非稳态的高斯图模型。Ahmed 和 Xing 通过求解一系列时间平滑的 $l1$-regularized logistic 回归问题，构造了一种基因特异的网络。Robinson 和 Hartemink 构造了一种非稳态的动态贝叶斯网络，并利用 Reversible Jump MCMC(RJMCMC)抽样学习网络结构[13]。

以上的工作都可以描述不同时间片段(或空间片段)上变量之间条件依赖关系的演化，但是不能描述出变量对不同时间片段(或空间片段)上一些固有特征的条件依赖关系。ChromHMM 方法就是利用组蛋白修饰与基因组功能元件(空间片段)上固有特征之间的依赖关系发现不同的染色质状态。但是，ChromHMM 并不能发现特定功能元件上组蛋白修饰间的调控关系。为了解决以上问题，可以将 HMM 和 DBN 相结合得到新的非稳态图模型。该工作是在非稳态动态贝叶斯网络的基础上提出的，因此，我们先对 Robinson 和 Hartemink 的工作进行介绍。

假设我们观察到 N 个随机变量在 T 个时间片上的状态，并且，这些观察状态序列是一个非稳态的过程产生的，其中，表示变量之间条件依赖关系的网络拓扑结构会随着时间而发生变化。$O=\{O_1, \cdots, O_T\}$ 表示一个观测序列，$O_t=\{o_t^{1:N}\}$ 表示 N 个随机变量在时间片 t 上的观察状态。$G=\{G_1, \cdots, G_T\}$ 表示对应于观察序列 O 的图序列。如果 $G_{t(i+1)}$ 和 G_{ti} 的结构不同，那么 t_i 为一个转换时间(transition time)。进一步，两个连续的转移时间之间的一段时间为一个片段(epoch)。在第 i 个片段内所有时间片上的样本对应的图结构都相同，记为 G_i。假设在样本集上存在 $m-1$ 个转移时间 $T=\{t_1, \cdots, t_{m-1}\}$ 以及 m 个不同的片段。那么，该样本集在 m 个片段上有 m 个不同的图结构 $\{G_1, \cdots, G_m\}$，这些图的集合被称为非稳态 DBN 图结构。

该工作扩展了 BDe 打分规则，提出了在非稳态假设下的打分规则。在 BDe 打分规则中，对于任意点 x_i 的父节点集合 $\pi(x_i)$ 需要改为 $\pi_h(x_i)$，它表示在第 h 个时间片段 I_h 上，节点 x_i 的父节点的集合。令 p_i 是时间片段的个数，q_{ih} 是 $\pi_h(x_i)$ 的取值个数，这样，扩展后的 BDe 规则如下：

$$P(D \mid G_1, \cdots, G_m, T) = \prod_{i=1}^{n} \prod_{h=1}^{pi} \prod_{j=1}^{qih} \frac{\Gamma(\alpha_{ij}(I_h))}{\Gamma(\alpha_{ij}(I_h) + N_{ij}(I_h))} \prod_{k=1}^{ri} \frac{\Gamma(\alpha_{ijk}(I_h) + N_{ijk}(I_h))}{\Gamma(\alpha_{ijk}(I_h))}$$

$$(6-21)$$

这里 N_{ijk} 和 α_{ijk} 都做了相应的修改，使得这两项可以表示在时间片段 I_h 上样本的个数。

基于以上打分规则，该工作使用 RJMCMC 抽样方法学习网络结构。该抽样方法由十种移动方式组成。

M_1：在 G 中所有网络中添加一条边；

M_2：从 G 中所有网络中删除一条边；

M_3：在 G_i 上添加一条边；

M_4：从 G_i 中删除一条边；

M_5：将一条边从 G_i 转移到 G_j；

M_6：改变转移时间 t_i；

M_7：将 G_i 和 G_j 合并；

M_8：将 G_i 分解为两个网络；

M_9：生成新的网络 G_i；

M_{10}：删除 G_i。

该抽样方法根据以下公式判断以上任意一种从状态 x 转移到状态 x' 的移动方式是否被接受：

$$\alpha(x, x') = \min\left\{1, \frac{P(D \mid x')P(x' \to x)}{P(D \mid x)P(x \to x')}\right\} = \min\left\{1, \frac{P(D \mid x')P(m')P(x \mid x', m')}{P(D \mid x)P(m)P(x' \mid x, m)}\right\}$$

$$(6-22)$$

其中，m 是上述十种移动方式中的一种，它使当前状态从 x 转变为 x'，m' 是与 m 相反的移动方式，它使当前状态从 x' 转变为 x。

6.5.3 组蛋白修饰与外显子表达间调控网络

1. 数据收集

数据收集可以下载人类 CD4＋T 细胞的 38 种组蛋白修饰和 RNAPII 的 ChIP-seq 数据[5,6]，从文献[14]中下载了人类 CD4＋T 细胞的 RNA-seq 数据，并从 UCSC 基因组浏览器（http://genome.ucsc.edu/）中下载了 KnownAlt 表来确定选择性剪切事件的注释信息。以上所有数据的 read 长度都被扩展到了 100 nt。

可以从 KnownAlt 表中得到盒式外显子的注释信息，然后，将 RNA-seq 数据的 reads 和 38 种组蛋白修饰 ChIP-seq 数据的 reads 都映射到盒式外显子上。由于每个外显子的长度不同，映射到每个盒式外显子上的 RNA-seq read 的数目和 ChIP-seq read 的数目都除以该外显子的长度，然后，将该结果加 0.01，并取对数，则此对数值作为该选择性剪切外显子的表达水平和组蛋白修饰水平。

2. 调控网络构建

基于上述数据收集得到的选择性剪切外显子上组蛋白修饰水平和外显子表达水平，直接计算它们之间的偏相关系数，并未对数据进行离散化，从而避免了数据的信息丢失以及由于不同离散方法所导致的网络结构的不稳定性。在给定了其他所有组蛋白修饰和基因表达水平的条件下，计算任意组蛋白修饰和外显子表达之间的偏相关系数，可去除组蛋白修饰以及外显子表达间的非直接影响。接下来，选择偏相关系数的显著性阈值，从而确定两个变量之间是否存在调控关系。

根据不同的阈值产生了不同的网络，然后，基于 BIC 打分标准来评价每个网络的合理性。图 6-24(a) 给出了根据不同阈值产生的网络的 BIC 打分，该图横轴表示组蛋白修饰以及外显子表达水平间的偏相关系数，左侧纵轴表示 BIC 打分，右侧纵轴表示 BIC 打分的变化速度，深蓝色曲线表示不同的偏相关系数阈值产生网络结构的 BIC 打分，粉色曲线表示 BIC 打分曲线的斜率。如图所示，从偏相关系数为 0.1189 开始，BIC 打分的变化越来越小。因此，此处选择 0.1189 作为偏相关性网络的显著性阈值（红色虚线）。

进一步，利用 permutation 过程评价该阈值的统计显著性。这里将外显子上 38 种组蛋白修饰水平和外显子表达水平打乱 100 次，并且重新计算每对变量之间的偏相关系数。图

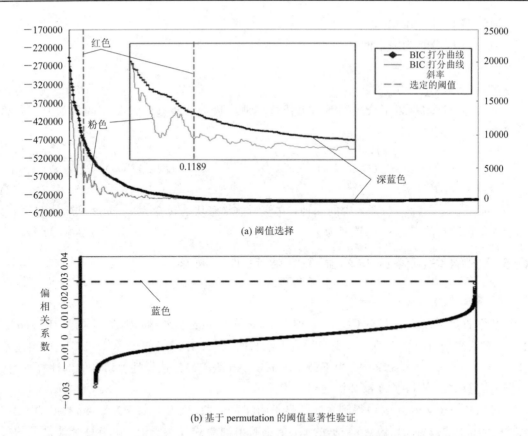

(a) 阈值选择

(b) 基于 permutation 的阈值显著性验证

图 6-24　基于 BIC 打分的偏相关系数阈值选择

6-24(b)给出了打乱顺序后组蛋白修饰以及外显子表达之间的偏相关系数，其中，纵轴表示偏相关系数值，横轴表示不同的两种组蛋白修饰或外显子表达水平的组合，黑色曲线表示打乱顺序后的组蛋白修饰以及外显子表达水平间的偏相关系数，按照偏相关系数的大小，将不同的组蛋白修饰组合沿着横轴方向进行排序，蓝色虚线(0.03)是 permutation 过程产生的偏相关系数的上界。如图所示，permutation 并没有产生比本文选择的阈值更高的偏相关系数，这说明该阈值具有统计显著性。

根据选择的阈值，在网络中添加连接，并得到盒式外显子上组蛋白修饰与选择性外显子表达之间的相互作用网络，其中，点表示组蛋白修饰和外显子表达水平，边表示被连接的两个点之间的相互作用关系。图 6-25 给出了组蛋白修饰、基因表达和外显子表达之间的相互作用网络。为了将偏相关系数归一化到-1 和 1 之间，可以将每个偏相关系数除以所有偏相关系数中最大值的绝对值。我们用不同的颜色来表示归一化后的偏相关系数，其中，边上的颜色表示该边连接的两个点之间的偏相关系数，点上的颜色表示该点和外显子表达水平间的偏相关系数，颜色条显示了不同颜色对应的偏相关系数的大小。如图 6-25 所示，两种组蛋白修饰(H3K36me3 和 H4K20me1)以及基因表达直接影响了外显子的表达，并且其偏相关系数均为正。组蛋白修饰 H2BK5me1 和 H3K79me1 也都与外显子的表达水平高度相关，这和文献[15]的观察一致。但是，此处的网络说明这两种组蛋白修饰并非直接影响外显子表达，而是与 H4K20me1 相互作用，从而间接影响外显子表达。此外，我们也观察到了组蛋白修饰之间的相互作用，包括同类型但不同水平的修饰间的相互作用

（H3K79me1、H3K79me2 和 H3K79me3 以及 H3K4me1、H3K4me2 和 H3K4me3）、不同氨基酸上修饰间的相互作用（H3K4me1、H3K4me2 和 H3K9me1）以及不同类型修饰间的相互作用（H3K9ac 和 H3K4me3）。表 6-9 给出了部分组蛋白修饰与外显子表达水平间的偏相关系数值，用阴影标记出了图 6-25 中部分边的偏相关系数。

图 6-25　基于偏相关性的组蛋白修饰、基因表达和外显子表达之间的相互作用网络

表 6-9　组蛋白修饰、外显子表达水平以及基因表达水平间的偏相关系数

	H3K36me3	H4K20me1	外显子表达水平	基因表达水平
H2BK5me1	0.037 616	0.354 637	0.062 617	0.008 05
H3K4me1	−0.068 47	0.154 07	−0.005 24	−0.008 28
H3K4me2	−0.011 12	0.035 639	−0.026 86	0.026 778
H3K4me3	−0.0223	0.003 221	0.058 424	−0.059 82
H3K9me1	0.046 199	0.079 137	−0.024 96	0.048 799
H3K9me3	0.103 865	−0.018 32	−0.0388	−0.020 61
H3K27me1	0.232 998	−0.089 56	−0.041 68	0.065 117
H3K36me3	1	−0.096 99	0.161 105	0.157 223
H4K20me1	−0.096 99	1	0.155 993	0.138 34
H4K20me3	0.152 539	−0.004 82	−0.013 58	−0.049 43
H3K9ac	−0.004 53	−0.008 65	0.011 088	−0.015 27
RNAPII	0.038 728	0.132 339	0.091 153	0.059 887
外显子表达水平	0.161 105	0.155 993	1	0.569 839
基因表达水平	0.157 223	0.138 34	0.569 839	1

3. 组蛋白修饰行使功能方式分析

目前的工作已经研究了组蛋白密码行使生物学功能的方式。有些研究假设组蛋白修饰是以协同的方式引发下游的生物学功能，而其他的工作则认为组蛋白修饰是以叠加的方式执行生物学功能。这些工作都是研究基因启动子附近的组蛋白修饰如何调节基因的表达，对于外显子区域的组蛋白修饰的研究很少。

前文中已经获得了盒式外显子上组蛋白修饰和外显子表达水平之间的相互作用网络。进一步，我们试图分析这些组蛋白修饰的组合模式如何影响外显子的表达。本处得到的网络中指出 H3K36me3 和 H4K20me1 直接影响外显子剪切，因此，将所有外显子按照这两种组蛋白修饰的水平分为四组。

图 6-26 给出了外显子的分组情况。在图 6-26(a)中，横轴和纵轴分别表示相应的组蛋白修饰水平。根据组蛋白修饰水平，所有的盒式外显子被分为四组：LL(灰色)、HL(紫色)、LH(蓝色)和 HH(绿色)，其中，我们将每个外显子上组蛋白修饰的水平和所有外显子上该组蛋白修饰的中值进行比较，从而确定每个外显子上组蛋白修饰水平是 H 还是 L。图 6-26(b)给出了图 6-26(a)中四组外显子表达水平的箱式图，当 H3K36me3 和

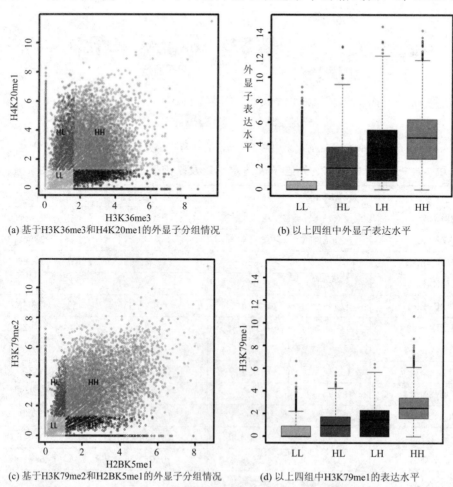

(a) 基于H3K36me3和H4K20me1的外显子分组情况　　(b) 以上四组中外显子表达水平

(c) 基于H3K79me2和H2BK5me1的外显子分组情况　　(d) 以上四组中H3K79me1的表达水平

图 6-26　组蛋白修饰组合行使功能方式分析

H4K20me1 都低时，外显子的表达水平最低，当 H3K36me3 和 H4K20me1 都高时，外显子的表达水平达到最高，当两种修饰只有一种高时，外显子的表达水平中等。此外，我们考察了另一个组合（H3K79me2 和 H2BK5me1），该组合直接作用于组蛋白修饰 H3K79me1。类似地，我们也观察到当 H3K79me2 和 H2BK5me1 都高时，H3K79me1 的水平达到最高。这些观察表明组蛋白修饰调节外显子表达以及组蛋白修饰之间的相互作用都是依赖叠加的方式，而不是协同的方式。

此外，我们检验了不同组蛋白修饰之间是否存在冗余。我们将外显子按照表达水平从上到下进行升序排列，并按照所有盒式外显子上的组蛋白修饰水平进行层次聚类。图 6-27 给出了层次聚类结果，其颜色条显示了不同颜色对应的组蛋白修饰值。如图所示，多种组蛋白修饰在外显子上都显示出类似的模式，该事实表明这些组蛋白修饰可能具有类似的功能，这样，组蛋白修饰之间在一定程度上可能存在着冗余。图 6-28 给出了 38 种组蛋白修饰以及 RNAPII 与外显子表达水平的偏相关系数和 Pearson 相关系数。我们发现多种组蛋白修饰和外显子的表达水平都具有很高的相关性，但是，这些相关性和偏相关系数的趋势并不一致。高 Pearson 相关系数说明组蛋白修饰和外显子的表达相关，但是，相应

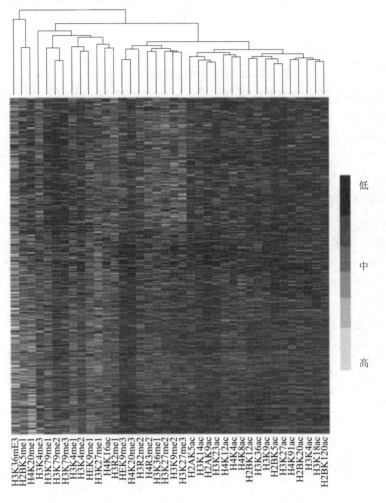

图 6-27　盒式外显子上的组蛋白修饰水平的 heatmap 和层次聚类

的低偏相关系数说明这种关联并不是直接的相互作用，而可能是通过和其他组蛋白修饰相互作用，从而间接地影响到外显子的表达。这个事实进一步说明了在组蛋白修饰之间存在着冗余信息。

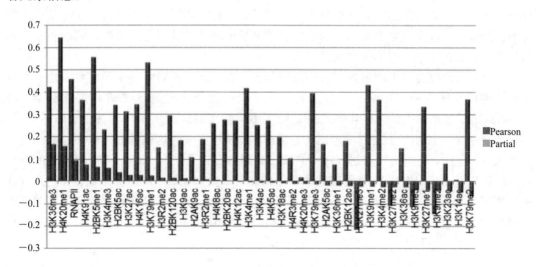

图 6-28　组蛋白修饰与外显子表达水平的偏相关系数和 Pearson 相关系数

　　进一步，我们分析了组蛋白修饰间冗余信息的程度。基于以上网络，我们分别考察了在同一组合内以及不同组合内的组蛋白修饰。一方面，对于同一组合内的组蛋白修饰，当两个修饰都具有高的信号时，会观察到外显子呈现出最高的表达水平，这表明在同一个组合内的组蛋白修饰并不是完全的冗余。另一方面，对于不同组合内的组蛋白修饰，根据图 6-28 中给出的组蛋白修饰与外显子表达水平间偏相关系数的高度顺序，依次利用不同的组蛋白修饰组合构建线性回归模型来预测外显子的表达水平，并且计算该模型的 BIC 打分。图 6-29 给出了利用不同组蛋白修饰组合构建的线性模型的 BIC 打分，其中，纵轴表示 BIC 打分，横轴表示用于构建回归模型的不同组蛋白修饰组合，沿着横轴，从左到右，将当前的组蛋白修饰添加到上一个组蛋白修饰的组合中，然后，利用新产生的组合来构建

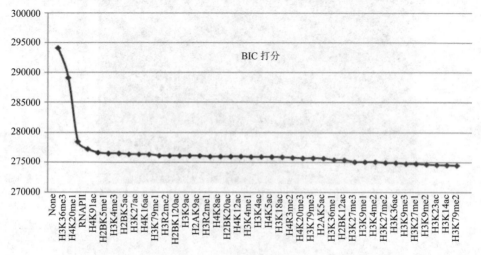

图 6-29　利用不同组蛋白修饰组合构建的线性模型的 BIC 打分

预测模型，并计算相应的 BIC 打分。构建的模型复杂度一直在增加，这样，BIC 准则对于复杂度的罚分也越来越大，可是发现 BIC 的打分仍然连续下降。但是，在使用组合 H3K36me3 和 H4K20me1 后，BIC 打分仅发生了很小的下降。这个事实表明，由 H3K36me3 和 H4K20me1 构成的组合已经可以很准确地描述外显子表达水平的变化。这可能是因为在构建的网络模型中，同一个组合中的组蛋白修饰比不同组合中的组蛋白修饰具有更小的信息冗余。

6.5.4　生物验证及分析

通过查阅生物学相关文献，可以找到和我们观察一致的生物学实验。我们构建的网络指出 H3K36me3 和 H4K20me1 与外显子的表达直接相关，以往的生物学实验验证了这种可能性。RNAPII 上磷酸化的 CTD 可以召集特定的甲基化酶 SETD2，该酶可以调节组蛋白修饰 H3K36me3。最近的研究中指出 H3K36me3 可以通过结合 PTB 蛋白促进外显子的剪切。H4K20me1 可以促进 RNAPII 的转录延长，转录延长和外显子的剪切同时发生，并且部分转录延长因子同时也是剪切因子，它们也可以促进外显子的剪切。此外，H4K20me3 是一种和 DNA 修复相关的组蛋白修饰，我们的网络指出该修饰和 H3K9me3 相关，而现有的生物实验也指出了这种可能性：在 Tetrahymena 中，H3K27me3 可以调节 H3K9 的甲基化，同时，H4K20me3 可以进一步稳固 polycomb 复合体的结合。我们的网络还发现组蛋白乙酰化 H4K5ac、H4K8ac 和 H4K12ac 之间的相互作用。在 Hela 细胞中的质谱分析研究结果也证实了我们的发现，该研究指出 H4K12ac 只存在于具有 H4K8ac 的组蛋白上，同时，H4K12ac 和 H4K8ac 只存在于具有 H4K5ac 的组蛋白上。此外，H3K4me3 在一定的条件下也可以促使去乙酰化。人类的 mSin3a-HDAC1 复合体成员 ING2 可以特异地结合在 H3K4me3 上。召集去乙酰化酶 HDAC 可以导致 H3 的乙酰化和去乙酰化之间的循环，这对于哺乳动物中一些特定基因的诱导非常重要。

值得注意的是，我们找到的组蛋白修饰和外显子表达水平并不都具有最高的相关性。为了进一步验证得到的结果，我们利用网络推断出的组蛋白修饰组合来预测外显子表达水平。虽然我们找到的组蛋白修饰和外显子表达水平并不具有最高的 Pearson 相关系数，但是，我们期望这些组蛋白修饰能够获得最好的预测效果。我们找到所有由一种组蛋白修饰和两种组蛋白修饰构成的组合，然后对每种组合形式构建线性回归模型，线性模型为 $e_j = \sum_{i=1}^{N} a_i h_{ij} + b$，其中 h_{ij} 是自变量，表示在基因 j 上的组蛋白修饰 i 的水平；e_j 是因变量，表示外显子 j 的表达水平；a_i 和 b 分别为该线性模型的回归系数和截距。利用 10-fold 的交叉检验来验证以上的线性关系，将所有的外显子平均分成 10 份，使用其中的 9 份来训练线性模型，然后基于该模型，利用剩下一份中的组蛋白修饰水平来预测相应的外显子表达水平，这个过程重复 10 次，最后用预测的和测量的表达水平间的 Pearson 相关系数来评价我们构建的线性模型的性能。

图 6-30 给出了利用不同组蛋白修饰组合构建线性回归模型的预测准确度，其中，横轴表示不同组蛋白修饰的组合，纵轴表示不同线性回归模型的预测准确度，蓝色曲线为所有一种组蛋白修饰构建线性回归模型的预测准确度，红色曲线为所有两种组蛋白修饰构建线性回归模型的预测准确度，虚线为所有组蛋白修饰构建模型的预测准确度。如图 6-30

所示，由一个组蛋白修饰构成的模型（H4K20me1）和两个修饰构成的模型（H4K20me1 和 H3K36me3）分别达到了最高的预测准确度（Pearson 相关系数分别为 0.6345713 和 0.686 183 3）。这个事实从一定程度上说明了基于偏相关系数构建的组蛋白修饰与外显子表达间相互作用网络中得到的组蛋白修饰直接地影响外显子的表达，而其他的修饰可能是间接地影响外显子的表达，即使它们和外显子的表达水平间具有更高的 Pearson 相关系数。

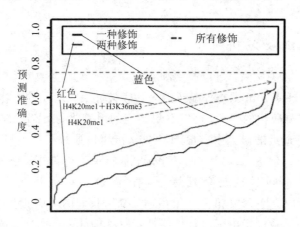

图 6-30　利用不同组蛋白修饰组合构建的线性回归模型的预测准确度

在 6.5.2 节中，我们构建了基于外显子上组蛋白修饰预测外显子表达水平的定量关系模型，并且发现这种定量关系模型在不同的外显子类型甚至不同的细胞类型间是可以通用的。这些事实证实了外显子上组蛋白修饰和外显子表达水平间存在着良好的定量相关性。

为了进一步研究组蛋白修饰、基因表达与外显子表达之间的关系，我们利用偏相关系数构建了它们之间的相互作用网络。多种相关生物学实验结果以及相关分析验证了该网络预测结果的正确性。我们的网络指出除了基因表达以外，两种组蛋白修饰（H3K36me3 和 H4K20me1）能够直接影响外显子的表达，这说明这两种组蛋白修饰会调节外显子的包含率。进一步，如果我们将基因的表达看做是基因上所有外显子表达水平的平均值，那么，我们推测出的关系则蕴含了一种机制，该机制和文献[16]中给出的机制一致。这种机制可以解释和外显子剪切相关的组蛋白密码的建立过程。首先，组蛋白密码是通过"剪切到组蛋白修饰"的过程建立起来的，也就是说，pre-mRNA 的剪切会促使特定的组蛋白修饰的形成。随后，组蛋白密码通过"组蛋白修饰到剪切"的过程保持下来，即组蛋白修饰可以通过影响转录延长、剪切因子以及其他生物学过程来调节外显子的剪切。这样，这种机制可以导致外显子和它所处基因的表达水平间的差异。

在偏相关系数的网络中，我们找到了一些组蛋白修饰的组合模式，其中一些组合模式直接调节外显子表达，另外一些间接地调控外显子表达。传统上，研究者们认为组蛋白修饰以协同的方式行使生物学功能，但最近一些研究发现组蛋白修饰可能以叠加的方式行使生物功能。与后者结论一致，我们的结果表明在外显子上的组蛋白修饰是以叠加的方式而不是协同的方式调节外显子的剪切。此外，我们观察到在外显子区域的组蛋白修饰之间存在着冗余信息。例如，H2BK5me1 和 H3K79me1 与外显子的表达水平之间的相关性很高，这与文献[17]的观察一致。但是，如该网络所示，这些修饰并不是和外显子表达直接作用，而是与 H4K20me1 相连，后者直接影响到外显子表达。这个事实说明这些组蛋白修饰在调节外显子表达方面可能会具有冗余信息，但是这些冗余信息并不能被视为无意义，因为这些修饰可能以附加或备用的方式来增加网络的稳定性和健壮性，从而间接地影响外显子表达。

在以上的工作中，我们构建了偏相关系数网络，但是我们很难区分网络中连接的方向。事实上，研究者们已经发现了双向的因果关系。Luco 等发现组蛋白修饰会通过召集剪切因子来调节外显子的剪切[18]，而最近的文章指出 pre-mRNA 的剪切也能促使特定组蛋白修饰的形成[16]。此外，在组蛋白修饰调控关系中，双向的因果关系也已经被报导。而且，这种环路的相互作用对于建立相互作用网络的稳定性和健壮性具有非常重要的意义。这样，我们需要更多类型的数据来找出各种因素间的原因和结果。

本节介绍的研究结果有助于更好地理解转录延长区域组蛋白修饰的功能。随着越来越多不同种类组蛋白修饰的发现，研究者们需要进行很多分子生物学实验来找出可以调节基因表达组蛋白修饰以及组蛋白修饰之间的相互作用关系，而我们的方法可以在很大程度上减小实验的范围。

6.6　非稳态组蛋白修饰调控网络构建方法研究

通常，生物分子不是单独地而是通过与其他生物分子简单的相互作用来行驶生物学功能。系统生物学的研究表明：生物功能通常是大量生物分子以系统化的形式共同作用产生的结果。近年来，随着系统生物学的发展，越来越多的成果表明生物分子之间的相互作用可以视为一个高度复杂的生物分子网络。在生物分子网络中，各种生物分子构成了节点，其间的相互作用构成了边。通常情况下，生物分子之间以自组织的方式共同实现生物功能。根据参与的不同分子的类型和网络功能，可以将整个生物分子网络分为蛋白质相互作用网络、基因调控网络、信号传导网络等多个子网络。组蛋白修饰间的相互作用是指一种组蛋白修饰的存在与否会影响到其他组蛋白修饰的发生。在组蛋白修饰网络中，节点表示不同的组蛋白修饰，边表示组蛋白修饰之间的相互作用关系。

当能够识别特定组蛋白修饰的结构域被包含在具有组蛋白修饰酶功能的蛋白质复合体中时，组蛋白修饰之间就会发生相互作用。组蛋白修饰之间的相互作用会加强或者去除已经存在的组蛋白修饰。例如，受到血清的刺激，基因 FOSL1 的增强子上 H3S10 的磷酸化会促使结合 14-3-3 蛋白，这种蛋白能够召集 H4K16 乙酰化修饰酶 MOF。在核小体上，H3S10 磷酸化和 H4K16 乙酰化酶组合在一起可以通过 Bromodomain 结构域吸引包含 Bromodomain 结构域的 4 型蛋白 BRD4。BRD4 将吸引转录延长因子 P-TEFb，从而使停止在转录起始位点附近的 RNAPII 开始转录延长。这些事实说明 H3S10 磷酸化会对血清的刺激作用起反应，从而激发 H3K9 乙酰化和 H4K16 乙酰化修饰，而这些修饰进一步导致转录的激活和延长。

基因的状态也可以通过移除活化的修饰从激活变为失活状态。PcG 蛋白复合体是一种转录抑制因子。研究者们已经从人类 HeLa 细胞和果蝇的胚胎细胞中提取出 PcG 蛋白，并发现它的结构包含三个部分：PRC1（具有 H2AK119 泛素化酶功能）、PRC2（具有 H3K27 甲基化酶功能）和 PhoRC。PcG 抑制因子的召集过程也是具有层次的。首先，Pho 蛋白结合到 PRE 位点上，并导致 H3K27 甲基化，该修饰形成了 PC 蛋白的结合位点，然后 PRC1 被召集到 PRE 上，导致 H2AK119 泛素化。这样，PcG 蛋白复合体就在染色质上建立了两种具有抑制功能的组蛋白修饰。同时，PRC1 还可以和 dRAF 相互作用，后者具有 dKDM2-K36me2 去甲基化酶的功能，从而进一步加强了基因的抑制作用。这样，K36 甲基化最终通过一系列去甲基化酶和甲基化酶的组合被转换为了 K27 甲基化，同时，基因的状态也由活化变为了抑制。

以上我们给出了组蛋白修饰之间相互作用的两个例子，并且说明了这些相互作用所导致的基因表达状态的变化。值得注意的是，组蛋白修饰的相互作用可能由于所发生位置的不同而发生变化。第一个例子中，在血清处理的初期，MSK1/2 激酶会被召集到启动子区域，在该区域上，H3S10 被磷酸化，并且 14-3-3 蛋白被召集到启动子，但是和增强子不同，乙酰化酶 MOF 不会被召集到启动子，这是因为 FOSL1 的启动子更倾向于结合另一种乙酰化酶 Tip60。这样，H4K16 未被乙酰化，基因也不能转录。

迄今为止，很多研究工作已经证实了组蛋白修饰之间存在着相互作用关系，并且指出这些相互作用关系具有重要的生物学意义。进一步，一些研究工作还发现在不同的基因组功能元件上组蛋白修饰之间的调控关系会发生变化。在前面的章节中，我们在外显子区域上构建了组蛋白修饰间的调控网络，本节中我们试图找到其他基因组功能元件上组蛋白修饰间的调控关系，并比较其与外显子区域上调控关系的异同。

在已知功能元件位置信息的情况下，研究者们构建了特定功能元件上组蛋白修饰间的调控网络，但是很多情况下，基因组功能元件的位置并不确定。例如，基因启动子的位置和长度一直没有明确定义，在目前的研究工作中定义启动子区域为转录起始位点前后各 2000nt 到 4000nt 的都有，而且不同基因的启动子区域也可能具有一定差异。此外，外显子的选择性剪切会造成相同的外显子在不同的组织细胞中所表达的位置和长度也不相同。近年来，很多研究工作利用无监督学习方法发现基因组上不同的组蛋白修饰组合模式，并利用这些模式发现和注释功能元件。

功能元件上组蛋白修饰特定组合模式的形成受到功能元件的固有特征和组蛋白修饰间调控关系两方面因素的共同影响。功能元件的固有特征包括序列特征以及与该元件相关的蛋白复合体，例如，外显子上特定的序列特征 ESS（选择性剪切抑制子）可以通过结合 PTB 蛋白导致 H3K36 位点的甲基化，同时，外显子上具有核小体的富集（组蛋白的八聚体），它会导致 RNAPII 在经过外显子时延长、速率减慢，而 RNAPII 上磷酸化的 CTD 会吸引 H3K36 的甲基化酶 SETD2。以上事实说明外显子上特定序列特征以及结合的特定蛋白质都会影响到外显子上组蛋白修饰模式的形成。此外，特定的功能元件会呈现特定的染色质结构，这些结构通常会和染色质异构酶相关，而一些染色质异构酶已经被证实为组蛋白修饰酶。另一方面，很多研究指出组蛋白修饰之间的相互作用有助于形成特定的染色质状态，这些调控关系可以加强或者去除已经存在的组蛋白修饰。在 6.5.2 节中，我们已经讨论了组蛋白修饰间相互作用对于形成特定组蛋白修饰组合模式的影响。

基于以上生物学假设，本节将 HMM（隐马尔科夫模型）和 DBN（动态贝叶斯网络）相结合，介绍一种新的非稳态 DBN，该模型分别利用 HMM 和 DBN 描述了基因组功能元件特征和组蛋白修饰间调控关系两种因素对于形成特定组蛋白修饰组合模式的影响。进一步，我们给出了一种新的打分规则，该规则可以有效地评价一个非稳态网络的合理性，基于该打分规则，介绍一种新的结构 EM 学习方法，该方法能够自动发现基因组功能元件的边界，并同时发现不同功能元件上组蛋白修饰之间的调控关系。

6.6.1 hmDBN 模型及结构学习算法

1. hmDBN 模型

与传统动态贝叶斯网络不同，非稳态动态贝叶斯网络假设网络的拓扑结构和参数会随时间发生变化。本章中，我们将 HMM 和 DBN 结合，提出一个新的非稳态 DBN，叫做隐马尔可夫动态贝叶斯网络(hidden markov Dynamic Bayesian Network，hmDBN)。

图 6-31 是 hmDBN 的图形化示例。其中，没有颜色的点表示隐状态，不同的隐状态表示不同的基因组功能元件。每个隐状态对应一个蓝色的点 G 和一个红色的点 F。蓝色的点 G 对应一个图，该图表示组蛋白修饰之间的调控关系网络(矩形包围的图)，每一个调控关系网络是一个贝叶斯网络，其中，变量表示组蛋白修饰，边表示组蛋白修饰之间的调控关系(蓝色边)。红色的点 F 表示功能元件的固有特征。该点与每个组蛋白修饰间都有一条红色的有向边，这条边表示特定功能元件的固有特征对组蛋白修饰的调控作用。此外，该图中虚线的原点和终点对应的变量之间的条件概率为1。该模型的结构表示一组蛋白修饰的观察序列 $O=\{O_1, O_2, \cdots, O_T\}$ 是在一系列功能元件 $q=\{q_1, q_2, \cdots, q_T\}$ 的固有特征 $F=\{F_1, F_2, \cdots, F_T\}$ 和功能元件对应的调控关系网络 $G=\{G_1, G_2, \cdots, G_T\}$ 的共同作用下生成的。

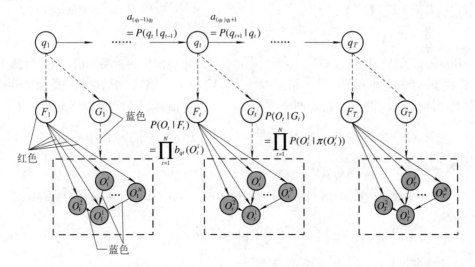

图 6-31　hmDBN 的图形化表示

下面给出 hmDBN 的形式化定义。hmDBN＝$\{G, \pi, A, B\}$ 表示一个具有 N 个变量的非稳态 DBN。其中：$G=\{G_1, G_2, \cdots, G_H\}$ 表示非稳态调控网络中 H 个不同的图结构(调控关系网络)；$\pi=\{\pi_{q_1}\}$，其中，$1 \leqslant q_1 \leqslant H$，$\pi_{q_1}=P(q_1)$ 表示初始状态的概率分布；$A=\{a_{q_i, q_j}\}$ 表示转移概率矩阵，其中，$1 \leqslant q_i \leqslant H$ 且 $1 \leqslant q_j \leqslant H$，$a_{q_i, q_j}=P(q_j|q_i)$ 是从隐状态 q_i 到隐状态 q_j 的转移概率；$B=\{b_{q_t}(O_t)\}$ 表示释放概率分布，其中，$1 \leqslant q_t \leqslant H$ 且 $1 \leqslant t \leqslant T$，$b_{q_t}(O_t)=P(O_t|F_{q_t})$ 表示观察 O_t 在功能元件 q_t 的特征 F_{q_t} 条件下的释放概率。

给定观测序列 $O=\{O_1, O_2, \cdots, O_T\}$、该观察序列的隐状态路径 $q=\{q_1, q_2, \cdots, q_T\}$、相应的功能元件特征 $F=\{F_1, F_2, \cdots, F_T\}$、调控关系网络 $G=\{G_1, G_2, \cdots, G_T\}$ 以及转

移概率 A 和释放概率 B，hmDBN 服从以下公式：

$$P(O, q \mid \text{hmDBN}) = P(q \mid \text{hmDBN}) P(O \mid q, \text{hmDBN})$$

$$= \pi_{q_1} \left(\prod_{t=2}^{T} a_{q_{t-1}, q_t} \right) \left(\prod_{t=1}^{T} P(O_t \mid F_t, G_t) \right) \quad (6-23)$$

假设 F 和 G 独立，则式（6-23）可写成

$$= \pi_{q_1} \left(\prod_{t=2}^{T} a_{q_{t-1}, q_t} \right) \left(\prod_{t=1}^{T} P(O_t \mid F_{q_t}) \right) \left(\prod_{t=1}^{T} P(O_t \mid G_t) \right)$$

$$= \pi_{q_1} \left(\prod_{t=2}^{T} a_{q_{t-1}, q_t} \right) \left(\prod_{t=1}^{T} b_{q_t}(O_t) \right) \left(\prod_{t=1}^{T} P(O_t \mid G_t) \right) \quad (6-24)$$

值得注意的是，该图模型的计算在概念上类似于一个 HMM 的计算，不同的是 hmDBN 使用的观察样本是基于调控关系网络的概率和 HMM 释放概率的积作为观察概率的。

2. BWBIC 打分规则

给定观察序列数据和相应的隐状态序列，就可以估计一个 hmDBN 的转移概率、释放概率和非稳态网络结构。但是，我们并不知道隐状态序列。因此，我们使用 Expectation-Maximization(EM)算法，它是一种能够处理包含不完整数据的统计学估计问题的有效工具。

对于 hmDBN 模型，EM 算法中 E 步的目的是找到在给定观察数据和当前参数估计值的条件下 $\lg p(X_{\text{obs}}, X_{\text{mis}} \mid \lambda)$ 的期望值：

$$Q(\lambda, \lambda') = E[\lg p(X_{\text{obs}}, X_{\text{mis}} \mid \lambda) \mid X_{\text{obs}}, \lambda'] \propto \sum_q \lg P(O, q \mid \lambda) P(q, O \mid \lambda')$$

$$(6-25)$$

其中：观察值 X_{obs} 是 $O = \{O_1, O_2, \cdots, O_T\}$，它表示组蛋白修饰的观测数据；缺失数据 X_{mis} 是 q，它表示每一个观察序列的隐状态路径；$\lambda = \{\pi, A, B, G\}$ 分别是初始隐状态的概率分布、隐状态转移矩阵、释放矩阵和非稳态网络结构；λ' 是 λ 当前估计。对于 hmDBN 模型，有

$$P(O, q \mid \lambda) = P(q_1) P(O_1 \mid F_1, G_1) \prod_{t=2}^{T} P(q_{t-1} \mid q_t) P(O_t \mid F_t, G_t) \quad (6-26)$$

假设 F 和 G 独立，则

$$\propto P(q_1) P(O_1 \mid F_1) P(O_1 \mid G_1) \prod_{t=2}^{T} P(q_{t-1} \mid q_t) P(O_t \mid F_{q_t}) P(O_t \mid G_t)$$

$$= \pi_{q_1} \left(\prod_{t=2}^{T} a_{q_{t-1}, q_t} \right) \left(\prod_{t=1}^{T} b_{q_t}(O_t) \right) \left(\prod_{t=1}^{T} P(O_t \mid G_t) \right) \quad (6-27)$$

这样，Q 函数可以被改写为如下形式：

$$Q(\lambda, \lambda') = \sum_q \lg \pi_{q_1} P(O, q \mid \lambda') + \sum_q \left(\sum_{t=2}^{T} \lg a_{q_{t-1}, q_t} \right) P(O, q \mid \lambda')$$

$$+ \sum_q \left(\sum_{t=1}^{T} \lg b_{q_t}(O_t) \right) P(O, q \mid \lambda')$$

$$+ \sum_q \left(\sum_{t=1}^{T} \lg P(O_t \mid G_{q_t}) \right) P(O, q \mid \lambda') \quad (6-28)$$

公式（6-28）中前三项可以通过极大似然法达到最大化，但是，第四项很难通过求解出参数 G 达到最大化，因为该问题本质上是一个 NP 完全问题，甚至即使给定一个固定的网络结构 G，也很难计算出第四项的值，因此，我们给出第四项相对较容易计算的非对称近

似形式：

$$\sum_q \Big(\sum_{t=1}^T \lg P(O_t \mid G_{q_t}) \Big) P(O, q \mid \lambda') \approx \sum_{g=1}^H \Big(\lg F(O \mid G_g, \theta_g^*) - \frac{d_g}{2} \lg m_g \Big) \quad (6-29)$$

$$\lg F(O \mid G_g, \theta_g^*) = \sum_{i=1}^N \sum_{j=1}^{g_i} \sum_{k=1}^{r_i} \sum_{t=1}^T P(O, q_t = g \mid \lambda') \chi(i, j, k: O_t) \lg \theta_{g, ijk}^* \quad (6-30)$$

$$m_g = \sum_{t=1}^T P(O, q_t = g \mid \lambda') \quad (6-31)$$

$$\theta_{g, ijk} = P(X_i = k \mid \pi(X_i) = j, G_g) \quad (6-32)$$

$$\theta_{g, ijk}^* = \frac{\sum_{t=1}^T \chi(i, j, k: O_t) P(O, q_t = g \mid \lambda')}{\sum_{k=1}^{r_i} \sum_{t=1}^T \chi(i, j, k: O_t) P(O, q_t = g \mid \lambda')} \quad (6-33)$$

$$\chi(i, j, k: O_t) = \begin{cases} 1, & \text{if } X_i = k \text{ and } \pi(X_i) = j, \text{ in } O_t \\ 0, & \text{otherwise} \end{cases} \quad (6-34)$$

其中：H 是 hmDBN 模型中隐状态的个数（调控关系网络的个数）；r_i 是变量 X_i 取值方式的个数；g_i 是第 g 个调控关系网络中 X_i 父节点 $\pi(X_i)$ 取值方式的个数，其中，$1 \leqslant g \leqslant H$；$G_g$ 表示第 g 个调控网络；θ_g 是 G_g 的网络参数，θ_g 服从多项式分布，θ_g 由 d_g 个独立参数组成，$d_g = g_i(r_i - 1)$；$P(O, q_t = g \mid \lambda')$ 表示位置 t 上观察值对应于隐状态 g 的概率，该概率值可以通过前向算法和后向算法计算得到。

这种近似形式是引入了 Baum-Welch 算法思想的贝叶斯信息标准（BIC）的扩展，因此称之为 Baum-Welch 贝叶斯信息标准（BWBIC）。该打分是 BIC 打分在非稳态图结构假设下的扩展。

BWBIC 打分规则的推导过程如下：

假设 hmDBN 有 H 个调控关系网络；每个网络有 N 个变量；变量 X_i 有 r_i 种取值方式，在第 g 个调控关系网络中 X_i 的父节点集 $\pi(X_i)$ 有 g_i 种取值方式，则有

$$\sum_q \Big(\sum_{t=1}^T \lg P(O_t \mid G_{q_t}) \Big) P(O, q \mid \lambda') = \sum_{g=1}^H \sum_{t=1}^T \lg P(O_t \mid G_g) P(O, q_t = g \mid \lambda')$$

$$\sum_{t=1}^T \lg P(O_t \mid G_g) P(O, q_t = g \mid \lambda') = \lg \prod_{t=1}^T p(O_t \mid G_g)^{P(O, q_t = g \mid \lambda')}$$

记

$$F(O \mid G_g) = \prod_{t=1}^T P(O_t \mid G_g)^{P(O, q_t = g \mid \lambda')}$$

引入调控关系网络 G_g 的网络参数 θ_g，于是有

$$F(O \mid G_g) = \int_{\theta_g} F(O \mid G_g, \theta_g) P(\theta_g \mid G_g) \, \mathrm{d}\theta_g$$

$$= \int_{\theta_g} \prod_{t=1}^T P(O_t \mid G_g, \theta_g)^{P(O, q_t = g \mid \lambda')} P(\theta_g \mid G_g) \, \mathrm{d}\theta_g$$

假设 $l(\theta_g) = \lg F(O \mid G_g, \theta_g)$，$\theta_g$ 独立且服从多项式分布，于是有

$$l(\theta_g) = \sum_{i=1}^N \sum_{j=1}^{g_i} \sum_{k=1}^{r_i} \sum_{t=1}^T P(O, q_t = g \mid \lambda') \chi(i, j, k: O_t) \lg \theta_{g, ijk}$$

其中

$$\theta_{g,ijk} = P(X_i = k \mid \pi(X_i) = j, G_g)$$

$$\chi(i, j, k: O_t) = \begin{cases} 1, & \text{if } X_i = k \text{ and } \pi(X_i) = j, \text{ in } O_t \\ 0, & \text{otherwise} \end{cases}$$

这样，根据最大似然估计，$l(\theta_g)$ 在 $\theta_{g,ijk}^*$ 处达到最大值，其中

$$\theta_{g,ijk}^* = \frac{\sum\limits_{t=1}^{T} \chi(i, j, k: O_t) P(O, q_t = g \mid \lambda')}{\sum\limits_{k=1}^{r_i} \sum\limits_{t=1}^{T} \chi(i, j, k: O_t) P(O, q_t = g \mid \lambda')}$$

作为 θ_g 的函数，$F(O \mid G_g, \theta_g)$ 在 θ_g^* 处达到唯一的最大值。另一方面，在样本量 m 很大的时候，m_{ij}^* 也很大。当 θ_g 与 θ_g^* 之间的距离增加时，$F(O \mid G_g, \theta_g)$ 的取值会迅速下降。又因为 $F(O \mid G_g, \theta_g)$ 在 θ_g^* 周围光滑且不为零，所以

$$F(O \mid G_g) = \int F(O \mid G_g, \theta_g) P(\theta_g \mid G_g) \, d\theta_g$$

可以用 $F(O \mid G_g, \theta_g) P(\theta_g \mid G_g)$ 在 θ_g^* 的一个小邻域 $nb(\theta_g^*)$ 中的积分来近似，即

$$F(O \mid G_g) = \int_{nb(\theta*)} F(O \mid G_g, \theta_g) P(\theta_g \mid G_g) \, d\theta_g$$

在 θ_g^* 周围将 $l(\theta_g)$ 进行泰勒展开，则在邻域 $nb(\theta_g^*)$ 内，有

$$l(\theta_g) \approx l(\theta_g^*) + \frac{1}{2}(\theta_g - \theta_g^*)^{\mathrm{T}} l''(\theta_g^*)(\theta_g - \theta_g^*)$$

其中，$l''(\theta_g^*)$ 是 $l(\theta_g)$ 的黑塞矩阵（Hessian matrix）在 θ_g^* 的值，则

$$l''(\theta_g^*) = \frac{\partial^2 l(\theta_g)}{\partial \theta_{g,ijk} \partial \theta_{g,i'j'k'}} \Big|_{\theta_g = \theta_g^*} \quad (\text{以下用 } A_g \text{ 记 } -l''(\theta_g^*))$$

$l(\theta_g)$ 是一个凹函数，从而 A_g 是正定的，根据 $P(\theta_g \mid G_g)$ 在 θ_g^* 附近的光滑性，在小邻域 $nb(\theta_g^*)$ 内有 $p(\theta_g \mid G_g) \approx p(\theta_g^* \mid G_g)$，于是有

$$F(O \mid G_g) = \int \exp\{l(\theta_g)\} p(\theta_g \mid G_g) \, d\theta_g$$

$$\approx \int_{nb(\theta_g^*)} \exp\left\{l(\theta_g^*) - \frac{1}{2}(\theta_g - \theta_g^*)^{\mathrm{T}} A_g (\theta_g - \theta_g^*)\right\} P(\theta_g^* \mid G_g) \, d\theta_g$$

$$= \exp\{l(\theta_g^*)\} P(\theta_g^* \mid G_g) \cdot \int_{nb(\theta_g^*)} \exp\left\{-\frac{1}{2}(\theta_g - \theta_g^*)^{\mathrm{T}} A_g (\theta_g - \theta_g^*)\right\} \, d\theta_g$$

注意，参数 θ_g 由 $d_g = g_i(r_i - 1)$ 个独立参数组成，由于以 A_g 为协方差矩阵，以 θ_g^* 为均值的正态分布的密度函数是

$$\frac{1}{\sqrt{(2\pi)^d |A_g|^{-1}}} \exp\left\{-\frac{1}{2}(\theta_g - \theta_g^*)^{\mathrm{T}} A_g (\theta_g - \theta_g^*)\right\}$$

而且 $\exp\{l(\theta_g^*)\} = F(O \mid G_g, \theta_g^*)$，所以

$$F(O \mid G_g) \approx F(O \mid G_g, \theta_g^*) P(\theta_g^* \mid G_g) \sqrt{(2\pi)^{dg} |A_g|^{-1}}$$

于是有

$$\lg F(O \mid G_g) \approx \lg F(O \mid G_g, \theta_g^*) - \frac{1}{2}\lg|A_g| + \lg P(\theta_g^* \mid G) + \frac{d_g}{2}\lg(2\pi)$$

该式称为 $\lg F(O \mid G_g)$ 的拉普拉斯近似。后两项不依赖于样本量 m_g，一般将其省略，而

$\lg |A|$ 可以用 $d_g \lg(m_g)$ 来近似，于是得

$$\lg F(O \mid G_g) \approx \lg F(O \mid G_g, \theta_g^*) - \frac{d_g}{2} \lg m_g$$

注意此处

$$\lg F(O \mid G_g, \theta_g^*) = \sum_{i=1}^{N} \sum_{j=1}^{g_i} \sum_{k=1}^{r_i} \sum_{t=1}^{T} P(O, q_t = g \mid \lambda') \chi(i, j, k : O_t) \lg \theta_{g, ijk}$$

$$m_g = \sum_{t=1}^{T} P(O, q_t = g \mid \lambda')$$

其中，$P(O, q_t = g \mid \lambda)$ 可以利用前向和后向算法来计算。

$$\sum_{q} \left(\sum_{t=1}^{T} \lg P(O_t \mid G_{q_t}) \right) P(O, q \mid \lambda')$$

$$= \sum_{g=1}^{H} \sum_{t=1}^{T} \lg P(O_t \mid G_g) P(O, q_t = g \mid \lambda')$$

$$\approx \sum_{g=1}^{H} \left(\lg F(O \mid G_g, \theta_g^*) - \frac{d_g}{2} \lg m_g \right)$$

$$= \sum_{g=1}^{H} \sum_{i=1}^{N} \sum_{j=1}^{g_i} \sum_{k=1}^{r_i} \sum_{t=1}^{T} P(O, q_t = g \mid \lambda) \chi(i, j, k : O_t) \lg \theta_{g, ijk}^*$$

$$- \frac{d_g}{2} \sum_{g=1}^{H} \lg \left(\sum_{t=1}^{T} P(O, q_t = g \mid \lambda') \right)$$

至此，推导完毕。

3. hmDBN 结构学习算法

hmDBN 结构学习算法的流程如下：

输入：观测样本 $O = \{O_1, O_2, \cdots, O_T\}$，隐状态个数 H，循环次数 m；

输出：非稳态网络结构 G_{opt}。

(1)　　For $i = 1 : m$

(2)　　　　设置初始转移概率 π、转移概率 A 和释放概率 B 的初始值；

(3)　　　　设置非稳态网络结构 $G[i]$ 和网络参数的初始值；

(4)　　　　$formerScore = G[i]$ 的 BWBIC 打分；

(5)　　　　$Convergence = 0$；

(6)　　　　While (not $Convergence$)

(7)　　　　　　计算样本 O 的观测概率；

(8)　　　　　　更新初始转移概率 π、转移概率 A 和释放概率 B；

(9)　　　　　　利用 Viterbi 算法对样本 O 解码；

(10)　　　　　$tempG =$ 随机产生新的非稳态网络结构；

(11)　　　　　$tempScore = tempG$ 的 BWBIC 打分；

(12)　　　　　If ($tempScore > formerScore$)

(13)　　　　　　$G[i] = tempG$；

(14)　　　　　　$Score[i] = tempScore$；

(15)　　　　　　$formerScore = tempScore$；

(16)　　　　　Else

(17) $Convergence = 1$;

(18)   END

(19)   END

(20) END

(21) $opt = \arg \max_i Score[i]$;

(22) $G_{opt} = G[opt]$;

该算法通过选择适当的 hmDBN 模型的转移概率、释放概率和非稳态图结构来最大化基于 BWBIC 打分的近似 Q 函数。下面,我们对该算法的主要步骤进行详细的介绍。

Step (1)~(2):随机产生多次参数 A 和 B 的初始值。

为了避免不适当的初始值使学习得到的 hmDBN 结构陷入局部最优值,随机生成多个转移概率和释放概率的初始值。在以下的步骤中,首先基于不同的初值学习出不同的 hmDBN 结构,然后基于 BWBIC 打分对这些结构进行比较,从而选择出最优的 hmDBN 结构。

Step (3):设置网络初值。

初始时,设每一个隐状态对应的图结构中都没有边,并且设图中变量每种取值的概率都相等。进一步,基于参数的当前值,利用前向、后向算法计算 $P(O, q_t | \lambda')$,其中,$1 \leqslant q_t \leqslant H$ 且 $1 \leqslant t \leqslant T$。

Step (7):计算观察概率。

首先,基于所有样本的 $P(O, q_t | \lambda')$ 值,利用公式(6-15)估计调控关系网络 G_{q_t} 的网络参数 θ^*,并利用 $P(O_t | G_{q_t}, \theta^*)$ 来近似表示每个样本基于调控关系网络 G_{q_t} 的条件概率 $P(O_t | G_{q_t})$。然后,根据释放概率 B 的当前估计,计算 $b_{q_t}(O_t)$,并将 $P(O_t | G_{q_t}) \cdot b_{q_t}(O_t)$ 作为样本 O_t 的观察概率值。

Step (8):更新初始转移概率 π、转移概率 A 和释放概率 B。

通过优化 $\lambda^{i+1} = \arg \max_\lambda Q(\lambda, \lambda^i)$,可以得到参数 π、A 和 B 的重估公式:

$$\pi'_j = \frac{p(O, q_1 = j | \lambda')}{\sum_{j=1}^{H} p(O, q_1 = j | \lambda')} \tag{6-35}$$

$$a'_{jk} = \frac{\sum_{t=2}^{T} p(O, q_{t-1} = j, q_t = k | \lambda')}{\sum_{t=2}^{T} p(O, q_{t-1} = j | \lambda')} \tag{6-36}$$

$$b'_j(V) = \frac{\sum_{t=1}^{T} p(O, q_t = j | \lambda') \delta_{O_t, v}}{\sum_{t=1}^{T} p(O, q_t = j | \lambda')} \tag{6-37}$$

其中,如果 $O_t = V$,则 $\delta_{O_t, v} = 1$,否则,$\delta_{O_t, v} = 0$。基于 hmDBN 中的初始转移概率矩阵 π、转移概率矩阵 A、释放概率矩阵 B 以及非稳态网络结构 G 的当前估计和每个样本在 G 上的观测概率,利用前向、后向算法来计算 $p(O, q_1 = j | \lambda')$、$p(O, q_{t-1} = j, q_t = k | \lambda')$ 和 $p(O, q_{t-1} = j | \lambda')$。然后,基于公式(6-17)、(6-18)和(6-19),迭代地更新 π、A 和 B,直到三者值的变化小于某个阈值。

Step (9):解码。

在以上步骤中，估计了 hmDBN 中的 π、A、B、G 以及每个样本在 G 上的观察概率，接下来，使用 Viterbi 解码算法来计算观察数据 O 在不同位置 t 上对应于隐状态 q_t 的概率 $P(O, q_t | \lambda')$，从而得到隐状态路径。

Step (10)~(18)：网络结构学习。

对于非稳态网络结构 $G = \{G_1, G_2, \cdots, G_H\}$ 中每一个调控关系网络 $G_g(1 \leqslant g \leqslant H)$，该方法从一个由所有变量组成的没有边的图开始搜索；在搜索的每一步中，从添加边、删除边和反转边三种操作中选择一种，并对该调控关系网络进行修改，然后，基于公式(6-11)计算新生成网络的 BWBIC 打分；如果该打分比未进行修改的图打分高，则保留此修改，否则，放弃修改；该操作重复执行，直到非稳态网络的 BWBIC 打分不能继续增加为止。

以上基于 BWBIC 打分规则的贪心爬山过程构成一种结构 EM 算法[166]。其中，步骤(9)为 EM 算法中的 E 步，它估计了隐变量的值；步骤(8)和步骤(10)~(18)为 EM 算法中的 M 步，二者更新了转移概率矩阵和释放概率矩阵，并选择了适当的非稳态 DBN 结构，从而增大了 Q 函数。该算法不是同时优化网络结构和参数，而是首先固定网络结构，优化转移概率矩阵和释放概率矩阵，然后基于当前参数的估计值，优化网络结构，这两步都可以增大 Q 函数。

4. 算法收敛性证明

下面证明以上非稳态调控网络学习算法的收敛性。

定理：假设 $\lambda = \{\pi, A, B, G\}$ 为非稳态调控网络的参数，λ^i 是 hmDBN 结构学习算法第 i 次迭代过程对参数 λ 的估计，$l(\lambda | O) = \lg(P(O | \lambda))$ 为样本的似然度，$\{\lambda^0, \lambda^1, \lambda^2, \cdots\}$ 为 hmDBN 结构学习算法得到的参数估计序列，则 hmDBN 结构学习算法得到的样本似然度序列 $\{l(\lambda^0 | O), l(\lambda^1 | O), l(\lambda^2 | O), \cdots\}$ 收敛。

证明：由于

$$\sum_q P(q | O, \lambda) = 1, \ P(O | \lambda) = \frac{P(O, q | \lambda)}{P(q | O, \lambda)}$$

所以

$$
\begin{aligned}
l(\lambda | O) &= \lg(P(O | \lambda)) \\
&= \sum_q P(q | O, \lambda') \lg \frac{P(O, q | \lambda)}{P(q | O, \lambda)} \\
&= \sum_q P(q | O, \lambda') \lg P(O, q | \lambda) - \sum_q P(q | O, \lambda') \lg P(q | O, \lambda) \\
&= Q(\lambda, \lambda') - \sum_q P(q | O, \lambda') \lg P(q | O, \lambda)
\end{aligned}
$$

根据公式(6-10)，有

$$
\begin{aligned}
Q(\lambda, \lambda') &= \sum_q \lg \pi_{q_1} P(O, q | \lambda') + \sum_q \Big(\sum_{t=2}^{T} \lg a_{(q_{t-1})q_t} \Big) P(O, q | \lambda') \\
&\quad + \sum_q \Big(\sum_{t=1}^{T} \lg b_{q_t}(O_t) \Big) P(O, q | \lambda') + \sum_q \Big(\sum_{t=1}^{T} \lg p(O_t | G_{q_t}) \Big) P(O, q | \lambda')
\end{aligned}
$$

对于前三项，根据优化公式 $\lambda^{i+1} = \arg\max_\lambda Q(\lambda, \lambda^i)$，得到 hmDBN 中的初始转移概率矩阵 π、转移概率矩阵 A 和释放概率矩阵 B 的重估公式(6-39)、(6-40)和(6-41)。在 hmDBN 结构学习算法的步骤(8)中，根据以上公式对参数进行更新。对于第四项，首先得到了该项的近似公式，即 BWBIC 打分。然后，在 hmDBN 结构学习算法的步骤(10)～(18)中，利用贪心爬山算法寻找可以使 BWBIC 打分增大的非稳态网络结构 G。这样，基于以上更新的参数 $\lambda^{i+1} = \{\pi, A, B, G\}$，有 $Q(\lambda^{i+1}, \lambda^i) \geqslant Q(\lambda^i, \lambda^i)$。

此外，

$$\sum_q P(q \mid O, \lambda^i) \lg P(q \mid O, \lambda^{i+1}) - \sum_q P(q \mid O, \lambda^i) \lg P(q \mid O, \lambda^i)$$

$$= \sum_q P(q \mid O, \lambda^i) \lg \frac{P(q \mid O, \lambda^{i+1})}{P(q \mid O, \lambda^i)}$$

根据 Jensen 不等式，有

$$\sum_q P(q \mid O, \lambda^i) \lg \frac{P(q \mid O, \lambda^{i+1})}{P(q \mid O, \lambda^i)} \leqslant \lg \sum_q P(q \mid O, \lambda^{i+1})$$

$$\sum_q P(q \mid O, \lambda^i) \lg \frac{P(q \mid O, \lambda^{i+1})}{P(q \mid O, \lambda^i)} \leqslant \lg 1$$

所以，

$$\sum_q P(q \mid O, \lambda^i) \lg P(q \mid O, \lambda^{i+1}) \leqslant \sum_q P(q \mid O, \lambda^i) \lg P(q \mid O, \lambda^i)$$

则有

$$l(\lambda^{i+1} \mid O) \geqslant l(\lambda^i \mid O)$$

所以，$\{l(\lambda^0 \mid O), l(\lambda^1 \mid O), l(\lambda^2 \mid O), \cdots\}$ 是单调递增的，而且，$l(\lambda \mid O)$ 是具有上界的，$l(\lambda \mid O) \leqslant 0$，所以序列 $\{l(\lambda^0 \mid O), l(\lambda^1 \mid O), l(\lambda^2 \mid O), \cdots\}$ 收敛。

6.6.2 数据测试与分析

1. 生物实验数据

我们利用文献[5,6]中下载的人类 CD4+T 细胞的 38 种组蛋白修饰和 RNAPII 的 ChIP-seq 数据，从文献[14]中下载了人类 CD4+T 细胞的 RNA-seq 的数据，从 UCSC 基因组浏览器中下载了人类的 RefGene 注释信息。

为了避免对同一 RefSeq 基因的多种选择性剪切产物的重复性分析，我们将所有 RefSeq 基因都映射到相应的 Unigene 簇上，在每个 Unigene 簇中，只保留了一条 RefSeq 基因。为了避免两条基因间距离较近对分析造成干扰，除去了距离小于 4000nt 的基因。此外，还去掉了基因长度大于 50 000nt 的基因。最后，剩余 8622 条基因用于本节的分析。

我们取每条 RefSeq 基因的转录起始位点前 2000nt 到转录终止位点后 2000nt 用于分析。首先将选取的区域分成 200nt 且不交叠的区域。为了获取每一段区域上组蛋白修饰的水平，将 38 种组蛋白修饰 ChIP-seq 的 read 的长度都按照 5′ 端到 3′ 端的方向延长到 100nt，并将这些 read 唯一地映射到每个选取的 200nt 区域上。然后，在每个 200nt 的区域上根据该区域上组蛋白修饰的 read 数目来独立地判断是否有组蛋白修饰。为了判断某区域上一种特定修饰是否存在，我们需要为每种修饰选择一个阈值，该阈值是根据全基因组上所有 200nt 长且不交叠的区域上特定组蛋白修饰的 read 数目的分布进行选择的。假设 X 表示任意 200nt 区域上组蛋白修饰的 read 数目，且该随机变量服从泊松分布，选择能够满足条件 $P(X > t) < 10^{-4}$ 的整数 t 作为阈值。这样，根据这些阈值，将每个 200nt 区域上组蛋白修饰的 read 数目进行二值化，它们分别表示该区域上是否存在特定组蛋白修饰。表 6-10 给

出了每种组蛋白修饰二值化的阈值以及每种组蛋白修饰高通量测序数据中 read 的个数。

表 6－10　组蛋白修饰水平二值化的阈值

组蛋白修饰	Read 总数（百万）	阈值	组蛋白修饰	Read 总数（百万）	阈值
H3K4me3	16.85	7	H2AZ	7.54	5
H3K36me3	13.57	6	H4R3me2	7.36	5
H3K4me1	11.32	6	H4K16ac	7.06	5
H4K20me1	11.02	6	H3R2me2	6.52	4
H3K27me1	10.05	5	H3K9me3	6.35	4
H3K9me2	9.78	5	H3K79me3	5.93	4
H3R2me1	9.56	5	H4K20me3	5.72	4
H3K9me1	9.31	5	H3K4me2	5.45	4
H3K27me2	9.07	5	H3K79me1	5.14	4
H3K27me3	8.97	5	H3K79me2	4.71	4
H2BK5me1	8.94	5	RNAPII	4.15	4
H3K36me1	8.08	5	CTCF	2.95	3

2. 功能元件相关的组蛋白修饰调控网络

根据以上的数据，我们利用 hmDBN 结构学习方法来发现组蛋白修饰间的调控关系。首先，我们设定隐状态的个数。每条基因上主要的功能元件为启动子、外显子和内含子，因此，设定隐状态的个数为 3。接下来，随机产生了 30 次 hmDBN 中转移矩阵 A 和释放矩阵 B 的参数初始值，并基于这 30 个初始值学习得到了 30 个不同的网络，进一步，分别计算了这些网络的 BWBIC 打分，并找出其中打分最高的网络。图 6-32 和 6-33 分别给出了

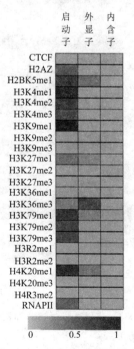

图 6-32　HMM 的释放概率

学习得到的释放矩阵 B 的参数值和每个状态下对应的组蛋白修饰间的调控网络。下面对每个状态进行分析。

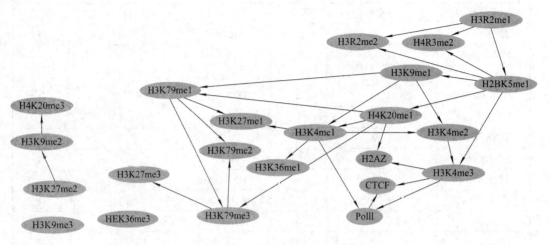

(a) 和第一个状态相关的调控网络

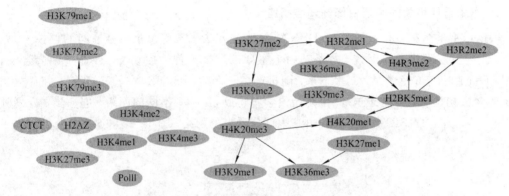

(b) 和第二个状态相关的调控网络

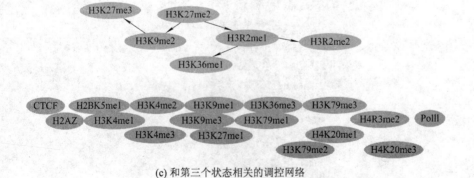

(c) 和第三个状态相关的调控网络

图 6-33　非稳态组蛋白修饰调控网络

（1）活化基因启动子相关的状态。

我们发现，在选取的 8622 条基因中，第一个状态出现在 4767 条基因的转录起始位点前 2000nt 内,占所有基因的 55.29%。进一步,我们分别观察了这两组基因的表达水平,图 6-34(a)给出了基因表达水平的箱式图。图中,被第一个状态标记的基因的表达水平显著高于未被标记的基因(Wilcoxon 秩和检验 p-value<2.2e10-16)。从释放矩阵中可以看到,在第一个状态中,H2A.Z、H2BK5me1、H3K4me、H3K79me、H4K20me1 以及 RNAPII 的含量很高,已经有很多证据表明这些组蛋白修饰都与基因的活化相关。在第一个状态对应的组蛋白修饰调控网络中,调控关系也主要集中在这些修饰中,而且可以发现与修饰 H2BK5me1、H3K4me、H3K79me 和 H4K20me1 连接的边很多。

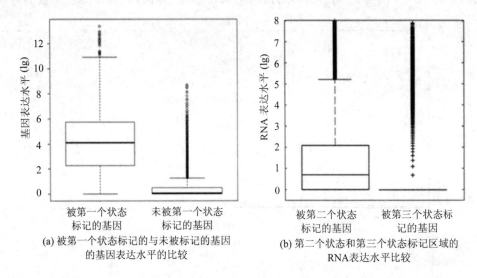

(a) 被第一个状态标记的与未被标记的基因的基因表达水平的比较

(b) 第二个状态和第三个状态标记区域的 RNA 表达水平比较

图 6-34 不同区域上 RNA 表达水平比较

(2)外显子和内含子相关的状态。

第二个状态标记的区域占分析区域的 22.76%,第三个状态标记的区域占分析区域的 62.57%。我们发现第二个状态标记的区域对应的 RNA 表达水平显著高于第三个状态标记的区域(如图 6-34(b)所示,Wilcoxon 秩和检验 pvalue<2.2e10-16)。从释放矩阵中可以看出:在第二个状态下 H3K36me3、H4K20me1、H2BK5me1、H3K79me1 和 H3K27me1 含量都很高,且 H3K36me3 的含量最高,这些结果与很多关于外显子区域组蛋白修饰的研究结果都是一致的。从相关的调控网络中可以看出:第二状态对应的调控网络中,组蛋白的调控关系主要集中在修饰 H3K36me3、H4K20me1、H2BK5me1、H3K79me1 和 H3K27me1 上。

在第三个状态下,所有的组蛋白修饰含量都非常低,而在第三个状态相关的网络中,调控关系非常少,这与该处组蛋白修饰很少是一致的,仅有的调控关系都集中在一些具有抑制功能的组蛋白修饰上,例如 H3K27me、H3K9 和 H3R2me2,这些调控关系主要发生在未活化的基因区域上。基于以上的分析推断,我们发现的第二个状态与外显子区域相关,而第三个状态与内含子和失活的基因区域相关。

6.6.3 结果验证

为了说明以上方法预测结果的正确性,下面分别从相关性分析、基因本体富集分析以及生物实验三个角度来验证我们发现的调控关系。

1. 相关性分析

在三种不同的功能元件上，我们分别得到了组蛋白修饰之间的调控关系，如果这些关系是正确的，那么，具有调控关系的组蛋白修饰对之间相关性系数的值应该比没有调控关系的组蛋白修饰对之间的相关系数值高。这些相关系数包括 Pearson 相关系数、偏相关系数以及互信息。

我们将三种元件上所有组蛋白修饰对分为两组：具有调控关系的修饰对和没有调控关系的修饰对。图 6-35 中左侧图给出了这两组组蛋白修饰对的三种相关性系数的计算结

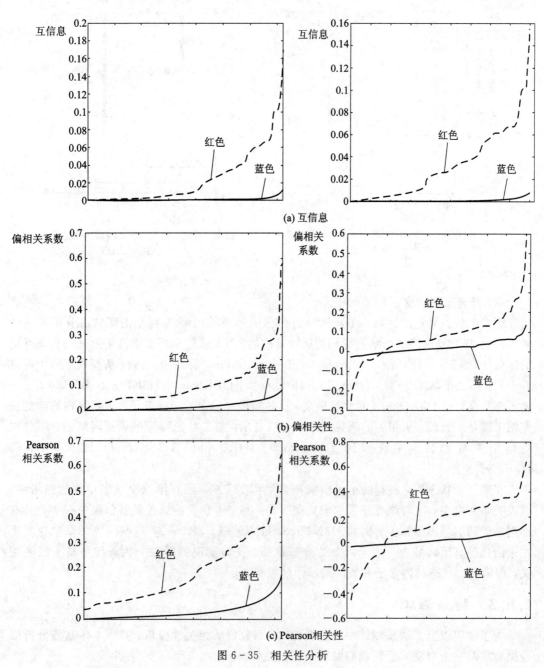

(a) 互信息

(b) 偏相关性

(c) Pearson相关性

图 6-35　相关性分析

果，其中，横轴表示不同的组蛋白修饰对，纵轴表示三种相关性系数的绝对值，红色曲线和蓝色曲线分别表示具有调控关系和没有调控关系的修饰对之间相关系数的值。可以看到具有调控关系的修饰对间的三种相关系数都比没有调控关系的修饰对间的相关系数值高。

进一步，我们找出那些在不同功能元件上调控关系发生变化的组蛋白修饰对，并分别计算该修饰对在具有调控关系的功能元件上和不具有调控关系的功能元件上的相关性。图6-35中右侧图给出了三种相关性度量的计算结果。横轴表示不同的组蛋白修饰对，纵轴表示三种相关系数的值。可以看出，对于同一组蛋白修饰对，它们之间具有调控关系时的相关性比不具有调控关系时的相关性高。

以上事实说明我们预测的结果可以正确地反映组蛋白修饰之间的相关性，这种一致性在一定程度上说明了我们方法预测的组蛋白修饰间调控关系的正确性。

2. 基因本体富集分析

基因本体（GO Ontology）分析已经成为大规模基因组或转录组数据功能研究的一种常用方式。为了验证实验结果的正确性，选取了在基因转录起始位点前后2000nt区域内被第一种状态覆盖75%以上的基因（约1300条基因），并进行基因本体富集性分析（GO Ontology Enrichment Analysis）。

我们将选取的基因提交到在线工具David Functional Annotation Tools，其网址是http://david.abcc.ncifcrf.gov/。该工具将提交的基因列表映射到相关的生物功能注释中，然后，使用Fisher精确检验的统计方法计算基因在不同功能上的p-value，并采用Benjamini-Hochberg correction进行修正，从而得出富集的基因功能。图6-36中给出了富集水平前十位的GO term。柱状图横轴表示GO term，纵轴表示相应p-value对数的相反数。这些GO term分别是细胞核腔（nuclear lumen）、膜包围的腔（membrane-enclosed lumen）、细胞内细胞器腔（intracellular organelle lumen）、细胞器腔（organelle lumen）、

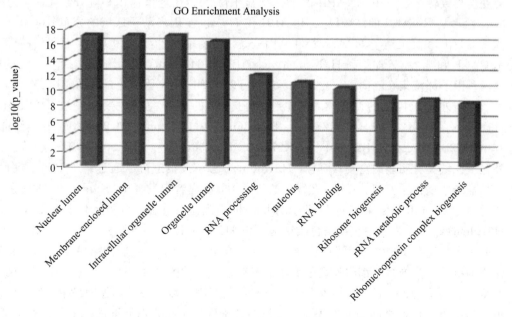

图6-36　基因本体富集分析结果

RNA 处理(RNA processing)、核仁(nucleolus)、RNA 结合(RNA binding)、核糖体生成(ribosome biogenesis)、rRNA 代谢（rRNA metabolic process）、核蛋白复合体生成(ribonucleoprotein complex biogenesis)。可以发现，这些基因都行使细胞发育过程中必需的基本功能，这与正常细胞内基因的功能是一致的。该分析从一定程度上说明我们发现的活化的基因是正确的。

3. 现有生物学实验

通过查找现有文献，我们找到了很多和本章中观察一致的生物实验。Ohm 等人发现在癌症干细胞中除了具有正常干细胞中发现的 H3K27me3 外，还有两种抑制性组蛋白修饰 H3K9me2 和 H3K9me3，同时，Ohm 等人认为这两种组蛋白修饰可能是导致在癌症细胞中可遗传的基因表达的抑制性因素[19]。与这些观察一致，我们的网络也发现了 H3K27me3 以及 H4K20me3(与 DNA 修复相关)和 H3K9me3 以及 H3K9me2 相关。这样，我们推断在 DNA 修复的过程中，H4K20me3、H3K9me2、H3K9me3、H3K27me2 和 H3K27me3 可能同时发生，从而促进正常干细胞到癌症干细胞的转变。现有的文献已经证实了这种可能性，在四膜虫中，H3K27me 可以调节 H3K9me 的发生，而 H4K20me 则可以起到进一步稳固 polycomb 复合体结合的作用[20, 21]。

在与活化启动子区域相关的调控网络中，和许多现有实验结论一致的是：H3K4me3 都被放在了网络的中心位置，它与多种修饰之间都存在调控关系。H3K4me3 已经被报道是一种强转录活化修饰，该修饰可能是一种可以被记忆的标记，它可以加强被标记基因未来的组蛋白修饰水平以及转录。我们的模型预测 H3K4me3 在 H3K4me1 和 H3K4me2 的下游，这显示出了一种在 H3K4 的单甲基化、二甲基化和三甲基化之间的动态平衡效果。此外，该修饰还在 CTCF、H2A.Z 和 RNAPII 的上游。很多实验都已经说明了 trxG 复合体(负责催化 H3K4me3)与 RNAPII 之间的因果关系。例如，在果蝇体内，trxG 基因 *kis* 的突变会导致转录延长中 RNAPII 的水平明显下降[22]。在老鼠体内，与 trx 相对应的基因 *Mll*₁ 会影响 RNAPII 的结合以及 RNAPII 在 *Hoxa*9 基因启动子区域的分布[23]。此外，隔离子 CTCF 和反沉默子 H2A.Z 都和基因表达之间存在着很强的相关性，而我们的模型显示 CTCF 和 H2A.Z 都受到 H3K4me3、RNAPII 和 H3K4me2 的影响，文献[24]已经报道这两种因子都富集在隔离子位点区域，它们可以起到限制基因活化延伸的作用。

在与外显子相关的调控网络中，组蛋白修饰的调控关系主要集中在 H2BK5me1、H3K9me3、H3K27me1、H3K27me2、H3K36me3、H4K20me1 和 H4K20me3 等修饰中。其中，H2BK5me1、H3K27me1、H3K27me2、H3K36me3 和 H4K20me1 都已经被发现在外显子区域具有明显的富集。而且，H3K36me3 已经被报道可以通过结合 PTB 蛋白来促进外显子的选择性剪切。另外，在线虫的研究中，研究者们发现 H3K9me3 和 HP1 蛋白可能通过召集 hnRNPs 来促进外显子剪切。相一致地，文献[25]通过质谱分析发现和 H3K9me3 结合的蛋白中包括染色质结构蛋白 HP1a/b 以及剪切因子 SRp20 和 ASF/SF2。这些事实都说明 H3K9me3 可能会调节外显子剪切。这样，在我们网络中发现的具有调控作用的组蛋白修饰多数都与外显子剪切之间存在一定的关联性，这在一定程度上验证了我们得出的结论的正确性。在与内含子以及非活化基因区域相关的调控网络中，我们发现了很少的组蛋白修饰之间的调控关系，这是内含子区域上组蛋白修饰的水平很低所造成的。仅有的调控关系都主要发生在具有抑制性功能组蛋白修饰之间，这与非活化基因区域的特点也是一致的。

这样，通过以上三个角度的分析，在一定程度上验证了我们方法的有效性，但是，仍需要更多的生物实验来进一步验证我们方法发现的调控关系的正确性。本节介绍的研究结果有助于更好地理解组蛋白修饰的功能，并可以区分相同组蛋白修饰在不同基因组功能元件上的功能差异。该研究成果可以为生物实验提供参考，缩小实验范围。

6.7 本 章 小 结

本章详细介绍了表观调控和遗传网络的相关建模方法，其中 microRNA 和组蛋白修饰是表观遗传学中两个重要的组成部分。本章第一节介绍了表观遗传学的相关知识，第二节到第四节介绍了 microRNA 相关的网络构建方法。其中 6.2 节介绍了如何构建 microRNA 与疾病的网络关系；通过挖掘文献得到了目前的 microRNA 与疾病的关系网络后，通过计算方法挖掘出更多的致病 microRNA，从而有助于病理和药物的相关研究。6.3 节和 6.4 节分别利用布尔网络和权重网络对致病 microRNA 进行挖掘，相关的实验分析和文献分析证明了此方法的有效性。6.5 节和 6.6 节则介绍了组蛋白修饰的调控网络模型。表观遗传网络是对基因调控网络的有益补充，甚至在很多时候表观调控的作用更大于基因调控。本章是本书的核心内容，介绍的是近几年的最新研究热点，迄今尚没有教材和书籍对表观遗传网络进行专门论述。其中的内容较难，读者可以结合参考文献加深对本章的理解。

参 考 文 献

[1] DP Bartel，CZ Chen. Micromanagers of Gene Expression：The Potentially Widespread Influence of Metazoan Micrornas. Nature Reviews Genetics 2004，5(5)：396 – 400

[2] MA van Driel，J Bruggeman，G Vriend，HG Brunner，JA Leunissen. A Text-Mining Analysis of the Human Phenome. European Journal of Human Genetics 2006，14(5)：535 – 542

[3] HN Chua，WK Sung，L Wong. Exploiting Indirect Neighbours and Topological Weight to Predict Protein Function from Protein-Protein Interactions. Bioinformatics 2006，22(13)：1623 – 1630

[4] X Wu，R Jiang，MQ Zhang，S Li. Network-Based Global Inference of Human Disease Genes. Mol Syst Biol 2008，4：189

[5] Barski A，Cuddapah S，Cui K，et al. High-resolution profiling of histone methylations in the human genome [J]. Cell，2007，129(4)：823 – 837

[6] Wang Z，Zang C，Rosenfeld J A，et al. Combinatorial patterns of histone acetylations and methylations in the human genome [J]. Nat Genet，2008，40(7)：897 – 903

[7] Karlic R，Chung H R，Lasserre J，et al. Histone modification levels are predictive for gene expression [J]. Proc Natl Acad Sci U S A，2010，107(7)：2926 – 2931

[8] Barash Y，Calarco J A，Gao W，et al. Deciphering the splicing code [J]. Nature，2010，465(7294)：53 – 59

[9] Hon G，Ren B，Wang W. ChromaSig：a probabilistic approach to finding common chromatin signatures in the human genome [J]. PLoS Comput Biol，2008，4(10)：e1000201

[10] Ernst J，Kellis M. Discovery and characterization of chromatin states for systematic annotation of the human genome [J]. Nat Biotechnol，2010，28(8)：817 – 825

[11] Yu H, Zhu S S, Zhou B, et al. Inferring causal relationships among different histone modifications and gene expression (vol, pg 1314, 2008) [J]. Genome Research, 2008, 18(9): 1314 – 1324

[12] Van Steensel B, Braunschweig U, Filion G J, et al. Bayesian network analysis of targeting interactions in chromatin [J]. Genome Research, 2010, 20(2): 190 – 200

[13] Robinson J, Hartemink A. Non-Stationary Dynamic Bayesian Networks [J]. Advances in neural information processing systems, 2008, 21(1): 1369 – 1376

[14] Zhao K J, Chepelev I, Wei G, et al. Detection of single nucleotide variations in expressed exons of the human genome using RNA-Seq [J]. Nucleic Acids Research, 2009, 37(16): e106

[15] Andersson R, Enroth S, Rada-Iglesias A, et al. Nucleosomes are well positioned in exons and carry characteristic histone modifications [J]. Genome Research, 2009, 19(10): 1732 – 1741

[16] Kim S, Kim H, Fong N, et al. Pre-mRNA splicing is a determinant of histone H3K36 methylation [J]. Proceedings of the National Academy of Sciences of the United States of America, 2011, 108 (33): 13564 – 13569

[17] Andersson R, Enroth S, Rada-Iglesias A, et al. Nucleosomes are well positioned in exons and carry characteristic histone modifications [J]. Genome Research, 2009, 19(10): 1732 – 1741

[18] Luco R F, Pan Q, Tominaga K, et al. Regulation of Alternative Splicing by Histone Modifications [J]. Science, 2010, 327(5968): 996 – 1000

[19] Ohm J E, Mcgarvey K M, Yu X, et al. A stem cell-like chromatin pattern may predispose tumor suppressor genes to DNA hypermethylation and heritable silencing [J]. Nat Genet, 2007, 39(2): 237 – 242

[20] Liu Y, Taverna S D, Muratore T L, et al. RNAi-dependent H3K27 methylation is required for heterochromatin formation and DNA elimination in Tetrahymena [J]. Genes Dev, 2007, 21(12): 1530 – 1545

[21] Schwartz Y B, Pirrotta V. Polycomb silencing mechanisms and the management of genomic programmes [J]. Nat Rev Genet, 2007, 8(1): 9 – 22

[22] Srinivasan S, Armstrong J A, Deuring R, et al. The Drosophila trithorax group protein Kismet facilitates an early step in transcriptional elongation by RNA Polymerase II [J]. Development, 2005, 132(7): 1623 – 1635

[23] Milne T A, Dou Y, Martin M E, et al. MLL associates specifically with a subset of transcriptionally active target genes [J]. Proc Natl Acad Sci U S A, 2005, 102(41): 14765 – 14770

[24] Bruce K, Myers F A, Mantouvalou E, et al. The replacement histone H2A. Z in a hyperacetylated form is a feature of active genes in the chicken [J]. Nucleic Acids Res, 2005, 33(17): 5633 – 5639

[25] Loomis R J, Naoe Y, Parker J B, et al. Chromatin binding of SRp20 and ASF/SF2 and dissociation from mitotic chromosomes is modulated by histone H3 serine 10 phosphorylation [J]. Mol Cell, 2009, 33(4): 450 – 461

第七章　进化树与进化网络的建模方法

现代科学表明，地球上的生物都是由同一个祖先随年代缓慢进化而来的，这个过程称为进化。生物学的一个中心问题就是解释今天物种的进化历史。物种之间的进化关系通常用一个树型结构表示，这个树型结构称为进化树。

自 1859 年达尔文的《物种起源》发表以来，重构地球上所有生物的进化史一直是每个生物学家的梦想。理想的途径是利用化石证据，但是由于化石保存的不完备性使得利用化石记录推导出的进化树缺乏中间环节。因此，大多数研究者转向了比较生理学和形态学的方法。虽然对现存物种的形态和生理学的研究大致填补了化石进化树的空缺，但由于形态学和生理性状的进化非常复杂，对分类单元何时从最近祖先分化出来等细节性问题含糊不清。

自从 20 世纪 50 年代末期，尤其是 1985 年 PCR(Ploymerase Chain Reaction)技术出现之后，不同分子测序技术的飞速发展使得大量分子数据不断涌现，进化关系的研究也进入了分子水平，即根据核酸和蛋白质序列研究物种之间的进化关系，从而大大改观了生理形态学进化树含糊不清的局面。

进化树的构建不仅有助于了解生物的进化历史和进化机制，而且对于生物医药学的研究具有重要意义。例如黄丽红[1]等构建了 14 个冠状病毒、17 个 SARS 病毒和 4 个单链 RNA 病毒的进化树，得出 SARS 病毒在冠状病毒中自身构成一个独立分支，与以哺乳动物为宿主的冠状病毒的亲缘关系最近。这对于了解 SARS 病毒的起源和防治具有指导意义。又如，聂婷婷[2]等构建了茶毛虫核型多角体病毒(Euproctis pseudoconspersa nucleopolyhedrovirus, EupsNPV)和其他已知杆状病毒的进化树，得出 EupsNPV 与已知杆状病毒都有较大差异。这对于了解 EupsNPV 的特性、与其他病毒的合理混用，以及其在茶树害虫生物防治中的更有效利用等方面都具有重要指导意义。

此外，进化树对于计算分子生物学其他分支的研究同样具有重要意义。当前的很多序列比对算法都依赖于进化树，因此，进化树有助于更好地完成序列比对；有助于基因功能的研究，基因功能的预测往往是从该基因的进化史中提炼得到的，一般认为亲缘关系紧密的机体中相似的基因具有相似的功能；准确的进化信息有助于从一组直系同源的非编码 DNA 序列的保守区域中发现潜在的基因表达调控单元；除此之外，进化树还可以指导在数据库中搜索同源序列，等等。

可见，进化树是整个计算分子生物学研究的基础，对很多重大问题的解决都具有指导意义。因此，本章主要研究进化树构建算法，即研究如何更好地推断出现存物种的进化历史。

7.1　进　化　树

进化树是一种用来表示对象之间进化关系的树型结构。对象可以是任何的生命实体，如物种、群体、属、蛋白质、基因等。如图 7-1 所示是关于进化树的一个例子。

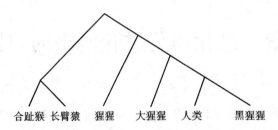

图 7-1　一些灵长类的进化树

关于一组对象 S 的进化树 T 具有以下特征：

（1）叶子节点与 S 中的对象一一对应，内部节点代表了进化事件发生的位置或对象进化历程中的祖先。

（2）进化树中一端与叶子节点相关联的分支称为外部分支，不与叶子节点相关联的分支称为内部分支。

（3）一个节点的度指的是与该节点相关联的边数，则叶子节点的度为 1，内部节点的度至少为 3。

（4）度大于 3 的内部节点称为未分解节点，度为 1 的非叶子节点称为超级节点，用来表示某个子树。

（5）含有未分解节点的进化树称为未分解的进化树，其他即所有内部节点的度都为 3 的进化树称为完全分解的进化树。一般无特别说明，进化树都是完全分解的。

进化树可以是有根的也可以是无根的。有根树有一个根节点，代表其他所有节点的共同祖先。有根树能反映进化顺序，而无根树只能说明节点之间的远近关系，不包含进化方向。在很多问题中，往往由于没有足够的信息来确定进化方向而无法确定进化树的根节点，因此，进化树一般是无根的。

进化树包括拓扑结构和分支长度两个重要方面。拓扑结构是指进化树的分支模式，表明各个节点之间是如何连通的。分支长度一般与节点之间的改变量成正比，是对关于生物进化时间或进化距离的一种度量。在构建进化树时，拓扑结构比分支长度更重要，或者说拓扑结构比分支长度更难以确定。如无特别说明，本书中拓扑结构与进化树两个概念混淆使用。

n 个对象可以构建的无根进化树数目 $B(n)$ 为

$$B(n) = 1 \times 3 \times 5 \times \cdots \times (2n-5) = (2n-5)!! \tag{7-1}$$

表 7-1 列举了几个序列个数 n 所对应的 $B(n)$。可见，随着 n 的增加，进化树的数目迅速增加。但实际上，真正的进化树只有 1 个，进化树数目随着序列个数的快速增长是进化树构建算法面临的一个难题。

表 7-1　n 个序列可以构建的进化树数目 $B(n)$

n	3	5	7	8	9	10	20	50
$B(n)$	1	15	945	10 395	135 135	2 027 025	$\sim 2.22 \times 10^{20}$	$\sim 2.84 \times 10^{74}$

7.1.1 分子数据

生物化学中起主要作用的是蛋白质和核酸。简单地讲，蛋白质决定一个生物是什么和做什么，核酸则负责编码产生蛋白质所需要的信息，并把这种信息传递给后代。根据行使功能的不同，核酸分子分为核糖核苷酸（Ribonucleic Acid，RNA）和脱氧核糖核苷酸（Deoxyribonucleic Acid，DNA）。如图 7-2 所示的分子生物学的中心法则描述了 DNA、RNA 和蛋白质三者之间的关系。

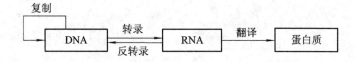

图 7-2 分子生物学的中心法则

下面简单介绍 DNA、RNA 和蛋白质三种分子数据的特点。DNA 分子是由两个互补链构成的双螺旋结构，其中每条链由称为核苷酸的小分子构成。每个核苷酸分子又由 3 部分构成：1 个磷酸残基、1 个糖分子和 1 个含氮碱基。DNA 分子有 4 种不同碱基，分别是 A（Adenine，腺嘌呤）、G（Guanine，鸟嘌呤）、T（Thymine，胸腺嘧啶）和 C（Cytosine，胞嘧啶）。两条链结合的机制是一条链的碱基与另一条链的碱基配对，其中碱基 A 始终与碱基 T 配对，碱基 G 始终与碱基 C 配对。根据这种配对机能够从一条链推断出另一条链，因此通常用一个由 4 种碱基组成的单链表示 DNA 分子。

RNA 与 DNA 具有非常相似的组成。RNA 分子也有 4 种碱基，只不过 RNA 中用 U（Uracil，尿嘧啶）代替了 DNA 中的 T。除此之外，RNA 不形成双螺旋结构。RNA 是通过 DNA 使用碱基互补的机制得到的，即 DNA 通过转录产生了一个与原始 DNA 序列互补的 RNA 序列。

蛋白质由一类称为氨基酸的简单分子组成。每个氨基酸分子由一个三联核苷酸所编码，每个三联核苷酸称为一个密码子。4 种核苷酸可以产生 $4^3 = 64$ 种密码子。但是，由于有时几个密码子同时编码一个氨基酸，另外有 3 种密码子不编码任何氨基酸而是用于表示基因的终止，因此目前常见的氨基酸只有 20 种。

在 1977 年 DNA 快速测序方法发明之前，分子进化的研究主要是基于氨基酸序列的。氨基酸序列测序耗时多且有误差。而 DNA 测序比氨基酸测序简单得多，并且可以从 DNA 序列推导出氨基酸序列。因此，本章中的进化树构建算法都是基于 DNA 序列的。当然，这些算法加以简单的修改也可应用到其他的分子数据。

7.1.2 DNA 进化

当遗传信息从父代复制到子代时，往往会发生一些改变，这些改变称为突变。突变是 DNA 进化的源泉。常见的突变模式有 3 种：替代，即一个核苷酸被另一个核苷酸所替代；插入，即插入一个或多个核苷酸；删除，即删除一个或多个核苷酸。在分析进化时一般只考虑替代。

DNA 的进化通常用一个 4 态的马尔可夫模型来模拟，其中每个状态对应于一个碱基，如图 7-3 所示。进化模型在进化树研究中起着重要作用，如序列之间的进化距离是由进化模型估计得到的，许多进化树构建算法如最大似然法是基于进化模型的，以及用来比较不同进化树构建算法的模拟数据也是由进化模型产生的，等等。为了便于计算，表示 DNA 进化的马尔可夫过程实际上做了很多假设。本小节首先介绍 DNA 进化模型通常遵循的一些假设，然后描述几种常见的进化模型。

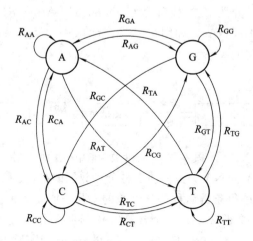

图 7-3　表示 DNA 进化的马尔可夫模型

目前，常见的 DNA 进化模型都遵循以下假设：

（1）各个位点独立进化，即在各个位点上发生的进化相互独立。

（2）各个位点同等分布，即每个位点的进化都遵循同样的马尔可夫过程，与其在序列中的位置无关。

（3）进化遵循马尔可夫过程，即某个序列的状态只与其父节点的状态相关，与其他祖先节点的状态无关。

（4）进化过程是同源的，即这些序列都来源于同一个祖先，而不是由祖先序列通过复制等其他方法产生的。

（5）进化过程是时间可逆的，即对于任意的碱基 x、y 以及 $t \geqslant 0$，都有 $\pi_x P_{xy}(t) = \pi_y P_{yx}(t)$，其中 π_x 表示 x 的出现频率，$P_{xy}(t)$ 表示在时间 t 内 x 替代为 y 的概率。

（6）进化过程是静态的，即对于任意的碱基 x、y 以及时间 $t \geqslant 0$，都有 $\pi_y = \sum_x \pi_x P_{xy}(t)$。

（7）单位时间内最多有一个突变。单位时间内碱基 b 替代为碱基 c 的概率表示为 M_{bc}，则有 $M_{bA} + M_{bG} + M_{bT} + M_{bC} = 1$。这样可以通过其中的 3 个 M_{bi} 来确定第 4 个 M_{bi}。因此 DNA 进化模型具有 12 个自由参数。为了强调各个碱基的频率，M_{bc} 通常表示为 $\pi_c R_{bc}$。各个碱基之间的替代速率通常以矩阵的形式表示。DNA 进化过程一般不直接用马尔可夫矩阵 $\boldsymbol{M}$ 表示，而是以瞬时速率矩阵 $\boldsymbol{Q}$ 表示，其中，$\boldsymbol{Q} = \boldsymbol{M} - \boldsymbol{I}$，$\boldsymbol{I}$ 是大小为 4 的单位矩阵。DNA 进化模型的一般形式如式（7-2）所示，其中各行各列元素按照 A、G、T、C 的顺序排列，以后无特别说明都按照这样的顺序排列。式中，各 λ 项使得每行元素之和为 0，则有

$$\lambda_A = -(\pi_G R_{AG} + \pi_T R_{AT} + \pi_C R_{AC})$$

同理，也可以求得其他 3 个 λ 项。

$$Q = \begin{bmatrix} \lambda_A & \pi_G R_{AG} & \pi_T R_{AT} & \pi_C R_{AC} \\ \pi_A R_{GA} & \lambda_G & \pi_T R_{GT} & \pi_C R_{GC} \\ \pi_A R_{TA} & \pi_G R_{TG} & \lambda_T & \pi_C R_{TC} \\ \pi_A R_{CA} & \pi_G R_{CG} & \pi_T R_{CT} & \lambda_C \end{bmatrix} \tag{7-2}$$

瞬时速率矩阵 Q 表示碱基的瞬时替代速率。每一列表示碱基 x 的变化速率，其中 λ_x 表示碱基 x 不发生替代的速率，列的其他项表示其他碱基替代为 x 的速率。因此，如果 4 个碱基在 t 时刻的出现频率已知，可以利用矩阵 Q 去计算它们在 $(t+dt)$ 时刻的出现频率。用 $X(t)$ 和 $X(t+dt)$ 分别表示碱基 x 在 t 和 $(t+dt)$ 时刻的出现频率，则有

$$\begin{cases} A(t+dt) = A(t) + \lambda_A A(t)dt + \pi_A R_{GA} G(t)dt + \pi_A R_{TA} T(t)dt + \pi_A R_{CA} C(t)dt \\ G(t+dt) = G(t) + \pi_G R_{AG} A(t)dt + \lambda_G G(t)dt + \pi_G R_{TG} T(t)dt + \pi_G R_{CG} C(t)dt \\ T(t+dt) = T(t) + \pi_T R_{AT} A(t)dt + \pi_T R_{GT} G(t)dt + \lambda_T T(t)dt + \pi_T R_{CT} C(t)dt \\ C(t+dt) = C(t) + \pi_C R_{AC} A(t)dt + \pi_C R_{GC} G(t)dt + \pi_C R_{TC} C(t)dt + \lambda_C C(t)dt \end{cases} \tag{7-3}$$

用向量 $P(t) = (A(t), G(t), T(t), C(t))$ 表示 A、G、T、C 在时刻 t 的出现频率，$P(t+dt)$ 表示 4 个碱基在时刻 $(t+dt)$ 的出现频率。由式(7-3)可以得到

$$P(t+dt) = P(t) + QP(t)dt \tag{7-4}$$

由式(7-4)得到

$$\frac{dP(t)}{dt} = QP(t) \tag{7-5}$$

求解式(7-5)得到 $P(t) = P(0) \times e^{Qt}$。因为 $P(0) = 1$，则有

$$P(t) = e^{Qt} \tag{7-6}$$

则 P 是关于矩阵 Q 的指数。下面介绍求解 P 的方法。

首先把式(7-6)利用泰勒展开式展开，得到

$$P(t) = \sum_{k=0}^{\infty} \frac{(Qt)^k}{k!} = I + Qt + \frac{(Qt)^2}{2!} + \cdots \tag{7-7}$$

然后，将 Q 进行对角化，得到 $Q = VDU$，其中 D 为对角矩阵，其对角线元素 $d_i (i=0, 1, 2, 3)$ 为 Q 的特征值，V 为由各个特征值所对应的特征向量构成的矩阵，U 为 V 的逆矩阵。因此，对于任意的整数 k，都有

$$Q^k = (VDU)(VDU)\cdots(VDU) = VD^k U \tag{7-8}$$

将式(7-8)代入式(7-7)，得到

$$P(t) = \sum_{k=0}^{\infty} \frac{(Qt)^k}{k!} = Ve^{Dt}U \tag{7-9}$$

对角矩阵 Dt 的指数 e^{Dt} 仍为对角矩阵，其对角线元素为 Dt 对角线元素的对数，即

$$(e^{Dt})_{xx} = e^{(Dt)_{xx}}$$

因此，$P_{ij}(t)$ 也可以写为

$$P_{ij}(t) = \sum_{k=0}^{3} V_{ik} U_{kj} e^{(td_k)} \tag{7-10}$$

7.1.3 进化模型

常见的进化模型都是通过对式(7-2)增加一些限制得到的。如假设对于任意两个不同的碱基 b 和 c，都有 $R_{bc} = R_{cb}$。

通过增加这个限制直接得到的模型称为 GTR(General Time Reversible)模型，其瞬时速率矩阵 $\boldsymbol{Q}$ 如式(7-11)所示。这个矩阵 $\boldsymbol{Q}$ 不是对称的，因此 GTR 模型不是马尔可夫可逆的。在单位时间内碱基 b 替代为碱基 c 的概率为 $\pi_c R_{bc}$，则在单位时间内观察到一个碱基 b 替代为碱基 c 的概率 P 为 $\pi_b(\pi_c R_{bc})$。同样，在单位时间内观察到一个碱基 c 替代为碱基 b 的概率 P_{rev} 为 $\pi_c(\pi_b R_{cb})$。因为 $R_{bc}=R_{cb}$，则 $P=P_{rev}$，即在单位时间内观察到碱基 b 替代为碱基 c 的概率与在这段时间内观察到碱基 c 替代为碱基 b 的概率是相等的。因此，GTR 模型是时间可逆的，这也是 GTR 这个名称的由来。

$$\boldsymbol{Q} = \begin{pmatrix} \lambda_A & \pi_G R_{AG} & \pi_T R_{AT} & \pi_C R_{AC} \\ \pi_A R_{AG} & \lambda_G & \pi_T R_{GT} & \pi_C R_{GC} \\ \pi_A R_{AT} & \pi_G R_{GT} & \lambda_T & \pi_C R_{TC} \\ \pi_A R_{AC} & \pi_G R_{GC} & \pi_T R_{TC} & \lambda_C \end{pmatrix} \tag{7-11}$$

GTR 模型有 9 个自由参数：6 个 R_{xy} 型参数和 3 个 π_x 型参数。为了减少自由参数，实际应用中的模型往往对式(7-11)进一步增加限制。

JC(Jukes and Cantor)模型是最简单的一种进化模型，它假定所有碱基出现的概率相等，即 $\pi_A=\pi_G=\pi_T=\pi_C=0.25$，对于任意两个不同的碱基 b 和 c，都有 $R_{bc}=4\alpha$。这样，JC 模型只有一个自由参数 α，其瞬时速率矩阵 $\boldsymbol{Q}$ 如式(7-12)所示。

$$\boldsymbol{Q} = \begin{pmatrix} -3\alpha & \alpha & \alpha & \alpha \\ \alpha & -3\alpha & \alpha & \alpha \\ \alpha & \alpha & -3\alpha & \alpha \\ \alpha & \alpha & \alpha & -3\alpha \end{pmatrix} \tag{7-12}$$

将矩阵 $\boldsymbol{Q}$ 对角化为

$$\boldsymbol{Q} = \boldsymbol{VDU}$$

其中

$$\boldsymbol{V} = \begin{pmatrix} 1 & -1 & -1 & -1 \\ 1 & 1 & 0 & 0 \\ 1 & 0 & 1 & 0 \\ 1 & 0 & 0 & 1 \end{pmatrix}$$

$$\boldsymbol{D} = \begin{pmatrix} 0 & 0 & 0 & 0 \\ 0 & -4\alpha & 0 & 0 \\ 0 & 0 & -4\alpha & 0 \\ 0 & 0 & 0 & -4\alpha \end{pmatrix}$$

$$\boldsymbol{U} = \begin{pmatrix} \dfrac{1}{4} & \dfrac{1}{4} & \dfrac{1}{4} & \dfrac{1}{4} \\ -\dfrac{1}{4} & \dfrac{3}{4} & -\dfrac{1}{4} & -\dfrac{1}{4} \\ -\dfrac{1}{4} & -\dfrac{1}{4} & \dfrac{3}{4} & -\dfrac{1}{4} \\ -\dfrac{1}{4} & -\dfrac{1}{4} & -\dfrac{1}{4} & \dfrac{3}{4} \end{pmatrix}$$

根据式(7-9)计算模型的转移概率 $P(t)$，得到

$$P(t) = \begin{pmatrix} \dfrac{1}{4} + \dfrac{3}{4}e^{-4at} & \dfrac{1}{4} - \dfrac{1}{4}e^{-4at} & \dfrac{1}{4} - \dfrac{1}{4}e^{-4at} & \dfrac{1}{4} - \dfrac{1}{4}e^{-4at} \\ \dfrac{1}{4} - \dfrac{1}{4}e^{-4at} & 1 + \dfrac{3}{4}e^{-4at} & \dfrac{1}{4} - \dfrac{1}{4}e^{-4at} & \dfrac{1}{4} - \dfrac{1}{4}e^{-4at} \\ \dfrac{1}{4} - \dfrac{1}{4}e^{-4at} & \dfrac{1}{4} - \dfrac{1}{4}e^{-4at} & 1 + \dfrac{3}{4}e^{-4at} & \dfrac{1}{4} - \dfrac{1}{4}e^{-4at} \\ 1 + \dfrac{3}{4}e^{-4at} & 1 + \dfrac{3}{4}e^{-4at} & 1 + \dfrac{3}{4}e^{-4at} & 1 + \dfrac{3}{4}e^{-4at} \end{pmatrix}$$

即

$$P_{bc}(t) = \begin{cases} \dfrac{1}{4} - \dfrac{1}{4}e^{-4at} & (b \neq c) \\ \dfrac{1}{4} + \dfrac{3}{4}e^{-4at} & (b = c) \end{cases} \tag{7-13}$$

JC 模型认为不同碱基之间以同样的概率发生替代，而事实并非如此。碱基包括嘌呤（A 和 G）和嘧啶（T 和 C）两大类。碱基之间的替代也分为转换（transition）和颠换（tranversion）两类。转换指的是一个嘌呤被另一个嘌呤所替代，或一个嘧啶被另一个嘧啶所替代。其他的替代都称为颠换。研究表明，在大多数 DNA 序列片段中转换出现的频率比颠换出现的频率高。考虑到这种情况，Kimura 提出了 K2P(Kimura Two Parameter) 模型。与 JC 模型相同，K2P 模型也假设所有碱基的出现概率相等；不同的是，K2P 考虑转换和颠换两种替代方式。其瞬时速率矩阵 $\boldsymbol{Q}$ 如式（7-14）所示，其中 α 为转换速率，β 为颠换速率。

$$\boldsymbol{Q} = \begin{pmatrix} -(\alpha + 2\beta) & \alpha & \beta & \beta \\ \alpha & -(\alpha + 2\beta) & \beta & \beta \\ \beta & \beta & -(\alpha + 2\beta) & \alpha \\ \beta & \beta & \alpha & -(\alpha + 2\beta) \end{pmatrix} \tag{7-14}$$

将 $\boldsymbol{Q}$ 对角化为 $\boldsymbol{Q} = \boldsymbol{VDU}$，其中

$$\boldsymbol{V} = \begin{pmatrix} 1 & 1 & 1 & 1 \\ 1 & -1 & -1 & 1 \\ 1 & -1 & 1 & -1 \\ 1 & 1 & -1 & -1 \end{pmatrix}, \quad \boldsymbol{D} = \begin{pmatrix} 0 & 0 & 0 & 0 \\ 0 & -2(\alpha + \beta) & 0 & 0 \\ 0 & 0 & -2(\alpha + \beta) & 0 \\ 0 & 0 & 0 & -4\beta \end{pmatrix}$$

$$\boldsymbol{U} = \begin{pmatrix} \dfrac{1}{4} & \dfrac{1}{4} & \dfrac{1}{4} & \dfrac{1}{4} \\ \dfrac{1}{4} & -\dfrac{1}{4} & -\dfrac{1}{4} & \dfrac{1}{4} \\ \dfrac{1}{4} & -\dfrac{1}{4} & \dfrac{1}{4} & -\dfrac{1}{4} \\ \dfrac{1}{4} & \dfrac{1}{4} & -\dfrac{1}{4} & -\dfrac{1}{4} \end{pmatrix}$$

根据式（7-9）计算转移概率 $P(t)$，得到

$$P(t) = \begin{pmatrix} 1 - p - 2q & p & q & q \\ p & 1 - p - 2q & q & q \\ q & q & 1 - p - 2q & p \\ q & q & p & 1 - p - 2q \end{pmatrix}$$

其中，$p = \dfrac{1}{4} - \dfrac{1}{2}\mathrm{e}^{-2(\alpha+\beta)t} + \dfrac{1}{4}\mathrm{e}^{-4\beta t}$，$q = \dfrac{1}{4} - \dfrac{1}{4}\mathrm{e}^{-4\beta t}$。

即

$$P_{bc}(t) = \begin{cases} \dfrac{1}{4} - \dfrac{1}{4}\mathrm{e}^{-4\beta t} & (b \neq c，\text{转换}) \\[2mm] \dfrac{1}{4} - \dfrac{1}{2}\mathrm{e}^{-2(\alpha+\beta)t} + \dfrac{1}{4}\mathrm{e}^{-4\beta t} & (b \neq c，\text{颠换}) \\[2mm] \dfrac{1}{4} + \dfrac{1}{2}\mathrm{e}^{-2(\alpha+\beta)t} + \dfrac{1}{4}\mathrm{e}^{-4\beta t} & (b = c) \end{cases} \tag{7-15}$$

进化模型 HKY85(Hasegawa-Kishino-Yano，HKY85)是对 K2P 的推广，在 K2P 的基础上考虑各个碱基出现概率不同的情况。其瞬时速率矩阵 $\boldsymbol{Q}$ 如式(7-16)所示。

$$\boldsymbol{Q} = \begin{bmatrix} \lambda_A & \alpha\pi_G & \beta\pi_T & \beta\pi_C \\ \alpha\pi_A & \lambda_G & \beta\pi_T & \beta\pi_C \\ \beta\pi_A & \beta\pi_G & \lambda_T & \alpha\pi_C \\ \beta\pi_A & \beta\pi_G & \alpha\pi_T & \lambda_C \end{bmatrix} \tag{7-16}$$

将 $\boldsymbol{Q}$ 对角化为 $\boldsymbol{Q} = \boldsymbol{VDU}$，其中

$$\boldsymbol{V} = \begin{bmatrix} 1 & \pi_T+\pi_C & \dfrac{\pi_G}{\pi_A+\pi_G} & 0 \\[2mm] 1 & \pi_T+\pi_C & -\dfrac{\pi_A}{\pi_A+\pi_G} & 0 \\[2mm] 1 & -(\pi_A+\pi_G) & 0 & \dfrac{\pi_C}{\pi_T+\pi_C} \\[2mm] 1 & -(\pi_A+\pi_G) & 0 & -\dfrac{\pi_T}{\pi_T+\pi_C} \end{bmatrix}$$

$$\boldsymbol{U} = \begin{bmatrix} \pi_A & \pi_G & \pi_T & \pi_C \\[2mm] \dfrac{\pi_A}{\pi_A+\pi_G} & \dfrac{\pi_G}{\pi_A+\pi_G} & -\dfrac{\pi_T}{\pi_T+\pi_C} & -\dfrac{\pi_C}{\pi_T+\pi_C} \\[2mm] 1 & -1 & 0 & 0 \\ 0 & 0 & 1 & -1 \end{bmatrix}$$

$$\boldsymbol{D} = \begin{bmatrix} 0 & 0 & 0 & 0 \\ 0 & -\beta & 0 & 0 \\ 0 & 0 & -(\pi_A+\pi_G)\alpha-(\pi_T+\pi_C)\beta & 0 \\ 0 & 0 & 0 & -(\pi_A+\pi_G)\beta-(\pi_T+\pi_C)\alpha \end{bmatrix}$$

根据式(7-9)计算转移概率 $P(t)$，得到

$$P(t) = \begin{bmatrix} v_1 & \pi_G p_1 & \pi_T q & \pi_C q \\ \pi_A p_1 & v_2 & \pi_T q & \pi_C q \\ \pi_A q & \pi_G q & v_3 & \pi_C p_2 \\ \pi_A q & \pi_G q & \pi_T p_2 & v_4 \end{bmatrix}$$

其中，

$$v_i = 1 - \sum_{j \neq i} P(t)[i,j], \quad P_1 = \frac{(\pi_A+\pi_G) + (\pi_A+\pi_G)\mathrm{e}^{-\beta t} - \mathrm{e}^{-((\pi_A+\pi_G)\alpha+(\pi_T+\pi_C)\beta)t}}{\pi_A+\pi_G}$$

$$q = 1 - e^{-\beta t}, \quad p_2 = \frac{(\pi_T + \pi_C) + (\pi_A + \pi_G)e^{-\beta t} - e^{-((\pi_T + \pi_C)\alpha + (\pi_A + \pi_G)\beta)t}}{\pi_T + \pi_C}$$

除以上介绍的 4 种进化模型外，还有其他一些常见的进化模型，如 TrN、SYM、K3ST 等。图 7 - 4 描述了各种进化模型之间的关系，其中每个箭头表示从一个模型转化为该模型的一个特例时所施加的限制。对于每个模型，括号中的数字表示该模型所含有的自由参数的个数。

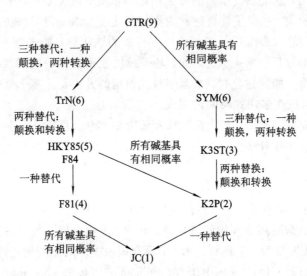

图 7 - 4 不同进化模型之间的关系

以上介绍的进化模型都假定所有位点均以同样的速率发生替代。然而这个假设通常并不成立，因为功能上较次要的位点常常比功能上较重要的位点有更高的替代率。这种位点具有不同替代速率的现象称为位点异质性。虽然不同的位点具有不同的进化速率，但是它们都遵循同一个进化过程，只不过速率不同。因此可以通过对 Q 乘以不同的乘数因子 λ_s 来表示位点 s 的进化速率以达到位点间的速率异质。根据式(7 - 4)，在$(t + \mathrm{d}t)$时刻，不同碱基的出现概率为

$$P_s(t + \mathrm{d}t) = P_s(t) + P_s(t) \cdot (\lambda_s \cdot Q) \, \mathrm{d}t$$

目前，研究人员通常使用 Gamma 分布来近似各个位点替代速率的分布，因为 Gamma 分布具有很好的柔性，具有多种由参数 α 决定的形状。当 $\alpha > 1$ 时，分布是钟形的，表示大多数位点的替代速率均接近于平均值。特别是当 $\alpha \to \infty$ 时，所有位点均以同样的速率发生进化。当 $\alpha \leqslant 1$ 时，分布是 L 型的，表明大多数的位点都以较低的速率发生进化，只有一小部分位点以较高速率进化。

7.2　常见的进化树构建算法

目前，国内外许多研究机构、大学都开展了进化树构建算法方面的研究。具体有美国 California 大学、Texas 大学，瑞典 Lund 大学，法国国家科学研究中心，德国 Munich 大学，英国 University College London 大学，复旦大学、北京工业大学、浙江大学、扬州大学、哈尔滨工业大学等。下面将具体讨论进化树构建方法的研究现状。

目前常见的进化树构建算法主要分为两大类：基于最优原则的方法和非基于最优原则的方法。基于最优原则的方法首先定义一个评价进化树"好坏"的标准，然后从所有可能的进化树中找出一个最好的进化树作为最终结果。常见的基于最优原则的方法有最大简约法和最大似然法。非基于最优原则的方法则是通过一系列的步骤来产生一个进化树，最常见的有距离法。

从定义可以看出，基于最优原则的方法相对于非基于最优原则方法的最大优点是它给每个进化树一个评价值，提供了评价进化树好坏的定量标准；但另一方面，从计算复杂度来讲，基于最优原则的方法需要一一评价所有可能的进化树，如式(7-1)所示，n 个对象可以构建的进化树的数目非常庞大。因此，基于最优原则方法的时间复杂度非常高。而由于不需要评价每一个可能的进化树，非基于最优原则的方法要比基于最优原则的方法快得多。如很多距离法可以在多项式时间内完成。

本节首先分别介绍距离法、最大简约法和最大似然法，然后将三种算法加以比较，为后文的进化树构建算法作铺垫。

7.2.1　距离法

距离法包括两个步骤：第一，根据距离估计方法将 DNA 序列转换为距离矩阵；第二，利用某种聚类算法根据距离矩阵构建进化树。其中，进化距离一般是由进化模型估计得到的。具体的估计方法将在 7.5 节详细介绍。下面介绍根据距离矩阵构建进化树的聚类算法。

常见的聚类算法有 UPGMA、Fitch-Margoliash 和邻接法（Neighbor joining），其中应用最广泛的是邻接法。邻接法根据距离矩阵构建进化树的过程是一个贪心过程，它在每一步尽量使得当前树的所有分支长度之和最小。从概念上讲，它首先将所有的叶子节点与一个假定的祖先节点 Y 相连形成一个星型树，然后通过选择、合并两个与 Y 相连的节点来不断地分解节点 Y，直到其度为 3。邻接法的整个计算过程如图 7-5 所示。

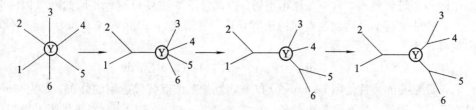

图 7-5　邻接法的计算过程图示

在合并节点时，首先按照式(7-17)构造矩阵 Q，然后选择 Q 值最小的两个节点 i 和 j。

$$Q_{ij} = (r-2)d_{ij} - \sum_{k=0}^{r-1} d_{ik} - \sum_{k=0}^{r-1} d_{jk} \qquad (7-17)$$

其中，d_{ij} 表示节点 i 和 j 之间的距离（假定是对称的，即 $d_{ij}=d_{ji}$），r 表示与 Y 相邻的节点的个数。

选择了节点 i 和 j 之后，产生一个新的节点 C，代表这个新聚类的根节点。分支(C, i) 和 (C, j) 的长度通过式(7-18)计算得到。

$$d_{Ci} = \frac{1}{2}\left(d_{ij} + \frac{R_i - R_j}{r-2}\right), \ d_{Cj} = \frac{1}{2}\left(d_{ij} + \frac{R_j - R_i}{r-2}\right) \qquad (7-18)$$

最后，在距离矩阵中用 C 代替 i 和 j，节点 C 与其他节点 k 的距离根据公式（7-19）得到。

$$d_{Ck} = \frac{1}{2}(d_{ik} - d_{iC}) + \frac{1}{2}(d_{jk} - d_{jC}) \qquad (7-19)$$

算法的每一次迭代中需要 $O(r^2)$ 去搜索 $\min_{i,j} Q_{ij}$、合并 i 和 j，需要 $O(r)$ 去更新距离 d，直到 $r=2$。因此，邻接法的时间复杂度为 $O(n^3)$，空间复杂度为 $O(n^2)$。可见，邻接法的时间复杂度较低，可以用来处理中、大规模数据，并且邻接法具有很好的理论特性，大量实验和理论研究都证明了邻接法具有统计一致性、健壮性和有效性。

7.2.2　最大简约法

最大简约法的理论基础是奥卡姆哲学原理，即解释一个过程最好的理论是所需假设数目最少的那一个。20 世纪 70 年代，提出了用于核苷酸的最大简约法。该方法的基本思想是对于任一给定的拓扑结构，推断出每个位点的祖先状态，计算出该拓扑结构用来解释整个进化过程所需的最小替代数（称为简约计分 $P(T)$）。对所有可能的拓扑结构都进行这样的计算并挑选出所需替代数最小的拓扑结构作为最优进化树。

下面介绍如何计算简约计分 $P(T)$。对于进化树的每个节点 i，用 $X(i)$ 表示该节点的状态即所对应的核苷酸序列，$P(i)$ 表示以节点 i 为根节点的子树的简约计分。现在只知道进化树的叶子节点的 X 值和 P 值，即对于叶子节点 f，$P(f)$ 等于 0，$X(f)$ 为该叶子节点的观察序列。其他节点的 X 和 P 值是通过对树进行后序遍历的方式得到的，即在遍历完节点 i 的左叶子节点 g 和右叶子节点 d 之后才遍历节点 i。$X(i)$ 和 $P(i)$ 是根据 $X(g)$、$X(d)$、$P(g)$ 和 $P(d)$ 按照如下的法则计算得到的

$$\begin{cases} X(i) = X(g) \bigcap X(d), \ P(i) = P(g) \bigcap P(d) & \text{如果 } X(g) \bigcap X(d) \neq \varnothing \\ X(i) = X(g) \bigcup X(d), \ P(i) = P(g) \bigcap P(d) + 1 & \text{否则} \end{cases}$$

树的根节点 r 是最后一个处理的，树 T 的简约计分 $P(T)$ 等于 $P(r)$。对于包含 n 个长度为 m 的序列的进化树来说，计算所有这些节点的 X 和 P 值所需要的时间为 $O(nm)$。虽然可以快速地计算一个进化树的简约计分，但是由于可能进化树的数目非常庞大（如式（7-1）所示），因此从所有可能的进化树中选择最简约进化树是非常困难的，目前已经证明这是一个 NP 难问题。

7.2.3　最大似然法

20 世纪 70 年代末，Felsenstein[4] 提出了基于 DNA 序列的最大似然法。最大似然法认为，对于一组序列，最大似然值越高的进化树越接近于真实的进化树。因此，基于最大似然法的进化树构建算法的基本思想是首先求得每一个可能的进化树的最大似然值，然后从中选出似然值最高的进化树作为最终结果。本章的进化树构建算法都是基于最大似然法的，因此这里将对最大似然法进行详细介绍。

1. 似然值计算

进化树 T 相对于一组序列 S 的似然值 $L(T|S)$ 定义为 $P(S|T)$，即 T 产生 S 的概率。下面介绍如何计算一个进化树的似然值。如前所述，进化模型一般都假定各个位点同等独立进化，则一个进化树相对于一组序列的似然值可以通过每个位点的似然值的乘积得到。

因此，首先介绍如何计算一个位点 s 的似然值 $L(T\mid S[s])$。为了便于说明，以下的计算都以图 7-6 为例，其中各个叶子节点分别用 1、2、3、4、5 表示，内部节点分别用 0、6、7、8 表示，每个节点 i 的状态用 x_i 表示，与节点 i 相关联的分支的长度用 t_i 表示。

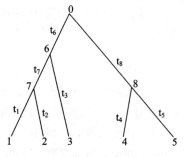

图 7-6　5 个对象的进化树

在计算进化树的似然值时，首先选择任意一个内部节点为根节点，在本例中以节点 0 为根节点。如果进化树的所有节点状态已知，似然函数 $L(T\mid S[s])$ 为沿着进化树每条边的转移概率和根节点 x_0 的先验概率 π_{x_0} 的乘积，即

$$L(T\mid S[s])=\pi_{x_0}p_{x_0x_6}(t_6)p_{x_6x_7}(t_7)p_{x_7x_1}(t_1)p_{x_7x_2}(t_2)p_{x_6x_3}(t_3)$$
$$\times\,p_{x_0x_8}(t_8)p_{x_8x_4}(t_4)p_{x_8x_5}(t_5)$$

但是，内部节点 x_0、x_6、x_7 和 x_8 是未知的，因此要考虑这 4 个节点所有可能的状态，即

$$L(T\mid S[s])=\sum_{x_0}\sum_{x_6}\sum_{x_7}\sum_{x_8}\pi_{x_0}p_{x_0x_6}(t_6)p_{x_6x_7}(t_7)p_{x_7x_1}(t_1)p_{x_7x_2}(t_2)$$
$$\times\,p_{x_6x_3}(t_3)p_{x_0x_8}(t_8)p_{x_8x_4}(t_4)p_{x_8x_5}(t_5) \tag{7-20}$$

根据修剪算法，把式(7-20)重写为

$$L(T\mid S[s])=\sum_{x_0}\pi_{x_0}\left\{\sum_{x_6}p_{x_0x_6}(t_6)\left[\left(\sum_{x_7}p_{x_6x_7}(t_7)p_{x_7x_1}(t_1)p_{x_7x_2}(t_2)\right)p_{x_6x_3}(t_3)\right]\right\}$$
$$\left[\sum_{x_8}p_{x_0x_8}(t_8)p_{x_8x_4}(t_4)p_{x_8x_5}(t_5)\right] \tag{7-21}$$

这样，可以从叶子节点开始按照递归的方式来计算进化树的似然值。具体步骤如下，其中 $L_i(x_i)$ 表示以 i 为根节点的子树的似然值。

（1）如果 i 是叶节点，当 x_i 不是节点 i 的观察状态时，$L_i(x_i)=0$；否则 $L_i(x_i)=1$；

（2）如果 i 是内部节点，其包含两个子节点 j 和 k，则有

$$L_i(x_i)=\left[\sum_{x_j}p_{x_ix_j}(t_j)L_j(x_j)\right]\left[\sum_{x_k}p_{x_ix_k}(t_k)L_k(x_k)\right]$$

（3）如果 i 是根节点，则整个进化树的似然值为 $L(T)=\sum_{x_i}\pi_{x_i}L_i(x_i)$。

整个序列的似然值通过各个位点的似然值的乘积得到。位点似然值通常非常小，因此通常取对数，则 $L(T\mid S)$ 通常表示为

$$L(T\mid S)=\sum_s\lg L(T\mid S[s])$$

从以上叙述可以看出，计算一个进化树的似然值所需要的时间为 $O(mn)$，其中，n 为序列个数，m 为序列长度。

2. 分支长度优化

n 个序列的进化树含有 $2n-3$ 个分支。因此，分支长度优化是一个高维的、非线性的、通常非凸的优化问题。可以直接采用多元优化算法来优化分支长度，但是进化树的似然函数有其自身的特点，直接采用多元优化算法会产生很多重复计算。因此考虑以上计算 $L_i(x_i)$ 的递归过程。当改变分支长度 t_i 时，只会影响节点 i 的祖先节点，与其他节点无关。利用似然函数的这个特点，可以每次优化一个分支，而其他分支保持不变。假定要优化连

接节点 a 和 b 的分支的长度，首先使得进化树以 a 为根节点，整个进化树的似然函数为

$$L = \sum_{x_a} \pi_{x_a} L_a(x_a) \sum_{x_b} p_{x_a x_b}(t_b) L_b(x_b) \qquad (7-22)$$

将式(7-10)代入式(7-22)得

$$L = \sum_{x_a} \pi_{x_a} L_a(x_a) \sum_{x_b} \left\{ \left(\sum_{k=0}^{3} (V_{x_a k} U_{k x_b} \exp(\lambda_k t_b)) \right) L_b(x_b) \right\} \qquad (7-23)$$

式(7-23)只是关于分支长度 t_b 的函数，利用一些迭代优化方法就能求出使得 L 最大的 t_b。目前经常采用的优化方法有 Newton-Raphson 法、Brent 方法和期望最大化（Expectation Maximization，EM）方法等。

3. 最大似然树搜索

n 个对象可以构建的进化树数目非常庞大（参见式(7-1)），并且计算进化树的最大似然值也非常耗时，目前已经证明了构建最大似然进化树的问题是 NP 难的。因此，实际应用中的最大似然法都是基于启发式的。基于启发式的最大似然法主要分为以下三种模式。

1）逐步加入模式

算法首先建立仅包含 3 个序列的初始核心树 t_3，然后以一定的顺序将剩余的序列逐一地加入到当前树上。当向进化树 t_k 添加编号为 $k+1$ 的序列时，t_k 中有 $2k-3$ 个分支，因此，该序列有 $2k-3$ 个可能的插入点。算法依次考察序列 $k+1$ 加入到其中每个分支上的情况。在每次插入之后，计算每个可能的 t_{k+1} 的最大似然值，然后，从所有 $2k-3$ 个可能的 t_{k+1} 中选择具有最高似然值的一个作为 t_{k+1}，用于加入序列 $k+2$。重复这一过程直到所有序列都加入到 t_n 为止。

逐步加入（步加）模式首先由 Felsenstein 提出并应用到 DNAml[4] 中，后来逐渐应用到 fastDNAml、TrExML 中。步加算法的一个重要特征是算法最后得到的进化树取决于序列的加入顺序。一个直观的想法是通过获得一个好的序列加入顺序来提高步加算法。但是研究表明这种做法的效果并不明显。

2）全局模式

算法从一个包含所有序列的进化树开始，然后从当前进化树出发按照某种策略在树空间内进行搜索以寻找更好的进化树。

算法中经常采用的搜索策略是爬山算法，即算法首先从一个起始点开始，然后在其一定的邻域范围内找到一个更好的进化树作为当前进化树，对当前进化树不断重复这个过程直到满足终止条件为止。PHYML、RAxML 都是基于爬山算法的进化树构建算法。但是，研究表明进化树的似然函数通常存在多个局部极优解，而爬山算法本身没有逃离局部极优的能力，因此基于爬山算法的进化树构建算法很容易陷入局部极优。为了提高算法的性能，一些随机搜索技术被逐渐应用到进化树重构中。如基于遗传算法的 GAML、MetaPIGE 和 GARLI，基于模拟退火的进化树构建算法等。

虽然不同的启发式算法具有不同的搜索策略，但是它们的基本思路都是通过一系列的分支交换操作来改善起始进化树，最后得到一个较理想的进化树，并且启发式算法的性能在一定程度上取决于其所采用的分支交换操作。目前，分支交换操作有 4 种：NNI（Nearest Neighbor Interchange）、SPR（Subtree Prune and Regraft）、TBR（Tree Bisection and Reconnection）和 p-ECR（p-Edge Contraction and Refine-ment）。第 3 节会对这些内容进

行详细介绍。

　　3）分治模式

　　虽然直接利用最大似然法构建 n 个序列的进化树需要大量时间，但是对于小规模数据如仅包含 4 个序列的数据集，最大似然法会相对容易地得到最优树。因此，基于分治思想的进化树构建算法——quartet 方法应运而生。它首先把包含 n 个序列的集合 S 分为一个个大小为 4 的子集（每个这样大小的子集称为一个 quartet），然后利用最大似然法推断每个 quartet 的拓扑结构，形成 quartet 拓扑结构集合 Q，最后利用某种重组方法将 Q 中的信息融合到一起形成一个包含所有 n 个序列的进化树。

　　由于现有技术的局限性、分子数据缺失等因素的影响使得无法完全准确地推断出每个 quartet 的拓扑结构，使得得到的 quartet 拓扑结构集合 Q 是不一致的（如果 Q 中所有的拓扑结构都能共存于同一个进化树上，则称 Q 是一致的）。如何根据不一致的集合 Q 准确地推断出进化树是 quartet 方法面临的一个问题。目前出现了很多启发式算法，如 Quartet Puzzling（简称 QP）、WO（Weight Optimization）、Short Quartet 方法、HyperCleaning、HyperCleaning ＊，其中 QP 最为流行。但是，研究表明 QP 以及所有基于 quartet 的方法的准确性都不够高，有待于进一步提高。

7.2.4　算法比较

　　通过以上介绍，从运算速度来讲，距离法的计算速度最快，最大简约法和最大似然法都面临 NP 难问题。

　　从准确性来看，当序列间的分歧度不高且序列较多、够长时，邻接法、最大简约法和最大似然法得到的进化树往往具有相似的拓扑结构。但在实际应用中，各种算法表现出来的性能却大不相同。

　　当序列之间的分歧度比较高，将 DNA 序列转为距离矩阵时往往会丢失一些信息。而距离法的性能依赖于距离矩阵的质量，因此，距离法只有当序列满足某些条件时才会有较高的准确性。

　　最大简约法不依赖于任何进化模型，但进化树的简约计分完全取决于重建祖先序列中的最小突变数，而突变是否按照事先约定的核苷酸最少替代的途径进行是不得而知的。再者，所有分支的突变数不可能相同，由于没有考虑核苷酸的突变过程，使得长分支末端的序列由于趋同进化而显示较好的相似性，导致对"长枝吸引"的敏感。因此，当序列分歧度较高时，最大简约法极可能得出错误的拓扑结构。

　　最大似然法是一种建立在进化模型上的统计方法，具有统计一致性、健壮性、能够在一个统计框架内比较不同的树，而且还可以充分利用原始数据。同时，大量研究表明最大似然法比其他方法更准确。但是，最大似然法的计算复杂度非常高。常见的最大似然法要么是得到的进化树的质量较差，要么是需要花费大量的计算时间。因此有必要研究新的进化树构建方法，使其能够在合理的时间内找到更好的进化树。

7.3　基于邻接法的分支交换操作

　　由于最大似然法的时间复杂度非常高，实际应用中的最大似然法都是基于启发式的，如基于爬山算法的进化树构建算法 PHYML、RAxML 等，基于遗传算法的 GAML、MetaPIGE 和 GARLI，等等。虽然不同的启发式算法有不同的搜索策略，但是其基本思路都是通过一系列的分支交换操作来提高起始进化树的。分支交换操作是一种改变进化树拓扑结构的操作。对进化树进行分支交换操作是，首先找到与之相近的进化树家族（岛屿），然后从岛屿中发掘出最优进化树（山顶）作为当前进化树。分支交换操作所确定的与当前进化树相近的岛屿构成该进化树的邻域空间。不同的分支交换操作所确定的邻域空间不同，邻域空间的大小是衡量分支交换操作搜索能力的一个重要指标。分支交换操作产生的邻域空间越大，则越有可能找到一个更优的拓扑结构。如果一个分支交换操作能够使启发式算法在每一步都能从一个更广的范围内找到一个更优的进化树，一方面可以降低算法陷入局部极优的可能性；另一方面可以加速算法收敛，从而减少算法的运行时间。因此，启发式算法的性能在某种程度上取决于其所采用的分支交换操作的搜索能力。

目前，常见的分支交换操作有 NNI、SPR 和 TBR 三种。它们对包含 n 个对象的进化树进行操作所产生的邻域空间的大小分别为 $O(n)$、$O(n^2)$ 和 $O(n^3)$，可见 TBR 是其中搜索空间最大、陷入局部极优概率最小的一种操作。但研究表明，即使是基于 TBR 的启发式算法，也往往会陷入局部极优，主要是因为 TBR 的搜索空间还不够广。因此，G. Ganapathy[5] 在 2004 年提出了另一种分支交换操作 p-ECR。对包含 n 个对象的进化树进行 p-ECR 操作产生的邻域空间的大小为 $\Omega(2^p n^p)$，如此广的搜索空间能够在一定程度上避免局部极优。并且，p-ECR 的搜索空间的大小取决于 p 值，能够根据实际情况加以调节。但是，如何从如此广的树空间内选择一个最优的进化树是 p-ECR 面临的难题，穷举显然是不可行的。到目前为止，还没有解决这个问题的有效方法。因此在实际应用中，人们往往放弃具有更强搜索能力的 p-ECR，而采用一些搜索能力较弱但易于实现的分支交换操作，如 NNI。

7.3.1　NNI、SPR、TBR 和 p-ECR 搜索能力分析

本小节简单介绍 NNI、SPR、TBR 和 p-ECR 等 4 种分支交换操作，并分析其搜索能力。

1. NNI

对进化树 T 进行 NNI 操作，首先从 T 中选择一条内部边，然后分别从与该内部边的两个端点相连的两个子树或者叶子节点中选择一个进行交换。对一个内部边进行 NNI 操作可以产生两个不同的拓扑结构，如图 7-7 所示。

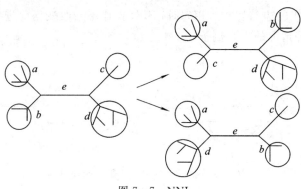

图 7-7　NNI

2. SPR

对进化树 T 进行 SPR 操作，首先从 T 中任意选择一条内部边，将其剪断。这样，整个进化树被分为两部分，即修剪下的分支和剩余的树。剪下的分支断点随后被嫁接到剩余树的其他分支以产生新的拓扑结构（如图 7-8 所示）。

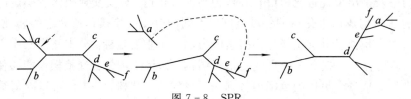

图 7-8　SPR

3. TBR

对进化树 T 进行 TBR 操作，首先从进化树中任意选择一条边，将其删除，这样当前进化树被分割成两个子树，然后通过任意两个分别来自于两个子树的边将两个子树连接在一起，从而产生不同的拓扑结构（如图 7-9 所示）。

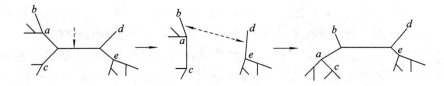

图 7-9　TBR

衡量一个分支交换操作性能的一个标准是该操作所产生的邻域空间的大小。邻域空间越大，则该分支交换操作的搜索空间越广、陷入局部极优的概率越小。下面分析 NNI、SPR 和 TBR 等 3 种操作对包含 n 个对象的进化树 T 进行操作所产生的邻域空间的大小。

（1）对一个内部分支进行 NNI 操作可以产生两个不同的进化树，T 中有 $n-3$ 个内部分支。因此对 T 进行 NNI 操作产生的邻域 $\Gamma_{\text{NNI}}(T)$ 的大小为 $2(n-3)$，即 $2n-6$。

（2）SPR 操作首先从 T 中任意选择一条边并将其分割为两个部分，然后把剪下的分支断点嫁接到剩余树的每个分支上，以产生新的拓扑结构。对于进化树 T，被切割的分支有 $2n-3$ 种选择，被重新嫁接的分支有 $2n-4$ 种选择，但对 T 进行 SPR 操作产生的邻域空间大小并不是 $(2n-3)(2n-4)$，因为其中存在相同的进化树。下面分 3 种情况分析 SPR 所产生的进化树的情况：

① 当被重新嫁接的边与切割边相邻时，SPR 操作不会改变当前进化树的拓扑结构，如图 7-10 所示是这种情况的一个例子。

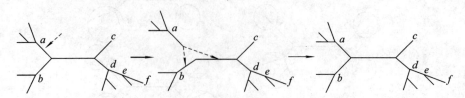

图 7-10　被重新嫁接的边与切割边相邻时的 SPR

② 当被重新嫁接的边与切割边只相隔一条边时，SPR 相当于对该相隔的边进行 NNI 操作，如图 7-11 所示。对 T 进行 NNI 操作产生的邻域空间大小为 $2n-6$，因此，此时的 SPR 产生的邻域空间的大小为 $2n-6$。

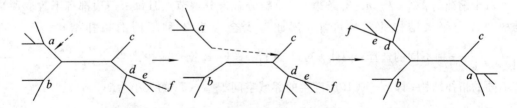

图 7-11　被重新嫁接的边与切割边只相隔一条边时的 SPR

③ 当被重新嫁接的边与切割边相隔的边数多于一条时，每个 SPR 操作都产生一个不同的进化树。这里用边的有序对 (x, y) 表示 SPR 操作，其中 x 和 y 分别表示切割边和重新嫁接边。此时 SPR 产生的进化树的数目为所有可能的有序对的数目 $((2n-3)(2n-4))$ 与对应于第①和②两种情况下的有序对数目之差。

对于第①种情况，每个内部节点有 6 个相关的有序对，所以共有 $6(n-2)$ 个有序对；第②种情况，每个内部边有 8 个相关的有序对，所以共有 $8(n-3)$ 个有序对。这样，在第③种情况下，SPR 产生的邻域大小为

$$(2n-3)(2n-4) - 6(n-2) - 8(n-3) = 4(n-3)(n-4)$$

考虑以上 3 种情况，对 T 进行 SPR 操作产生的邻域 $\Gamma_{\text{SPR}}(T)$ 大小为

$$0 + 2n - 6 + 4(n-3)(n-4) = 2(n-3)(2n-7)$$

（3）根据 TBR 的定义，首先从进化树中随机删除一条边 e，则进化树 T 被分为两个子树 TS_1 和 TS_2，然后再分别从 TS_1 和 TS_2 中任意选择一条边进行连接以产生新的拓扑结构。假定子树 TS_1 和 TS_2 对应的叶子序列集合分别为 A 和 B，则有 $A \cap B = \Phi$，$A \cup B = S$ 和 $|A| + |B| = n$，其中 $|A|$、$|B|$ 分别为集合 A 和 B 的大小。a 表示来自于子树 TS_1 的任意一条边，b 表示来自于 TS_2 的任意一条边。TS_1 中有 $2|A|-3$ 条边，则 a 有 $2|A|-3$ 种可能的选择；同理，b 有 $2|B|-3$ 种可能的选择。因此，对 e 进行 TBR 操作将会产生 $(2|A|-3) \times (2|B|-3)$ 个不同的进化树。因为有 $A \cap B = \varnothing$，$A \cup B = S$，$|A| + |B| = n$，则根据二次函数的特点，当 $|A| = |B| = n/2$ 时，$(2|A|-3)(2|B|-3)$ 取极大值 $(n-3)^2$。而 e 有 $2n-3$ 种可能的选择，因此 TBR 所产生的邻域空间 $\Gamma_{\text{TBR}}(T)$ 最大为 $(2n-3)(n-3)^2$。

通过以上分析可知，对包含 n 个序列的进化树 T 进行 NNI、SPR 和 TBR 操作产生的邻域空间的大小分别为 $2(n-3)$、$2(n-3)(2n-7)$ 和 $(2n-3)(n-3)^2$，并且 3 种邻域的关系满足 $\Gamma_{\text{NNI}}(T) \subseteq \Gamma_{\text{SPR}}(T) \subseteq \Gamma_{\text{TBR}}(T)$。可见，TBR 是搜索空间最广、陷入局部极优概率最低的一种操作。即便如此，TBR 往往也会陷入局部极优，主要是因为 TBR 的搜索空间还不够大。因此，G. Ganapathy[4] 在 NNI 操作的基础上提出了 p-ECR 分支交换操作。

4. p-ECR

对进化树 T 进行 p-ECR 操作包括两个步骤，即首先同时缩减进化树中的 p 条内部边，在这个过程中产生 c 个未分解节点，然后重新分解这 c 个节点直到得到一个二叉树为

止。从进化树中缩减边 $e=(x, y)$ 的具体操作是首先将 e 删除,然后将 e 的两个端点 x 和 y 重叠在一起。

图 7-12 是关于 3-ECR 操作的一个例子,其中虚线表示的边为要缩减的边。

对于缩减的 $k(1 \leqslant k \leqslant n-3)$ 条边,在重新分解未分解节点时每一条边都有不改变原来结构和改变原来结构的两种可能,因此至少会产生 2^k 种不同的拓扑结构。而 k 有 $\dfrac{(n-3)!}{k!(n-3-k)!}$ 种不同的选择,因此,对 T 进行 p-ECR 操作至少产生 $\displaystyle\sum_{k=1}^{p} \dfrac{(n-3)!2^k}{k!(n-3-k)!}$ 个不同的拓扑结构,即 p-ECR 所产生的邻域空间 $\Gamma_{\text{p-ECR}}(T)$ 的大小为 $\Omega(2^p n^p)$。

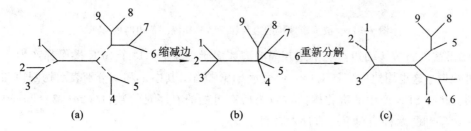

图 7-12　3-ECR 的一个例子

假定 s_u 为缩减 p 条边后产生的未分解节点数,d_i 为第 i 个未分解节点的度,因为 n 个对象可以产生 $(2n-5)!!$ 个不同的(无根)进化树),则完成 p-ECR 操作所产生的邻域空间的大小为 $\displaystyle\prod_{i=1}^{s_u}((2d_i-5)!!)$。当从进化树中缩减 p 条边之后,被缩减边之间的位置关系决定了 s_u 和 d_i,从而进一步决定了 p-ECR 产生的邻域的大小。现在分析缩减的所有 p 条边都相邻和缩减的所有 p 条边都不相邻两种特殊情况。

(1)当缩减的 p 条边都相邻时,只产生一个未分解节点(如图 7-13 所示),下面考虑该节点的度。要缩减的 p 条相邻边形成一个连续的通路,其中含有 $p+1$ 个度均为 3 的节点。则所有这些节点的度之和为 $3(p+1)$。要缩减的 p 条边中的每一条边都与两个节点相关联,因此当缩减 p 条边后,得到的未分解节点的度为 $3(p+1)-2p=p+3$。则对这个未分解节点进行重新分解可以产生 $(2(3+p)-5)!!=(2p+1)!!$ 个不同的进化树。

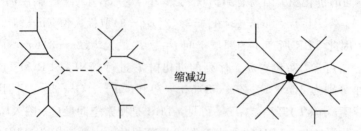

图 7-13　从进化树中缩减 p 条相邻边

(2)当缩减的 p 条边都不相邻时,产生 p 个度为 4 的节点(如图 7-14 所示),则对这 p 个节点进行分解可以产生 $((2\times4-5)!!)^p$,即 3^p 个不同的进化树。

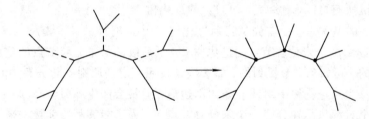

图 7-14　从进化树中缩减 p 条不相邻的边

因此，当缩减的所有 p 条边都相邻时，产生一个度为 $3+p$ 的未分解节点，对该节点进行分解可以产生 $(2p+1)!!$ 个不同的进化树；当缩减的 p 条边互不相邻时，产生 p 个度为 4 的未分解节点，对这些节点进行分解可以产生 3^p 个不同的进化树。其他情况都介于以上两种特殊情况之间。显然，当 $p>1$ 时，有 $(2p+1)!!>3^p$。因此，每运行一次 p-ECR 可以最多产生 $(2p+1)!!$ 个不同的进化树。考虑 p 条边的选取有 $\dfrac{(n-3)!}{p!\,(n-3-p)!}$ 种可能，则对整个进化树完成所有可能的 p-ECR 操作产生的邻域 $\Gamma_{\text{p-ECR}}(T)$ 大小最多为 $\dfrac{(2p+1)!!\,(n-3)!}{p!\,(n-3-p)!}$，即 $\Gamma_{\text{p-ECR}}(T)$ 是 $O(p\,(p+1)\times n^p)$。

故此，p-ECR 具有更广的搜索空间，即 $\Gamma_{\text{p-ECR}}(T)$ 的大小介于 $O(2^p n^p)$ 和 $O(p^{(p+1)}\times n^p)$ 之间，并且，p-ECR 的搜索空间取决于 p 值，能够根据实际需要加以调节。

下面分析 $\Gamma_{\text{p-ECR}}(T)$ 与 $\Gamma_{\text{TBR}}(T)$ 之间的关系。假定 $D=\Gamma_{\text{p-ECR}}(T)\bigcap\Gamma_{\text{TBR}}(T)$，$T'$ 表示 D 中任意的一个进化树。用 $C(T)$ 和 $C(T')$ 分别表示进化树 T 和 T' 中的边，则 $C(T)-C(T')$ 表示属于 T 而不属于 T' 的边的集合。因此有 $|C(T)-C(T')|\leqslant p$。因为 $T'\subseteq\Gamma_{\text{TBR}}(T)$，则 $C(T)-C(T')$ 中的所有边都在同一个通路上，而且除了该通路上的第一条边、最后一条边和完成 TBR 时的切割边之外，通路上的其他边都在 $C(T)-C(T')$ 中。因此，每一个 T' 可以通过位于一个最长为 $p+3$ 的通路上的 3 条边来确定。长度为 $p+3$ 的通路最多有 $(2n-3)2^{(p+2)}$ 个，考虑到所有 p 值，则长度不超过 $p+3$ 的通路最多有 $(2n-3)2^{(p+3)}$ 个。在每个长度不超过 $p+3$ 的通路中有 $p+1$ 个可以用来选择 TBR 中的切割边，则这些通路对应于 D 中的 $p+1$ 个进化树，因此有 $|D|\leqslant(2n-3)2^{p+3}(p+1)$。由于进化树 T 中含有 $2n-3$ 个边，因此，D 中的每一个进化树都对应于 T 中的一个通路，并且每个通路最多表示 $4(p+1)$ 个 D 中的进化树，则 $|D|\leqslant 4(2n-3)^2(p+1)$。因此 $|\Gamma_{\text{p-ECR}}(T)\bigcap\Gamma_{\text{TBR}}(T)|\leqslant\min\{(2n-3)2^{p+3}(p+1),4(2n-3)^2(p+1)\}$，即

$$|\Gamma_{\text{p-ECR}}(T)\bigcap\Gamma_{\text{TBR}}(T)|=O(\min\{n2^p,n^2p\})$$

可见，虽然 p-ECR 具有更广的搜索空间，但它并不能完全包含 TBR 的搜索空间，只是与 TBR 的搜索空间存在着一个交集。有研究表明将 p-ECR 与 TBR 相结合比仅使用 TBR 得到的进化树要好，这说明 p-ECR 的搜索空间可能包含了更优的进化树。因此，p-ECR 能够在一定程度避免局部极优。

7.3.2　p-ECRNJ 操作

借鉴邻接法分解中心节点 Y 的过程，李建伏[6] 提出了 p-ECRNJ 操作，避免了花费大

量的时间去尝试所有可能(最多$(2p+1)!!$)的进化树。

p‐ECRNJ 的基本思想是首先从当前进化树 T 中同时缩减 $p(1\leqslant p\leqslant n-3)$ 条内部边,产生包含 $c(1\leqslant c\leqslant p)$ 个未分解节点的进化树 $T*$,后续的对未分解节点的重新分解是利用邻接法来完成的。正如 7.2 节提到的,邻接法是按照一定的原则不断分解中心节点 Y 的过程(见图 7‐5)。当从进化树中缩减 p 条内部边后,通常会产生 $c(1\leqslant c\leqslant p)$ 个未分解节点。而邻接法的整个过程只是在分解一个未分解节点 Y。为了能够利用邻接法来分解这 c 个未分解节点,p‐ECRNJ 在利用邻接法分解未分解节点之前首先对 $T*$ 进行一个压缩处理。即首先选择一个要重新分解的未分解节点 a,使 $T*$ 以 a 为根节点,然后分别将每个以与根节点相邻的节点为根节点的子树压缩成一个超级节点。这个压缩过程使得 $T*$ 中仅包含一个未分解节点,然后利用邻接法来重新分解该节点。同时,通过这个压缩处理把无关节点都压缩为一个超级节点,隐藏其复杂的结构,从而简化了问题。按照同样的方法处理每一个未分解节点直到 $T*$ 中没有未分解节点为止。

p‐ECRNJ 分支交换操作如下:

(1) 缩减。随机选择并同时缩减 T 中的 p 条内部边,得到进化树 $T*$。

(2) 节点分解。

整个节点分解过程包括如下 3 步:

步骤 1:选择。选择一个未分解点 a,使 $T*$ 以 a 为根节点;

步骤 2:压缩。分别将每个以根节点相邻节点为根节点的子树压缩成超级节点,这时 $T*$ 中只有根节点 a 是未分解的,下一步将利用邻接法对 a 进行分解。

步骤 3:邻接分解。

① 估计 $T*$ 中的节点或者超级节点之间的距离,构造距离矩阵 M。两个节点之间的距离为其所对应序列之间的进化距离,可以利用进化模型进行估计(详见 7.5 节)。两个超级节点间的距离比较复杂,采用如下计算过程。

假定 α 和 β 是两个超级节点,其中 α 表示一个包含 x 个叶子 $\alpha_i(i=0,\cdots,x-1)$ 的子树,β 是包含 y 个叶子 $\beta_i(i=0,\cdots,y-1)$ 的子树,则 α 和 β 之间的距离为

$$d_{\alpha\beta} = \frac{1}{xy}\Big(\sum_{i=0}^{x-1}\sum_{j=0}^{y-1}d_{\alpha_i\beta_j} - \sum_{i=0}^{x-1}d_{\alpha_i\alpha_{i+1}} - \sum_{j=0}^{y-1}d_{\beta_j\beta_{j+1}}\Big) \tag{7-24}$$

一个节点与一个超级节点之间的距离是两个超级节点间距离当 $x=1$ 或者 $y=1$ 时的一个特例。

② 根据公式(7‐17)计算矩阵 Q;

③ 选择满足 $\min_{i,j}Q_{ij}$ 的节点 i 和 j;

④ 产生一个新节点 C,并使用公式(7‐18)估计(C,i) 和 (C,j) 的长度;

⑤ 用 C 取代 M 中的 i 和 j,并根据公式(7‐19)计算 C 与其他节点 k 之间的距离 d_{Ck}。

以上②、③、④、⑤不断重复,直到 $r=2$ 为止。并且,整个节点分解过程中的"缩减—压缩‐邻接分解"三个步骤不断重复直到当前树中没有未分解节点,即未分解节点数 $s_u=0$ 为止。

如图 7‐15 所示是对 2‐ECRNJ 计算过程的一个图示。其中,黑色实心节点表示超级节点,白色空心节点表示内部节点或叶子节点;实线和虚线表示分支,其中,虚线表示要缩减的内部边,被虚线环所包围的节点表示将要分解的节点。

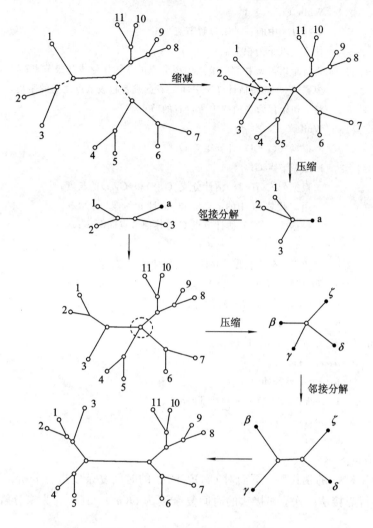

图 7-15 2-ECRNJ 的过程图示

由于 p 条边是随机选择的，因此 p 有 $\dfrac{(n-3)!}{p!\,(n-3)!}$ 种可能的选择。为了节省计算时间，在实际应用中一般只是重复 p-ECRNJ 一定的次数 K，而没有遍历各种可能的情况。K 的大小是根据实际情况由用户确定的，如果有足够的时间可以使 K 为 $\dfrac{(n-3)!}{p!\,(n-3)!}$。p-ECRNJ 分支交换操作的伪代码表示如下：

算法：p-ECRNJ

输入：关于 n 个序列的进化树 T；

输出：关于 n 个序列的进化树 T_{next}；

Begin

1. 设置迭代次数 $k \leftarrow K$，初始化数组 $Tree[1\cdots K]$、$likehihood[1\cdots K]$；

2. While $(k>0)$ do

   2.1 随机选择并同时缩减 T 上的 p 条内部边，产生未分解树 $T*$；

   2.2 初始化 s_u 为 $T*$ 中未分解节点个数；

(a)步　　2.3　While ($s_u > 0$) do

　　　　　　选择 $T*$ 中的一个未分解节点 x；

　　　　　　使 $T*$ 以 x 为根节点；

　　　　　　将每个以与 x 相邻的节点为根节点的子树压缩成超级节点；

　　　　　　根据式(7-24)估计 $T*$ 中两个节点或者超级节点之间的距离；

　　　　　　将 r 初始化为当前树中所含有的节点数；

　　　　　　While (r > 2) do

　　　　　　　　根据式(7-17)计算矩阵 Q；

　　　　　　　　产生新节点 C；

　　　　　　　　根据公式(7-18)估计分支(C, i)和(C, j)的长度；

　　　　　　　　用 C 代替 M 中的节点 i 和 j，且 $r=r-1$；

　　　　　　　　根据式(7-19)估计节点 C 与其他节点间距离；

　　　　　　$s_u \leftarrow s_u - 1$；

(b)步　　2.4　优化 $T*$ 分支长度，并计算其似然值 $f(T*)$；

　　　　2.5　$Tree[k] \leftarrow T*$；

　　　　　　$likehihood[k] \leftarrow f(T*)$；

　　　　2.6　$k \leftarrow k-1$；

　　3. $maxlk = likehihood[1]$；

　　　$maxi = 1$；

　　　for $k \leftarrow 1$ to K do

　　　If $likehihood[k] > maxlk$ Then

　　　　$maxlk \leftarrow likehihood[k]$；

　　　$maxi \leftarrow k$；

End

结合 p-ECRNJ 的伪代码，下面对 p-ECRNJ 的时间复杂度进行分析。分解每个未分解节点需要运行邻接法一次。邻接法的时间复杂度为 $O(n^3)$，其中 n 为未分解节点的度（见 7.2.1 节）。因此，每运行一次 p-ECRNJ 所需要的时间为 $O\left(\sum_{i=1}^{s_u} d_i{}^3\right)$，其中 s_u 为未分解节点的个数，d_i 为第 i 个未分解节点的度。如上一节所述，当从进化树中缩减 p 条边之后，被缩减边的位置关系决定了 s_u 和 d_i。当被缩减的 p 条边相邻时，p-ECRNJ 只产生一个度为 $3+p$ 的未分解节点，则分解该节点需要的时间为 $O((3+p)^3)$，即 $O(p^3)$；当所有的 p 条边都不相邻时，p-ECRNJ 产生 p 个度为 4 的未分解节点，则分解这 p 个节点需要的时间为 $O(4^3 p)$，即 $O(p)$。其他情况介于这两种情况之间。因此，每一次运行 p-ECRNJ 最多需要 $O(p^3)$ 时间去分解所有未分解的节点（(a)步）。每对进化树完成一次 p-ECRNJ 之后，需要计算新得到进化树的最大似然值（(b)步）。这一步需要的时间为 $O(mn)$，其中 n 为序列个数，m 为序列长度。实际上，p-ECRNJ 只改变了进化树的部分结构（p 值相对于 n 往往比较小，因此准确地讲 p-ECRNJ 只是改变了进化树的一小部分），因此在每完成一次 p-ECRNJ 之后计算 $T*$ 的最大似然值 $f(T*)$ 时，没有必要重新优化 $T*$ 的所有分支长度，而只需要优化处于连接 p 条被缩减边通路上的那些分支。这样，可以进一步降低算法的时间复杂度。因此，p-ECRNJ 的时间复杂度为 $O(K*(p^3 + mn))$。

在实际应用中，p‐ECRNJ 可以像其他分支交换操作一样单独使用。比如，为了检验 p‐ECRNJ 的有效性，实验部分采用了一个简单的启发式算法 ECRML：以邻接法产生的进化树为起点，对当前进化树实施 p‐ECRNJ 操作。如果新产生的树较当前进化树具有更好的似然值，则以新产生的进化树为当前进化树，否则当前树保持不变。这个过程需要重复一定的次数。此外，p‐ECRNJ 也可以与其他分支交换操作相结合使用，用以提高其他分支交换操作的效率。

7.4　基于 PSO 的进化树构建算法

粒子群优化算法(Particle Swarm Optimization，PSO)是由 Eberhart 教授和 Kenndy 博士于 1995 年提出的另一种随机搜索算法[7]。该算法模拟鸟群、鱼群、蜂群等动物群体觅食的行为，通过个体之间的相互协作使群体达到寻优目的。与遗传算法类似，PSO 也是一种基于种群的优化算法，同时有多个个体(称为粒子)并行地在空间中进行搜索。在搜索过程中，每个粒子根据自己的飞行经验以及整个群体的飞行经验来动态地调整自己的状态。与其他随机搜索算法相比，PSO 算法具有较好的收敛性，再加上程序实现简单、需要调整的参数少，PSO 算法在许多领域得到了广泛应用。

本节介绍结合 PSO 和 p‐ECRNJ 的进化树构建算法 PSOML(Particle Swarm Qptimization for Maximum Likelihood)。PSOML 采用 PSO 算法的基本框架，每个粒子是一个可能的进化树，每个粒子的适应值为该粒子的最大似然值，迭代中通过 p‐ECRNJ 完成粒子状态的更新，其中 p 值是根据粒子的飞行速度确定的。算法具体步骤如下：

(1) 初始化适应值。

将粒子群中的每个粒子随机初始化为一个可能的进化树。粒子的适应值为该粒子所对应进化树的最大似然值。

(2) 速度 v_i^{k+1} 的计算。

每个粒子 i 在第 $k+1$ 次迭代中的速度 v_i^{k+1} 由式(7‐25)、式(7‐26)得到。

$$v_i^{k+1} = wv_i^k + c_1 \times \text{rand}() \times (p_i - x_i^k) + c_2 \times \text{rand}() \times (p_g - x_i^k) \qquad (7-25)$$

$$x_i^{k+1} = x_i^k + v_i^{k+1} \qquad (7-26)$$

其中，$i=1, 2, \cdots, M$，M 为粒子群中粒子的个数；上标 $k/k+1$ 表示迭代次数。v_i^{k+1} 表示在第 $k+1$ 次迭代中粒子 i 的飞行速度，速度一般被限定在一个区间 $[-v_{\max}, v_{\max}]$ 内，最大速度 $v_{\max}$ 决定了算法的搜索粒度；x_i^k 表示第 k 次迭代时粒子 i 的位置；p_i 表示粒子 i 到目前为止所找到的最优解 $p\text{Best}$；p_g 表示整个群体到目前为止找到的最优解 $g\text{Best}$；加速因子 c_1 和 c_2 分别调节粒子向 $p\text{Best}$ 和 $g\text{Best}$ 方向飞行的最大步长，合适的 c_1 和 c_2 可以加快收敛且使算法不易陷入局部极优；$\text{rand}()$ 表示随机函数，产生 $[0,1]$ 之间的随机数；w 是加权系数，一般在 $0.1 \sim 0.9$ 之间取值。

但是在 PSOML 中，式(7‐25)中每一项都具有新的含义。其中，p_i 表示粒子 i 到目前为止所找到的最好(似然值最高的)进化树，p_g 表示整个种群到目前为止所找到的最好的进化树，x_i^k 表示粒子 i 当前的拓扑结构，$p_i-x_i^k$ 和 $p_g-x_i^k$ 分别表示 p_i 和 x_i^k、p_g 和 x_i^k 之间的拓扑距离。

同一个序列集合 S 的两个进化树 T_1 和 T_2 之间的拓扑距离 d 通常称为 RF（Robinson and Foulds）距离，可以利用式（7-27）计算得到：

$$d = 2[\min(q_1, q_2)-q]+|q_1-q_2| \qquad (7-27)$$

其中，q_1 和 q_2 分别表示 T_1 和 T_2 的内部边数，q 表示 T_1 和 T_2 中相同的内部边数。从进化树中删除一条边 e 将会使整个进化树 T 分为两个分离的子树 TS_1 和 TS_2。假定 TS_1 和 TS_2 中包含的叶子序列集合分别表示为 A 和 B，则有 $A\cap B=\Phi$，$A\cup B=S$ 和 $|A|+|B|=n$，其中 $|A|$、$|B|$ 分别为集合 A 和 B 的大小，称 (A, B) 是由边 e 产生的序列分割。每条边 e 对应于一个唯一的序列分割 (A, B)。因此，评价分别来自于进化树 T_1 和 T_2 的两条边是否相同就看它们所产生的序列分割是否相同。因为对于同一序列集合上的两个进化树的外部边所产生的序列分割总是相同的，所以在计算同一序列集合上的两进化树的拓扑距离时只考虑内部边。下面以图7-16中的 T_1 和 T_2 为例来说明如何计算两个进化树之间的 RF 距离。T_1 中的5条内部边以序列分割的形式表示为((1, 2), (3, 4, 5, 6, 7, 8))，((1, 2, 3), (4, 5, 6, 7, 8))，((1, 2, 3, 4), (5, 6, 7, 8))，((1, 2, 3, 4, 7, 8), (5, 6))，((1, 2, 3, 4, 5, 6), (7, 8))；T_2 中包含的5条内部边以序列分割的形式表示为((1, 2), (3, 4, 5, 6, 7, 8))，((1, 2, 3), (4, 5, 6, 7, 8))，((1, 2, 3, 5), (4, 6, 7, 8))，((1, 2, 3, 5, 7, 8), (4, 6))，((1, 2, 3, 4, 5, 6), (7, 8))。可见，T_1 和 T_2 中相同的序列分割为((1, 2), (3, 4, 5, 6, 7, 8))，((1, 2, 3, 4), (5, 6, 7, 8))和((1, 2, 3, 4, 5, 6), (7, 8))，即 T_1 和 T_2 有3个相同的内部边。根据式（7-27），T_1 和 T_2 的 RF 距离为 $d=2\times(5-3)=4$。对于两个完全分解进化树来说，q_1 和 q_2 一般是相同的，则两个进化树之间的拓扑距离为两者所包含的不同内部边数的两倍。n 个序列的无根进化树有 $n-3$ 个内部分支，因此 d 最多为 $2(n-3)$。

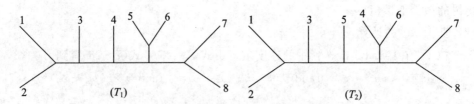

图7-16　两个包含8个序列的无根树

（3）x_i^{k+1} 的计算。

在 PSOML 中，x_i^{k+1} 表示粒子 i 在第 $k+1$ 次迭代时的状态，即拓扑结构。由于当前的搜索空间是由不同的进化树构成的，是非连续的，因此不能直接利用式（7-25）来计算 x_i^{k+1}。在 PSOML 中，x_i^{k+1} 是通过对粒子 i 的当前状态 x_i^k 完成 p-ECRNJ 来实现的。其中 p 为自然数，其大小是由 v_i^{k+1} 决定的。为了便于计算，本文设 p 为大于 $|v_i^{k+1}|$ 的最小整数，其中 $|v_i^{k+1}|$ 表示 v_i^{k+1} 的绝对值。

（4）终止条件。

本算法的终止条件是，在一定的迭代次数 Δt 内不再有更好的解（似然值的提高小于

0.05)出现或者达到了最大迭代次数 $k_{\max}$。

PSOML 的整个算法过程如下：

算法：PSOML

输入：n 序列集合 S

输出：关于集合 S 的进化树 T

Begin

 1. 初始化

  ① 初始化参数：粒子群中粒子的个数 M，最大速度 $v_{\max}$，最大迭代次数 $k_{\max}$，算法迭代次数 k；

  ② 初始化粒子群中的每个粒子；

  ③ 计算每个粒子的似然值；

  ④ 初始化 p_i 和 p_g。

 2. While(终止条件＝false) do

  ① 计算每个粒子 i 的速度 v_i^{k+1}；

  ② 计算 $p=\lfloor |v_i^{k+1}| \rfloor$；

  ③ 对 x_i^k 实施 p-ECRNJ 操作得到 x_i^{k+1}；

  ④ 计算 x_i^{k+1} 的最大似然值；

  ⑤ 如果 x_i^{k+1} 的似然值比 p_i 的似然值高，则用 x_i^{k+1} 取代 p_i；

  ⑥ 如果 p_i 的似然值高于 p_g 的似然值，则用 p_i 取代 p_g；

  ⑦ $k \leftarrow k+1$；

 3. 返回 p_g

End

通过以上介绍可以看出，在 PSOML 的整个搜索过程中，PSO 不断地根据搜索空间内解的分布情况指导 p-ECRNJ 在一个合适的空间内进行搜索。当粒子的当前状态与全局最优解的距离较远时，即粒子的速度较大时，p-ECRNJ 在一个较广的范围内进行搜索，以最大限度地找到一个更优的进化树；当粒子的当前状态与全局最优解的距离较近时，即粒子的速度较小时，p-ECRNJ 被局限在一个较小的空间内以较快的速度搜索最优进化树。可见，PSO 与 p-ECRNJ 的结合能使算法在一个相对合理空间和时间内进行搜索。

7.5　结合 QP 和邻接法的进化树构建算法

虽然直接利用最大似然法构建 n 个序列的进化树需要花费大量的时间，但是对于小规模数据，最大似然法能相对容易地得到进化树。因此，基于分治思想的进化树构建算法——quartet 方法得到了人们的极大关注。quartet 方法的基本思想是，首先把包含 n 个序列的集合 S 划分为一个个大小为 4 的子集（每一个这样大小为 4 的子集称为一个 quartet），然后利用最大似然法来推断每个 quartet 的拓扑结构形成 quartet 拓扑结构集合 Q，最后利用某种重组技术将 Q 融合到一起形成一个包含 n 个序列的进化树。quartet 方法的基本结构如图 7-17 所示。

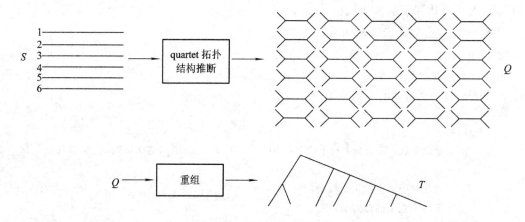

图 7-17   quartet 方法的基本结构

quartet 方法的一个基本前提是每个进化树 T 都与一个唯一的 quartet 拓扑结构集合 Q_T 相对应，即一个 Q_T 能够唯一地确定一个进化树。而且，如果 Q_T 已知，则可以在多项式时间内根据 Q_T 构造出 T 来。但是 Q_T 是未知的，目前已知的只是序列集合 S。因此，只能根据给定的 S 找到 Q_T 的一个估计 Q，使得 Q 与 Q_T 尽可能得接近，然后根据 Q 构建进化树 T。每个 quartet 有 3 个不同的拓扑结构，如图 7-18 所示，$\{a, b, c, d\}$ 的 3 个可能的拓扑结构为 $ab|cd$，$ac|bd$，$ad|bc$，其中 $xy|zv$，x，y，z，$v \in \{a, b, c, d\}$ 表示在进化树中从 x 到 y 的通路与从 z 到 v 的通路没有交集，即相比较而言，x 和 y 距离更近，z 和 v 距离更近。删除进化树 T 中除 a、b、c、d 之外的所有叶子节点，则得到一个唯一的关于 $\{a, b, c, d\}$ 的拓扑结构，该拓扑结构称为 $\{a, b, c, d\}$ 与 T 一致的拓扑结构（如图 7-19 所示）。可见，每个 quartet 的 3 个不同的拓扑结构中有且仅有 1 个是正确的，即与进化树 T 是一致的。从这个角度讲，T 是由 $n(n-1)(n-2)(n-3)/24$ 个 quartet 拓扑结构组成的，每一个 quartet 拓扑结构分别表示一个不同 quartet 与 T 一致的拓扑结构。

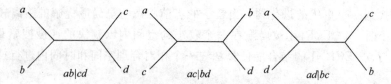

图 7-18 $\{a, b, c, d\}$ 的 3 个可能的拓扑结构

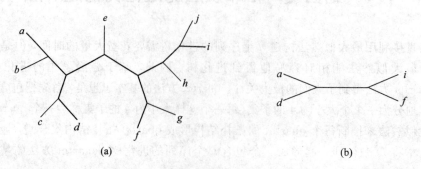

图 7-19   一个包含 10 个序列的进化树以及 $\{a, d, i, f\}$ 与其相一致的拓扑结构

通常利用最大似然法估计 Q，即首先计算每个 quartet 的 3 个可能的拓扑结构的最大似然值，然后选择似然值最高的一个拓扑结构作为该 quartet 与 T 一致的拓扑结构。尽管最大似然法的时间复杂度很高，但是它能快速地推断出一个仅包含 4 个序列的 quartet 的拓扑结构。但问题在于，无论最大似然法多么准确，由于进化模型及参数的选取、分子数据的特点以及其他因素的影响都会使得最大似然法不可能完全准确地推断出所有 quartet 的拓扑结构。因此估计得到的 Q 往往含有一定的错误，致使不能构建一个同时包含 Q 中所有拓扑结构的进化树。同时，哪些 quartet 拓扑结构是错误的是不得而知的。所以，quartet 方法面临的一个难题是根据含有错误的 Q 如何采用有效的重组技术尽可能准确地构建出包含所有序列的进化树。由于 Q 中的错误是少数的，所以可以通过求解最大 quartet 一致性问题（Maximization Quartet Consistency）来完成 Q 的重组，即找到一个进化树 T'，使得 $|Q_{T'} \cap Q|$ 尽可能大。不幸的是，最大 quartet 一致性问题是一个 NP 难问题。于是，就 Q 重组的问题有了很多启发式算法，如 QP、WO、short quartet、HyperCleaning、HyperCleaning $*$，其中 QP 最为流行。QP 的基本思想是，首先利用最大似然法估计 Q，然后将所有序列随机排序，接着从包含前 4 个序列的 quartet 的拓扑结构开始，根据 Q 中包含的信息按照一个简单的步加策略将所有序列逐步加入到当前进化树上，得到一个包含 n 个序列的进化树。由于按照步加策略得到的进化树与序列的加入顺序相关，因此 QP 重复上述过程多次，最后将多次运行得到的进化树的多数一致树作为最终结果。

从理论上讲，QP 是一种非常理想的方法，通过分治策略避免了最大似然法高度的时间复杂性（QP 的时间复杂度为 $O(n^4)$，n 为序列的个数）。但是研究表明，QP 以及目前所有 quartet 方法的准确性并不像人们所期望的那样高，甚至比邻接法还低。

邻接法是一个根据距离矩阵构建进化树的聚类过程，其准确性及统计一致性都已经得到了理论证明和实验验证。但是，邻接法的准确性依赖于作为输入的距离矩阵的质量。只有当估计得到的距离是准确的或者估计误差在一定范围之内时，邻接法才能准确地得到进化树。而当序列距离较远时，现有的距离估计方法都会产生错误。长分支一直是困扰邻接法的一个问题，虽然目前针对长分支问题已经提出了很多改进策略，但是其效果不是很明显。

本节介绍一种结合 QP 和邻接法的进化树构建算法 QPNJ（Quartet Puzzling and Neighbor Joining）。QPNJ 的基本思想是首先用最大似然法估计 quartet 拓扑结构集合 Q，然后根据 Q 估计序列之间的进化距离，构成距离矩阵 M，最后利用邻接法根据 M 构建进化树。理论上，QPNJ 中 QP 和邻接法的这种结合方式可以达到取长补短的效果。一方面，利用更有理论依据的邻接法来完成 Q 的重组必定会提高 QP 的准确性；另一方面，利用包含 4 个序列的 quartet 来估计序列之间的进化距离，可以在一定程度上避免邻接法的长分支问题。

7.5.1　QP 算法

QP 主要包括 Q 估计、Q 重组和求多数一致树三个部分，下面对这些内容一一进行介绍。

1. Q 估计

首先分别计算每个 quartet 的三个可能的拓扑结构 q_1、q_2、q_3（如图 7-18 所示）的最大

似然值 m_1、m_2、m_3，然后从中选择具有最大似然值的一个 $q_i(i=1,2,3)$ 作为该 quartet 的拓扑结构。如果有两个或者三个拓扑结构具有同样最高的似然值，则从中任意选择一个。按照上述方法估计所有 quartet 的拓扑结构，构成集合 Q。

2. Q 重组

按照一个简单的步加策略，将 Q 融合到一起形成一个包含 n 个序列的进化树，即首先将 n 个序列随机排序，然后按照这个顺序将序列逐步加入到当前的进化树上。

假定 n 个序列分别用 $1,2,3,\cdots,n$ 表示。将 n 个序列随机排序，假定序列的顺序为 $1,2,3,\cdots,n$。选择前 4 个序列 $1,2,3,4$ 的 quartet 拓扑结构作为种子，在每一步 i，当前进化树 T_{i-1} 所包含的序列集合为 $s_i=\{1,2,3,\cdots,i-1\}$，QP 要在这一步将序列 i 加入到当前树上，i 所加入的位置是利用给边打分的方法来确定的。

首先，将当前进化树中每一条边的罚分初始化为 0。

然后考虑所有形如 $xi|yz$ 的 quartet 拓扑结构，其中 x,y,z 是当前树上的任意 3 个叶子节点，i 是待加入序列。对于每一个这样的 quartet 拓扑结构，将当前进化树 T_{i-1} 中从 y 到 z 通路上的每一条边的罚分增加 1。

最后将 i 加入到罚分最低的一条边上。

图 7-20 用一个简单的例子说明了确定序列 i 加入位置的过程。假设 $S=\{1,2,3,4,5\}$，第一步估计得到的 Q 为 $\{12|34,15|23,15|24,13|45,24|35\}$。将 S 中的序列随机排序，假定序列的顺序为 $1、2、3、4、5$。首先以前 4 个序列 $1、2、3、4$ 的 quartet 拓扑结构 $12|34$ 作为种子，下一步加入序列 5。在确定序列 5 的加入位置时应该考虑所有形如 $ij|k5$ 的 quartet 拓扑结构，其中 $i,j,k\in\{1,2,3,4\}$，将当前进化树中从 i 到 j 通路上的每一条边的罚分增加 1。最后将 5 加入到罚分最低的一条边上。

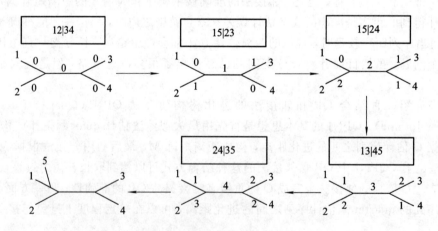

图 7-20　序列 5 的加入过程

3. 求多数一致树

在 Q 重组时，序列的加入顺序是随机确定的，而根据步加策略得到的进化树往往依赖于序列的加入顺序。因此，QP 进行多次 Q 重组，最后以多次运行得到的进化树的多数一致树作为最终结果。

QP 算法的伪代码如下：

算法：QP

输入：n 个序列的集合 $S=\{\ s_1,\ s_2,\ s_3,\ \cdots,\ s_n\ \}$；

输出：关于 S 中 n 个序列的进化树 T

Begin

    (1) for $i=1$ to $(n-3)$ do

       for $j=(i+1)$ to $(n-2)$ do

         for $k=(j+1)$ to $(n-1)$ do

           for $l=(k+1)$ to n do

              用最大似然法估计 $\{s_i,\ s_j,\ s_k,\ s_l\}$ 的拓扑结构；

    (2) 设置最大迭代次数 K，$k=0$；

       While$(k<K)$ do

       将集合 S 中的序列随机排列为 $s_1,\ s_2,\ \cdots,\ s_n$；

       用 T_4 表示 quartet$\{s_1,\ s_2,\ s_3,\ s_4\}$ 的拓扑结构；

       初始化 T_4 中边的罚分；

       for $i=4$ to $(n-1)$ do

        $X=s_{i+1}$；

         for $j=1$ to $(i-2)$ do

           for $k=(j+1)$ to $(i-1)$ do

            for $l=(k+1)$ to i do

              假定 $q_X=\{X,\ s_j,\ s_k,\ s_l\}$ 的拓扑结构为 $Xy\mid zw\ (y,z,w)\in\{\ s_j,\ s_k,\ s_l\}$，则 T_i

中 z 和 w 的通路罚分增加 1；

           找到 T_i 中罚分值最低的边，将 X 插入到该边；

           当前进化树表示为 T_{i+1}；

           更新 T_{i+1} 中边的罚分；

       $Tree_K \leftarrow T_n$；

       $k \leftarrow k+1$；

    (3) 计算所有 $Tree_k\ (k=0,1,2,\cdots,K-1)$ 的多数一致树 M_T。

    (4) 返回 M_T。

End

下面分析 QP 的时间复杂度。QP 中最耗时的部分是前两步，即 Q 估计和 Q 重组。用最大似然法估计一个 quartet 的拓扑结构所需要的时间为 $O(m)$，其中 m 为序列的长度，则完成所有可能的 $n(n-1)(n-2)(n-3)/24$ 个 quartet 拓扑结构的估计需要的时间为 $O(mn^4)$。Q 重组最耗时的部分是当前进化树边的罚分的计算。计算连接两个叶子节点 a 和 b 通路上边的罚分的时间复杂度为该通路的长度。这里通路的长度为该通路上边的个数。进化树中最长通路的长度取决于树的结构特征。对于毛虫式进化树（如图 7-21 中的(a)所示），最长通路的长度为 $i-1$；对于完全二叉树（如图 7-21 中的(b)所示），最长通路的长度为 $2\times\lceil\ln i\rceil$，其中 i 为进化树中叶子节点的个数。因此在最坏情况下，计算边的罚分的时间复杂度为 $O(i)$。在每一步加入序列 i 时，需要考虑 $C_{i-1}^3=(i-1)(i-2)(i-3)/6$ 个不同的 quartet 拓扑结构，则在确定序列 i 的加入位置时需要花费的时间为 $C_{i-1}^3 \cdot O(i)\subset O(i^4)$。因此，整个 Q 重组过程所需的时间为 $\sum\limits_{i=1}^{n} i^4 \subset O(n^5)$。后来，通过采用罚分邻接矩阵避免了在每次加入序列 i 时都要遍历当前树，降低了重组过程的时间复杂度。现在常用的重组过程的时间复杂度为 $O(n^4)$。因此整个 QP 算法的时间复杂度为 $O(n^4)$。

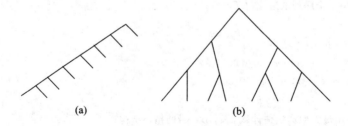

图 7-21　树的两种特殊结构

可见，QP 通过分治策略避免了最大似然法高度的时间复杂性，其时间复杂度略高于邻接法 $O(n^3)$，可以用来处理中、大规模数据。但是研究表明，QP 的准确性远远不如人们所期望的那么高，甚至比距离法的准确度还要低。目前针对 QP 也提出了一些改进算法，如 WO 将 QP 的步加策略进行了修正，虽然比 QP 更准确，但 WO 的准确性仍低于邻接法。因此，如何有效地将不一致的 Q 进行重组仍然是 QP 面临的一个问题。

7.5.2　邻接法

邻接法是根据距离矩阵构建进化树的一个聚类过程，具有很好的理论特性，如统计一致性、健壮性和准确性。但是，邻接法像其他聚类算法一样，其性能都取决于作为输入的距离矩阵的质量。研究表明，只有当估计得到的进化距离是准确的或者估计误差在一定的范围之内时，邻接法才能准确地得到进化树。

目前 DNA 序列之间的进化距离一般是直接用进化模型估计得到的。下面以 JC 模型为例说明如何利用进化模型估计进化距离。

DNA 进化速率是指单位时间内核苷酸改变的次数，JC 模型中 DNA 的进化速率为 3α。假定在 t 年前从共同祖先分化出两条核苷酸序列 X 和 Y，可以用每个位点发生的核苷酸替代数的期望估计 X 和 Y 之间的进化距离 d，即 $d=2\times3\alpha t$。根据等式(7-13)，在 $2t$ 时间后两序列含有的不同核苷酸所占比例的期望为 $p_{\neq}(2t)$ 为 $3(1-e^{-8\alpha t})/4$。用 k 表示两序列中不同核苷酸的个数，l 表示序列长度，可以用 k/l 估计 $p_{\neq}(2t)$，则得到 $k/l=3(1-e^{-8\alpha t})/4$。因此，$X$ 和 Y 之间的进化距离 $d(=6\alpha t)$ 的估计为

$$\hat{d} = -\frac{3}{4}\ln\left(1 - \frac{4}{3}\times p\right), \quad p = \frac{k}{l} \tag{7-28}$$

可见，利用 JC 模型估计进化距离非常简单，只要将相应的 k 和 l 代入式(7-28)即可。但是，只有当 $p<3/4$ 时，式(7-28)中的对数才有意义，如果 $p\geqslant3/4$，则不能利用式(7-28)来计算进化距离。而当两序列距离较远时，很可能有 $p\geqslant3/4$。因此，当序列距离较远时，对于 JC 模型而言，进化距离是没有定义的。研究表明，利用任何进化模型估计序列进化距离时都会产生这种没有定义的情况。并且，随着模型复杂程度的增加，出现没有定义情况的概率也会逐渐增加。下面分析较为复杂的 K2P 模型估计进化距离时出现没有定义的情况。

对于 K2P 模型，从 t 年前共同祖先分化出的两条核苷酸序列 X 和 Y 之间的进化距离 d

为 $2(\alpha+2\beta)t$。根据式(7-15)，在 $2t$ 时间后两序列发生转换的概率 $p_s(2t)$ 为 $(1-\mathrm{e}^{-8\beta t})/2$，发生颠换的概率 $p_v(2t)$ 为 $(1-\mathrm{e}^{-4(\alpha+\beta)t}+\mathrm{e}^{-8\beta t})/4$。用 k_s 和 k_v 分别表示两序列发生转换和颠换的位点数，分别用 k_s/l 和 k_v/l 估计 $p_s(2t)$ 和 $p_v(2t)$，得到

$$\beta t = -\frac{1}{8}\ln\left(1-2\frac{k_v}{l}\right), \qquad \alpha t = \frac{1}{4}\ln\left(1-2\frac{k_s}{l}-2\frac{k_v}{l}\right)+\frac{1}{8}\ln\left(1-2\frac{k_v}{l}\right)$$

则 X 和 Y 之间的进化距离 $d(=2(\alpha+2\beta)t)$ 的估计为

$$\hat{d} = -\frac{1}{2}\ln\left(1-2\frac{k_s}{l}-\frac{k_v}{l}\right)-\frac{1}{4}\ln\left(1-2\frac{k_v}{l}\right) \tag{7-29}$$

通过式(7-29)可以看出，K2P 模型会出现没有定义的情况是因为其中含有两个对数项。当 $1-2k_s/l-k_v/l$ 变为 0 时第一个对数项没有定义，$1-2k_v/l$ 变为 0 时第二个对数项没有定义。$1-2k_s/l-k_v/l$ 变为 0 的速率由转移速率 α 决定，而 $1-2k_v/l$ 变为 0 的速率由颠换速率 β 决定。转换通常比颠换快。因此，即使当进化距离很小时，转换的饱和也会使式(7-29)出现没有定义的情况。所以当进化距离较短时，K2P 模型产生没有定义的情况概率要比 JC 模型高。

为了解决进化模型中出现的没有定义的情况，有人提出利用最大似然法估计进化距离，即首先构造一个仅包含两个待估计序列的进化树，然后利用最大似然法求使得该进化树似然值最大的分支长度。该分支长度即为两序列进化距离的一个估计。研究表明，这种方法虽然比直接利用进化模型要好，但当序列之间的进化距离接近于某一值时，其产生的错误也是非常显著的。

可见，当序列距离较远时，现有的距离估计方法，无论是进化模型还是最大似然法都会产生错误，进而影响了邻接法的准确性，这种现象称为长分支问题。长分支一直是困扰邻接法的一个问题。近几年来，出现了大量的研究以提高邻接法，主要包括以下三个方面：

(1) 在聚类过程中考虑估计的进化距离的质量，采用一定的策略降低长分支的可信度，其中两个流行的改进算法是 BioNJ 和 Weightor。两个算法在性能提高的同时都与邻接法具有一样的时间复杂度——$O(n^3)$，它们都采用了与邻接法相同的聚类过程，只不过 BioNJ 在计算新的节点 C 与其他节点之间的距离时考虑估计进化距离的质量，使用统计测试计算每个合并节点的权重，而 Weightor 在选择节点进行合并时惩罚长分支。

(2) 借助最大似然法纠正邻接法中产生的不可靠分支。如 NJML 将邻接法得到的进化树中 Boostrap 值低于某一个阈值的分支删除，然后利用最大似然法对该分支进行重新估计。

(3) 提高进化距离估计的质量。研究表明增加序列个数有助于打破长分支。

7.5.3 QPNJ 算法

QPNJ 是结合邻接法和 QP 的进化树构建算法，它的基本思想是，首先利用最大似然法估计每个 quartet 的拓扑结构，然后根据所有相关 quartet 进化树中序列之间进化距离的平均值构造距离矩阵 M，最后利用邻接法根据 M 构建进化树。

(1) 利用最大似然法估计每个 quartet 的拓扑结构。

和 QP 一样，首先计算每个 quartet 的 3 个可能的拓扑结构的最大似然值，然后从中选择似然值最高的一个作为该 quartet 的拓扑结构。如果 2 个或者 3 个拓扑结构具有同样最高的似然值，则从中任意选择一个。

按照最大似然法的基本原理，在计算进化树的最大似然值时，需要优化分支长度。目前通常采用一些迭代优化算法来优化分支长度，如 EM 算法或 Newton-Rapson 方法，这个优化过程每一次迭代都需要花费大量时间。而这里的目的只是从 3 个可能的 quartet 拓扑结构中选择具有最高似然值的一个，没有必要严格采用这些耗时的分支长度优化过程。因此，QPNJ 首先利用快速的最小二乘法来估计每个 quartet 的 3 个可能的拓扑结构的分支长度，接着计算每个可能的 quartet 拓扑结构的似然值，然后选择似然值最高的一个作为该 quartet 的拓扑结构。为了避免分支长度的误差给整个算法带来影响，最后再利用迭代方法优化每个 quartet 的拓扑结构分支长度。

(2) 构造距离矩阵 M。

在计算任意两个序列 a、b 之间的进化距离时，考虑在所有形如 $q=\{a, b, c, d\}$ 的 quartet 的拓扑结构中 a、b 之间的距离，其中 c、d 为任意不同于 a、b 的两个序列。则序列 a、b 之间的进化距离定义为

$$M(a, b) = \sum_{\forall c, d \in S, a, b, c, d \in q} M_q(a, b)$$

其中，$M_q(a, b)$ 表示 q 拓扑结构中序列 a 和 b 之间的进化距离。在一个进化树 T 中，序列 a 和 b 之间的进化距离为 T 中连接两个节点所对应的叶子节点的通路长度，即 $\sum_{x \in \text{Path}(a, b)} E(x)$，其中 $\text{Path}(a, b)$ 为连接序列 a 和 b 所对应节点的通路，$E(x)$ 表示边 x 的长度。

而对于序列 a 和 b，形如 $\{a, b, c, d\}$ 的 quartet 有 $(n-2)(n-3)/2$ 个。最后以所有相关 quartet 进化树中进化距离的平均值作为 a、b 之间的进化距离，即

$$M(a, b) = \frac{\left(\sum_{\forall c, d \in S, a, b, c, d \in q} M_q(a, b)\right)}{\left(\frac{(n-2)(n-3)}{2}\right)}$$

(3) 构建进化树。

利用邻接法根据距离矩阵 M 得到进化树。

结合以上描述，QPNJ 的伪代码表示如下：

```
算法：QPNJ
输入：序列集合 S={s₁, s₂, …, sₙ};
输出：关于 S 中 n 个序列的进化树 T;
Begin
    for i←0 to (n−3) do
        for j ← (i+1) to (n−2) do
            for k ← (j+1) to (n−1) do
                for l ← (k+1) to n do
                Ctree₁ = (ij|kl);
                用最小二乘法估计 Ctree₁ 的分支长度;
                计算 Ctree₁ 的似然值 d₁;
                Ctree₂ = (ik|jl);
                用最小二乘法估计 Ctree₂ 的分支长度;
(a)             计算 Ctree₂ 的似然值 d₂; Ctree₃ = (il|jk);
                用最小二乘法估计 Ctree₃ 的分支长度;
```

計算 $Ctree_3$ 的似然值 d_3；

$d_{max} = \max\{d_1, d_2, d_3\}$；

if $d_{max} = d_1$ then

迭代优化 $Ctree_1$ 的分支长度；

更新距离矩阵 M；

else if $d_{max} = 2$ then

优化 $Ctree_2$ 的分支长度；

更新距离矩阵 M；

else

优化 $Ctree_3$ 的分支长度；

更新距离矩阵 M；

将 r 初始化为 M 中节点的个数；

While $(r > 2)$ do

利用公式(7-2)计算矩阵 Q；

合并满足具有最小 Q 值的 i 和 j，产生新节点 C；

(b) 根据公式(7-3)估计(C, i)和(C, j)的长度；

用 C 取代 M 中的 i 和 j，$r \leftarrow r-1$；

利用公式(7-4)估计 C 与其他节点 k 之间的距离 d_{Ck}；

返回构建的树；

End

下面根据伪代码分析 QPNJ 的时间复杂度。利用最小二乘法估计每个 quartet 拓扑结构的分支长度需要的时间为常数；当进化树的分支长度已知时，计算一个 quartet 进化树的似然值所需要的时间为 $O(m)$，其中 m 为序列的长度；利用迭代算法优化一个 quartet 拓扑结构的分支长度需要的时间为 $O(m)$。考虑所有可能的 $n(n-1)(n-2)(n-3)/24$ 个 quartet，则利用 QPNJ 算法估计 quartet 拓扑结构、构造距离矩阵(伪代码中的(a)步)所需要的时间为 $O(mn^4)$。而利用邻接法根据距离矩阵构建进化树（伪代码中的第(b)步）需要的时间为 $O(n^3)$。因此，整个 QPNJ 的时间复杂度为 $O(n^4)$。理论上，QPNJ 与 QP 具有相同的时间复杂度。但是，更准确地讲，由于 QP 需要 K 次迭代，QP 实际的运行时间为 $O(mn^4 + Kn^4)$，而 QPNJ 实际的运行时间为 $O(mn^4 + n^3)$，因此在实际应用中 QPNJ 花费的时间比 QP 少。

以上描述的 QPNJ 方法利用邻接法来完成 quartet 拓扑结构集合 Q 的重组。需要指出的是，QP 与邻接法的这种结合方式不是唯一的，也可以利用其他优秀的聚类算法如 Weightor 像邻接法一样来完成 Q 的重组。

7.6 基于同伦方法的 SEM 算法

近几年来，机器学习技术蓬勃发展，为许多实际问题的解决提供了很好的技术支持。机器学习理论在诸多应用领域得到了成功的应用和发展，如采用机器学习方法的计算机程序已被成功用于机器人下棋、语音识别、信用卡欺诈监测、自主车辆驾驶等。除此之外，各种机器学习方法也逐渐渗透到生物信息学研究中并得到了迅速发展，如支持向量机等一些聚类技术被用于基因芯片数据的分析等。

各种机器学习方法的大量充斥，使得人们也开始以机器学习的思维考虑进化树重构问题。结构期望最大化算法（Structural Expectation Maximization，SEM）的提出给进化树的研究开辟了一个新的思路。SEM 通过迭代交替搜索的简单方式来简化不完全数据下模型结构的最大似然估计问题，即首先假定一个模型结构，然后不断地利用模型中包含的信息来估计隐变量，并利用隐变量的最优估计来对模型进行修正。因为具有全局收敛、容易实现等优点，SEM 算法在概率图模型的结构估计和贝叶斯网学习中得到了广泛应用。

根据当前物种序列构建进化树是一个典型的从非完全数据中学习的问题：对进化树而言，只知道叶子节点而内部节点未知。2002 年，Friedman[8] 提出了基于 SEM 的进化树构建算法 SEMPHY（SEM for Phylogeny），并取得了一定的成功。SEMPHY 一方面避免了在庞大的树空间内进行随机搜索；另一方面，它将似然函数的优化转化为一个组合优化问题，从而避免了不断地重复分支长度优化和节点状态更新的过程。但是，由于 SEM 算法直接采用贝叶斯公式来计算隐变量的条件概率，每次迭代的结果都是上次迭代期望似然值的最优解，因而算法对于初始解的选择有很强的依赖性，尤其是对于像似然函数那样具有多个局部极优解的情况，因此直接利用 SEM 算法重构进化树很容易陷入局部极优。

同伦方法是一个全局方法，其基本思想是构造一个同伦函数，将一个已知解的问题与待优化的问题联系起来，然后从已知解的问题开始，利用同伦参数的变化，最终求得待解问题的最优解。同伦方法求解过程示意图如图 7-22 所示。

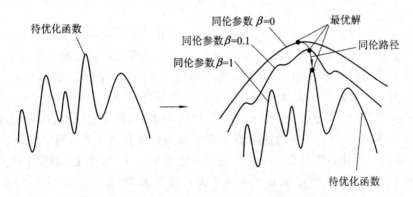

图 7-22 同伦求解过程示意图

7.6.1 最大似然法和 SEM 算法

与 7.2.3 节介绍最大似然法时不同，这里采用更一般的形式重新描述进化树的似然函数。进化树除了包含已知的叶子节点 $X_{[1\cdots n]}$ 外，还有未知的内部节点 $X_{[n+1\cdots 2n-2]}$，因此在计算进化树的似然值时需要考虑 $n-2$ 个内部节点所有状态可能出现的概率。并且，在优化分支长度时，改变其中一条边的长度会影响到其他内部节点的状态频率，从而必须重复计算整个进化树的似然值，这使得问题变得非常复杂。如果内部节点 $X_{[n+1\ldots 2n-2]}$ 已知，则似然函数 L 可以表示为沿着进化树每条边的转移概率与根节点 r 先验概率 π_{X_r} 的乘积，即

$$L = \pi_{X_r} \prod_{j \neq r} p_{q(j), j}(t_j) \qquad (7-30)$$

其中，$q(j)$ 为节点 j 的父节点，t_j 是连接节点 $q(j)$ 和节点 j 的边的长度。由于进化过程一般认为是可逆的，即对于所有的 $x, y \in \{A, G, T, C\}$ 以及 $t \geqslant 0$，都有 $\pi_x P_{xy}(t) = \pi_y P_{yx}(t)$，

因此

$$L = \pi_{X_r} \times \prod_{j \neq r} \frac{p_{j, q(j)}(t_j)\pi_{X_j}}{\pi_{X_{q(j)}}} = \left(\prod_i \pi_{X_i}\right) \prod_{(i, j) \in E} \frac{p_{i, j}(t_j)}{\pi_{X_j}} \qquad (7-31)$$

其中，E 表示进化树中所有边的集合。

对式(7-31)取对数，得到

$$L = \sum_i \lg\pi_{X_i} + \sum_{(i, j) \in E} \left[\lg p_{i, j}(t_j) - \lg\pi_{X_j}\right] \qquad (7-32)$$

由式(7-32)可知，当内部节点已知时，进化树的似然函数 L 可以分解为进化树中每一条边的似然值再加上一个常数。因此，似然函数的优化问题就转化为一个组合优化问题，即求进化树 T 的最大似然值等于分别求其中每一条边的最大似然值。这种组合优化的特点大大简化了似然函数的优化，因此可以通过对包含有内部节点的似然函数最大化估计来逼近对似然函数 L 的估计以降低似然函数的估计难度，这就是 SEM 算法的基本思想。

SEM 算法是一个从不完全数据求解模型结构的有效方法，它采用迭代交替搜索的方式可以有效地解决模型的最大似然估计问题。每次迭代分为 2 步：期望步，即根据已知数据和前一次迭代所得到的模型结构 M^k 及参数估计 θ^k 计算完全数据对应似然函数的条件期望$Q(M, \theta : M^k, \theta^k)$；极大步，即求使得条件期望值达到最大的参数值 $\theta^{k+1} = \mathrm{argmax}_\theta Q(M, \theta : M^k, \theta^k)$，并调整模型结构。

SEMPHY 算法的基本思想是在第 $k+1$ 次迭代中，在期望步计算任意两个节点 i 和 j 构成的边的似然值的期望

$$Q(i, j, t \mid T^{(k)}, t^{(k)}) = \sum_s P(X_i[s] = a, X_j[s] = b \mid X_{[1 \cdots n]}, T^{(k)}, t^{(k)})$$

在最大化步求使得 $Q(i, j, t \mid T^{(k)}, t^{(k)})$ 最大的边的长度 t_{ij}^{k+1}，接着计算边(i, j) 的似然值$Q(i, j, t_{ij}^{k+1} \mid T^{(k)}, t^{(k)})$，并填充矩阵 $\boldsymbol{W}^{k+1}(\mathrm{T})$，然后构建矩阵 $\boldsymbol{W}^{k+1}(\mathrm{T})$ 的最大生成树T_*^{k+1}，并将 T_*^{k+1} 转化为一个与之具有相同似然值的二叉树 $T^{(k+1)}$。

SEMPHY 算法在期望步直接使用贝叶斯公式计算条件概率，因此每次迭代产生的最优进化树都是相对于上一次迭代产生的模型的期望似然值最优的进化树，即倾向于与上次迭代中的进化树相似，从而造成了 SEMPHY 算法最后得到的进化树对初始解的选择具有很强的依赖性。

7.6.2 基于同伦方法的 SEM 算法推导

第 $k+1$ 次迭代中模型的似然函数相对于上一次迭代过程中产生的最优模型 M^k 的期望 $Q(M, \theta | M^k, \theta^k)$ 为

$$Q(M, \theta \mid M^k, \theta^k) = \int -\lg(p(y, z \mid M, \theta) \times p(z \mid y, M^k, \theta^k))\mathrm{d}z$$

其中，y 表示观察变量，z 表示隐变量，θ 为模型 M^k 的待估计参数，$p(z|y, M^k, \theta^k)$表示隐变量 z 的条件概率，$p(y, z|M, \theta)$表示模型在完全数据 $x = (y, z)$ 下的似然值。可见，隐变量的条件概率起着非常重要的作用，而 SEM 中隐变量的条件概率是根据贝叶斯公式计算得到的，即

$$p(z \mid y, \theta, M^k) = \frac{p(z, y \mid \theta, M^k)}{\int p(z, y \mid \theta, M^k)\,\mathrm{d}z} \qquad (7-33)$$

这使得每次迭代产生的最优解都是相对于上一次迭代中模型的期望似然值的最优解，从而使得 SEM 算法对初始点敏感，容易陷入局部极优。

为了降低 SEM 算法对初始点的敏感性，本节介绍利用同伦方法对 SEM 算法进行改进的方法——HSEM 算法。HSEM 算法推导如下：

由于对于条件概率 $p(z|y, M, \theta)$ 没有任何先验知识，因此可以利用最大熵原理来确定它。把模型 M 看做是一个系统，则 $\lg p(z, y|\theta, M)$ 为该系统的状态函数，隐变量的条件概率 $p(z|y, M, \theta)$ 相当于微态出现的概率，那么有

$$\int \lg p(z, y|\theta, M) \times p(z|y, \theta, M) \mathrm{d}z = C \qquad (7-34)$$

其中，C 为常数，表示状态函数的均值。

根据归一化条件，有

$$\int \lg p(z|y, \theta, M) \, \mathrm{d}z = 1 \qquad (7-35)$$

根据系统的最大熵原理，求条件概率 $p(z|y, M, \theta)$ 需要在满足式(7-34)和式(7-35)的情况下对 $p(z|y, M, \theta)$ 进行优化，使得系统的熵 $S = -\int \lg p(z|y, \theta, M) \times p(z|y, \theta, M)\mathrm{d}z$ 最大化。根据拉格朗日乘数法，最优化问题相当于使

$$\int -\lg p(z|y, \theta, M) \times p(z|y, \theta, M) + \lambda p(z|y, \theta, M)$$
$$+ \beta \lg p(z, y|\theta, M) \times p(z|y, \theta, M)\mathrm{d}z$$

达到极大，即 $-1 - \lg p(z|y, \theta, M) + \lambda + \beta \lg p(z, y|\theta, M) = 0$。

因此，有

$$p(z|y, \theta, M) = \exp(\beta \lg p(z, y|\theta, M) + \lambda - 1) = p(z, y|\theta, M)^{\beta} \mathrm{e}^{\lambda-1}$$
$$(7-36)$$

将式(7-36)代入式(7-35)，得到 $\int p(z, y|\theta, M)^{\beta} \mathrm{e}^{\lambda-1} \, \mathrm{d}z = 1$，即

$$\mathrm{e}^{\lambda-1} = \frac{1}{\int p(z, y|\theta, M)^{\beta} \, \mathrm{d}z} \qquad (7-37)$$

根据式(7-36)和式(7-37)，则有

$$p(z|y, \theta, M^k) = \frac{p(z, y|\theta, M)^{\beta}}{\int p(z, y|\theta, M)^{\beta} \, \mathrm{d}z} \qquad (7-38)$$

可以看出，当 $\beta = 0$ 时，式(7-38)表示一个均匀分布；当 $\beta = 1$ 时，恰好与式(7-33)等同；当 $0 < \beta < 1$ 时，随着 β 的增加，条件概率的形式逐渐由均匀分布的形式变为贝叶斯公式。可见式(7-38)具有很好的同伦特点，并且同伦方法能够很好地利用初始的均匀分布来减少最后的贝叶斯公式得到的隐变量的条件概率对初始点的敏感性。因此，根据式(7-38)构造同伦函数，即

$$H(p(z|y, \theta, M), \beta) = \frac{(p(z, y|\theta, M))^{\beta}}{\int (p(z, y|\theta, M))^{\beta} \, \mathrm{d}z} - (p(z|y, \theta, M))$$

其中，β 为同伦参数。

根据同伦理论，因为 $\partial H(p,\beta)/\partial p=-1$，则同伦函数 $H(p,\beta)$ 的雅可比行列式 $\left|\dfrac{\partial H(f,\beta)}{\partial\beta}\dfrac{\partial H(f,\beta)}{\partial f}\right|$ 满秩，所以同伦路径存在，即从点 $w_0=(p_0,0)$ 到 $w_n=(p_n,1)$ 存在一条光滑曲线。因此可以从 $w_0=(p_0,0)$ 沿着这条光滑的曲线得到 $w_n=(p_n,1)$，并且曲线上的点都满足方程 $\partial H(p,\beta)/\partial\beta=0$。

整个 HSEM 算法的基本步骤如下：

算法：HSEM

Begin

    1. 初始化同伦参数 β，步长 $\Delta\beta$，模型 M^0 以及参数 θ^0；

    2. While $(\beta<1)$ do

      2.1　初始化迭代次数 k；

      2.2　While（终止条件＝false）

      （1）根据预估－校正算法计算 $p(z\mid y,M,\theta)$，计算期望 $Q_{p(z\mid y,M^k,\theta^k)}(M,\theta\mid M^k,\theta^k)=\int-lg(p(y,z\mid M,\theta)\times p(z\mid y,M^k,\theta^k))dz$

      （2）计算 $\theta^{k+1}=\mathrm{argmax}_\theta Q_{p(z\mid y,M^k,\theta^k)}(M,\theta\mid M^k,\theta^k)$；

      （3）计算 $M^{k+1}=\mathrm{argmax}_M Q_{p(z\mid y,M^k,\theta^k)}(M,\theta^{k+1}\mid M^k,\theta^k)$；

      （4）$k\leftarrow k+1$；

      2.3 $\beta\leftarrow\beta+\Delta\beta$；

    3. 返回模型 M^k 以及参数 θ^k.

End.

HSEM 算法的终止条件通常为算法在固定的迭代次数之内不能得到更好的解，或者算法的迭代次数达到某一个值 $k_{\max}$。

7.6.3　收敛性证明

SEM 算法是收敛的，其证明过程如下：

$$Q(M^{n+1},\theta^{n+1}:M^n,\theta^n)-Q(M^n,\theta^n:M^n,\theta^n)$$
$$=\int\lg p(y,z\mid M^{n+1},\theta^{n+1})\,f(z\mid y,M^n,\theta^n)dz$$
$$-\int\lg p(y,z\mid M^n,\theta^n)f(z\mid y,M^n,\theta^n)dz$$
$$=\int\lg\frac{p(y,z\mid M^{n+1},\theta^{n+1})}{p(y,z\mid M^n,\theta^n)}f(z\mid y,M^n,\theta^n)dz$$
$$\leqslant\lg\int\frac{p(y,z\mid M^{n+1},\theta^{n+1})}{p(y,z\mid M^n,\theta^n)}f(z\mid y,M^n,\theta^n)dz$$
$$=\lg L(M^{n+1},\theta^{n+1})-\lg L(M^n,\theta^n)$$

在 SEM 中，每一次迭代都使得似然值增加或者保持不变，而似然函数本身是有界的，因此 SEM 算法是收敛的。下面讨论 HSEM 的收敛性。

对式(7-38)两边取对数并作变换，有

$$\lg\int p(z,y\mid\theta,M)^\beta\,\mathrm{d}z=\beta\lg p(z,y\mid\theta,M)-\lg f(z\mid y,\theta,M^k)\qquad(7-39)$$

将式(7-39)两边对 $f(z\mid y,M^k,\theta^k)$ 取期望，得到

$$L(\theta,M)=\beta Q(\theta,M:\theta^k,M^k)-K(\theta,M:\theta^k,M^k)\qquad(7-40)$$

其中，$Q(\theta, M : \theta^k, M^k) = \int \lg p(z, y \mid \theta, M) f(z \mid y, \theta^k, M^k) \mathrm{d}z$，$K(\theta, M : \theta^k, M^k) = \int \lg f(z \mid y, \theta, M^k) f(z \mid y, \theta^k, M^k) \mathrm{d}z$。

则有

$$L(M^{n+1}, \theta^{n+1}) - L(M^n, \theta^n) = \beta [Q(M^{n+1}, \theta^{n+1} : M^n, \theta^n) - Q(M^n, \theta^n : M^n, \theta^n)]$$
$$- [K(M^{n+1}, \theta^{n+1} : M^n, \theta^n) - K(M^n, \theta^n : M^n, \theta^n)]$$

而

$$K(M^{n+1}, \theta^{n+1} : M^n, \theta^n) - K(M^n, \theta^n : M^n, \theta^n)$$
$$= \int \lg f(z \mid y, \theta^{(k+1)}, M^{(k+1)}) f(z \mid y, \theta^k, M^k) \mathrm{d}z$$
$$- \int \lg f(z \mid y, \theta^k, M^k) f(z \mid y, \theta^k, M^k) \mathrm{d}z$$
$$= \int \lg \frac{f(z \mid y, \theta^{(k+1)}, M^{(k+1)})}{f(z \mid y, \theta^k, M^k)} f(z \mid y, \theta^k, M^k) \mathrm{d}z$$
$$\leqslant \lg \int \frac{f(z \mid y, \theta^{(k+1)}, M^{(k+1)})}{f(z \mid y, \theta^k, M^k)} f(z \mid y, \theta^k, M^k) \mathrm{d}z$$
$$= \lg 1 = 0$$

即 $K(M^{n+1}, \theta^{n+1} : M^n, \theta^n) - K(M^n, \theta^n : M^n, \theta^n) \leqslant 0$。

在 SEM 迭代过程中，$Q(M, \theta : M^n, \theta^n)$ 是逐渐增加的。而 $0 < \beta < 1$，则 $\beta[Q(M^{n+1}, \theta^{n+1} : M^n, \theta^n) - Q(M^n, \theta^n : M^n, \theta^n)] \geqslant 0$。所以 $L(M^{n+1}, \theta^{n+1}) - L(M^n, \theta^n) \geqslant 0$，即每次迭代都不会使似然值降低，而似然函数是有界的，因此，HSEM 也是收敛的。

7.7 进 化 网

系统发生树(Phylogenetic Tree 或 Evolutionary Tree)是表明具有共同祖先的各物种相互间进化关系的树形结构，又被译作系统发育树、系统演化树、系统进化树、演化树、系统树、进化树。树中的每个节点只有一个父节点，即每个子生物只有一个父代生物将遗传物质传递给了它，但传递过程中发生了一些改变，如碱基的替代、插入、删除等。但是随着研究的逐渐深入，科学家们发现有些物种在进化过程中发生了基因组重排事件，如反转(reversal)、移位(translocation)和转位(transposition)，那么这些生物的父代不止一个，这时候系统发生树就不能很好地描述它们之间的进化关系，从而诞生了系统发生网络。系统发生网络用来描述物种间的网状进化事件，如反转、移位和转位。

通常用系统发生树来表示一组分类单元的进化关系，这一模式有利于假设的讨论和检验。然而当描述更复杂的进化关系时，系统发生树则显得力不从心。生物进化体系实际上是一种由不同生物相互进化而来的网状结构。生物分子网络(如基因转录调控网络、生物代谢与信号传导网络、蛋白质相互作用网络等)是一种描述生物分子间相互作用关系的方法，用来揭示生物体的生长、发育及生老病死等生命现象。因此，生物分子网络构建方法及理论分析研究是计算生物学的一个重要方向。

系统发生网络(Phylogenetic Network 或 Evolutionary Network)是系统发生树的一般形式，又被译作系统演化网络、系统进化网络、进化网络。它更适合那些发生了许多网状进化事件的数据,如重组(Recombination)、水平基因转移(Horizontal Gene Transfer,HGT)、杂交(Hybridization)、基因转移或者基因重复和丢失,而且,即使对于树式进化模式(碱基的替代、插入、删除等)进化而来的数据,系统发生网络也可以用来清晰地表达数据中的冲突,如由于不完全谱系分选的机制或者被假定的进化模式的不足而导致的数据冲突。

在系统发生网络中,叶子节点代表分类单元,内部节点代表假想祖先,边代表进化关系。系统发生网络分为无根系统发生网络和有根系统发生网络。

无根系统发生网络是一个无向图的系统发生网络,如图 7-23(a)所示。它包括很多种,其中重要的两类是:分割网络(Split Network)和准中位数网络(Quasi-median Network)。软件 SpitlTree4 是一个用来推导无根系统发生网络非常方便的工具,可以从序列、距离、树或者分割来推导出无根系统发生网络,它收集了很多方法,如邻接网(Neighbor-net)以及 Z-闭包超网络(Z-closure Super Network)。

(a) 无根系统发生网络　　　(b) 有根系统发生网络,最上面的节点为根节点

图 7-23　系统发生网络

有根有向无环图(Direct Acyclic Graph,DAG)是一个有向图,无环且仅有一个根节点,如图 7-23(b)所示。有根系统发生网络是一个 DAG 的系统发生网络,是有根系统发生树的一般化。理论上,它可以描述生物界那些发生了一些网状进化事件的物种的进化史。有根系统发生网络主要分为四类,第一类是杂交网络(Hybridization Network),它主要是从一组非一致树来推导出一棵有根系统发生网络,这些非一致树可能是通过一些方法得到的,如邻接法、最大似然法和最大简约法;第二类是重组网络(Recombination Network),其任务是从二进制序列来计算得到一棵有根系统发生网络;第三类是水平基因转移网络(Horizontal Gene Transfer Network,HGT Network),它的目的是解释基因树与物种树之间的差异;第四类是从三联体(triplet)来构建的有根系统发生网络。本节接下来主要介绍有根系统发生网络的构建方法。

7.7.1　有根系统发生网络构建方法

理论上,有根系统发生网络能很好地反映分类单元间的网状进化事件。网状进化是指进化过程中不能充分被树状进化所表示的一种进化形式。网状进化事件在生物进化过程中普遍存在,主要包括下述进化事件。

(1) 基因重组,是指由于不同 DNA 链的断裂和连接而产生的 DNA 片段重新组合,形成新的 DNA 分子的过程。重组产生谱系内的网状进化,影响多个不同水平的进化,是有性生殖群体内遗传多样性的来源。

(2) 水平基因转移,又称为侧向基因转移(Lateral Gene Transfer,LGT),是指在差异生物体之间,或单个细胞内部细胞器之间进行的遗传物质的传递。差异生物个体可以是同

种但含有不同遗传信息的生物个体，也可以是远缘的生物个体。单个细胞内部细胞器主要是指叶绿体、线粒体及细胞核。水平基因转移是相对于垂直基因转移（亲代传递给子代）而提出的。由于此现象的存在，使生物的进化关系更为复杂。

（3）杂交物种的形成是另一种典型的网状进化。如果新种的染色体数和亲本一样，这个过程称为二倍体杂交；如果新种的染色体数是双亲染色体的总数时，则称为多倍体杂交。杂交的主要机制是同源多倍体杂交、异源多倍体杂交及双倍体杂交。一般情况下同源多倍体并不引起网状事件，而植物中常见的网状杂交事件是异源多倍体。

设 χ 是分类单元集合，其中的一个合适子集（proper subset）称为 χ 上的一个簇（cluster）。T 是 χ 上的一棵有根系统发生树（即 T 的叶子节点被 χ 的分类单元所标识），如果 T 上存在一条边 e，使得 e 下面的分类单元集合等于 C，那么就说 T 表示 C。可以发现，每一棵有根系统发生树与它所表示的簇集合是一一对应的。有根系统发生网络有两种簇表示方式：软连线意义（Softwired Sense）和硬连线意义（Hardwired Sense）。设 N 是 χ 上的一个有根系统发生网络，如果在 N 上存在一条树边 e（即其头节点的入度<2），且对 N 中的每个网络节点 a（即其入度>1），打开 a 的一条入边和关闭 a 的其他入边，使得边 e 可达到的分类单元集合精确地等于 C，则称 N 在软连线意义下表示 C。另一种情况是，如果存在一条树边 e，使得 e 下面的分类单元集合等于 C，则称 N 在硬连线意义下表示 C。

（1）硬连线网络（Hardwired Networks）。给定一个在 χ 上的簇集 C，关于 C 的簇网络（cluster network）是一个在硬连线意义下表示 C 的有根系统发生网络，且可以通过 cluster-popping 算法得到，它所包含的边数最多是 $|C|$ 的二次方。给定一些树，如果它们所表示的簇是冲突的，那么这些冲突的簇可以被一个簇网络所表示。

（2）软连线网络（Softwired Networks）。目前已有一些方法来计算在软连线意义下表示簇集的有根系统发生网络。但是，在软连线意义下的有根系统发生网络的计算是非常难的。甚至决定一个给定的有根系统发生网络是否表示某个簇这样的问题也是 NP 完全的。因此，为了计算上的可行性，一些拓扑上限制的网络出现了，如损伤的树（galled tree）、损伤的网络（galled network）及水平 k 网络（level-k network）。当表示一个簇集合时，软连线意义下的有根系统发生网络通常比硬连线意义下的有根系统发生网络所需的边更少，因为在软连线意义下，一条树边可以表示多个簇。这也说明了对于一些树所表示的簇集来说，一个表示此簇集的有根系统发生网络一定能表示这些树本身。所有基于簇构建有根系统发生网络的方法在程序 Dendroscope2 中都能实现。

7.7.2 有根系统发生网络空间上测度的定义

测量一对系统发生网络之间的距离在系统分析中起着很重要的作用，如重构方法误差的分析等。

到目前为止，系统发生树空间上的许多测度已被定义，如 Robinson-Foulds 测度、最近邻交换测度（Nearest-neighbor Interchange Metric）、子树转移距离（Subtree Transfer Distance）以及三元组测度（Triples Metric）。在 20 世纪 70 年代早期，基于分类单元间通路长度向量上的比较，一些研究者提出了有根系统发生树的差异性测度。这些测度的目的是量化差异邻接的比例（即在一棵树中出现而在另一棵树中不出现的那些邻接）。这些研究者将一对系统发生树之间的差异性定义为：通路长度向量之间的 Euclidean 距离、这些向量之间的 Manhattan 距离，以及这些向量之间的相关性。相似的差异性测度也被定义在了无根系统发生树上。

系统发生树之间测度的定义已渐成熟。随着系统发生网络构建方法的不断出现，定义两个系统发生网络的距离显得迫切重要。到目前为止，无根系统发生网络空间上测度的定义尚不存在。而有研究表明，有根系统发生网络空间上同构问题是图同构完全（isomorphism-complete），因此到目前为止，有根系统网络空间上仍没有被定义测度。这也促使研究者们只能将有根系统发生网络空间缩小至有根系统发生网络子空间上，以便定义测度。目前存在的测度都是定义在有根系统发生网络子空间上的，如在树孩子(tree-child)系统发生网络空间上的三部分测度(tripartition metric)，在树兄弟(tree-sibling)系统发生网络空间上的 μ 距离，以及在简化的(reduced)系统发生网络空间上的 m 距离等。之后 m 距离被证明也是树孩子系统发生网络空间、半二进制树孩子时间连续系统发生网络空间及多标签系统发生树空间上的测度。

7.8　本章小结

本章系统地介绍了进化树构建算法。首先介绍了进化树概念和构建进化树所依赖的数据，而后介绍了常见的进化树构建算法。目前常见的进化树构建算法主要有基于最优原则和非基于最优原则的构建算法。基于最优原则的方法首先定义一个评价进化树"好坏"的标准，然后从所有可能的进化树中找出一个最好的进化树作为最终结果。常见的基于最优原则的方法有最大简约法和最大似然法。非基于最优原则的方法则是通过一系列的步骤来产生一个进化树，最常见的有距离法。同时也对距离法、最大简约法和最大似然法进行了详细介绍和比较。

其次介绍了常见的分支交换操作，并对这些交换操作的搜索能力进行分析，而后在此基础上介绍了 p - ECRNJ 操作。构建算法主要介绍了基于 PSO 的进化树构建算法、结合 QP 和邻接法的进化树构建算法以及基于同伦方法的 SEM 算法。最后，又简要介绍了系统生成网络，包括它的构建方法和空间测度的意义。学习完本章之后，应该明确进化树和进化网络的概念，以及如何构建进化树和进化网。

另外，进化树与进化网的构建在本质上是计算科学中的优化问题，而本章介绍的最大简约法、最大似然法，包括用到的粒子群算法和同伦法本质上都来源于已有的优化策略。学习本章后，读者可以使用本章介绍的策略优化其他网络优化问题，亦可以尝试使用其他优化算法(如遗传算法、梯度下降方法)来优化进化树和进化网络。

参 考 文 献

［1］　黄丽红，荀鹏程，赵杨，陈峰. 系统树的构建及其在 SARS 病毒分类中的应用. 中国卫生统计. 2006，23(4)：315 - 318

［2］　聂婷婷，肖强，殷坤山，邢丽萍，张传溪. 茶毛虫 NPV 的 P24、Rr1、Lef1 基因及其分子进化分析. 茶叶科学. 2005，25(4)：242 - 248

［3］ J. Felsenstein. Maximum likelihood and Minimum-steps Methods for Estimating Evolutionary Trees from Data on Discrete Characters. Systematic Zoology. 1973，22(3)：240－249

［4］ http://evolution. genetics. washington. edu/phylip. html. 2006

［5］ G. Ganapathy，V. Ramachandran，T. Warnow. On Contract-and-Refine Transformations between Phylogenetic trees. Proceedings of the Fifteenth ACM-SIAM Symposium on Discrete Algorithms. 2004：893－902

［6］ Jianfu Li，Maozu Guo. A New Approach to Evolutionary Tree Reconstruction Combining Particle Swarm Optimization with p-ECR. International Journal of Computational Intelligence Research (Special issue on Particle swarm optimization)，2008，4(2)：187－195

［7］ J. Kennedy，R. Eberhart. Particle Swarm Optimization. Proceedings of the IEEE International Conference on Neural Networks. 1995：1942－1948

［8］ N. Friedman，M. Ninio，I. Pe'er，T. Pupko. A Structural EM Algorithm for Phylogenetic Inference. Journal of Computational Biology，2002，9(2)：331－353

第八章　神经网络启发的计算模型

随着传统的计算模型暴露出的问题日益增多，神经网络逐步受到人们的重视。本章从生物神经网络出发，介绍一些与人工神经网络有着紧密联系的生物神经网络的基本知识。然后，在此基础上简明扼要地介绍人工神经网络的一些基本知识及几个重要模型。通过本章的学习，读者可以对生物神经网络及人工神经网络及其典型模型产生初步的认识，为生物神经网络的建模奠定良好的基础。

8.1　引　言

1872 年，意大利的医学院毕业生高基，在一次意外中，将脑块掉落在硝酸银溶液中。数周后，他以显微镜观察此脑块，成就了神经科学史上重大里程碑 ——"首次以肉眼看到神经细胞"。1890 年，美国生物学家 W. James 出版了《生理学》，首次阐明了人脑结构及其功能。人类自此开始踏上探索神经网络的漫漫长路。

在庞大的生物系统中，大脑与神经细胞构成了天文数字量级的高度复杂的网络系统。也正是有了这样的复杂巨系统，大脑才能担负起人类认识世界和改造世界的任务。美国汉诺威保险公司总裁比尔·奥伯莱恩曾说过"世界上最大的未开发疆域，是我们两耳之间的空间。"前苏联学者伊凡也说过"如果我们迫使头脑开足 1/4 的马力，我们就会毫不费力地学会 40 种语言，把整个百科全书从头到尾背下来，还可以完成十几个大学的博士学位。"可是，即使世界上记忆力最好的人，其大脑的使用率也没有达到其功能的 1%。

人的大脑平均只有 3 磅左右，仅占身体重量比例的 1/30，却含有约 140 亿个神经元胞体，超过全世界人口总数 2 倍多。它令你的心脏每天不假思索地跳动 10 万多次；它令你的眼睛可以辨别 1000 万种细微的颜色；它使你的肌肉（如果全部向同一个方向运动）产生 25 吨的拉力。大脑每天能记录生活中大约 8600 万条信息，一生能凭记忆存储 100 万亿条信息，记忆存储的信息超过任何一台电子计算机。每一秒钟，人的大脑中进行着 10 万种不同的化学反应，最快的神经冲动传导速度为 400 多公里每小时，神经信号在神经或肌肉纤维中的传递速度可以高达 200 英里每小时。

如图 8-1 所示为人类大脑结构图，体积如此之小的一个结构是如何完成如此宏伟的工程的？大脑神经系统的构造到底如何？大脑神经系统的工作机理是什么？大脑神经系统是如何帮助人实现思维过程的？各种问题萦绕在人们心头。经过长期的思索、探究、实验，大脑神经

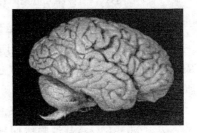

图 8-1　大脑

系统的面纱正一步步被揭开，虽然至今仍存在一些困惑，但人们已经基本掌握了大脑神经系统的结构特征和功能特性，也初步探明了大脑神经活动的机理。相信在不久的将来，我

们将一步步揭开大脑的奥秘。

8.2　生物神经网络

一般来说，神经网络(Neural Networks)泛指生物神经网络与人工神经网络。习惯上，人们也将人工神经网络简称为神经网络。

生物神经网络(Biological Neural Networks，BNN)是由中枢神经系统(脑和脊髓)及周围神经系统(感觉、运动、交感等)构成的错综复杂的神经网络，一般由生物的大脑神经元、细胞、触点等组成，用于产生生物的意识，帮助生物进行思考和行动。最重要的生物神经网络是脑神经系统。

8.2.1　生物神经元及其模型

生物神经元又称生物神经细胞，是构成神经系统的基本单元，也是大脑处理信息的基本单元，简称神经元。在人工神经网络中，神经元常被称为"处理单元"，有时从网络的观点出发把它称为"节点"。神经元主要由细胞体、细胞突起、突触组成，以细胞体为主体，向周围延伸出许多不规则的树枝状纤维，其结构类似于枯树枝干。如图 8-2 所示是神经元电镜图片，如图 8-3 所示是神经元基本结构示意图。

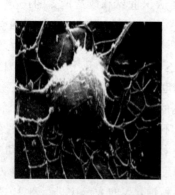

图 8-2　神经元电镜图片

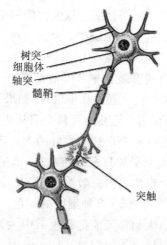

树突
细胞体
轴突
髓鞘
突触

图 8-3　神经元基本结构示意图

细胞体(soma)(又称胞体)是神经元的核心部分，由细胞核、细胞质和细胞膜组成。它主要集中在脑和脊髓的灰质中构成神经中枢，是神经元新陈代谢的中心，用于接收并处理从其他神经元传递来的信息。细胞体的中央有一个大而圆的细胞核，细胞核因染色质少，所以着色较浅，核仁大而明显。

细胞突起是细胞体延伸出来的细长部分，可分为树突和轴突。

树突(dendrites)是细胞体伸延部分产生的分枝，是接受从其他神经元传入的信息的入口。树突接受上一个神经的轴突释放的化学物质(递质)，使该神经产生电位差，从而形成电流传递信息。每个神经元可以有一或多个树突，可以接受刺激并将兴奋传入细胞体。

轴突(axon)指细胞体向外伸出的最长的一条分支，是神经元的输出通道，将细胞体发出的神经冲动传递给另一个或多个神经元，或分布在肌肉或腺体的效应器。在神经系统中，轴突是主要的信号传递渠道。每个神经元只有一个轴突，一般从细胞体发出，与一个或多个目标神经元发生连接。

突触（Synapse，又称神经键）是神经细胞的一种特化连接，是指一个神经元的轴突末梢和另外一个神经元的树突相接触的地方，是神经元之间在功能上发生联系的部位，也是信息传递的关键部位，相当于神经元之间的接口部分，其结构如图8-4所示。突触可分为轴突-树突式突触、轴突-胞体式突触、轴突-轴突式突触、树突-树突式突触、树突-轴突式突触、树突-胞体式突触、胞体-树突式突触、胞体-轴突式突触、胞体-胞体式突触，又可分为串联性突触（serial synapses）、交互性突触（reciprocal synapses）、混合性突触（mixed synapses）。除此之外，根据突触前膜、突触后膜的宽度还可分为非对称性突触（asymmetrical synapse）和对称性突触（symmetrical synapse）。

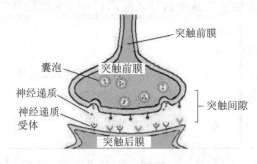

图8-4 突触结构

人类肌体大约含有500亿个神经元，大脑约占据其中的五分之一，这些细胞从婴儿出生开始直至七八十岁，一直保持不变；其形态各异，各司其职，通过纤维互相连接、传递信息，使得神经系统有条不紊地工作。虽然任何两个神经元都有着细微的不同，但在整体结构上却大同小异。

一个神经网络的特性和功能取决于三个要素：一是构成神经网络的基本单元——神经元；二是神经元之间的连接方式——神经网络的拓扑结构；三是用于神经网络学习和训练，修正神经元之间的连接权值和阈值的学习规则。

8.2.2 生物神经元的功能特性

生物神经细胞作为控制和信息处理的基本单元，具有下面一些重要的功能特性。

1. 时空整合功能

生物神经元对信息的接收和传递都是通过突触完成的，每个神经元可以有大约1000～100 000个突触连接接收来自其他神经元的输入。因此，同一时刻可以接收来自不同神经元的输入，这些输入会累加起来并刺激神经元引起膜电位变化。生物神经元对同一时间对不同突触传入的输入进行组合处理的功能称为空间整合功能。同时，生物神经元也能够对不同时间通过同一突触传入的输入进行组合处理，该功能称为时间整合功能。空间整合功能和时间整合功能联合在一起称为时空整合功能，是生物元能够进行时空整合输入信息组合的处理功能。

2. 兴奋与抑制状态

生物神经元具有兴奋和抑制两种常规工作状态：兴奋和抑制。

兴奋是指当传入的时空整合结果使细胞膜电位升高到超过动作电位阈值时，细胞进入兴奋状态，产生神经冲动，由轴突输出。

抑制是指当传入的时空整合结果使细胞膜电位下降至低于动作电位阈值时，细胞进入抑制状态，无神经冲动输出。

3. 脉冲与电位转换

神经元产生的信息是具有电脉冲形式的神经冲动。轴突与普通传输线路不同，小于阈值的信号在传递过程中会被滤除，大于阈值的信号则有整形作用，即无论输入脉冲的幅度与宽度如何，输出波形恒定。但是细胞膜电位是连续的电位信号。因此，生物元之间进行信息传递时必须进行电位信号与脉冲信号之间的转换。电位信号/脉冲信号的转换工作是在突触表面完成的。

4. 突触时延和不应期

突触可以接收和传递神经冲动，但突触对神经冲动的传递具有时延和不应期。在两次输入之间要有一定的时间间隔，即时延；而在此期间内不响应激励，也不传递信息，称为不应期。

5. 结构的可塑性

由于生物神经元的结构可塑性，突触的作用可以增强、减弱、饱和，相应地，细胞具有学习功能、遗忘效应、疲劳效应(饱和效应)。

6. 方向的预知性

神经冲突的传播方向是可以预知的，并且是确定的，即一个神经元的树突或细胞体—轴突—突触—另一个神经元树突。

8.2.3 神经元之间的信息传递

大脑约含 10^{11} 个神经元，它们通过 10^{15} 个连接构成一个网络。每个神经元具有独立的接收、处理和传递电化学信号的能力，这种传递由神经通道来完成。在生物神经元中，树突作为输入端，轴突作为输出端，突触作为输入输出间的接口，使得细胞体成为一个微型信息处理器，接收其他神经元的输入信号，进行组合处理后，通过膜电位的作用产生输出信号，并沿轴突传递至其他神经元。信息在神经元之间是通过突触传递的，典型的突触由突触前膜、突触间隙和突触后膜三部分组成。根据突触传递媒介物性质的不同，可将突触分为化学性突触和电突触，前者由神经递质介导，后者由局部电流介导。化学性突触又可根据突触前后成分之间是否紧密分为定向突触和非定向突触。

1. 经典突触传递

经典突触传递指定向突触传递。突触前膜释放的神经递质通过突触间隙扩散至突触后膜，从而使突触后神经元兴奋或抑制。递质释放仅限于活化区，作用于后膜的与其对应的特异性受体或化学门控通道，故范围极为局限。当冲动传到神经元末梢时，突触前膜去极化，前膜上电压门控钙通道开放，间隙内的钙离子进入末梢轴浆，钙离子浓度升高触发突触囊泡出胞，引起递质的量子式释放，然后轴浆里 Ca^{2+} 通过 $Na^+ - Ca^{2+}$ 交换迅速外流，使 Ca^{2+} 浓度迅速恢复。影响突触传递的因素有三个方面，即影响递质的释放、影响已释放递质的消除和影响受体数量及其亲和力。该传递方式是神经元之间信息传递最重要的方式。经典突触传递时间较久，可以产生局部电位，可叠加产生动作电位，具有可塑性，如突触易化，长时程增强(LTP)，长时程抑制(LTD)，强直后增强(PTP)等，其过程如图 8-5 所示。

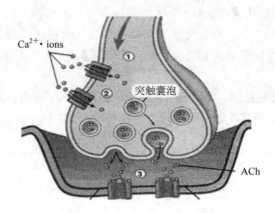

图 8-5 经典的定向突触传递过程图

2. 非定向突触传递

在某些单胺类神经纤维的分支上有许多结节状曲张体，曲张体内的突触囊泡含有高浓度的去甲肾上腺素，它们不与效应细胞形成经典的突触联系。当神经冲动抵达曲张体时，递质从曲张体中释放出来，以扩散的方式抵达附近的效应细胞而发挥生理效应，递质无特定的靶点，扩散距离较远，作用范围较广。非定向突触传递无突触前后膜结构，无一对一关系，曲张体与效应细胞的距离一般大于 20 nm，远者可达几十微米，传递距离远，耗时长，大于 1 秒，递质能否产生效应取决于效应细胞有无相应受体，其过程如图 8-6 所示。

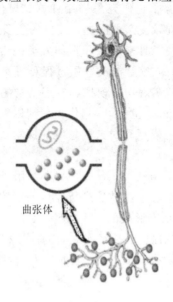

图 8-6 非定向突触传递过程图

曲张体：在非定向突触传递中，神经元的轴突末梢有许多分支，在分支上形成串珠状的膨大结构称为曲张体，内含突触小泡。

3. 电突触传递

神经元之间以缝隙连接的形式相互传递信息。局部电流能以电紧张形式从一个细胞传向另一个细胞，有助于促进神经元同步化活动。电突触一般为双向传递，电阻低，传递速度快，广泛存在于视网膜、心肌和中枢神经系统中。电突触传递的结构基础是缝隙连接，两神经元间的膜距仅为 2～3 nm，膜两侧无囊泡，但有水相通道蛋白质，允许带电离子通过，电突触双向传递无突触前后膜之分，电阻低，传递快，几乎不存在潜伏期，能使许多神经元同步性活动。

表 8-1 从突触间隙宽度、突触前后膜、信号传递方向、传递速度四个方面对比了经典突触传递、非定向突触传递、电突触传递的异同。

表 8-1 不同传递方式的异同

	经典突触传递	非定向突触传递	电突触传递
突触间隙宽度	20～40 nm	大于 20 nm	2～3 nm
突触前后膜	有	无	无
信号传递方向	单向	多向	双向
传递速度	0.3～0.5 ms	大于 1 s	最快

8.3 人工神经网络

1956 年，人工智能技术（Artificial Intelligence，AI）的出现，使人们对思维机器的研究跨进了一大步。人工智能是研究、开发用于模拟、延伸和扩展人的智能的理论、方法、技术及应用系统的一门新的技术科学。它研究怎样用计算机模仿人脑从事推理、设计、思考、学习等思维活动，以解决和处理较复杂的问题。其目的主要是增加人类探索世界、推动社会前进的能力，通过制造和使用工具来加强和延伸人类的生存、发展，以及进一步认识自己，用物化的智能来考察和研究人脑智能的物质过程和规律。

对于人工智能的研究，包括实现功能模拟和生理结构的模拟，人工神经网络的研究就属于对生理结构的模拟研究。自 20 世纪 80 年代中后期以来，人工神经网络的基础理论一步一步发展深入，为人类智能的模拟和对人脑思维的探索认知开辟了新的道路，并成为世界上迅速发展的一个前沿研究领域。

人工神经网络（Artificial Neural Network，ANN）用于简化、抽象、模拟人脑神经网络，是一种应用类似大脑神经突触连接结构进行信息处理的数学模型。它由大量的人工神经元按照一定的拓扑结构广泛互连形成的，并按照一定的学习规则，通过对大量样本数据的学习和训练，把网络掌握的"知识"以神经元之间的连接权值和阈值形式储存下来，利用这些"知识"可以实现某种人脑功能的推理机。有时候人们习惯将人工神经网络简称为神经网络。

8.3.1 人工神经网络的发展

人工神经网络的研究，其目的是从人脑的结构出发，研究人脑的智能行为，模拟人脑信息处理的功能，始于 19 世纪末期，人工神经网络的发展历史经历了一条曲折的道路，简单地看，可以分为启蒙、萧条、兴盛、高潮四个时期。

1. 启蒙时期

人工神经网络的启蒙时期开始于 1980 年美国著名心理学家 W. James 关于人脑结构与功能的研究，结束于 1969 年 Minsky 和 Pape 发表的《感知器》(Perceptron)一书。早在 1943 年，心理学家 McCulloch 和数学家 Pitts 合作提出了形式神经元的数学模型(即 M-P 模型)，该模型把神经细胞的动作描述为：

(1) 神经元的活动表现为兴奋或抑制的二值变化；

(2) 任何兴奋性突触有输入激励后，使神经元兴奋与神经元先前的动作状态无关；

(3) 任何抑制性突触有输入激励后，使神经元抑制；

(4) 突触的值不随时间改变；

(5) 突触从感知输入到传送出一个输出脉冲的延迟时间是 0.5 ms。

可见，M-P 模型是用逻辑的数学工具研究客观世界的事件在形式神经网络中的表述。现在来看 M-P 模型尽管过于简单，而且其观点也并非完全正确，但是其理论有一定的贡献。因此，M-P 模型被认为开创了神经科学理论研究的新时代。1949 年，心理学家 D. O. Hebb 提出了神经元之间突触的联系强度可变的假设，并据此提出神经元的学习规则——Hebb 规则，为神经网络的学习算法奠定了基础。1957 年，计算机学家 Frank Rosenblatt 提出了一种具有三层网络特性的神经网络结构，称为"感知器"(Perceptron)，感知器试图模拟动物和人脑的感知学习能力，由阈值性神经元组成。Rosenblatt 认为信息被包含在感知器之间的相互连接或联合之中，而不是反映在拓扑结构的表示法中；另外，对于如何存储影响认知和行为的信息问题，他认为，存储的信息在神经网络系统内形成新的连接或传递链路后，新的刺激将会通过这些新建立的链路自动地激活适当的响应部分，而不是要求任何识别或鉴定它们的过程。1962 年 Widrow 提出了自适应线性元件(Ada Line)，它是连续取值的线性网络，主要用于自适应信号处理和自适应控制。

2. 萧条时期

人工智能的创始人之一 Minsky 和 Pape 经过数年研究，对以感知器为代表的网络系统的功能及其局限性从数学上做了深入的研究，于 1969 年出版了很有影响的《Perceptron》一书。该书提出感知器不可能实现复杂的逻辑函数，这对当时的人工神经网络研究产生了极大的负面影响，从而使神经网络研究进入低潮。引起低潮的更重要的原因是：20 世纪 70 年代以来集成电路和微电子技术的迅猛发展，使传统的冯·诺依曼型计算机进入了发展的全盛时期，因此暂时掩盖了发展新型计算机和寻求新的神经网络的必要性和迫切性。但是在此时期，波士顿大学的 S. Grossberg 教授和赫尔辛基大学的 Kohonen 教授仍致力于神经网络的研究，分别提出了自适应共振理论(Adaptive Resonance Theory)和自组织特征映射模型(SOM)。以上开创性的研究成果和工作虽然未能引起当时人们的普遍重视，但其科学价值却不可磨灭，他们为神经网络的进一步发展奠定了基础。

3. 兴盛时期

20 世纪 80 年代以来，由于以逻辑推理为基础的人工智能理论和冯·诺依曼型计算机在处理诸如视觉、听觉、联想记忆等智能信息问题上受到挫折，促使人们怀疑当前的冯·诺依曼型计算机是否能解决智能问题，同时也促使人们探索更接近人脑的计算模型，于是又形成了对神经网络研究的热潮。1982 年，美国加州理工学院的物理学家 John. Hopfield 博士发表了一篇对神经网络研究的复苏起了重要作用的文章，他总结与吸取前人对神经网络研究的成果与经验，把网络的各种结构和各种算法概括起来，塑造出一种新颖的强有力的网络模型，称为 Hopfield 网络。他引入了"计算能量函数"的概念，给出了网络稳定性依据，从而有力地推动了神经网络的研究与发展。1986 年，Rumelhart 及 LeCun 等学者提出了多层感知器的反向传播算法，克服了当初阻碍感知器模型继续发展的重要障碍。这一时期，大量而深入的开拓性工作大大发展了神经网络的模型和学习算法，增强了对神经网络特性的进一步认识，使人们对模仿脑信息处理的智能计算机的研究重新充满了希望。

4. 高潮时期

1987 年 6 月，首届国际神经网络学术会议在美国加州圣地亚哥召开，这标志着世界范围内掀起了神经网络开发研究的热潮。在这次会上成立的国际神经网络学会（INNS）于 1988 年在美国波士顿召开了年会，会议讨论的议题涉及生物、电子、计算机、物理、控制、信号处理及人工智能等各个领域。自 1988 年起，国际神经网络学会和国际电气工程师与电子工程师学会（IEEE）联合召开了每年一次的国际学术会议。这次会议后不久，美国波士顿大学的 Stephen Grossberg 教授、芬兰赫尔辛基技术大学的 Teuvo Kohonen 教授及日本东京大学的甘利俊一教授主持创办了世界第一份神经网络杂志《Neural Network》。IEEE 也成立了神经网络协会并于 1990 年 3 月开始出版神经网络会刊，各种学术期刊的神经网络特刊也层出不穷。

从 1987 年以来，神经网络的理论、应用、实现及开发工具均以令人振奋的速度快速发展。神经网络理论已成为涉及神经生理科学、认知科学、数理科学、心理学、信息科学、计算机科学、微电子学、光学、生物电子学等多学科交叉、综合的前沿学科。神经网络的应用已渗透到模式识别、图像处理、非线性优化、语音处理、自然语言理解、自动目标识别、机器人专家系统等各个领域，并取得了令人瞩目的成果。

8.3.2 人工神经网络的应用领域及发展前景

人工神经网络的发展与神经科学、数理科学、认知科学、计算机科学、人工智能、信息科学、控制论、机器人学、微电子学、心理学、光计算、分子生物学等有关，是一门新兴的边缘交叉学科。它的信息处理特征与能力使其应用领域日益扩大，潜力日趋明显。许多用传统信息处理方法无法解决的问题都用神经网络得到了很好的解决。

1. 信息处理领域

神经网络作为一种新型智能信息处理系统，其应用贯穿信息的获取、传输、接收与加工利用等各个环节。

（1）信号处理。神经网络广泛应用于自适应信号处理和非线性信号处理。前者如信号的自适应滤波、时间序列预测、谱估计、噪声消除等；后者如非线性滤波、非线性预测、非线性编码、调制解调等。

（2）模式识别。模式识别涉及模式的预处理变换和将一种模式映射为其他类型的操作。神经网络不仅可以处理静态模式如固定图像、固定能谱等，还可以处理动态模式如视频图像、连续语音等。

（3）数据压缩。在数据传送存储时，数据压缩至关重要。神经网络可对待传送的数据提取模式特征，只将该特征传出，接收后再将其恢复成原始模式。

2. 自动化领域

神经网络和控制理论、控制技术相结合，发展为神经网络控制；其为解决复杂的非线性不确定、不确知系统的控制问题开辟了一条新的途径。

（1）系统辨识在自动控制问题中的目的是为了建立被控对象的数学模型。多年来，控制领域对于复杂的非线性对象的辨识问题一直未能很好地解决。神经网络所具有的非线性特性和学习能力，使其在系统辨识方面有很大的潜力，为解决具有复杂的非线性、不确定性和不确知对象的辨识问题开辟了一条有效途径。

（2）神经控制器在实时控制系统中起着"大脑"的作用。神经网络具有自学习和自适应等智能特点，因而非常适合作控制器。对于复杂非线性系统神经控制器所达到的控制效果往往明显好于常规控制器。

（3）智能检测。所谓智能检测一般包括干扰量的处理、传感器输入特性的非线性补偿、零点和量程的自动校正以及自动诊断等。这些智能检测功能可以通过传感元件和信号处理元件的功能集成来实现。在综合指标的检测（例如对环境舒适度这类综合指标的检测）中，将神经网络作为智能检测中的信息处理元件便于对多个传感器的相关信息（如温度、湿度、风向和风速等）进行复合、集成、融合、联想等数据融合处理，从而实现单一传感器所不具备的功能。

3. 工程领域

（1）汽车工程。汽车在不同状态参数下运行时，能获得最佳动力性与经济性的挡位称为最佳挡位。利用神经网络的非线性映射能力，通过学习优秀驾驶员的换挡经验数据，可自动提取蕴含在其中的最佳换挡规律。另外，神经网络在汽车刹车自动控制系统中也有成功的应用，该系统能在给定刹车距离、车速和最大减速度的情况下使人体感受到最小冲击，并实现平稳刹车而不受路面坡度和车重的影响。神经网络在载重车柴油机燃烧系统方案优化中也得到了应用，有效地降低了油耗和排烟度，获得了良好的社会、经济效益。

（2）军事工程。神经网络同红外搜索和跟踪系统配合后，可发现和跟踪飞行器。例如，借助于神经网络可以检测空间卫星的动作状态是稳定、倾斜、旋转还是摇摆的，一般正确率可达95%。

（3）化学工程。神经网络在制药、生物化学、化学工程等领域的研究与应用正蓬勃开展，取得了不少成果。例如在谱分析方面，应用神经网络在红外谱、紫外谱、折射光谱和质谱与化合物的化学结构间建立某种确定的对应关系方面有成功应用。

基于传统计算机技术实现的人工神经网络，是研究和学习人工神经网络的工具，也可适用于具体的领域（如模式识别、专家系统等），但并不能真正达到并行处理，在一般计算机上运算速度不可能太高。光学人工神经网络与生物分子人工神经网络作为人工神经网络的新兴研究领域，将很有希望实现真正意义上的并行处理，成为人工神经网络最有前景的研究方向。

光学人工神经网络是一种利用光学器件或光电混合器件实现的人工神经网络硬件系统。空间光调谐器、集成光电子学、非线性光学开关、全息光学、光物理学、光子生物学和生物光子技术等的发展为大规模神经网络计算机的产生提供了理论依据和技术手段。1990年，日本三菱公司研制出的动态可控光学神经芯片集成度达到 2000 神经元每平方厘米；同年贝尔实现室以华裔科学家黄庭珏为首的研究人员，利用基于"对称自光电效应"的光晶体管(S－SEED)研制出第一台数字光学处理器，运算速度达 106 次/秒；1991 年生产出了 32×32矩阵神经元的大规模静态全息光学神经网络，估计不久的将来 64 000 神经元的大规模静态全息光学神经网络的存储能力将达 20 000 个模式，内连速度可达 10 000 亿次/秒。

生物分子计算机是一种用蛋白质和其他大分子组成的模拟人脑神经网络的全新计算机。它从工程角度出发，能探索、复现神经网络系统中各种不同信息之间的传输、存储、推理、判断等功能。生物医学工程方面计算机化的核磁共振成像技术(NMR)、正电子发射层描技术(PET)、脑事件相关电位(ERPs)分析技术、单光子发射层描技术(SPET)等的飞速发展，为微观生物学的发展创造了条件，而微观生物学的发展又为人工神经网络理论的进一步发展奠定了基础，也为生物分子人工神经网络计算机的实现创造了技术条件。

8.3.3　人工神经网络的基本特性

人工神经网络是基于人类大脑结构和功能建立起来的新型信息处理系统，在信息处理方面与传统的计算机相比有着自己突出的基本特征和特点。

1. 结构特点

在结构上，人工神经网络具有信息处理的并行性、信息存储的分布性、信息处理单元的互连性、结构的可塑性和非线性等特点。

传统的计算方法是基于串行处理的思想发展起来的，计算和存储是完全独立的两个部分，计算速度取决于存储器和运算器之间的连接通道，大大限制了它的运算能力。而人工神经网络由大量简单的处理元件相互连接构成，是高度并行的非线性系统，所以信息输入之后可以很快地传递到各个神经元进行并行处理，在值传递的过程中同时完成网络的计算和存储功能，将输入输出的映射关系以神经元间连接强度(权值)的方式存储下来，其结构的并行性和知识的分布存储使其信息的存储与处理表现出空间上分布、时间上并行的特性，运算效率非常高。

2. 性能特点

在性能方面，人工神经网络具有高度的非线性、良好的鲁棒性、容错性和计算的非精确性和非局限性等特点。

非线性关系是自然界的普遍特性。大脑的智慧就是一种非线性现象。人工神经元处于激活或抑制两种不同的状态，这种行为在数学上表现为一种非线性关系。在神经网络中，信息的存储是分布在整个网络中相互连接的权值上的，这就使得它比传统计算机具有较高的抗毁性。具有阈值的神经元构成的网络具有更好的性能，可以提高容错性和存储容量。

少数几个神经元损坏或断几处连接，只会稍许降低系统的性能，而不至于破坏整个网络系统，因而具有强的鲁棒性和容错性。同时，神经网络能够处理连续的模拟信号以及不精确、不完整的模糊信息，这使得神经网络给出的通常是满意解而非精确解。

此外，一个神经网络通常由多个神经元广泛连接而成。一个系统的整体行为不仅取决于单个神经元的特征，而且可能主要由单元之间的相互作用、相互连接所决定，通过单元之间的大量连接模拟大脑的非局限性。联想记忆是非局限性的典型例子。

3. 能力特征：自学习、自组织、自适应性和联想记忆功能

人工神经网络具有自适应、自组织、自学习能力。自适应是指一个系统能改变自身的性能以适应环境变化的能力，它是神经网络一个重要的特征。自适应包括自学习与自组织两层含义。神经网络的自学习是指当外界环境发生变化时，经过一段时间的训练或感知，神经网络能通过自动调整网络结构参数，使得给定输入能产生期望的输出，训练是指神经网络学习的途径，因此经常将学习与训练两个词混用。自组织是指神经系统能在外表刺激下按一定规则调整神经元之间的突触连接，逐渐构建起神经网络。神经网络的自组织能力与自适应性相关，自适应性是通过自组织实现的。神经网络不但处理的信息可以有各种变化，而且在处理信息的同时，非线性动力系统本身也在不断变化，经常采用迭代过程描写动力系统的演化过程。

在神经网络的训练过程中，输入端给出要记忆的模式，通过学习并合理地调节网络中的权系数，网络就能记住所有的输入信息。在执行时，如果网络的输入端输入被噪声污染的信息是不完整、不准确的片断，经过网络的处理后，在输出端可以得到恢复了的、完整而准确的信息。

8.4　人工神经网络的建模基础

人工神经网络是一种旨在模仿人脑结构及其功能的信息处理系统，由大量的人工神经元按照一定的拓扑结构广泛互连形成。要对人工神经网络进行建模，首先要构建出人工神经元模型，建立一定的建模基础。

8.4.1　人工神经元模型

1. 神经元的建模

从神经元的特性和功能可以知道，神经元是一个多输入、单输出的信息处理单元，假定其输入分为兴奋性输入和抑制性输入两种类型，并且具有空间整合性和阈值特性，输入与输出之间有取决于突触延迟的固定时滞，而忽略时间整合作用和不应期。此外，神经元本身是非时变的，即其突触时延和突触强度均为常数，它对信息的处理是非线性的。根据这些假定，经过对生物神经元长期广泛的研究，1943 年美国心理学家麦卡洛克(W. McCulloch)和数理学家皮茨(W. Pitts)从神经元入手，根据生物神经元生物电和生物化学的运行机理，提出神经元的数学模型，指出了神经元的形式化数学描述和网络结构方法，证明了单个神经元能执行逻辑功能，从而开创了人工神经网络研究的时代，这个模型就是著名的 M‐P 模型。

将人工神经元的基本模型与激活函数 φ 结合，即 McCulloch-Pitts 模型，简称 M-P 模型。一个典型的人工神经元 M-P 模型如图 8-7 所示。

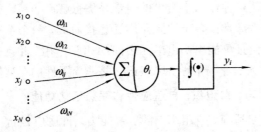

图 8-7　人工神经元模型

x_1，x_2，$\cdots$，x_n 是神经元的输入，即来自前级 n 个神经元的轴突的信息，是神经元 i 的阈值；生物神经元具有不同的突触性质和突触强度，其对输入的影响是使有些输入在神经元产生脉冲输出过程中所起的作用比另外一些输入更为重要。

神经元的每一个输入都有一个加权系数 w_{i1}，w_{i2}，$\cdots$，w_{in}，称为权重值，即突触的传递效率，其正负模拟了生物神经元中突触的兴奋和抑制，其大小则代表了突触的不同连接强度。

作为 ANN 的基本处理单元，必须对全部输入信号进行整合，以确定各类输入的作用总效果，Σ 表示组合输入信号的"总和值"，相当于生物神经元的膜电位。

θ 是神经元兴奋时的内部阈值，当神经元输入的加权和大于 θ 时，神经元处于兴奋状态；反之，神经元处于抑制状态。

$\int[\cdot]$ 是激发函数，它决定了神经元 i 受到输入 x_1，x_2，$\cdots$，x_n 的共同刺激达到阈值时以何种方式输出。该输出为 1 或 0 取决于其输入之和大于或小于内部阈值 θ，即当 $\sigma > 0$ 时，该神经元被激活，进入兴奋状态，$f(\sigma) = 1$；当 $\sigma < 0$ 时，该神经元被抑制，$f(\sigma) = 0$。

人工神经元的输出同生物神经元一样仅有一个输出，Y_i 是神经元 i 的输出。

2. 神经元的数学模型

从图 8-8 的神经元模型，可以得到神经元的数学模型表达式：

$$\mathrm{Net}_i = \sum_{j=1}^{n} w_{ij} x_j - \theta_i$$
$$y_i = f(\mathrm{Net}_i)$$

其中，$f(\mathrm{Net}_i)$ 是神经元的激励函数。

神经元的各种不同数学模型的主要区别在于采用了不同的激励函数，从而使神经元具有不同的信息处理特性。而神经元的信息处理特性是决定人工神经网络整体性能的三大要素之一，因此研究神经元的激励函数具有十分重要的意义。神经元的激励函数反映了神经元输出与其激活状态之间的关系，激励函数可以是线性的，也可以是非线性的，最常用的是以下四种形式。

（1）阈值型（见图 8-8）。

$$f(\mathrm{Net}_i) = \begin{cases} 1 & \mathrm{Net}_i > 0 \\ 0 & \mathrm{Net}_i \leqslant 0 \end{cases}$$

阈值函数通常称为阶跃函数。它是神经元模型中最简单的一种，M-P模型就属于这一类。此外，符号函数 $\text{Sgn}(t)$ 也常常作为神经元的激励函数。

（2）分段线性型（见图 8-9）。

$$f(\text{Net}_i) = \begin{cases} 0 & \text{Net}_i \leqslant \text{Net}_{i0} \\ k\text{Net}_i & \text{Net}_{i0} < \text{Net}_i < \text{Net}_{i1} \\ f_{\max} & \text{Net}_i \geqslant \text{Net}_{i1} \end{cases}$$

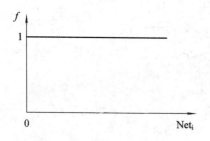
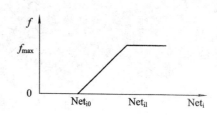

图 8-8　阈值型激励函数

图 8-9　分段线性型激励函数

（3）Sigmoid 函数（S 型）（见图 8-10）。

$$f(\text{Net}_i) = \frac{1}{1 + e^{-\frac{\text{Net}_i}{T}}}$$

（4）Tan 函数（见图 8-11）。

$$f(\text{Net}_i) = \frac{e^{\frac{\text{Net}_i}{T}} - e^{-\frac{\text{Net}_i}{T}}}{e^{\frac{\text{Net}_i}{T}} + e^{-\frac{\text{Net}_i}{T}}}$$

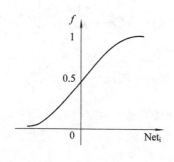
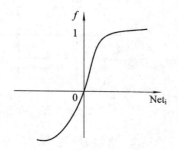

图 8-10　Sigmoid 函数

图 8-11　Tan 函数

8.4.2　人工神经网络拓扑结构类型

单个人工神经元的功能简单，只有通过一定的拓扑结构将大量的人工神经元广泛连接起来，组成庞大的人工神经网络，才能实现对复杂信息的处理与存储，并表现出各种优越的特性。神经元之间的连接方式不同，网络的拓扑结构也不同。根据神经元之间的连接方式，可以将神经网络的拓扑结构分为层次型结构和互连型结构。

1. 层次型结构

层次型结构的神经网络将神经元按功能分为若干层，一般有输入层、中间层和输出层，各层顺序连接，如图 8-12 所示。输入层接收外部的输入信号，并由各输入单元传递给直接相连的中间层各单元。中间层是网络的内部处理单元层，与外部没有直接连接。神经网络所具有的模式变换能力，如模式分类、模式完善、特征提取等，主要是在中间层进行的。根据处理功能的不同，中间层可以有多层也可以没有。由于中间层单元不直接与外部输入/输出打交道，故常将神经网络的中间层称为隐含层。输出层是网络输出运行结果并与显示设备或执行机构相连接的部分。

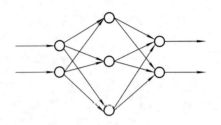

图 8-12　层次型结构神经网络模型

2. 互连型结构

互连型结构的神经网络是指网络中任意两个单元之间都是可以相互连接的，如图 8-13 所示。例如，Hopfield 网络、波尔茨曼机模型结构均属于此类型。

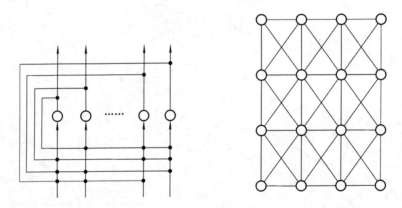

图 8-13　互连型结构神经网络模型

8.4.3　人工神经网络信息流向类型

根据内部信息的传递方向，神经网络可分为前馈型网络和反馈型网络两种类型。

1. 前馈型网络

前馈型网络的神经元分层排列组成输入层、隐含层（可以有若干层）和输出层。每一层的神经元只接收前一层神经元的输入，各神经元之间不存在反馈。前馈型神经网络可以看成是一组输入模式到一组输出模式的系统变换。这种变换通过对某一给定的输入样本相应的输出数据集的训练而得到。此神经网络为有导师指导下的学习，在导师的指导下，使网络的突触权系数阵能在某种学习规则的指导下进行自适应学习。前向网络的训练需要一组输入/输出样本集。

感知器和误差反向传播算法中使用的网络都属于这种类型。

2. 反馈型网络

反馈型网络(Recurrent Network)，又称自联想记忆网络，其目的是为了设计一个存储一组平衡点的网络，当给网络一组初始值时，网络通过自行运行而最终收敛到这个设计的平衡点上。

1982 年，美国加州工学院物理学家霍普菲尔德(J. Hopfield)发表了一篇对人工神经网络研究颇有影响的论文。他提出了一种具有相互连接的反馈型人工神经网络模型，并将"能量函数"的概念引入到对称霍普菲尔德网络的研究中，给出了网络的稳定性判据，并用来解决约束优化问题，如 TSP 问题的求解、A/D 转换的实现等。他利用多元霍普菲尔德网络的多吸引子及其吸引域实现了信息的联想记忆(associative memory)功能。另外，霍普菲尔德网络与电子模拟线路之间存在着明显的对应关系，使得该网络易于理解且便于实现。而它所执行的运算在本质上不同于布尔代数运算，对新一代电子神经计算机具有很大的吸引力。

反馈型网络能够表现出非线性动力学系统的动态特性，它有以下两个主要特性：第一，网络系统具有若干个稳定状态，当网络从某一初始状态开始运动，网络系统总可以收敛到某一个稳定的平衡状态；第二，系统稳定的平衡状态可以通过设计网络的权值存储到网络中，如果将反馈型网络稳定的平衡状态作为一种记忆，那么当网络由任一初始状态向稳态的转化过程实质上是一种寻找记忆的过程。网络所具有的稳定平衡点是实现联想记忆的基础。所以对反馈型网络的设计和应用必须建立在对其系统所具有的动力学特性理解的基础上，其中包括网络的稳定性、稳定的平衡状态，以及判定其稳定的能量函数等基本概念。

8.4.4　神经网络的学习

一般认为，生物神经网络的所有功能(包括记忆)都存储在神经元和它们之间的联系当中。学习可以看成是神经元之间新连接的建立或对现有连接的修正。为此，神经元按一定的拓扑结构连接成神经网络后，还必须通过一定的学习规则或算法对神经元之间的连接权值和阈值进行修正和更新。

学习功能是神经网络最主要的特征之一。神经网络的学习也称为训练，指的是通过神经网络所在环境的刺激作用调整神经网络的自由参数，使神经网络以一种新的方式对外部环境做出反应的一个过程。能够从环境中学习和在学习中提高自身性能是神经网络最有意义的性质。

学习算法是指针对学习问题的明确规则集合。学习类型是由参数变化发生的形式决定的，不同的学习算法对神经元权值调整的表达式有所不同。没有一种独特的学习算法用于设计所有的神经网络。选择或设计学习算法时还需要考虑神经网络的结构即神经网络与外界环境相连的形式。

神经网络的学习算法或规则有很多，根据一种广泛采用的分类方法，可将神经网络的学习算法或规则分为两类：一是有导师学习，二是无导师学习。

1. 有导师学习

有导师学习又称为有监督学习，这种学习模式采用的是纠错规则，在学习时需要给出导师信号或期望输出,称为"教师信号"。神经网络对外部环境是未知的,但可以将导师看做是对外部环境的了解,由输入/输出样本集合来表示。导师信号或期望输出代表了神经网络执行情况的最佳效果,即对网络输入调整网络参数,使得网络输出逼近导师信号或期望输出。对于有导师学习,网络在执行工作任务之前必须先学习,当网络对于各种给定的输入均能产生所期望的输出时,即认为网络已经在导师的训练下"学会"了训练数据中包含的知识规则,即可以用来工作了。

2. 无导师学习

无导师学习包括强化学习和无监督学习。强化学习是指模仿生物在"试探—评价"的环境中获得知识、改进行动方案以适应环境的特点,具有向环境学习已增长知识的能力。在无监督学习中没有外部导师或评价系统来统观学习过程,而是提供一个关于网络学习表示方法质量的测量尺度,根据该尺度将网络的自由参数最优化。一旦网络与输入数据的统计规律性一致,就能够形成内部表示方法来为输入特征编码,并由此自动得出新的类别。

在有导师学习中,提供给神经网络学习的外部指导信息越多,神经网络学会并掌握的知识越多,解决问题的能力也就越强。但是,有时神经网络所解决的问题的先验信息很少,甚至没有,这种情况下无导师学习就显得更有实际意义了。常用的学习算法或规则有:① Hebbian 学习规则;② Delta 学习规则;③ Widrow-Hoff 学习规则;④ 概率式学习;⑤ Winner-Take-All(胜者为王)学习规则;⑥ Outstar(外星)学习规则等。

8.5　感知器神经网络

感知器(Perceptron)是最早设计并实现的人工神经网络,是一种前馈型网络,其同层内无互连,不同层间无反馈,由下层向上层传递。感知器输入、输出均为离散值,神经元对输入加权求和后,由阈值函数决定其输出。感知器的学习是有监督的学习。

8.5.1　单层感知器

1958 年,美国心理学家 Frank Rosenblatt 根据生物神经元通过神经元之间突触的兴奋或抑制作用对信息进行传递和处理这一事实,在 M－P 模型和 Hebb 学习规划的基础上提出一种具有单层计算单元的神经网络。这是一组可训练的分类器,仅由输入层和输出层构成,单层感知器模型的缺点在于只能解决线性可分的分类模式问题,称为 Perceptron,即感知器。感知器的提出把神经网络的研究从纯理论探讨引向了工程实践。

单层感知器的拓扑结构采用无反馈的层内无互连双层结构,只有输出层的神经元具有信息处理能力。输入层也称为杆感知层,其中每个处理单元直接将其输入信息作为输出信息传递给输出层。输出层也称为反应层或处理层,其中每个神经元都具有信息处理能力,对输入层传入的输出信息进行相应的处理后向外部输出最终处理结果。

8.5.2　多层感知器

分析表明,单层感知器只能解决线性可分问题,而大量的分类问题是线性不可分的,由于单层感知器在线性不可分问题上的局限性,人们又提出了多层感知器,增加了隐含层的结构,可产生复杂的决策界面和任意的布尔函数。

多层感知器为三层或多层结构，输入层又称为感知层 S，隐含层又称为连接层 A，输出层又称为反应层 R，隐含层和输出层的神经元均具有信息处理能力。

8.5.3 基于 B－P 算法的多层感知器模型

采用 B－P 算法的多层感知器是迄今为止应用最为广泛的神经网络。

由于感知器模型在非线性问题上的局限性，鲁梅尔哈特（D. Ruvmelhar）和麦克莱伦德（McClelland）于 1985 年提出了 B－P 模型，用于前向多层神经网络的误差反向传播学习算法。B－P 网络是一种前向多层网络，是基于误差反向传播算法的有导师网络。B－P 网络通常有一个或多个隐层，隐层中的神经元均采用 S 型激活函数，输出层神经元采用线性传递函数。网络中不仅有输入层节点及输出层节点，而且还有一层至多层隐层节点，各层之间的神经元为全连接关系，层内各神经元为无连接，如图 8－14 所示。当有信息向网络输入时，信息首先由输入层传至隐层节点，经特性函数作用后，再传至下一隐层，直到最终传至输出层并进行输出，其间每经过一层都要由相应的特性函数进行变换。B－P 网络能够实现输入输出的非线性映射关系，但它并不依赖于模型，其输入与输出之间的关联信息分布地存储于连接权中。由于连接权的个数很多，个别神经元的损坏只对输入输出关系有较小的影响，因此 B－P 网络显示了较好的容错性。B－P 网络具有多个输出值，可以进行非线性分类，其缺点是训练时间比较长，易陷于局部极小状态，且收敛的速度慢。此外，由于 B－P 网络具有很好的逼近非线性映射的能力，因而可应用于信息处理、图像识别、模型辨识、系统控制等多个方面。

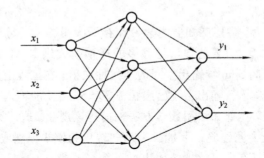

图 8－14 B－P 网络结构

B－P 算法用于多层网络，通常采用梯度下降法。B－P 网络的学习算法属于全局逼近的方法，因而具有较好的泛化能力，解决了多层前向网络的学习问题，促进了神经网络的发展。

如图 8－15 所示为多层前向网络的一部分，其中有两种信号，一是实线表示的工作信号，正向传播；二是虚线表示的误差信号，反向传播。

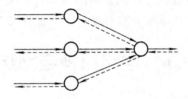

图 8－15 多层前向网络

B-P学习过程可以描述如下：

工作信号正向传播：输入信号从输入层经隐单元传向输出层，在输出端产生输出信号。在信号向前传递的过程中，网络的权值是固定不变的，每一层神经元的状态只影响下一层神经元的状态。如果在输出层不能得到期望的输出，则转入误差信号反向传播。

误差信号反向传播：网络的实际输出与期望输出之间的差值即为误差信号，误差信号由输出端开始逐层反向传播。在误差信号反向传播的过程中，网络的权值由误差反馈进行调节，通过权值的不断修正使网络的实际输出更接近期望输出。

B-P算法的具体步骤如下：

(1) 从训练样例集中取一样例，把输入信息输入到网络中。

(2) 由网络分别计算各层节点的输出。

(3) 计算网络的实际输出与期望输出的误差。

(4) 从输出层反向计算到第一个隐层，按一定原则向减小误差方向调整网络的各个连接权值，即反向传播。

(5) 对训练样例集中的每一个样例重复以上步骤，直到整个训练样例集的误差达到要求时为止。

注意：在训练时需要反向传播，而一旦训练结束，求解实际问题时，则只需正向传播。

8.5.4　多层感知器的主要能力

多层感知器是目前应用最多的神经网络，这主要归结于基于B-P算法的多层感知器具有以下一些重要能力。

(1) 非线性映射能力。多层感知器能学习和存储大量输入—输出模式映射关系，可以描述映射关系的数学方程。只要能提供足够多的样本模式供B-P网络进行学习训练，它便能完成由n维输入空间到m维输出空间的非线性映射。在工程上及许多技术领域中经常遇到这样的问题：对某输入—输出系统已经积累了大量相关的输入—输出数据，但对其内部蕴含的规律仍未掌握，因此无法用数学方法来描述该规律。这一类问题的共性是：① 难以得到解析解；② 缺乏专家经验；③ 能够表示和转化为模式识别或非线性映射问题。对于这类问题，多层感知器具有无可比拟的优势。

(2) 泛化能力。多层感知器训练后将提取的样本对中的非线性映射关系存储在权值矩阵中，在其后的工作阶段，当向网络输入训练时未曾见过的非样本数据时，网络也能完成由输入空间向输出空间的正确映射。这种能力称为多层感知器的泛化能力，它是衡量多层感知器性能优劣的一个重要方面。

(3) 容错能力。多层感知器的魅力还在于，允许输入样本中带有较大的误差，甚至个别错误。因为对权矩阵的调整过程也是从大量的样本对中提取统计特性的过程，反映正确规律的知识来自全体样本，个别样本中的误差不能左右对权矩阵的调整。

8.6　自组织神经网络

自组织神经网络SOM(Self-Organization Mapping net)是基于无监督学习方法的神经网络的一种重要类型，最早是由芬兰赫尔辛基理工大学Kohmen于1981年提出的。此后，伴随着神经网络在 20 世纪 80 年代中后期的迅速发展，自组织神经网络的理论体系及其应用也有了长足的进步。

自组织神经网络在结构上属于层次型网络，它有多种类型，其共同特点是具有竞争层。最简单的自组织神经网络结构有一个输入层和一个竞争层，输入层负责接收外界信息并将输入模式向竞争层传递，起"观察"作用；竞争层负责对该模式进行"分析比较"，以便找出规律以正确归类竞争机制。

作为神经网络最富有魅力的研究领域之一，自组织神经网络能够通过其输入样本学会检测其规律性和输入样本之间的关系，并且根据这些输入样本的信息自适应调整网络，使网络以后的响应与输入样本相适应。

自组织神经网络模型主要有 Kohonen 自组织映射网络、ART 自适应共振理论模型、Fukushima 网络模型。

8.6.1 自组织映射模型

自组织映射模型是由芬兰科学家 Kohonen 提出的，其神经生物学的基础是实际神经细胞中一种对特殊特征敏感的细胞。这种细胞在外界信号的刺激下，会对某一种特征特别敏感，而对其他信号无动于衷，它们的这种特性是通过自学习而得到的。

自组织竞争神经网络在接收了外界的输入样本后，网络中各个神经元之间的连接权值根据各个神经元对输入样本的反应做出自动调整。开始时，与输入样本相对应的兴奋神经元的位置各不相同，但是经过一段时间的自组织调整之后，会形成一些神经元群，分别代表了不同类输入样本的自然特征。群体的表现为功能相近的神经元在网络物理结构上的距离比较相近，功能相差比较远的其物理位置也比较远。输入样本通过这样一个映射过程可以进行自动分类、排序。

8.6.2 自组织竞争过程

自组织竞争网络形成的过程中，开始时网络各个节点及相互连接关系是无序的。当输入样本出现后各个细胞反应不同，依照"胜者为王"的原则，在局部反应最强烈的神经元不仅加强自己，同时也对周围细胞进行一定程度的支持或压抑，其支持或压抑程度与网络学习进程深度有关。此过程使得原本对该样本反应强烈的神经元对该样本更加敏感，也同时对其他种类的样本更加不敏感。此过程的反复进行使得强化的区域不断缩小，直至收缩到一个点上，最后只有该神经元才对此输入样本有极其强烈的反应，即完成了学习、训练的任务。通过学习，各种不同样本将会分别映射到不同的细胞上。

8.6.3 ART 网络

ART（自适应共振理论）网络是一种自组织网络模型。1976 年，美国 Boston 大学学者 G. A. Carpenter 提出了自适应共振理论（Adaptive Resonance Theory，ART）。Carponter 多年来一直试图为人类的心理和认知活动建立统一的数学理论，ART 就是这一理论的核心部分。随后 G. A. Carpenter 又与 S. Grossberg 提出了 ART 网络，解决了模式分类的灵活性和稳定性的两难问题。

ART 模型主要包含 ART1、ART2 两种模型。ART1 主要用于处理二值输入模式，

ART2 是 ART1 的扩展形式，主要用于处理连续信号输入模式。本节主要介绍 ART1，其基本概念对 ART2 也适用。ART 是一个根据可选参数对输入数据进行粗略分类的网络，是一种无教师学习网络，能够较好地协调适应性、稳定性和复杂性的要求，其网络系统结构如图 8-16 所示。在 ART 网络中，通常需要两个功能互补的子系统相互作用，这两个子系统称为注意子系统和取向子系统。

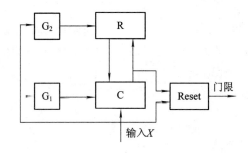

图 8-16　ART1 型网络系统结构

图 8-16 中，C 为比较层；R 为识别层；Reset 为复位信号；G_1 和 G_2 为逻辑控制信号。

（1）C 层结构。该层有 n 个节点，每个节点接收来自三个方面的信号：

① 来自外界的输入信号 x_i；

② 来自 R 层获胜神经元的外星向量的返回信号 t_{ij}；

③ 来自 G_1 的控制信号。

C 层节点的输出 c_i 是根据 2/3 的"多数表决"原则产生的，即输出值 c_i 与 x_i、t_{ij}、G_1 等 3 个信号中的多数信号值相同。

若 $G_1=1$，反馈回送信号为 0，则 C 层输出应由输入信号决定，有 $c=x$。

若反馈回送信号不为 0，$G_1=0$，C 层输出应取决于输入信号与反馈信号的比较情况，$c_i=x_it_{ij}$，如果 $x_i=1$，则 $c_i=x_i$；否则 $c_i=0$。

（2）R 层结构。

① R 层有 m 个节点，用于表示 m 个输入模式类；m 可动态增长，以设立新模式类。

② 由 C 层向上连接到 R 层第 j 个节点的内星权向量用 $B_j=(b_{1j}, b_{2j}, \cdots, b_{nj})$ 表示。

③ C 层的输出向量 C 沿 m 个内星权向量 $B_j(j=1, 2, \cdots, m)$ 向前传送，到达 R 层各个神经元节点后经过竞争再产生获胜节点 j^*，指示本次输入模式的所属类别。

④ 获胜节点输出为 1，其余节点输出为 0，即得到 R 层各模式类节点的典型向量。

（3）控制信号。

① 控制信号 G_2 的作用是检测输入模式 X 是否为 0，它等于 X 各分量的逻辑"或"，如果 $x_i(i=1, 2, \cdots, n)$ 为全 0，则 $G_2=0$，否则 $G_2=1$。

② 控制信号 G_1 的作用是在网络开始运行时为 1，以使 C=X；其后为 0，以使 C 值由输入模式和反馈模式的比较结果决定。当 R 层输出向量 **R** 的各分量全为 0 而输入向量 **X** 不为 0 时，$G_1=1$，否则 $G_1=0$。

③ 控制信号 Reset 的作用是使 R 层的竞争获胜神经元无效。如果根据某种事先设定的测量标准，C 与 X 未达到预先设定的相似度 ρ，表明两者未充分接近，于是系统发出 Reset 信号使竞争获胜神经元无效。

ART 网络的特点如下：

（1）非离线学习，即不是对输入集样本反复训练后才开始运行，而是边学习边运行。

（2）每次最多只有一个输出节点为 1，每个输出节点可看做一类相近样本的代表，当输入样本距离某一个内星权向量较近时，它的输出节点才响应。

（3）通过调整参考门限的大小可调整模式的类数，ρ 值小，模式的类别少；ρ 值大，模式的类别多。

8.6.4 反馈神经网络

反馈神经网络的所有节点（神经元）都具有同等的地位和信息处理功能，而且每个节点既可以从外界接收输入，同时又可以向外界输出，没有层次差别。它们之间可相互连接，同时也可以向自己反馈信号。

从学习的观点来看，反馈神经网络属于前向神经网络模型，由于其相应的学习算法，因此被认为是一种强有力的学习系统模型。同时，它的系统结构简单且易于编程，得到了自然科学界各个领域科学家的关注，并取得了很好的应用验证。但是从系统观点来看，前向神经网络模型的计算能力有限。而反馈神经网络是一种反馈动力学系统，它比前向神经网络具有更强的计算能力，可以通过反馈来加强全局的稳定性。

反馈神经网络模型最著名的代表是 Hopfield 神经网络。美国加州理工学院物理学家 J. Hopfield 在 1982 年发表的论文中宣告了 Hopfield 神经网络的诞生。该模型舍弃了层次的概念，创建了无层次的全互连型网络，即从输入层至输出层都有反馈存在。这表明 Hopfield 神经网络模型可以用作联想寄存器，后来将它应用于解决最优化问题，取得了良好的效果。

1. 离散的 Hopfield 神经网络（DHNN）

Hopfield 神经网络中各个神经元之间是全互连的，即各个神经元之间是相互、双向连接的。这种连接方式使得网络中每个神经元的输出均反馈到同一层其他神经元的输入上。如果网络设置得当，在没有外部输入的情况下也能进入稳定状态。Hopfield 神经网络是一个离散时间序列系统，网络结构上只有一个神经元层，各个神经元的转移函数都是线性阈值函数。每个神经元均有一个活跃值，称之为状态（取两个可能值之一）。

DHNN 有两种不同的应用方式：联想记忆和优化计算。其具体的应用方向主要集中在图像处理、语声处理、控制、信号处理、数据查询、容错计算、模式分类、模式识别和知识处理等领域。

在联想记忆的应用中，DHNN 对样本模式集采取一定的学习算法，形成合理的权矩阵，使样本模式成为网络的稳定状态。学习过程结束后，网络处于工作状态，对网络输入初始模式，收敛稳定于最为接近的某一样本模式。

在优化应用中，DHNN 先把问题表述成能量函数，进一步由能量函数推出网络权结构，然后让网络运行在某种条件下。一般来说，网络的稳定状态就对应于问题的解答。

联想记忆的应用和优化计算的应用是相互对偶的。应用于优化计算时，网络权矩阵为已知，目的是寻找具有最小能量值的稳定状态。用作联想记忆时，稳定状态是给定的，目的是通过学习过程来得到合适的权矩阵。

2. 连续时间 Hopfield 神经网络模型(CHNN)

连续的单层反馈网络有 Hopfield 提出的连续时间网络 Hopfield(Continuous Hopfield Neural Network,CHNN)和 Grossberg 的 ART 网络。Hopfield 根据生物细胞的存储特性提出了 CHNN 网络,该网络中每一个神经元的输入和输出关系都为连续可微单调上升函数,且和其他神经元之间有连接权的关系。每个神经元的输入是一个随时间变化的状态变量,与外界的输入和其他神经元的输出有直接关系,同时也与其他神经元同它之间的连接权有关系。状态变量直接影响输入变量,使系统变成一个随时间变化的动态系统。

CHNN 模型可以用电子器件模拟。它的每一个神经元可以用一个有正、反向输出的放大器模拟,输入端并联的电阻和电容可模拟神经元的时间特性,互相连接的电导用来模拟各个神经元的连接特性,相当于权系数。

3. 利用 Hopfield 神经网络预测 RNA 二级结构

下面介绍 Hopfield 神经网络在生物信息学中的一例应用——预测 RNA 的二级结构。Hopfield 神经网络将碱基对视为神经元,在调解训练之后,可以有效地将预测结果中冲突的茎区打开,保留下茎区的主体,删除发生冲突的部分碱基对。

Hopfield 神经网络预测 RNA 二级结构的主要思想是:将每一对可能的碱基对视为一个可能的神经元,对于神经元 i,存在一个激活函数 U_i,当 $U_i \geqslant 0$ 时意味着神经元(碱基对)i 没有被选中,否则($U_i < 0$)预测该碱基对出现在真实结构中。网络中循环训练的就是 U_i 的值,当所有的 U_i 都达到稳定的时候便可以输出。其中,训练过程相当于对激活且冲突的神经元(碱基对)进行抑制,对未激活且不和已激活神经元冲突的神经元进行激活;到达稳定状态时,激活的神经元中不存在冲突,并且激活的神经元个数达到了极优。

U_i 每次的修改值由 dU_i 来表示。dU_i 的值分两种情况来计算:

(1) 当 $U_i < 0$ 时,意味着该碱基对将要被选中。那么就考虑选中该碱基对对其他碱基对的影响。由于选中了该碱基对,使得其他部分碱基对不能被选中,因为这两组碱基对会形成假结或冲突。因此考察那些与该神经元不相容的神经元,如果存在某个不相容的神经元 j,且有 $U_j < 0$,则 dU_i 数值上增加 A(A 是比较小的正数)。假设有 k 个这样的神经元,则 $dU_i = k * A$。

(2) 当 $U_i \geqslant 0$ 时,意味着该碱基对没有被选中。如果已经选中的所有神经元没有与它不相容的,那么该神经元应该被选中,则 $dU_i = -B$(B 是比较小的正数);如果已经选中的神经元中存在与它不相容的,则 $dU_i = 0$。

当一次循环后对于任意 i 都有 $dU_i = 0$,则训练结束,否则继续执行循环直到所有的 $dU_i = 0$。

U_i 初始化时可以采用两种策略:一种是对所有的 U_i 赋同样的值(0 或非常小的整数);另一种是在一定范围内对 U_i 随机初始化。在 Hopfield 神经网络中,U_i 初始化的值越小,其保留下来的可能性越大,碱基对在真实结构中出现的可能性越大。如果用其他算法求得茎区中的碱基对,且认为它们在真实结构中出现的可能性高,则它们对应的神经元初始化值小于其他茎区中碱基对对应的神经元初始化值;在同一个茎区中,认为中部的碱基对比边上的碱基对出现的可能性高,则同一茎区中中部碱基对对应的神经元的初始化值小于边缘碱基对对应的神经元初始化值。

8.7　本　章　小　结

　　本章简单介绍了生物神经网络的基本知识，包括生物神经元的结构、连接方式及其信息处理机制，重点介绍了人工神经网络的发展、应用、特性及其建模的一些基础。在人工神经网络的建模中，阐述了人工神经元的数理模型、常见的网络拓扑结构、神经网络的学习方式。在了解神经网络的建模基础上，本章介绍了感知器神经网络和自组织竞争神经网络。

第九章　细胞网络启发的计算模型

9.1　引　言

9.1.1　细胞

细胞作为生物体结构和功能的基本单位，是生物体不可缺少的部分。

细胞的真正发现者是荷兰科学家列文虎克（A. van Leeuwenhoek），他用自制的显微镜在 50 年的科学生涯中，观察了大量动植物的活细胞，对细胞的大小进行了测量，将结果做了详细的记录，并以通信的方式提交给英国皇家学会，这些数据和现代测量的数值接近。

1838 年，德国植物学家施莱登（Schleiden）提出"所有植物体都是由细胞组合而成的"观点。1839 年，德国动物学家施旺（Schwann）提出"动物体也是由细胞构成的"观点，他认为动植物细胞具有形似的结构，并提出了细胞学说（Cell Theory），其中包含两点：所有生物体都是由一个或多个细胞构成的；细胞是生物体的结构单位。在此后的十几年中，细胞学说对当时的生物学发展起到了巨大的促进和指导作用，学说内容也在不断充实和完善。其中，1855 年德国病理学家魏尔肖（Virchow）提出的"细胞只能通过分裂产生细胞"的观点明确了细胞的起源问题，指出了细胞作为一个相对独立的生命活动基本单位的性质，也成为完善后的细胞学说的第三个要点。细胞学说论证了整个生物界在结构上的统一性，科学地解释了有机体的发育和形成过程。细胞学说、生物进化论和能量守恒与转化定律并称为 19 世纪自然科学的三大发现。

细胞并没有统一的定义，近年来比较普遍的提法是：细胞是一切生命活动的基本结构和功能单位。它是除了病毒之外所有具有完整生命力的生物的最小单位。与细胞的局部构造单独存在时只会退化死去不同，在合适的条件下，从生物体分离的完整细胞可以生存、生长和增殖，体现出各种生命现象。因此，细胞是生命活动的基本单位。

细胞具有下列基本特征：

（1）细胞是高度复杂、有序和动态的。活细胞中包含着数量庞大的多种分子，以多样化的方式组装或组合，以高度有序的结构形式存在，分布在细胞的各个部分。而作为一个整体，细胞在生长、发育、分化、分裂、衰老、死亡过程中，结构也在不断变化。

（2）细胞能够进行新陈代谢。细胞通过一系列的酶促反应驱动细胞中有机分子的合成和分解，为细胞的吸收、分泌以及细胞增殖、细胞运动等各种生理活动提供能量。

（3）细胞能够增殖和遗传。细胞以分裂方式繁殖，分裂之前，遗传物质进行复制，在分裂时遗传物质被平均分到两个子细胞中，以保证子代和亲代具有相同的遗传信息，这也是生命繁衍的基础和保证。

（4）细胞具有应激性。细胞对外界的刺激可以发生反应，但因细胞类型的差异在表现上有所不同。

(5) 细胞能够自我调节。细胞经过严密的、有序的调节机制保证生命活动的正常进行，细胞的存活、增殖、分化、衰老和死亡，都处于精密的调控之下。调控异常会导致细胞的死亡，甚至对于整个机体都可能是灾难性的，如癌症的发生。

(6) 细胞具有运动性。所有的细胞都具有一定的运动性，不仅包括细胞自身的运动，而且包括细胞内的物质运动。

所有细胞都含有细胞膜、遗传物质和核糖体。

细胞膜是由磷脂和蛋白质按照一定方式组织而成的结构，它的作用是将细胞内部和外部环境分开，为细胞的生命活动提供相对稳定的内部环境。细胞膜的功能是多样化的：细胞膜具有选择透过性，能够控制物质进出细胞，包括营养物质的输入和代谢废物的排出，同时伴随能量的传递；细胞膜与细胞识别、信号传递密切相关；此外，细胞膜还参与形成细胞表面特化结构；细胞膜是介导细胞与细胞、细胞与胞外基质之间的连接；细胞膜为酶提供附着位点。

DNA 和 RNA 是细胞中的遗传物质。其中，DNA 是遗传信息的载体，在不同细胞类型中存在方式不同，而 RNA 的主要功能是将 DNA 中的遗传信息体现为蛋白质中氨基酸排列顺序的中介分子。

核糖体是蛋白质的翻译机器，在结构上由大、小两个亚基组成，主要成分是蛋白质和rRNA。

9.1.2 细胞自动机

19 世纪 40 年代冯·诺依曼开始研究细胞自动机(Cellular Automaton，CA)，并于 50 年代初发明了细胞自动机，奠定了人工细胞自动机的理论基础；60 年代后期，Conway 构造的能在个人家用电脑上运行的"生命游戏(Game of Life)"引起了人们对人工细胞自动机的关注，从此 CA 的概念逐渐普及到相关领域。

就形式而言，细胞自动机有三个特征：

(1) 平行计算(parallel computation)：每一个细胞个体都同时、同步地改变；

(2) 局部性(local)：细胞的状态变化只受周围细胞的影响；

(3) 一致性(homogeneous)：所有细胞均受同样的规则支配。

细胞自动机由细胞、细胞的状态空间、细胞邻域及局部演化规则四部分组成。

1. 细胞

细胞自动机是由一组网格(或称细胞)构成的。理论上这些网格可以是任何形状，甚至可以是立体的单元，但目前大部分的 CA 研究都以规则排列的方格为主。

2. 细胞的状态空间

每一个细胞的状态空间都由一组有限的状态来表示，这些状态的值域可以是二元的，如活的、死的，空的、已经被占据的；也可以是多元的类别集合，如建地、空地、商业用地、住宅用地等土地类型；状态也可以是实数。在任一时间，每一个细胞都将呈现这一组状态中的唯一特定值。

3. 细胞邻域

细胞自动机中每一个细胞的状态都会随着邻域内的细胞状态而变化。设计一个 CA 需要界定其会相互影响的邻域的大小。就网格式的结构而言，细胞邻域可以是中心细胞最近的周围细胞或者是一定距离内的所有细胞。

4. 局部演化规则

每一个细胞下一时刻的状态取决于其目前的状态和其细胞邻域内的细胞对此细胞的影响的组合，由一条条明确的规则决定下一时间点形态的演变。在上述空间结构下，CA 的演化循环是在一个离散的时间序列下（…，$t-1$，t，$t+1$，…）进行的，所有细胞根据演化规则进行同步更新。

9.1.3 Conway 的生命游戏 Game of Life

生命游戏，又称生命棋，是英国数学家约翰·何顿·康威(Conway)在 1970 年发明的细胞自动机，最初于 1970 年 10 月在《科学美国人》杂志上马丁·葛登能的"数学游戏"专栏出现。

可以把计算机中的宇宙想象成是许多方格子构成的封闭空间，尺寸为 N 的空间表示有 $N \times N$ 个格子，每一个格子中居住着一个细胞，每个细胞都有生和死两种状态，每一个格子旁边都有邻居格子存在。如果把 3×3 的 9 个格子构成的正方形看成是一个基本单位的话，那么这个正方形中心的格子的邻居就是它旁边的 8 个格子。一个细胞在下一个时刻的生死取决于相邻 8 个方格中活着的或死了的细胞的数量。如果相邻方格活着的细胞数量过多，这个细胞会因为资源匮乏而在下一个时刻死去；相反，如果周围活细胞过少，这个细胞会因太孤单而死去。实际中，玩家可以设定周围活细胞的数目到底是多少时才适宜该细胞生存。如果这个数目设定过高，世界中的大部分细胞会因为找不到太多活的邻居而死去，直到整个世界都没有生命；如果这个数目设定过低，世界中又会被生命充满而没有什么变化。实际中，这个数目一般选取 2 或者 3，这样整个生命世界才不至于太过荒凉或拥挤，而是一种动态的平衡。当游戏中玩家设定这个数目为 3 时，每个细胞的生死遵循下面的原则：

（1）如果一个细胞周围有 3 个细胞为生（一个细胞周围共有 8 个细胞），则该细胞为生（即该细胞若原先为死，则转为生，若原先为生，则保持不变）；

（2）如果一个细胞周围有 2 个细胞为生，则该细胞的生死状态保持不变；

（3）在其他情况下，该细胞为死（即该细胞若原先为生，则转为死，若原先为死，则保持不变）。

在游戏进行的过程中，杂乱无序的细胞会逐渐演化出各种精致、有形的结构，如图 9-1 所示。这些结构往往有很好的对称性，而且每一代的形状都在变化。一些形状已经锁定，不会逐代变化。有时，一些已经成形的结构会因为一些无序细胞的"入侵"而被破坏，但是形状和秩序经常能从杂乱中产生出来。

这个游戏已经被许多计算机程序实现了。Unix 世界中的许多黑客喜欢玩这个游戏，他们用字符代表一个细胞，在计算机屏幕上进行演化。比较著名的例子是，GNU Emacs 编辑器中就包含有这种小游戏。

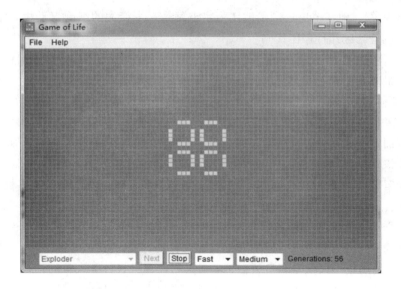

图 9 - 1　生命游戏在 Windows 下运行

细胞自动机可以设计的远比 Conway 复杂得多，在细胞空间上，可以是一维的、二维的、三维的或更高维，细胞的状态可以有很多种，规则可以非常复杂。通过不同的设计，细胞自动机可以展现无限的多样性，其中最让人惊异的是有些细胞自动机可以产生存在于大自然的东西，例如贝壳上的花纹、雪花的结构、蜿蜒的河流等。

9.1.4　宇宙就是一个极其复杂的细胞自动机

西方有句谚语："在木匠眼里，月亮也是木头做的。"

古希腊哲学家泰勒斯说：万物之本是水。他的学生毕达哥拉斯说：万物之本是数。再后来又有赫拉克利特说：万物之本是火。中国哲学家孟子以心为万物之本。近代的哲学家有了物理知识，则说：万物之本是原子、电子等基本粒子。可见，哲学家们和木匠异曲同工，都希望把复杂的世界追根朔源到某一种简单的、自己理解了的东西。

如今这个计算机时代，有人宣称说：万物之本是计算。MIT 计算机实验室前主任弗雷德金早在 20 世纪 80 年代初就提出："终极的实在不是粒子或力，而是根据计算规则变化的数据比特。"著名物理学家费曼在 1981 年的一篇论文里也表达过类似的观点。

不过，在这条路上走的更远的是 20 世纪 80 年代后期开发了著名的《数学》Mathematica 符号运算软件的英国计算机科学家史蒂芬·沃尔夫勒姆（Stephen Wolfram），他甚至试图用 CA 解答从古至今困扰人们的三个基本哲学问题：生命是什么？意识是什么？宇宙如何运转？按照沃尔夫勒姆在他的砖头级巨著《一种新科学》里的"计算等价原理"，生命、意识都从计算产生，宇宙就是一台"细胞自动机"。

在这部 1200 页的重量级著作中，沃尔夫勒姆将他所偏爱的一维自动细胞机中的"规则 110"的精神发扬光大，贯穿始终。根据书中的观点，各种各样复杂的自然现象，从弹子球、纸牌游戏到湍流现象，从树叶、贝壳等生物图案的形成到股票的涨落，实际上都受某种运算法则的支配，都可等价于"规则 110"的细胞自动机。沃尔夫勒姆认为"如果让计算机反复地计算极其简单的运算法则，那么就可以使之发展成为异常复杂的模型，并可以解释自然界中的所有现象"，他甚至更进一步地认为宇宙就是一个庞大的细胞自动机，而"支配宇宙的原理无非就是区区几行程序代码"。

事实上沃尔夫勒姆所举的只是一些有限的简单的生物学例子，就得出结论说许多生物体上的差异最终几乎都与自然选择无关，这未免过于草率。评论者认为对进化生物学的论述是《一种新科学》中最站不住脚的部分，也有人批评作者缺乏必要的生物学知识，而细胞自动机也从来没有产生出一种比一条蚯蚓更复杂的生物来，所以沃尔夫勒姆作为一个研究复杂系统方面的专家，就这样冒冒失失地闯入生物学领域，只是愚弄他自己而已。

或许应该肯定沃尔夫勒姆在《一种新科学》里给出了一些好的事例，它们说明自然选择学说还不能解释某一种生物体上的复杂特征。这属于科学，但不是新的。生物学家们清楚地知道，自然选择学说不能预言某一匹斑马身上的特殊条纹，就好比物理学家们知道通过解算微分方程却不能预测一年之后的天气。

沃尔夫勒姆虽然言过其实，但他对细胞自动机的钟爱，对科学的执着，仍然令人佩服。况且，沃尔夫勒姆也不仅仅是空口说白话，而是用计算机进行了大量的论证和研究。比如，他认定宇宙是个庞大的细胞自动机，但是有很多种不同的细胞自动机，宇宙到底是根据哪种细胞自动机运转的呢？前面介绍过的 Conway 的生命游戏只是众多二维细胞自动机中的一种，如果变换生存定律，可以创造出众多不同的生命游戏来。此外，除了二维细胞自动机，还可以有一维、三维甚至更多维的细胞自动机。

生命游戏属于二维细胞自动机，它将平面分成一个一个的格子。因此，一维细胞自动机就应该是将一维直线分成一截一截的线段。不过，为了表示得更为直观一些，我们用一条无限长的格点带来表示某个时刻的一维细胞空间。用格子的白色或黑色来表示每个细胞的生或死两种状态，并且只考虑最相邻的两个细胞，也就是与其相接的"左"、"右"两个邻居的影响。如此所构成的最简单的细胞自动机称为初级细胞自动机。

CA 图用白色表示 0，黑色表示 1。图 9-3 上面一行显示这个细胞和它的左右邻居可以有的 8 种颜色组合。底下一行显示中间这一个细胞下一步的颜色。例如，考虑图中第四个方块。在这个方块中可以看到，如果细胞是白色的，它的左邻是黑色的，右邻是白色的，那么这个细胞在下一步将是黑色的。习惯称它为 150 规则(rule 150)：即如果想象黑白细胞分别表示二进制 0 和 1，那么底下一行就是加上二进制形式的十进制数 150。图 9-2 就是 150 规则的虚拟表示。

图 9-2　150 规则

现在，考虑一个 150 规则 CA，开始时，除了中间的细胞为黑色，其他所有细胞都是白色。这个 CA 会按照图 9-3 所示的一系列步骤进行进化。

图 9-3　150 规则步骤序列

注意：尽管自动机是一维的，但却用一组连续的行从上到下显示它的进化。图 9-4 显示 CA 前五步的进化（包括初始状态）。可以看到，每一个细胞的颜色都是由上一行中它自己的颜色和最近的邻居的颜色根据 150 规则所决定的。同时，还要注意考虑一行中所有细胞的值是在进化的每一步中同时更新的。

图 9-4 显示 CA 在 100 步进化后的样子：

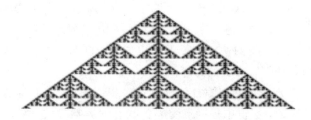

图 9-4 150 规则 100 步后的进化

图 9-5 中 CA 的进化恰巧是对称的，但是并不是所有 CA 进化都是对称的。

通过研究初级细胞自动机，Wolfram 发现简单的机制可以产生出复杂的行为。例如，考虑 30 规则。像所有初级细胞自动机一样，它的定义（如图 9-5 所示）是相当简单的，一个小图就可以完全定义它。

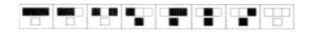

图 9-5 30 规则

不过，30 规则所产生的进化是相当复杂的。图 9-6 显示了使用 30 规则时，这个 CA 100 步后的进化。

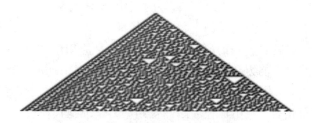

图 9-6 30 规则 100 步后的进化

分析了 256 个初级 CA 和其他更复杂的 CA 后，Wolfram 发现 CA 可以分为四类。第一类只生成简单重复的图案，比如全黑、全白或黑白相间（如国际象棋棋盘）等；第二类产生一些自相似的分形图案，形成稳定的嵌套结构；第三类产生的图案具有明显的随机性；第四类产生复杂的图案；这些图案既不是规则的也不是完全随机的，它们呈现出某种有序性，但却不能被预言。数学家和作家 Rudy Rucker 在其报告"Things Computer Science Tells Us About Philosophy"中准确地描述了这四种类型[1]。

第 1 类：恒定。（所有种子都"死了"）

第 2 类：重复。（循环，条带）

第 2A 类：嵌套。（正则分形）

第 3 类：（伪）随机。（激变）

第 4 类：复杂。（"不规则"，滑行，一般性计算）

Wolfram 作出了似乎有道理的声明，大多数第 3 类和第 4 类 CA 可能无法省略计算（computationally irreducible）：即给出一个初始状态，要找出某一细胞在第 n 步时的值，必须从初始配置开始，完成所有 n 步计算。也就是说，没有公式或者快捷方式可以预测 CA 的未来状态。

此外，Wolfram 和 Matthew Cook 还证明了 110 规则在计算上等同于一个一般性图灵机（之前 Conway 对 Life 证明了这一点）。即可以用 110 规则计算任何一般性图灵机可以计算的函数。这对于其他第 4 类的初级 CA 可能也成立。也就是说，一些 CA 尽管定义很简单，但是可以用于执行任何所需要的计算。

我们的宇宙确实与理论上的细胞自动机有很多相似的地方，CA 的三个特征宇宙也都符合，宇宙是平行处理的，宇宙中每一点受邻近状态的影响最大，宇宙各处遵循同样的自然规律。比较不同的地方是，在空间上及时间的进行上细胞自动机都是断续的，但宇宙"似乎"都是连续的，不过科学家也不敢断定是否如此，也许以后可以证明在极小尺度的空间与时间都是断续的。总之，细胞自动机和宇宙有很大的关联，至少可以用它来模拟宇宙的运作及生命的行为模式，而不只是数学上的一个理论。

9.1.5 现代细胞自动机的应用

细胞自动机的独特优越性使其在生物系统、经济系统、交通系统、社会系统和工程系统等方面得到了广泛应用，并且取得了许多有意义的结果。

1. 生物系统中的应用

细胞自动机来源于生物系统并回归于生物，被应用于许多生物系统，比如由数目巨大且相互作用的神经元构成的大脑。近年来，为了了解和重构大脑的功能，科学工作者已进行了许多有意义的尝试。目前规模最大、最全面的仿脑计划是日本现代通讯研究所正在进行的一项"元胞自动机仿脑计划"的研究，他们的目标是应用细胞自动机组建一个由 10 亿个神经元组成的具有自治能力和创造性的人工脑（Artificial Brain）。Masami Tatsuno 等对大脑的功能充满了好奇，他和一些志同道合的人发现一个规则动力学细胞自动机能够被一个二层的神经网络所代替，利用这种大脑和规则动力学细胞自动机之间的相似性，他们提出了一种基于规则动力学的新的建设策略。接着，他们构建了一个海马的规则动力学神经网络，并探究了其每一个区域在形成过程中的瞬时模式。

此外，Nicholas J. Savill 和 Paulien Hogeweg 用自己提出的可用于研究简单细胞系统形态发生的三维混杂细胞自动机和偏微分方程（PFE）模型模拟了黏菌从单一的细胞到可爬行的成虫的生长过程。而 Q. Chen 和 A. E. Mynett 等人则用细胞自动机建立的竞争生长过程的模型很好地模拟了荷兰一个富养湖水下两个物种的一系列竞争生长过程，模拟结果无论在数量上还是质量上都与实地观察的结果具有很好的一致性。

2. 经济系统中的应用

经济系统具有复杂系统的复杂性。因而，描述复杂性的细胞自动机方法理所当然地被应用于经济学的研究之中，成为非线性经济学的有机组成部分。

经济学系统的非加和性以及细胞自动机在动态复杂系统描述中的基本特征为细胞自动机方法在非线性经济系统中的应用奠定了基础。在非线性经济学研究中，应用细胞自动机方法的步骤如下：

(1) 建立模拟该经济系统运作的细胞自动机模型。

(2) 用计算机模拟经济系统运作的演化过程，得出演化时空图。

(3) 分析细胞自动机模型的演化行为，包括两个方面：

① 研究在各个初始模式下各个格点的一系列取值的统计特性，得到细胞自动机模型的局部特性；

② 研究整个集合的统计特性，得到细胞自动机模型的全局特性。

(4) 通过细胞自动机模型的整个演化行为特征揭示复杂系统演化的规律性。

目前，细胞自动机在经济学研究中的应用只限于理论探讨，距离实际应用还有较大的距离。主要原因是：

(1) 目前细胞自动机在应用中只限于一维和二维的形式，对于更高维的形式，现在还不具备数学解决方法，而许多经济系统的复杂行为更适合于在高维情况下得到解决；

(2) 在非线性经济学研究中，适合于细胞自动机研究的现有模型还很少；

(3) 细胞自动机研究中不仅涉及很深的数学，而且更多地用到计算机模拟等知识，所以增加了研究的难度；

(4) 在非线性经济学领域，从事细胞自动机研究的学者还很少，因而这方面的交流和研究还很困难。

但是应该看到，复杂经济系统的基本特征和细胞自动机的时间、空间及状态的离散特性均决定了细胞自动机在非线性经济学领域大有用武之地。

细胞自动机在经济学研究领域的应用研究可从两个方面进行，一方面需要对已有的经济学模型用细胞自动机的假设进行研究，另一方面需要以细胞自动机的基本思想为基础建立新的经济系统动力学模型。

3. 环境和生态系统中的应用

对于土壤侵蚀、火灾蔓延、疾病传播与环境和生态系统的关系问题，细胞自动机同样可以发挥它的作用。

为了克服已有的描述土壤侵蚀过程复杂性的微分方程模型求解困难的问题，Smith 将地貌侵蚀的 Huyghens 波阵面方法与细胞自动机方法进行比较，发现二者在二维情况下具有较好的一致性；Murray 和 Paola 开发的细胞编结成的裂缝模型在高质量地模拟裂缝现象的主要特征方面获得了相当大的成功；Ambrosio 等人开发了一个在水的作用下土壤侵蚀的细胞自动机模型，该模型和以前的各种模型相比，涉及更多的状态，包括高度、水深、植被密度、渗透物、销蚀、沉积物转移和沉积等。

在植物生长方面，Saadia Aassine 等利用细胞自动机方法研究了地中海气候环境中的植被生长动力学问题，得到了关于植被动力学行为较好的分析结果。

在流行病方面，一般通过微分方程建立的模型存在一些缺点，如：忽视流行病传播过程的局部特性，通常假设整个人群的数目是守恒的，忽视由于旅行或迁移引起的外来人员的传染，未考虑个体间不同的敏感性等。E. Ahmed 和 H. N. Agiza 提出了一种流行病的细胞自动机模型，考虑到了一些在基于微分方程模型的研究中非常难以考虑的因素，如不均匀交往、潜伏、孵化和不同个体对一种疾病的敏感性等。

4. 工程和工业系统中的应用

细胞自动机由于其结构简单和适于并行运算的特性，已被广泛应用于工程和工业系统研究，如交通、图像处理、机器学习和控制等领域。

基于细胞自动机的交通模型的研究是细胞自动机在交通系统研究中一个最重要的应用。最初由 Wolfram 建立的 184 细胞自动机模型是最典型的一个，之后一些学者为了模拟更真实和更复杂的情况，对其进行了各种改进，得到了 N-S 模型和 F-I 模型等。N-S 模型是模拟交通流各种行为的一个简化模型，为其他更复杂的交通流或城市交通流模型的研究提供了基本的准则。这些模型不仅在城市交通发展中扮演了重要的角色，而且为行人流细胞自动机模型规则的建立、设计提供了基本准则。

细胞自动机适用于图像处理中的许多任务。Preston 等人提出了将细胞自动机应用于一些医学图像处理的细胞逻辑处理方法。Wongthanavasu 和 Sadananda 运用细胞自动机方法对二进制图像边缘进行检测，实现了图像的像素级检测，设计出一个新的基于细胞自动机的二进制图像边缘检测模型，可以提供二进制图像的最优边缘图，一般情况下这种模型好于针对灰度级图像的比较边缘算子。

细胞自动机方法已被广泛应用于机器学习和控制领域。Moshe Sipper 和 Marco Tomassini 关注一类执行计算任务的系统的演变，通过一个称做细胞程序的并行演变算法研究非均匀细胞自动机。他们提供的高性能算法可用于执行两个非平行的计算任务，即密度和随机数的产生。

细胞自动机还被用于密码系统和机器人路径规划、运动控制中。Marco Tomassini 等人基于人工进化的一维和二维非均匀细胞自动机随机数发生器，设计了一个单钥密码系统。对其方案进行的抗击密码分析和攻击鲁棒性的分析表明，直接密码分析要求的计算机资源量呈指数增长。Tzionas 等描述了一个基于细胞自动机的在静止可知环境中行走的菱形机器人的路径规划算法，并在 VLSI 中得到了实现。Fabio M. Marchese 提出了一个在多层细胞自动机上实现的非完整移动机器人的交互式路径规划算法，该算法被证明是分布式和增量式的，即当改变初始、终止样式或障碍物分布时，自动机就开始向着一个新的全局稳态演化，并寻找一个新的解集。因为该算法可对障碍物分布的变化做出反应，所以它还可用于与一个领域模型结合的未知的动态环境中，甚至应用于更广泛的一类车辆运动学问题中。

9.2 膜 计 算

对人类所执行的计算进行建模是人们最早对算法(及计算)的形式化研究。而使人们对于算法和计算的形式化研究达到顶峰的，是 20 世纪前半叶图灵提出的形式化的自动机理论模型，并因此产生了人类历史上第一台电子计算机。在算法的研究发展中，生物科学贡献了不少力量，比如经典的遗传算法和进化算法、人工神经网络，以及后来研究中出现的源于分子生物学的 DNA 计算，越来越多的人们致力于自然计算的研究。

不难发现，许多计算机科学领域的突破性进展都来源于自然界的启发，这些进展在理论上和实际应用中都引起了人们的广泛关注。自然计算是指受自然界中生物体的启发，模拟或仿真实现发生在自然界中、易作为计算过程解释的动态过程。到目前为止，世界各地的研究者通过对不同的生物过程和现象进行研究，已经形成了各种不同的仿生计算分支。如图 9-7 所示，在生物群体层次有模仿蚂蚁的蚁群算法、模仿鸟群觅食的粒子群算法、模仿鱼群觅食和聚群行为的人工鱼群算法等一系列群体智能算法；在生命个体层次有人工生命计算等；在免疫系统层次有模拟免疫系统的免疫算法等；在神经网络层次有模拟神经网络的人工神经网络算法；在 DNA 分子层次有 DNA 计算等。所有这些领域都属于自然计算的新兴领域。

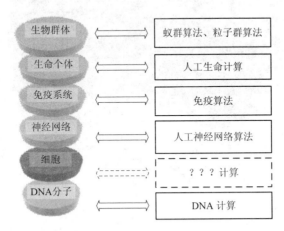

图 9-7　生物层次与仿生计算

从图 9-7 中可以看出，从分子到组织器官（神经网络），到系统（免疫系统），到生命个体，再到群体，都建立了相应的仿生计算模型。实际上，活的生物体不仅仅是以神经网络这种组织器官形式存在的，也不只是以 DNA 分子的形式存在的，更准确地说生物体是以细胞为基本单元的有机整体。对于作为生命基石的细胞，是否从细胞中也能建立相应的计算模型呢？

膜计算是自然计算的一个分支，它的发展始于细胞。在多年研究 DNA 计算的基础上，受生物细胞的启发，Păun 于 1998 年 11 月提出了膜计算，旨在从生命细胞在分层结构中处理化合物的方式中抽象出计算模型。该类计算模型称为膜系统或 P 系统。

自然界经过几十亿年进化出一部令人惊讶、精微并且非常复杂的"机器"——细胞。如图 9-8 所示，在一个细胞的结构和机能中，膜起基本作用。细胞膜在活细胞中有界膜和区室化、调节运输、参与区室内各种反应等功能。膜计算模型正是将活细胞的分隔作用这一特征形式化而得到的计算框架，细胞膜不仅起着分隔细胞体与环境的作用，并且细胞内各个细胞器之间也是靠内膜实现相互分离的。

关于细胞膜功能的描述可以在文献[2]中看到：膜在活细胞中发挥着举足轻重的作用。膜结构的功能不仅在于它定义了细胞内部和外部的边界，将细胞体与其外部环境分离开，而且它还具有重要的生化作用。细胞膜使细胞与环境分隔开来，可以保护细胞免受来自环境中有害物质的侵害；细胞内膜可以将细胞内部划分为若干个分隔开的区域，这对细胞核内的遗传物质起到了一定的保护作用；细胞膜经常参与许多细胞器的化学反应，为细胞器之间以及细胞与环境之间的通信提供选择性通道。

膜计算不是对生物膜的功能进行简单的模拟，而是从各种生物膜的功能原理中抽象出一些最基本的、关于计算本质的东西来构建一个全新的计算模式。由于膜计算的许多模型

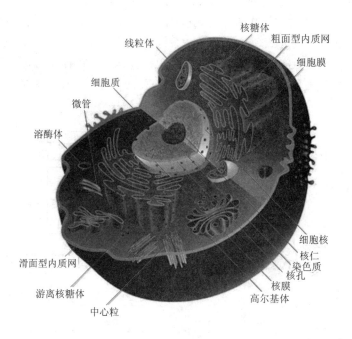

图 9-8　生物细胞结构

都是由 Pǎun 院士创建的，所以标准的膜计算的各种模型也称为 P 系统。下面介绍标准的膜计算以及 P 系统的基本框架[3,4]。

　　如图 9-8 所示，生物膜的基本功能之一就是将自身与外界环境区分开，如细胞核膜将细胞核和细胞质区分开。细胞膜吸收营养分子到细胞的内部，阻止有害物质进入细胞，并排泄废物。这种划分区域的思想是建立膜计算的基础。膜计算从生物功能、结构中抽象出一种如图 9-9 所示的抽象结构图。膜计算模型是多个膜的一种层次排列，最外层的是表面膜，如果一个膜的内部不包括其他膜，则称为基本膜。基本膜内部的空间以及非基本膜与其直接包含的膜之间的空间称为区域，一个膜唯一对应一个区域，因此用数字标签可以标记膜和其对应的区域。

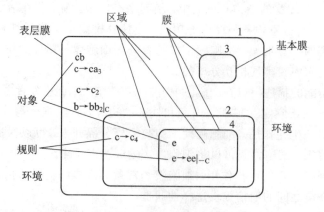

图 9-9　膜计算的系统结构

区域中存在对象的多重集，即对象具有多重性，这是膜计算的基本特征之一。可以用一个字符串来表示一个区域中的对象。这些对象通过"进化规则"来进化，而规则的选取具有并行性和非确定性。这些对象还能够穿越膜进入系统中的另一个区域。膜能够改变其自身的渗透性，甚至可以溶解和分裂。用这些特征来定义系统的一个格局。在每一个时间步内，每个膜及其中的对象根据相应的规则进化，从而使系统产生一个新的格局。这样，一系列格局的转换就称为计算。当所有区域中没有任何规则可以发生作用了，即不再发生任何事件了，我们称这种格局为停机格局。如果计算能达到一个停机的格局，则称为停机的计算或成功的计算，计算的结果即代表送到环境或指定膜中的对象。

给每个膜贴上标签（图中为正整数）作为地址，用同一个标签来标识这个膜所确定的区域。每一个区域中有一个对象的多重集和一个进化规则集，这些对象由特定的字母表中的符号表示。每个区域都有一个独特的属于自身的规则优先次序关系，即一个规则只有当本区域没有比它具有更高优先级的规则时，才有可能起作用并处理字符对象。每一个膜都有可能被溶解，当一个膜被溶解之后，它所包含的对象将进入包含这个膜的区域，而原来区域中的规则随之消失。当然，膜也有可能变得不具有渗透性。

图 9-9 给出了一个包含 4 个膜的 P 系统，系统中的 4 个膜按层次结构组织，分别标号为 1、2、3 和 4，最外层的膜称为表层膜，膜 3 因不含有其他膜而被称为基本膜，每个膜所包围的部分称为区域，区域内包含着对象 a、b、c、e 和相应的进化规则。像任何其他计算机器、抽象模型或者计算机程序一样，P 系统从初始状态（以图 9-9 所示为例）的计算过程为：

（1）在初始状态时，在表层膜定义的区域 1 中包含一个对象 b 和一个对象 c，在区域 4 中有一个对象 e，其他区域均为空；

（2）区域 1 中存在催化剂 c，进化规则 $b \rightarrow bb_2 \mid c$ 在每一步计算中将一个对象 b 送入区域 2 中，并同时保留一份在区域 1 中，同时规则 $c \rightarrow ca_3$ 在催化剂 c 的作用下将对象 a 不断送入到区域 3 中，直到对象不可用为止；

（3）在区域 1 中，如果规则 $c \rightarrow c_2$ 被使用，则一个对象 c 被送入区域 2 中。这样，区域 1 中不再有催化剂 c，规则 $b \rightarrow bb_2 \mid c$ 将不再向区域 2 发送对象 b；

（4）当对象 c 到达区域 2 后，将会根据其中的规则 $c \rightarrow c_4$ 继续到达区域 4 中；

（5）当对象 c 到达区域 4 后，其中对象 e 的产生将停止，因为 c 是规则 $e \rightarrow ee \mid -c$ 中的抑制剂。

在 P 系统中，通常使用规则的方式是极大并行，即凡是能使用的所有规则都必须使用；一个对象只能被一个规则使用，该规则按优先关系选择（如果优先关系集为空，则非确定性选择规则）；需要强调的是：任何能被规则使用的对象必须选择一个规则，并按该规则进化。

在这个例子中，经过计算操作后的结果为，区域 3 中将产生 n 个 a，区域 2 中将产生 $n+1$ 个 b，区域 4 中将产生 $n+3$ 个 c。

由此可以看出，P 系统是具有分布式、极大并行性和非确定性的计算模型。大量研究表明，许多简单的膜计算模型在理论上具有与图灵机同等的计算能力，甚至还有超越图灵机局限性的可能。因此，膜计算迅速发展成为具有勃勃生机的新研究领域，并像神经网络、进化计算一样成了自然计算的分支之一。

9.2.1　标准 P 系统

膜系统主要由膜结构、对象多重集和进化规则三部分组成。一般地，一个度为 m 的 P 系统可表示为如下的多元组[5]：

$$\Pi = (V,\ T,\ C,\ \mu,\ w_1,\ \cdots,\ w_m,\ (R_1,\ \rho_1),\ \cdots,\ (R_m,\ \rho_m)) \qquad (9-1)$$

其中，

（1）V 是字母表，其元素被称为对象；

（2）$T \subseteq V$ 是输出字母表；

（3）$C \subseteq V - T$ 是催化剂，其元素在进化过程中不发生变化，也不产生新字符，但某些进化规则必须它参与才能执行；

（4）μ 是包含 m 个膜的膜结构，各个膜及其所围的区域用标号集 H 表示，$H = \{1, 2, \cdots, m\}$，其中 m 称为 Π 的度；

（5）$w_i \in V^*$（$1 \leqslant i \leqslant m$）表示膜结构 μ 中的区域 i 里面含有对象的多重集，V^* 是 V 中字符组成的任意字符串的集合；

（6）进化规则是二元组（u，v），通常写成 $u \rightarrow v$，u 是 V^* 中的字符串，$v = v'$ 或者 $v = v'\delta$，其中 v' 是集合 $\{a_{here}, a_{out}, a_{inj} \mid a \in V, 1 \leqslant j \leqslant m\}$ 上的字符串，δ 是不属于 V 的特殊字符，当某规则包含 δ 时，执行该规则后膜就被溶解了。u 的长度称为规则 $u \rightarrow v$ 的半径。R_i（$1 \leqslant i \leqslant m$）是进化规则的有限集，每一个 R_i 是与膜结构 μ 中的区域 i 相关联的，ρ_i 是 R_i 中的偏序关系，称为优先关系，表示规则 R_i 执行的优先关系。

膜计算是受生物细胞启发的分布式计算机器，这种机器在各个彼此分隔的膜中处理多重对象。在膜计算的发展历程中，研究者们提出了很多种膜计算类型。每种膜计算类型都有一个特别的体系结构。总的来说，可以分为细胞状结构[6]和组织状结构[7]。细胞状结构是指一个表层膜包含某些基本膜的层次结构；组织状结构是指膜处在一个类似于组织的网络拓扑结构的节点上（比如类似于神经的神经组织）[8-9]。计算能力和计算效率是关于计算模型的两个重要研究点。一个计算模型的计算能力是指该模型的通用性，如能否计算图灵可计算函数；而计算效率是指计算模型能否以有效的方式解决计算难的问题。下面就对这两种膜计算类型进行简要介绍[10]。

9.2.2　细胞型膜系统

细胞型膜系统（即细胞状结构的膜计算模型）是模仿细胞结构和功能的模型，其基本组成要素包括膜结构、对象和规则，如图 9-9 所示。细胞型膜系统将膜进行分层安排，细胞膜用于划分区域而形成隔间，隔间中包含该区域的对象多重集；对象一般用字母表中的字符或字符串表示；规则用于处理隔间中的对象或膜，每条规则明确指出要处理的对象或膜以及具体需要执行的操作。

细胞型膜系统主要包括转移 P 系统、转运 P 系统和活性膜 P 系统[11]。转移 P 系统是最早引入的最基本的膜计算模型，主要采用多重集重写和通信规则完成计算，其规则的使用采用非确定性和极大并行的方式。转移 P 系统的结构如式（9-1）所示。转移 P 系统中的规则来源于细胞（主要在隔间里）中发生的生化反应，但在细胞中，常常有物质（如蛋白质）穿过膜。为了模拟这一物质交换过程，文献[12]提出了转运 P 系统，它采用字符在膜间穿梭来完成计算，其对象本身不发生变化。转运 P 系统的规则有两种类型：共运输和逆运输。前者指两个对象同时进入或退出膜，且方向相同；而后者指两个对象以相反方向同时穿过膜。转运 P 系统采用非确定性和极大并行的方式使用运输规则。还有一类重要的细胞型膜计算是活性膜 P 系统[16-18]。此类 P 系统将膜也作为规则处理对象，其规则包括膜的溶解、膜分裂、膜创建和膜合并等。采用活性膜 P 系统进行计算时，膜结构随着膜操作规则的执行而发生变化。膜操作规则是以非确定性、极大并行方式进行的，通常可以在线性操作步内产生指数增长的空间，有助于在可行时间范围内（如线性）、多项式时间解决如 NP 完备问题等计算难问题。

9.2.3 组织型膜系统

组织型膜系统（即组织状结构的膜计算模型）是细胞型膜系统的一种重要拓展模型，它将多个细胞自由放置在同一环境中，细胞和环境中均可以包含对象，各细胞之间以及细胞与环境之间采用转运规则进行通信。

典型的组织型膜系统有三种：基本组织型 P 系统、种群 P 系统和 P 群。组织型膜系统中需要通信的各细胞之间的通信通道是通过规则给定的，固定不变的，此类膜系统称为基本组织型 P 系统[13-14]；如果通信通道是在计算过程中采用规则动态建立的，可以修改、删除的，则此类膜系统称为种群 P 系统[15]；如果环境中的细胞都是简单细胞（如细菌群等），且细胞中的对象和使用规则都是有限的，则此类膜系统称为 P 群[16]。种群 P 系统主要利用细胞间的动态特性进行计算。P 群中的细胞不直接通信，主要依赖细胞间的合作完成计算，且细胞环境在初始状态时是一致的，仅有某一类符号。

大量研究成果表明，细胞型和组织型的膜计算模型，无论是对符号对象还是字符串对象，无论是在产生模式还是识别模式下，都具有图灵机的计算能力。由此表明，细胞或细胞组织都可以作为强大的"计算机"。而计算效率方面，即在可行时间范围内解决计算难问题，细胞型和组织型两种膜计算模型利用膜的分裂、溶解、创建、合并和串复制等操作规则，可产生指数增长的计算空间，因而可通过空间换时间，解决多种计算难问题，如可满足性问题、点着色问题等。

受生物神经网络的启发，最新提出的一种膜计算系统称为神经型膜系统。该系统中的细胞采用神经元细胞，目前有两种类型：基本神经型膜系统和脉冲神经型膜系统。基本神经型膜系统是将组织型 P 系统中的计算单元用神经元代替而得到的。脉冲神经型膜系统主要是从由突触构成的复杂网络中神经元之间相互协作、处理脉冲的方式中启发抽象得到的计算模型。与之前的膜计算模型不同，该系统的每一个膜都有一个状态，膜的状态决定了这个膜的行为。

膜计算是从生物细胞、组织等生物有机体中抽象出来的计算模型。这种模型具有并行分布、非确定性、区域分割以及对象多重性等特点。膜计算框架是既一般又通用的框架：它是基于区域之间通信的计算模型，具有许多以不同方式通信的、相互分离的"处理器"，各"处理器"之间同步地、非确定地、并行地处理多重集，这使膜计算模型的研究与其他计算分支的模拟，以及与其他领域的协作发展成为可能。目前，膜计算已在生物、生物医学、计算机图形学、语言学、经济学、计算机科学和密码学等领域有了一些应用。膜计算应用研究中发展得最好且充满生机的领域是采用 P 系统设计近似优化算法（也称为膜算法）求解实际应用中的问题，不同类型的膜优化算法被应用于解决旅行商问题、单目标和多目标优化问题、背包问题等，获得了很好的效果。但与理论研究相比，膜计算的应用研究尚处于初步阶段，正期待有突破性的进展和重要的应用领域拓展。

膜计算模型本身及其相关的结论都是与计算机科学有关的，没有任何的模型或理论是以将其直接应用于生物学为目的的。因此，从膜计算中得到有用的信息并返回到生物学中，将是未来膜计算研究领域的一个非常可能的、重要的研究目标。

9.3　细菌智能算法

细菌是所有生物中数量最多的一类，据估计，其总数约有 5×10^{30} 个。细菌的个体非常小，目前已知最小的细菌只有 0.2 微米长，因此大多只能在显微镜下看到它们。细菌一般是单细胞，细胞结构简单，缺乏细胞核、细胞骨架以及膜状胞器，例如线粒体和叶绿体。基于这些特征，细菌属于原核生物（prokaryota）。原核生物中还有另一类生物称做古细菌（archaea），是科学家依据演化关系而另辟的类别。为了区别，前者也被称做真细菌（eubacteria）。所有细菌都不能在没有空气的环境下生存，即太空不存在微生物，至少以现今科技并没有发现。细菌可以以无性或者遗传重组两种方式繁殖，最主要的方式是二分裂法（无性繁殖的方式）：一个细菌细胞的细胞壁横向分裂，形成两个子代细胞。

细菌对环境、人类和动物既有用处又有危害。一些细菌成为病原体，导致破伤风、伤寒、肺炎、梅毒、霍乱和肺结核甚至食物中毒。在植物中，细菌导致叶斑病、火疫病和萎蔫。感染方式包括接触、空气传播、食物、水和带菌微生物。病原体可以用抗生素处理，抗生素分为杀菌型和抑菌型。一般而言约 80% 的细菌对人是无害的。

传统观念认为细菌是以一种个体的、非社会性的生活方式存在的。而实际上，细菌往往生活在一个相互作用的群体（population）中，通过各种各样分泌到细胞外的化合物行使着不同类型的相互作用。这种相互作用可以是相互促进、相互对抗或者是中性的。微生物群体也具有社会性的各种特征。当今微生物群体的研究结果已经迅速改变着包括传染病学、生态学和环境生物学等领域的传统观念。细菌群体感应调节系统（Quorum sensing）是近 20 年微生物群体研究领域中最重要的进展之一。细菌细胞能够通过信息分子感知环境中细菌的数量，调节基因的表达，从而诱发群体行为。在这个过程中，细菌通过分泌一种叫做自诱导物（autoinducer）的信号分子进行交流，当信号分子达到一定的浓度时，它可以与群体中细胞表面或者细胞内的受体结合，调节某些基因的表达，改变和协调群体中所有细菌细胞的行为，从而使细菌群体表现出单个细菌无法完成的生理功能或行为。细菌细胞这种群体行为的社会性为理解微生物群体打开了一扇大门，带来了微生物学上的一个研究热潮。细菌智能算法就是一类受细菌群体启发的人工智能算法。

9.3.1　细菌的觅食行为

自然界中生物的觅食受许多方面的约束，如生物自身生理结构的约束，或者是觅食环境的制约。大部分的生物会通过不同的觅食过程不断地积累经验，或者改变自身搜寻食物的方法，或者尽量避免不利于寻找食物的自然环境。较低等的生物可在觅食过程中组合成一个群体，通过群体中个体之间的信息交流和相互保护来提高整体觅食的能力。

大肠杆菌是目前为止研究得比较透彻的微生物之一。它由细胞膜、细胞壁、细胞质和细胞核组成。如图 9-10 所示，大肠杆菌的表面遍布着纤毛和鞭毛。纤毛是直径约为 $0.2\ \mu m$、长为数十微米且能运动的突起状细胞器，用来传递细菌及其之间的某种基因；鞭毛是修长而弯曲的丝状物，它的长度常超过菌体若干倍，鞭毛自细胞膜长出，游离于细胞外，用来帮助细胞移动。大肠杆菌直径约为 $1\ \mu m$，长约 $2\ \mu m$，仅重 $1\ \mu g$，菌体的 70% 由水组成。该细菌随着自身的生长而不断变长，然后在菌体的中部分裂成两个细菌。在食物充足且温度适宜的情况下，大肠杆菌可以自身合成和复制其在分裂过程中所需要的物质，所以在很短的时间内细菌的数量以指数级增长。

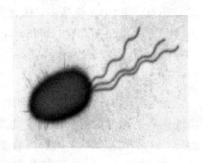

图 9-10 大肠杆菌示意图

大肠杆菌自身有一个控制系统，这个系统指引着它在寻找食物的过程中的行为，保证其向着食物源的方向前进并及时地避开有毒的物质。例如，它会避开碱性和酸性的环境向中性的环境移动。通过对每一次状态的改变进行效果评价，进而为下一次状态的改变（如前进的方向和前进步长的大小）提供信息。

大肠杆菌的移动是依靠鞭毛在同方向上的摆动（$100\sim200\ r/s$）而实现的。当鞭毛全部逆时针摆动时，会给大肠杆菌一个推动力，从而使其向前运动，如图 9-11(a)所示；与之相反，当鞭毛顺时针摆动时，将会向细菌施加一个拉动的力量，阻止细胞前进，如图 9-11(b)所示。生物实验表明，大肠杆菌在移动时仅使用 1000 个左右的质子的能量，仅占其所有能量的 1%。细菌在觅食的过程中，这些行为相互交替进行，如图 9-11 所示。

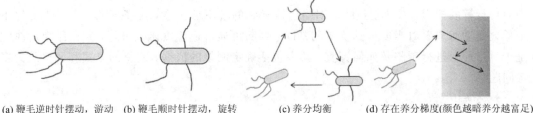

(a) 鞭毛逆时针摆动，游动　(b) 鞭毛顺时针摆动，旋转　　(c) 养分均衡　　　(d) 存在养分梯度(颜色越暗养分越富足)

图 9-11 大肠杆菌的移动图例

生物学研究表明，大肠杆菌的觅食行为主要包括以下步骤：

（1）寻找可能存在食物源的区域；

（2）决定是否进入此区域；

（3）在所选定的区域中寻找食物源；

（4）消耗掉一定量的食物后，决定是否继续在此区域觅食，或者迁移到一个更理想的区域。

大肠杆菌所移动的每一步都是在其自身生理和周围环境约束的情况下，尽量使其在单位时间内所获得的能量达到最大。

细菌觅食算法（Bacterial Foraging Algorithm，BFA）[20]，也称为细菌觅食优化算法（Bacterial Foraging Optimization Algorithm，BFOA），是由 K. M. Passino 于 2002 年基于

Ecoli 大肠杆菌群体在人体肠道内吞噬食物的行为提出的一种新型仿生类算法。该算法因具有群体智能算法并行搜索、易跳出局部极小值等优点，成为生物启发式计算研究领域的又一热点。在 BFA 模型中，优化问题的解对应搜索空间中细菌的状态，即优化函数适应值。BFA 算法包括趋化(chemotaxis)、复制(reproduction)和驱散(elimination-dispersal)三个步骤。

1. 趋化

微生物学的研究表明，大肠杆菌的运动是通过其表面鞭毛的摆动实现的，生物学家形象地把鞭毛称为大肠杆菌的生物发动机。大肠杆菌在觅食过程中有两种基本运动：游动和旋转，这两种运动基本都是依靠细菌表面遍布的鞭毛同方向的摆动来实现的。当所有的鞭毛都逆时针摆动时，大肠杆菌向前游动，当所有的鞭毛顺时针摆动时，大肠杆菌会减速直至停止并在原来的位置旋转，并随机选择一个方向进行下一次的游动，不过对于方向的选择，细菌更会偏爱于停顿之前的方向。由于细菌本身质量很轻，几乎没有惯性，所以很快即可在一个很小的范围内停下来。根据实验得到的数据，细菌平均的停顿时间为(0.14 ± 0.19)s。通常情况下，细菌在环境较差的区域(如有毒区域)会频繁地旋转，在环境较好的区域(如食物丰富的区域，即营养富集度高的区域)会较多地游动，游动和旋转的目的是寻找食物并避开有毒物质。

经实验证明，细菌会将前一秒内所找到的食物的密度与在这之前的三秒内所找到的食物的密度进行比较，然后对比较出来的结果作出不同的反应，即决定是否继续朝该方向前进或者改变方向。总的来说，细菌是沿着食物逐渐增多的路径进行搜索的。学者们认为，该细菌体内的决策过程是一个完整的信息反馈机制。

在细菌觅食优化算法中模拟这种现象称为趋向性行为。细菌的前进可看做是在解空间中对可行解的搜索；减速就意味着对当前搜索到的解不够满意，准备对其进行调整；停下来原地摆动对应着对当前解的优劣的判断，判断可通过适应度函数进行，判断结束后决定是否对当前解进行调整及如何调整，其中包括确定调整的依据、调整的方式和调整的力度等问题。

2. 复制

生物进化过程的规律是优胜劣汰。细菌在经过一段时间的食物搜索过程后，一些生存能力较强的个体会生存下来，部分觅食能力弱的细菌会被淘汰。为了维持原始的种群规模，生存下来的细菌就会进行自我繁殖，产生新的个体，以替换被淘汰的大肠杆菌。

在细菌觅食优化算法中模拟这种现象称为复制行为，该操作根据已知的适应度值对群体中的每个个体所代表的可行解进行评估，保留优秀个体，并对优秀个体进行复制以代替劣质个体。也就是说，可以像遗传算法一样采取精英保留策略。经过新的复制操作，会使群体中的优良个体得到保护，竞争能力弱的不良个体被淘汰，同时也能产生更优的个体，既提高了寻找最优解的速度，又保持了群体的多样性。

3. 驱散

细菌个体生活的局部区域会突然发生变化，可能由于细菌对食物的消耗造成食物富集程度降低而逐渐变化，也可能因为一些其他原因的影响而突然发生变化。例如，当前温度突然升高、水的冲刷作用或者其他生物的影响会导致生活在这个局部区域的细菌种群集体死亡，或者集体迁徙到一个新的生活区域。经过一定时间的作用，细菌将分布到人体内的不同地方。

在细菌觅食优化算法中模拟这种现象称为驱散(或称迁徙行为)。驱散操作是按照给定的概率发生的，如果某个体满足驱散的条件，那么就将此个体删除，重新生成一个新的个体，相当于将原来的个体移到了一个新的位置。

细菌的驱散操作也对细菌的趋化造成了一定的影响。一方面它很有可能破坏前面的趋化操作所取得的成果，另一方面也可能对趋化操作起促进作用，因为驱散操作可能将部分细菌带到离食物源更近的区域。

驱散行为使得细菌具有随机搜索的能力，有助于算法保持种群的稳定性和多样性，跳出局部最优解，减少早熟收敛的情况。

模拟细菌觅食过程提出的细菌觅食算法求解优化问题的一般步骤如下：

(1) 对问题的各个解进行编码；

(2) 设计评价函数；

(3) 产生初始解群体；

(4) 利用群体的相互影响进行优化。

BFA 算法具有对初值和参数选择不敏感、鲁棒性强、简单易于实现，以及并行处理和全局搜索等优点。

9.3.2　细菌的趋药性

细菌是一种单细胞生物体，是地球上最简单的生命体。虽然简单，但细菌的"趋向性"可使其逃避有毒的环境，朝着对自己有利的环境移动。细菌可以从环境中获得信息，并利用这些信息有效地达到生存的目的。细菌通过比较两步不同的环境属性来得到所需要的方向信息，如果这种反应与化学物质的浓度有关，就叫做趋药性。

简单来说，细菌对引诱剂的反应运动遵守如下假设：

(1) 细菌的运动轨迹由一系列连续的直线组成，并且由运动方向和移动距离两个参数决定。

(2) 细菌在进行下一步运动要改变运动方向时，向左转和向右转的概率相同。

(3) 细菌在各段相邻轨迹间的夹角由概率分布来决定。

单个细菌对应的算法步骤为：

① 设定系统参数。

② 选择移动方向。

③ 确定移动距离。在整个优化过程中，细菌仅利用它上一步或上几步的位置信息来确定下一步的移动。一般认为这是一种随机梯度近似的搜索方法。

细菌群体信息交互模式步骤为：

① 寻找更优点坐标的位置。

② 细菌向中心坐标移动。

③ 比较个体与群体移动的结果。

④ 改进策略。

⑤ 参数更新。

早期细菌趋药性算法的研究是基于 Berg、Brown 和 Dahlquist 提出的细菌趋药性微观模型进行的，前者分析了大肠埃希氏菌在氨基酸环境下的趋药性，并且给出了模型参数的实验测量值；后者研究了鼠伤寒沙门氏菌在氨基酸环境下的趋药性，他们都给出了一个数学模型和实验结果来证实他们的模型。文献[21]利用细菌在化学引诱剂环境中的运动行为来进行优化，提出了细菌趋药性(Bacterial Chemotaxis，BC)优化算法。BC 算法只依赖于单个细菌的行动，不属于群体智能优化方法。文献[22]假定细菌在引诱剂环境中能相互通信，提出了细菌群体趋药性(BCC)算法，该算法同时使用单个细菌在引诱剂下的应激反应动作，以及细菌群体间的位置信息交互来进行优化。BCC 算法比 BC 算法具有更强的局部搜索能力，它利用细菌群体的协作提高了收敛速度，达到了更好的收敛效果。BCC 算法的缺点是缺乏全局搜索机制，解决复杂问题时容易陷入局部最优，而针对多峰函数提出的在BCC 算法中引入差分进化算法[23]，提高了 BCC 算法搜索的成功率和收敛的精度。国内较早研究 BCC 算法的是李威武[24]等人，现在 BCC 算法已被用于解决盲信号分离、电力系统可用输电能力、配电网无功优化等实际问题，并取得了良好的效果。

9.3.3　细菌群体的适应性决策原理：启发机器人设计

细菌有优越的生存技能，它们的决策过程和集体行为让它们兴旺，甚至在困境下也能够有效地传播。现在，研究人员已经开发了一个计算模型，能够更好地解释细菌如何成群活动。这个模型能够应用于人工技术，包括计算机、人工智能和机器人。陶萨克勒物理和天文学院的博士生 AdiShklarsh 和她的导师 Eshel Ben-Jacob 教授、巴尔依兰大学的 Gil Ariel，以及威茨曼科学研究室的 EladSchneidman 已经发现细菌如何集体收集有关生活环境的信息，并找到一个生长的最佳路径，甚至是在最复杂的地形下。

研究细菌的适应性决策原理，将会让研究人员设计出可以形成智能群集的新一代聪明的机器人，帮助研发用于诊断和分散体内药物的医学微小机器人，或用于社会网络的"解码"系统，以遍及互联网收集消费者行为的信息。

1. 少量细菌的自信

Shklarsh 认为，细菌不是独有的成群旅行的生物，鱼、蜜蜂和鸟类也都可展现集体导航行为。但是作为缺少复杂受体的简单生物，细菌的装备不够良好以处理大量信息或它们行驶过程中复杂环境的"噪声"，比如人体组织。与其他群集生物相比，细菌似乎处于不利的地位。

但是研究人员发现，细菌事实上有优异的生存策略，发现食物和躲避危险比变形虫或鱼类更为容易。它们的秘密即充分的自信。Shklarsh 解释说，许多动物群会被"错误的正反馈"伤害，这是常见的复杂地形导航的副作用，也就是一小群动物基于错误的信息导致整个群体进入错误的方向。但是，细菌的通信是不同的，它们通过分子、化学物和力学方法能够避免这个错误。

基于对它们自身信息和决策的信任，细菌能够调整与它们同伴的相互作用。Ben-Jacob 教授说，"当一个细菌发现了一条更有利的路径，它就不太注意来自其他细胞的信号。但是有些时候，遇到有挑战性的道路，单个细胞会增强与其他细胞的交流，并向它的同伴学习。由于每个细胞采用了同样的策略，整个群体就能够在极为复杂的地形上找到一条最佳的轨道。"

2. 受益于短期记忆

在由 TAU 研究人员开发的计算机模型中，当细菌行走在一个有益的方向时会减少同伴的影响，但是当它们感觉到自己失败时会听从对方。这不仅是个优越的运作方式，还是一个简单的方式。Shklarsh 认为，这样的模型展示了一个群集如何在仅有的简单计算能力和短期记忆下做到最优，这也是能够用于设计新的和更有效技术的一个原理。

机器人常常需要导航复杂的环境，比如空间地形、深海或虚拟世界，并在相互交流它们的发现。目前，这要基于使用大量计算机资源的复杂演算和数据结构。理解了细菌群集的秘密，Shklarsh 推断，这将为设计新一代不占用大量数据或记忆就可执行可调节相互作用的机器人提供了至关重要的提示。

9.4　原始细胞网络

原始细胞网络，就是将很多人工的"原始细胞"组合在一起，形成一个"细胞网络"。如果再让这些"原始细胞网络"共享电子信号，那么便可制造出电子器件。英国科学家使用合成细胞网络组合出了交流电/直流电转换器，这就证明了合成细胞可以组合成电子器件[25]。

英国牛津大学的化学家哈根·贝利对将单个合成细胞组织在一起制造人工组织深感兴趣。他们将很多人工的"原始细胞"组合在一起共享电子信号，从而制造出了电子器件。

这些"原始细胞"像真正的细胞一样，是水分充足的液体微滴，被包裹在一个多油的薄膜内，但这些微滴缺乏任何蛋白质以及制造真正生命物质所具有的内在特征。当两个"原始细胞"结合在一起时，其周围的薄膜相互融合，形成一个双倍厚度的边界膜，将两个"原始细胞"紧紧黏附在一起。为了将这样的组合变成电子设备，研究人员在双倍薄膜上使用一种细菌毒素(这些细菌毒素在感染时会在哺乳动物的细胞膜上打洞)来获得毛孔。如果在这些"原始细胞"上接通电源，提供电流，带电的离子流可以通过这些毛孔从一个原始细胞流动到另一个原始细胞。这些毛孔仅在离子流朝一个方向流动时打开，因此可以使用这些细胞形成电流。

研究人员随后将四个液滴连接在一起，组合成一个正方形，制造出了更复杂的设备——将交流电变成直流电的整流器。

贝利认为，液滴网络今后可用作电子植入片和活组织的接口。他表示，这些液滴由组成生命的物质制造，同时它们能够同电极相连接，就像生物体和电子设备之间的接口。

弗吉利亚理工学院的唐纳德·罗研发现了"原始细胞"网络。他指出，联网的原始细胞确有潜力，尤其是当液滴的规模达到包含 1 万个或者 10 万个原始细胞时，他表示："如果我们能够达到这种复杂程度，那么我们能够利用蛋白质功能的多样性制造出新的'生物混合物'，这些混合物的性能优于传统方法合成的物质和天然物质。"这种"生物混合物"可以作为组织支架引导复杂器官的重新生长，或者成为低动力的能量来源。

9.5　本 章 小 结

本章介绍了细胞网络启发的计算模型，包括细胞自动机、基于细胞膜的膜计算模型、受细菌启发的几种智能算法和原始细胞网络。其中，膜计算和细菌智能算法引起了众多计算机学者的兴趣，研究者们不仅对个体细胞的结构和功能进行了深入研究，还从细胞群体进行整体模拟和探讨，大量的研究投入使这些领域成为了当今热门的计算机研究领域，产生了很多具有重要意义的成果。

参 考 文 献

[1] http://sjsu. rudyrucker. com/～rudy. rucker/talk/Wolfram％20Talk_files/frame. htm

[2] S. Marcus. Membranes Versus DNA. Fundamenta Informaticae，49，1 - 3(2002)，223 - 227

[3] Pun G. Membrane computing：Main ideas，basic results，applications[C]. London：Idea Group Publ. ，2004

[4] Jonoska N, Pun G. Membrane computing[J]. New Generation Computing. 2004，22(4)：297 - 298

[5] Pun G，Rozenberg G. A guide to membrane computing. Theoretical Computer Science，2002，287 (1)：73 - 100

[6] Pun G. Computing with membranes. Journal of Computer and System Sciences，2000，61(1)：1082143

[7] Bernardini F，Gheorghe M. Cell communication in tissue Psystems：Universality result s. Soft Computing，2005，9(9)：640 - 649

[8] Freund R，Paun G，Perez-jimenez M J. Tissue P systems with channel states[J]. Theoretical Computer Science. 2005，330(1)：101 - 116

[9] Computing With Membranes (p Systems)：Twenty Six Research Topics, Cdmtcs Research Report 119，Febr. 2000，Auckland Univ N Z (CAAN. Computing with membranes (P systems)：Twenty six research topics[R]. Auckland Univ, New Zealand, 2000

[10] 张葛祥，潘林. 自然计算的新分支：膜计算[J]. 计算机学报. 2010，33(2)：208 - 214

[11] Ibarra O H , Pun G. Membrane computing：A generalview. Annals of European Academy of Sciences (online edition)，2008，83 - 101

[12] Pun A，Pun G. The power of communication：P systemswith symport/antiport. New Generation Computing，2002，20(3)：295 - 305

[13] Martin-Vide C，Pun G，Pazos J，Rodriguez2Paton A. Tissue P systems. Theoretical Computer Science，2003，296(2)：295 - 326

[14] Freund R，Pun G，Perez2Jimenez M J. Tissue P systemswith channel states. Theoretical Computer Science，2005，330(1)：101 - 116

[15] Bernardini F，Gheorghe M. Population P Systems. Journalof Universal Computer Sciences，2004，10(5)：509 - 539

[16] Csuhaj-Varju E，Kelemen J，Kelemenova A，P un G，VaszilG. Computing with cells in environment：P colonies. Journalof Multiple-Valued Logic and Soft Computing，2006，12(324)：201 - 215

[17] Pun G. Tracing some open problems in membrane computing. Romanian Journal of Information Science and Technology，2007，10(4)：303 - 314

[18] 潘林强，张兴义，曾湘祥，汪隽. 脉冲神经膜计算系统的研究进展及展望. 计算机学报，2008 ，31 (12)：2090 - 2096

[19] http://zh. wikipedia. org/zh-cn/细菌

[20] K M Passio. Biomimicry of social foraging bacteria for distributed optimization：models，principles，

and emergent behaviors[J]. Journal of Optimization Theory and Applications, 2002: 115(3): 603 - 628

[21] BarbulescuL, WatsonJP, WhitleyLD, etal. Scheduling space-ground communications for the air force satellite control network [J]. Journal of Scheduling, 2004, 7(1): 7 - 34

[22] Marinelli F, Nocella S, Rossi F, et al. A Lagrangian heuristic for satellite range scheduling with resource constraints[J]. Computers & Operations Research, 2011, 38(11): 1572 - 1583

[23] Barbulescu L, Howe A E, Whitley L D, et al. Understanding algorithm performance on an oversubscribed scheduling application[J]. JournalofArtificialIntelligence Research, 2006, 27(12): 577 - 615

[24] 李威武, 王慧, 邹志君, 等. 基于细菌群体趋药性的函数优化方法[J]. 电路与系统学报. 2005, 10 (1): 58 - 63

[25] http://news. sciencenet. cn/htmlnews//2009/6/220644. shtm

第十章 生物社会网络启发的计算模型

10.1 引 言

很久以前，人们便发现了自然界中动物的一些有趣的行为，如鸟群掠过天空，蚁群寻觅食物，鱼群在水中游动，这些生物群体的运动称为生物的群体行为，这些生物的群体行为有利于它们觅食和逃避捕食者。它们的群落规模动辄以十、百、千甚至万计，并且经常不存在一个统一的指挥者。它们是如何完成聚集、移动、觅食这些功能呢？生态学家对这个问题一直十分感兴趣。

集群是生物中一种常见的生存现象，群体内部不同成员之间分工合作，共同维持群体的生活。对生物群体的研究，给人类解决问题带来了很多启迪，当前对生物群体的研究比较成熟的主要有鸟群、鱼群、昆虫（如蚁群、蜜蜂）、微生物等。

动物行为具有以下几个特点：

（1）适应性，动物通过感觉器官来感知外界环境，并应激性地作出各种反应，从而影响环境，表现出环境交互的能力；

（2）自治性，动物有其特有的行为，在不同的时刻和不同的环境中能够自主地选取某种行为，而无需外界的控制或指导；

（3）盲目性，不像传统的基于知识的智能系统，动物形为有着明确的目标，单个个体的行为是独立的，与总目标之间往往没有直接的关系；

（4）突现性，总目标的完成是在个体行为的运动过程中突现出来的；

（5）并行性，各个体的行为是实时的、并行进行的。

生物群体形成的网络能够解决个体的简单总和所不能解决的问题。

Craig Reynolds 对鸟群等的行为进行了模拟。每只虚拟的鸟都作为一个独立的节点进行仿真，仅有三种行为：防止碰撞、速度匹配和中心聚拢。虚拟鸟通过感知周围局部的动态环境来确定自身飞行的路线，经研究表明，一定数量的这种虚拟鸟能够在复杂的环境中聚集成群并自由避开障碍物。

研究社会性昆虫的科学家发现群居生活的昆虫，如蚂蚁、蜜蜂、白蚁等，它们每个个体看上去都有自身的行动方式，但整个群体在整体上呈现出高度的组织性。它们的协调行为是通过个体之间或个体与环境之间的信息交互来实现的，这些交互行为非常简单，但聚在一起却能解决一些难题。

生物群体网络是指由若干个简单的个体组成的群体通过它们之间的相互合作表现出较为复杂的功能，并能够完成较为复杂问题的求解。生物群体网络的特点主要有以下几点：

（1）简单性。生物群体网络中的个体是低智能的、简单的，个体只能与局部个体进行信息交互，无法和全局进行信息交流，因此对个体的模拟容易实现并且执行的时间复杂度小。同时，算法实现对计算机的配置要求也不高。

（2）分布式。生物群体中的个体是分布式存在的，其初始分布可以是均匀或非均匀随机分布的，没有中心指挥，个体间完全自组织，从而体现了群体的智能特征。这个特点恰好适应网络环境，也符合大多数实际复杂问题的演变模式。

（3）鲁棒性。生物群体网络中的个体分布式存在，没有控制中心，整体的智慧是通过个体间以及个体与环境间的相互作用而涌现出来的，所以单个个体对整体的影响比较小，整个网络也不会因为其中一个个体的因素而受到影响，因此具有鲁棒性。

（4）良好的可扩展性。生物群体中的个体间可以进行直接通信，也可以通过环境进行间接通信，具有自组织性，因此具有良好的可扩展性。

（5）广泛的适应性。对生物群体的研究不仅可以解决连续性的数值问题，也适用于离散性的组合问题。在解决问题的规模上也没有要求，规模越大，越能体现群体的优越性。

正是由于生物群体网络具有上述特点，所以其在应用领域内具有良好的发展潜力。目前对生物群体网络的研究还只是处于初级阶段，对生物群体网络的研究有利于迅速可靠地解决各种复杂问题，因此越来越受到各领域学者的关注。

10.2　对鸟群网络的研究

拂晓时分，在杂草丛生的密歇根湖上，上万只野鸭躁动不安。在清晨柔和的淡红色光辉的映照下，野鸭们吱吱嘎嘎地叫着，抖动着自己的翅膀，将头插进水里寻找早餐。它们散布在各处。突然，受到某种人类感觉不到的信号的提示，上千只鸭子如一个整体似的腾空而起。它们轰然飞上天空，随之带动湖面上另外千来只野鸭一起腾飞，仿佛它们就是一个躺着的巨人，现在翻身坐起了。这头令人震惊的巨兽在空中盘旋着，转向东方的太阳，眨眼间又急转，前队变为后队。不一会儿，仿佛受到某种单一想法的控制，整群野鸭转向西方，飞走了。十七世纪的一位无名诗人写道："……成千上万条鱼如一头巨兽游动，破浪前进。它们如同一个整体，似乎受到不可抗拒的共同命运的约束。这种一致从何而来？"

一个鸟群并不是一只硕大的鸟。科学报道记者詹姆斯·格雷克写道："单只鸟或一条鱼的运动，无论怎样流畅，都不能带给我们像玉米地上空满天打旋的燕八哥或百万鲥鱼鱼贯而行的密集队列所带来的震撼。……（鸟群急转逃离掠食者的）高速电影显示出，转向的动作以波状传感的方式，以大约七十分之一秒的速度从一只鸟传到另一只鸟，比单只鸟的反应要快得多。"鸟群远非鸟的简单聚合。

美国大片《蝙蝠侠归来》中的场景，一大群黑色大蝙蝠一窝蜂地穿越水淹的隧道涌向纽约市中心。这些蝙蝠是由电脑制作的。动画绘制者先制作一只蝙蝠，并赋予它一定的空间以使之能自动地扇动翅膀；然后再复制出几十个蝙蝠，直至成群。之后，让每只蝙蝠独自在屏幕上四处飞动，但要遵循算法中植入的几条简单规则：不要撞上其他的蝙蝠，跟上自己旁边的蝙蝠，离队不要太远。当这些"算法蝙蝠"在屏幕上运行起来时，就如同真的蝙蝠一样成群结队而行了。

克雷格·雷诺兹发现了群体规律，他在图像硬件制造商 Symbolics 工作。他用一个简单的方程，通过对其中各种作用力的调整——多一点聚力，少一点延迟，能使群体的动作形态像活生生的鸟群、蝙蝠群等。甚至《蝙蝠侠归来》中行进中的企鹅群也是根据雷诺兹的运算法则聚合的。像蝙蝠一样，先一次性复制很多用计算机建立的三维企鹅模型，然后把它们释放到一个朝向特定方向的场景中。当它们行进在积雪的街道上，就轻易地出现了推推搡搡拥挤的样子，不受任何人控制。

雷诺兹的简单算法所生成的群体是如此真实，以至于当生物学家们回顾了自己所拍摄的高速电影后断定，真实的鸟类和鱼类的群体行为必然源自于一套相似的简单规则。群体曾被看做是生命体的决定性象征，某些壮观的队列只有生命体才能实现。如今根据雷诺兹的算法，群体被看做是一种自适应的技巧，可用于任何分布式的活系统，无论是有机的还是人造的。

鸟群在飞行中可以一起朝一个方向飞行，在突然转向时也不会相互碰到，还有鸟群在飞行中的分散再聚集，以及鸟类捕食过程，都吸引了很多科学家。动物学家 Reynolds 对鸟群的飞翔和群舞行为很感兴趣，而动物学家 Heppner 则对鸟群的转向、分散再聚集很感兴趣，他们认为这些变幻莫测的群体行为仅仅是由于单个个体某种简单的行为规则导致的。为了了解其中的奥妙，这些研究者们通过对每个个体的行为建立简单的数学模型，然后在计算机上模拟和再现这些群体行为。

例如，1987 年 Craig W. Reynolds[1] 提出 Boid(Bird-oid)模型，用来模拟鸟类聚集飞行的行为。在这个模型中，每个个体的行为只和他周围邻近个体的行为有关，每个个体只需遵循以下 3 条规则：

(1) 碰撞避免(Collision Avoidance)：避免和邻近的个体相互碰撞；

(2) 速度一致(Velocity Matching)：和邻近个体的平均速度保持一致；

(3) 向中心聚集(Flock Centering)：向邻近个体的平均位置移动。

鸟群中的每只鸟在初始状态下处于随机位置向各个随机方向飞行，但是随着时间的推移，这些初始处于随机状态的鸟通过自组织逐步聚集成一个个小的群落，并且以相同的速度朝着相同的方向飞行，然后几个小的群落又聚集成大的群落，大的群落又分散为一个个小的群落，这些行为和现实中鸟类的飞行特性是一致的。

在 Boid 模型中，每一个鸟的个体用直角坐标系上的点表示，给它们随机地赋一个初速度和初始位置，程序运行的每一步都按照"最近邻速度匹配"规则，使某个个体的最近邻点的速度变得与它一样，如此迭代计算下去，很快就会使得所有点的速度变得一样。因为这个模型太简单而且远离真实情况，于是在速度项中加了一个随机变量，即迭代的每一步除满足"最近邻速度匹配"规则外，每一步速度还要加一个随机变化的量，这样使得整个模拟看起来更真实。

可以看出，鸟群的同步飞行这个整体行为只是建立在每只鸟对周围的局部感知上面的，而且并不存在一个集中的控制者。即整个群体组织起来但却没有一个组织者，群体之间相互协调却没有一个协调者(organized without an organizer，coordinated without a coordinator)。

随着计算能力的普及，我们可以不利用方程，而通过对个体行为准则的模拟、仿真进行建模，这种建模方式被称做基于主体的仿真(Agent Based Simulation)。这种建模方式强调群体中每个个体的特性，更强调个体之间的相互作用。后者是许多传统建模方式所缺少的，并且这种建模常常能够对模型进行可视化的观察。

基于主体的仿真在生物学、文化与人类学、政治学、经济学以及地理学等方面都有广泛的应用。例如可以用它来研究城市的形成、政党的产生、对股市进行模拟等。基于主体的仿真与经济学相结合产生了基于主体的计算经济学（Agent-Based Computational Economics，ACE），它将经济学看做交互的自主主体的演化系统，以计算的方法对这个系统进行研究。ACE 研究者主要关心两个问题：其一是在分布式的市场经济中没有自上而下的计划与控制的情况下，全局的秩序是如何产生的；其二是将模拟一个社会经济学的实验室，用来研究与检验某种社会经济结构对于个体行为与社会总体财富的影响。

　　虽然基于主体的仿真的研究方法存在缺陷，但首先它为自然与社会复杂系统的研究提供了一种新的手段，它通过实验的方法而不是传统意义上数学建模的方法来研究这些复杂系统。通过它建立起来的模型更加直观，可视化程度更好，能够作为传统建模方式的补充。其次，不论建立的模型正确与否，它们的思想以及所建立的模型都已经对计算机工作者解决问题时的思考方法产生了重要的影响。

　　另一方面，社会生物学家 Wilson[2]认为："至少从理论上说，群体中的单个成员在搜寻食物的过程中能够利用其他成员曾经勘测和发现的关于食物位置的信息，在事先不确定食物的方位时，这种信息的利用是至关重要的，这种信息分享的机制远远超过了由于群体成员之间的竞争而导致的不利之处。"也就是说，群体成员之间的信息分享是非常重要的。

　　Eberhart 和 Kennedy[3]用计算机模拟鸟群觅食这一简单的社会行为时受到启发，简化之后于 1995 年提出了粒子群算法。其基本思想源于对鸟类觅食过程中迁徙和聚集的模拟，通过鸟之间的集体协作和竞争达到目的。设想这样一个场景：一群鸟在随机搜索食物，在这个区域里只有一块食物，所有的鸟都不知道食物在哪里，但是它们知道当前的位置和食物还有多远，那么找到食物的最优策略是什么？最简单有效的方法就是搜寻目前离食物最近的鸟的周围区域。

　　粒子群算法就是从这种模型中得到启示并用于解决优化问题的。在粒子群算法中，每个优化问题的解都是搜索空间中的一只鸟，我们称之为"粒子"。所有的粒子都有一个由被优化的函数决定的适应值（fitness value），每个粒子还有一个速度决定它们飞行的方向和距离。然后粒子们就追随当前的最优粒子在解空间中搜索。图 10-1 为粒子寻优过程示意图，初始时粒子随机分布，随着迭代过程的进行，粒子趋向最优解附近。

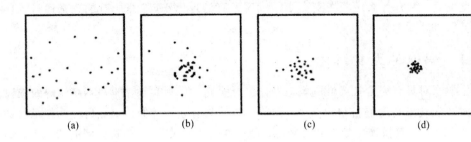

| (a) | (b) | (c) | (d) |

图 10-1　粒子寻优过程示意图

　　从社会认知学的角度来看，粒子群算法应用了一个简单的道理，即群体中的每个个体都可以从邻近个体的发现和以往经验中受益。粒子群算法是一种新颖、高效、并行的智能优化算法，寻优时收敛速度快、求解精度相对较高，不需要目标函数的梯度信息，算法易于编程实现，易与其他方法结合等。

10.3　对蚁群的研究

1923年，摩根在著作《涌现式的进化》中引用了布朗宁的一段诗，这段诗佐证了音乐是如何从和弦中涌现出来的：

而我不知道，除此(音乐)之外，人类还能拥有什么更好的天赋，因为从三个音阶(三和弦)中他所构造出的，不是第四个音阶，而是星辰。

从一个定居点搬到另一个定居点的蚁群，会展示出应急控制下的"卡夫卡式噩梦"效应。你会看到，当一群蚂蚁用嘴拖着卵、幼虫和蛹拔营西去的时候，另一群热忱的工蚁却在以同样的速度拖着那些家当掉头东行。而与此同时，还有一些蚂蚁，也许是意识到了信号的混乱和冲突，正空着手一会儿向东一会儿向西地乱跑，简直是典型的办公室场面。不过，尽管如此，整个蚁群还是成功地转移了。在没有上级做出任何明确决策的情况下，蚁群选定一个新的地点，发出信号让工蚁开始建巢，然后就开始进行自我管理。如此的神奇，没有一只蚂蚁在控制蚁群，但是有一只看不见的手，一只从大量愚钝的成员中涌现出来的手，控制着整个群体。它的神奇还在于，量变引起质变。

有一个关于活系统的普遍规律：低层级的存在无法推断出高层级的复杂性。不管是计算机还是大脑，也不管是哪一种方法——数学、物理或哲学，如果不实际地运行它，就无法揭示融于个体部分的涌现模式。只有实际存在的蚁群才能揭示单个蚂蚁体内是否融合着蚁群特性。理论家们认为：要想洞悉一个系统所蕴藏的涌现结构，最快捷、最直接也是唯一可靠的方法就是运行它。要想真正"表述"一个复杂的非线性方程，以揭示其实际行为，是没有捷径可走的。因为它有太多的行为被隐藏起来了。

这就使我们更想知道，数以百万计的蚂蚁如何组成一个群落？在蚁群中，单只蚂蚁的能力和智力如此简单，不论工蚁还是蚁后都不可能有足够的能力来指挥完成筑巢、觅食、迁徙、清扫蚁穴等复杂行为。那么，它们是如何相互协调、分工、合作来完成这些任务呢？像蚁巢这样复杂结构的信息又是如何存储在这群蚂蚁当中的呢？蚂蚁体内还藏着哪些我们没见过的东西？或者，蚁群内部还藏着什么，因为没有足够的蚁群同时展示而没有显露出来？就此而言，又有什么潜藏在人类个体中还没有涌现出来(除非所有的人都通过人际交流或政治管理联系起来)？

10.3.1　蚂蚁的觅食行为

生物学家对具有完全社会性的蚂蚁群体进行研究，发现单个智能并不高的蚂蚁在没有集中指挥下表现出高度的自组织能力，即蚂蚁群体具有超个体行为。在研究蚂蚁觅食的双桥实验中，用一个双桥连接蚁穴和食物源，测试在双桥分支长短不同比例的情况下，蚂蚁最终选择路径的结果为：

(1) 分支长度相等时，大多数蚂蚁只会集中在其中一条分支上；

(2) 分支长度不等时，大多数蚂蚁都会选择集中在较短的分支上；

(3) 少量蚂蚁有选择较长分支的探索行为；

(4) 已稳定集中在一条分支上的蚂蚁群体，即使再添加一条更短的分支，蚂蚁群体也很难选择此分支。

由此揭示了蚂蚁觅食行为中的路径寻优受"信息素(pheromone)"的正反馈作用影响。蚂蚁的食物源总是随机散布于蚁巢周围,人们通过仔细观察发现,经过一段时间后,蚂蚁总能找到一条从蚁巢到食物源的路径。蚂蚁在运动过程中,能够在它所经过的路径上留下信息素进行信息传递,而且蚂蚁在运动过程中能够感知这种物质,并以此判定自己的运动方向,因此由大量蚂蚁组成的蚁群的集体行为便表现出一种信息正反馈现象:某一路径上走过的蚂蚁越多,则后来者选择该路径的概率就越大。

受到蚂蚁觅食时的通信机制的启发,20世纪90年代Dorigo[4]提出了蚁群优化算法(Ant Colony Optimization,ACO)来解决计算机算法学中经典的"货郎担问题":如果有 n 个城市,需要对所有 n 个城市进行访问且只访问一次的最短距离。

只有了解了蚂蚁觅食的具体过程(如图10-2所示),才能理解ACO算法的原理。在蚁群寻找食物时,它们总能找到一条从食物到巢穴之间的最优路径,这是因为蚂蚁在寻找路径时会在路径上释放出一种特殊的信息素。当它们碰到一个还没有走过的路口时,就随机挑选一条路径前行,与此同时释放出与路径长度有关的信息素。路径越长,释放的信息素浓度就越低。当后来的蚂蚁再次碰到这个路口时,选择信息素浓度较高的路径的概率就会相对较大,这样就形成一个正反馈,最优路径上的信息素浓度越来越大,而其他路径上的信息素浓度会随着时间的流逝而降低,最终整个蚁群会找出最优路径。

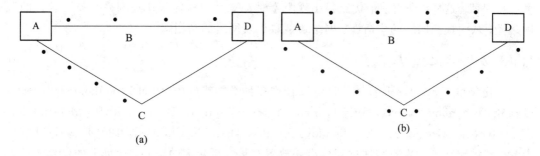

图10-2 蚂蚁搜寻食物的过程

将蚂蚁的觅食行为转化为一种优化算法,首先应把优化问题描述成可以被人工蚂蚁用来构建解的表达方式,其次是塑造人工蚂蚁并赋予其一定的属性和行走规则。具体地说,一方面组合优化问题可以看做或者补充为完全连接图 $G=(V,L)$,其中 V 是图上节点的集合(代表问题的解成分),L 是连接 V 中元素的边的集合(代表两个解成分之间的代价);另一方面,人工蚂蚁能感知图中可行走边上的信息素和相应的代价,通过由信息素和相应代价决定的概率规则来实现在图上移动或者说构建解,并且每只人工蚂蚁拥有独立的记忆体用来指导可行解的构建(实现约束条件,避免环路出现等问题)、评估构成解的质量和实现原路返回并进行信息素更新等。为了加强人工蚂蚁探索能力以提升算法性能,添加信息素的蒸发机制,即在每一轮迭代构建解后以指数级衰减每条线路上的信息素。可见,人工蚂蚁采用概率性选择机制在正向移动中构建解,在逆向移动中释放信息素,并且把信息素的释放量和所构建解的质量相关联,最后再对所有边上的信息素进行蒸发,以加强探索能力。

在解决货郎担问题时,用蚁群优化算法设计的虚拟"蚂蚁"将摸索不同路线,并留下会随时间逐渐消失的虚拟"信息素"。虚拟的"信息素"也会挥发,每只蚂蚁每次随机选择要走的路径，它们倾向于选择路径比较短的、信息素比较浓的路径。根据"信息素较浓的路线更近"的原则，即可选择出最佳路线。由于这个算法利用了正反馈机制，使得较短的路径能够有较大的机会得到选择，并且由于采用了概率算法，所以它能够不局限于局部最优解。

目前蚁群优化算法对于解决货郎担问题并不是最好的方法，但首先，它提出了一种解决货郎担问题的新思路；其次由于这种算法特有的解决方法，它已经被成功用于解决其他组合优化问题，例如图的着色、二次分配问题、大规模集成电路设计、通信网络中的路由问题以及负载平衡问题、车辆调度问题、数据聚类问题、武器攻击目标分配和优化问题、区域性无线电频率自动分配问题等[5-6]。

蚁群优化算法有很强的自学习能力，可根据环境的改变和过去的行为结果对自身的知识库结构进行调整，从而实现算法求解能力的进化。

将蚁群算法应用于电信路由有比较成功的例子，HP 公司和英国电信公司在 20 世纪 90 年代中后期都开展了这方面的研究，他们应用了蚁群路由算法（Ant Colony Routing，ACR）。与蚁群优化算法中一样，每只蚂蚁根据它在网络上的经验与性能，动态更新路由表项（Routing-Table Entries）。如果一只蚂蚁因为它经过了网络中堵塞的路段而导致了比较大的延迟，那么就对相应的表项做较小的增强，如果某条路段比较顺利，那么就对该表项做较大的增强。同时应用挥发机制做到系统信息的及时更新，从而使得那些过期的路由信息不再保留。这样，在当前最优路径出现阻塞时，ACR 算法能很快找到另一条可替代的最优路径，从而提高网络的均衡性、网络负载量以及网络的利用率。

10.3.2　孵化分类启发

孵化分类（Brood Sorting）是一种可以在许多种类的蚂蚁中（例如 Leptothoraxunifasciatus（Franks & Sendova-franks，1992），Lasiusniger（Chretien，1996）以及 Pheidolepallidula（Deneubourg，Gross，Franks，Sendova-Franks，Detrain& Chretien，1991））观察到的行为，蚂蚁将卵和小幼虫紧密地排列成束并放置在巢穴孵化区的中心，而最大的幼虫位于孵化区的外围。或者您是否观察过，蚂蚁能够将蚂蚁巢穴中的尸体聚集成几堆。如果一个地方已经有一些尸体的聚集，那么它将吸引蚂蚁将其余的尸体放在这里，越聚越多，最终形成几个较大的尸体聚集堆。

Deneubourg 等人对上述现象做出了解释，并提出了基本模型（Basic Model，BM），这种模型主要是基于单只蚂蚁拾起、放下物体的行为方式进行建模的，其中蚂蚁根据周围相同物品的数量来收集或丢弃某个物品。也就是说，一只随机移动的无负载蚂蚁在遇到一个物体时，周围与这个物体相同的物体越少，则拾起这个物体的概率越大；一只随机移动的有负载蚂蚁如果其周围与所背负物相同的物体越多，则放下这个物体的概率就越大。这样可以保证不破坏大堆的物体，并且能够收集小堆的物体。例如，如果一只蚂蚁带有一个小卵，那它极有可能将其放置在排布了许多相同的卵的区域。相反，如果一直未携带任何物品的蚂蚁在一堆小卵中发现了一只大幼虫，那么它带走这只幼虫的概率非常大。在其他任何情况中，蚂蚁收集或丢弃物品的概率值都非常小。实验表明，这种方法可以将相同种类的物体聚集在一起。

Lumer 和 Faieta（1994）将 Deneubourg 等人的 BM 推广应用到数据分析[7]。其主要思想是初始将待聚类数据随机散放在一个二维平面内，然后在这个平面上产生一些虚拟的

"蚂蚁"。这些蚂蚁的行为和前面 BM 中所描述的蚂蚁行为相似。不同之处在于，它们不是观察当前所背负的物体与周围的物体是否相同，而是判断是否相似，这样最终能够将相似的数据聚为一类。得到的结果令人非常满意：它们与经典技术（例如光谱分解或压力最小化）所得到的解的质量相同，并且计算代价更小。Handl 和 Meyer[8]（2002）扩展了 Lumer 和 Faieta 的算法，并且将其应用于网页文档分类和网页文档主题图（topic map）显示（Fabrikant，2000）。

Deneubourg 等人的模型也启发了研究机器人集合的学者，他们实现了不需要任何集中控制就能构建多组目标的机器人系统（Beckers，Holland&Deneubourg，1994；Martinoli&Mondada，1998）。Holland 和 Melhuish(1999)改进了 Deneubourg 等人的模型，使得机器人群体可以利用这个模型来分类目标。

在以上所有应用中，信息素变量都被表示成物品的物理分布：物品的不同结构决定了人工 Agent 的不同行为。

10.3.3　协作运输启发

在某些种类的蚂蚁中，工蚁能够合作搬运大的食物（如图 10-3 所示）。通常情况下，一只蚂蚁找到食物之后，试图去移动它，若一段时间不能成功移动，那么它将通过接触或者释放化学信号来招募同伴（Franks，1986；Moffett，1988；Sudd，1965），并实现协作运输。当一群蚂蚁试图移动大的食物，单只蚂蚁需要移动自身的位置或者改变移动的方向，直到物体能够被移动到巢穴的方向。研究表明，一群蚂蚁协作所能移动的物体重量大于这个群体中单只蚂蚁单独所能移动的物体的重量之和。

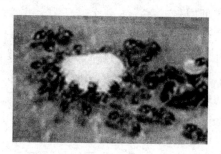

图 10-3　蚂蚁协作运输食物

Kube[9] 等人实现了多机器人系统，使得多机器人系统之间能够相互协作移动单个机器人所无法移动的箱子。如果箱子的移动没有最终目的地，那么每个机器人的能力设计就比较简单，只有 3 个感应器（sensor）和 2 个动作器（actuator）。3 个感应器分别为目标感应器（goal sensor），用来探测箱子的位置；机器人感应器（robot sensor），用来探测最近的机器人的有关信息；障碍感应器（obstacle sensor），用来探测邻近物体的信息。2 个动作器为左右 2 个轮子，用来移动机器人。如果系统的目的是将箱子移动到一个最终目标位置，那么还需要加入一个用来探测目标位置的感应器。但是，整个系统中每个机器人都是比较简单的，通过一些简单的控制机制能够成功地解决僵滞（stagnation）现象的发生，最终能够将箱子成功移动到以灯光为指示的目标位置。

10.3.4　劳动分工启发

在一个蚁群中，个体工蚁倾向于专门从事某项特定任务(Robinsen，1992)。然而，蚂蚁可以根据环境来改变自己的行为：一只兵蚁可以变成觅食者，一只保育蚂蚁可以变成守卫者，等等。任务分配的专业性与灵活性的结合对多 Agent 的优化与控制提出了要求，特别是对于那些因为条件变化需要不断进行调整的资源或任务分配问题。Robinson(1992)开发出了一个阈值模型，其中低响应阈值的工人对应于低水平的激励，而高响应阈值的工人得到的激励水平将会更高。在这种模型中，激励扮演着信息素变量的角色。

解决动态任务调度问题(Bonabeau et al.，1999；Bonabeau，Sobkowski，Theraulaz & Deneubourg，1997)时曾经使用过一个劳动分工的响应阈值模型，其中任务的执行会降低激励的强度。低阈值的工人执行他们的正常工作时，任务相关的激励永远不会到达高阈值工人的阈值。但是，如果出于某些原因，任务相关的激励强度增加了，高阈值工人将参加任务的执行。Bonabeau 等人(1999)与 Campos、Bonabeau、Theraulaz 和 Deneubourg[10](2000)将这种思想应用于卡车工厂中为生产线上组装完的卡车选择一个喷漆室的问题。在这个系统中，每一个喷漆室都被认为是一个类似昆虫的 Agent，尽管按颜色的不同有所区分，但在需要的情况下也可以改变它的颜色(尽管代价高昂)。这个蚂蚁算法使得喷漆室的数目(也就是喷漆的转换次数)最小化。

Krieger、Billeter 和 Keller(2000)也使用这个阈值模型来组织机器人队伍。他们设计了一组 Khepera 机器人(针对"桌面"实验的微型移动机器人(Mondada，Franzi & Ienne，1993))来共同执行一项目标搜索任务。在他们所做的一个实验中，目标被分散到四周，而机器人的任务就是把它们带回"巢穴"并丢入一个篮子中。机器人小组的有效"能量"随着时间的增加而定期减少，但是当有目标被放入篮子时，能量会有所增加。机器人在搜索行程中消耗的能量比呆在巢穴中不动要多。每个机器人都有一个搜索任务的阈值：当群体能量低于某个机器人的阈值时，该机器人就离开巢穴到周围去寻找目标。Krieger 和 Billeter 的实验显示，这个基于阈值的蚂蚁算法在相当简单的环境中能够产生作用，但还需要更深入的实验来测试算法在处理更加复杂任务时的能力。

10.4　对鱼群的研究

生活中我们经常可以见到鱼，鱼群算是我们比较熟知的一个生物群体。通常可以观察到鱼类的以下行为：

(1) 觅食行为。我们知道，对着鱼塘里某一区域撒下食物，不一会儿就会有大量的鱼儿集中过来。一般在水里游的鱼，当它发现食物时，都会向其游去。这是生物的一种最基本的行为，一般可以认为它是通过视觉或味觉感知水中的食物量或浓度来选择趋向的。

(2) 聚群行为。鱼在水中大多是群聚在一起，这样是为了能够更好地在水中生存。观察鱼群时不难发现，鱼群中每条鱼之间都保持有一定的距离，而且它们会尽量保持方向一致，而外围的鱼也都是不断向中心的位置靠近。聚群行为是鱼类较常见的一种现象，大量或少量的鱼都能聚集成群，这是它们在进化过程中形成的一种生存方式，可以进行集体觅食和躲避敌害。

（3）追尾行为。在鱼群中，当一条鱼或者几条鱼发现食物时，其他的鱼也会尾随其快速地游到食物分布较多的地方。追尾行为就是一种向邻近的最活跃者追逐的行为，在寻优算法中可以理解为向附近的最优伙伴前进的过程。

（4）随机行为。鱼在水中悠闲地自由游动，其行为基本上是随机的，这是为了更大范围地寻觅食物或同伴。

鱼群会在不同时刻转换这几个典型行为，而这种转换通常是鱼通过对环境的感知自主实现的，这些行为与鱼的觅食和生存都有着密切的关系。

李晓磊等人通过研究鱼群的行为特点，并应用动物自治体的模型，首次提出了一种自下而上的新型寻优模式——人工鱼群算法[11]。

在一片水域中，鱼生存数目最多的地方一般就是本水域中富含营养物质的地方，依据这一特点来模仿鱼群的觅食、聚群、追尾等行为，从而实现全局最优，这就是人工鱼群算法的基本思想。

对真实的鱼进行建模仿真，借助于面向对象的分析方法，把自身数据信息和上述一系列行为封装在一起，得到人工鱼（Artificial Fish，AF），它是对真实鱼进行模拟的虚拟实体，用来进行问题的分析和说明。如图10-4所示，人工鱼可以通过感官来接收环境的刺激信息，并通过控制尾鳍来做出相应的应激活动。

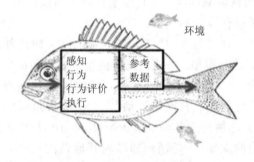

图 10-4　人工鱼的结构

人工鱼对外界的感知是靠视觉来实现的。生物的视觉是极其复杂的，它能快速感知大量的空间事物，这是任何仪器和程序都难以比拟的。为了实施的简单和有效，我们可以用以下方法在人工鱼中模拟鱼的视觉。

通过模拟鱼类的四种行为（觅食行为、聚群行为、追尾行为和随机行为），来使鱼类在周围的环境中活动，如图10-5所示，一条虚拟人工鱼的当前状态为 X，Visual 为其视野范围，状态 X_v 为某时刻其视点所在的位置，若该位置的状态优于当前状态（比如离食物更近），则考虑向该位置方向前进一步，即到达状态 X_{next}；若状态不比当前状态更优，则继续巡视视野内的其他位置。巡视的次数越多，对视野的状态了解得越全面，从而对周围的环境有一个全方位立体的认知，这有助于做出相应的判断和决策。当然，对于状态多或状态无限的环境也不必全部遍历，允许人工鱼具有一定的不确定性的局部寻优，从而有助于寻找全局最优。由于环境中同伴的数目是有限的，因此在视野中感知同伴（图10-5中 X_{n1} 和 X_{n2}）的状态，并相应地调整自身状态。鱼类在不同的条件下相互转换这四种行为，通过对行为的评价，选择一种当前最优的行为进行执行，以到达食物浓度更高的位置，这与鱼类生存有着密切联系。

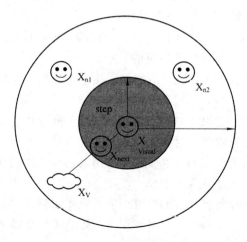

图 10-5 人工鱼的视觉

人工鱼所在的环境主要是问题的解空间和其他人工鱼的状态，它在下一时刻的行为取决于目前自身的状态和环境的状态（包括问题当前解的优劣和其他同伴的状态），并且通过其自身活动来影响环境，进而影响其他同伴的活动。通过选择一种评价行为，最终人工鱼集结在几个局部极值的周围，一般情况下，在讨论求极值问题时，拥有较大的食物浓度值的人工鱼一般处于较大的极值域周围，这有助于获取全局极值域，且此处一般能集结较多的人工鱼，这有助于判断并获取全局极值。

除了人工鱼群算法外，针对鱼群的形成、结构和行为，国内外研究者还从很多其他不同角度提出了一些相关理论和模型。一些研究者侧重于研究鱼群中通过邻居之间的交互进行合作以逃避危险、捕食。Partridge 提出从局部的角度，鱼通过视觉来感知相邻其他鱼的运动，并根据这些信息相应地改变自己的运动[12]。Niwa 将鱼群的形成和结构视为交互的粒子系统，用 Langevin 方程描述个体鱼。Simon Hubbard 认为鱼群是交互和自组织的粒子，个体鱼受两个作用力的支配（一是模仿邻域内其他鱼的运动，二是外部环境因素的影响）。Breder 将鱼群定义为鱼的一种特定的运动状态，在鱼群中每条鱼都朝相同的方向，以统一的速度规律运动，他认为鱼群中个体相互间隔的因素为：距离大于临界值，表现为吸引力；距离小于临界值，则表现为斥力[13]。Steven 研究鱼群数量对鱼群行为和个体与相互作用的影响[14]。杨永娟根据鱼群游动的规律建立了一种基于向量的数据模型，用 Java 语言设计完成鱼群游动仿真以及躲避障碍物的行为[15]。总的来说，模拟鱼群的模型可以分为人口动力学模型和行为模型。人口动力学模型侧重于研究依据环境群内个体的规模和运动；行为模型侧重于研究群中个体的运动。William L. Romey[16] 提出的模型综合了上述两个方面，它研究个体的差异导致鱼群运动轨迹的变化。华人女学者涂晓媛[17]提出了基于自然生命模型的动画自动生成方法，把鱼作为自激励的自主智能体，创作出了生动逼真的人工鱼群。

10.5 对蜂群的研究

蜜蜂是一种群居昆虫，虽然单个昆虫的行为极其简单，但是由单个简单的个体所组成的群体却表现出极其复杂的行为。真实的蜜蜂种群能够在任何环境下，以极高的效率从食物源(花朵)中采集花蜜;同时,它们有不同分工,各工种蜜蜂各司其职,完成种族的生存和延续。

"'蜂群的灵魂'在哪里……它在何处驻留?"早在1901年,作家莫里斯·梅特林克就发出了这样的疑问:"这里由谁统治,由谁发布命令,由谁预见未来……?"

现在我们已经能确定统治者不是蜂后。当蜂群从蜂巢前面狭小的出口涌出时,蜂后只能跟着。蜂后的女儿负责决定蜂群应该何时何地安顿下来。五、六只无名工蜂在前方侦察,核查可能安置蜂巢的树洞和墙洞。它们回来后,用约定的舞蹈向休息的蜂群报告。在报告中,侦察员的舞蹈越夸张,说明它主张使用的地点越好。接着,一些头目们根据舞蹈的强烈程度核查几个备选地点,并以加入侦察员旋转舞蹈的方式表示同意。这就引导更多跟风者前往占上风的候选地点视察,回来以后再加入看法一致的侦查员的喧闹舞蹈,表达自己的选择。

除去侦察员外,极少有蜜蜂会去探查多个地点。蜜蜂看到一条信息:"去那儿,那是个好地方。"通过这种重复强调,所属意的地点吸引了更多的探访者,由此又有更多的探访者加入进来。按照收益递增的法则,得票越多,反对越少。渐渐地,以滚雪球的方式形成一个大的群舞,成为舞曲终章的主宰。最大的蜂群获胜。

这是一个白痴的选举大厅,由白痴选举白痴,其产生的效果却极为惊人。这是民主制度的精髓,是彻底的分布式管理。曲终幕闭,按照民众的选择,蜂群夹带着蜂后和雷鸣般的嗡嗡声,向着通过群选确定的目标前进。蜂后非常谦恭地跟随着。如果她能思考,她可能会记得自己只不过是个村姑,与受命(谁的命令?)选择她的保姆是血亲姐妹。最初她只不过是个普通幼体,然后由其保姆以蜂王浆作为食物来喂养,从灰姑娘变成了蜂后。是什么样的因缘选择这个幼体作为女王呢?又是谁选择了这负责挑选的人呢?

"是由蜂群选择的。"哈佛大学教授威廉·莫顿·惠勒的回答解答了人们的疑惑。威廉·莫顿·惠勒是古典学派生态学家和昆虫学家,最早创立了社会性昆虫研究领域。在1911年写的一篇爆炸性短文(刊登在《形态学杂志》上的《作为有机体的蚁群》)中,惠勒断言,无论从哪个重要且科学的层面上来看,昆虫群体都不仅仅是类似于有机体,它就是一个有机体。他写道:"就像一个细胞或者一个人,它表现为一个一元整体,在空间中保持自己的特性以抗拒解体……既不是一种物事,也不是一个概念,而是一种持续的波涌或进程。"

10.5.1　蜜蜂繁殖

希腊人和罗马人都是著名的养蜂人。他们从自制的蜂箱收获到数量可观的蜂蜜,尽管如此,这些古人对蜜蜂所有的认识几乎都是错误的。其原因归咎于蜜蜂生活的隐秘性,这是一个有上万只狂热而忠诚的武装卫士守护者的秘密。古希腊哲学家德谟克利特认为蜜蜂的孵化和蛆如出一辙。色诺芬分辨出了蜂后,却错误地赋予它监督的职责,而她并没有这个任务。亚里士多德在纠正错误认识方面取得了不错的成果,包括他对"蜜蜂统治者"将幼虫放入蜂巢格间的精确观察。(其实,蜜蜂出生时是卵,但它至少纠正了德谟克利特的蜜蜂始于蛆的误导。)文艺复兴时期,丰厚的雌性基因才得到证明,蜜蜂下腹分泌蜂蜡的秘密也才被发现。直到现代遗传学出现后,才有线索指出蜂群是彻底的母权制,而且是姐妹关系:除了少数无用的雄蜂,所有的蜜蜂都是雌性姐妹。蜂群曾经如同日食一样神秘、深不可测。

蜜蜂作为一种社会性昆虫,有着严格的社会分工(如图10-6所示),每个普通的蜜蜂群体通常由蜂后、上千只雄蜂、1万～6万只工蜂和幼蜂组成。在蜜蜂的种群中，雌性的成年蜂有蜂后(也称蜂王)和工蜂，蜂后是蜂群最主要的繁殖个体，专职于产卵(如图10-7所示)；工蜂专职于幼蜂的抚育，有时也产卵。雄蜂属于单倍体(即只有一半的染色体)，是整个蜂群的警卫和父亲。幼蜂可能发育自受精的或未受精的卵细胞，前者发育成蜂后或工蜂，后者则发育成未来的雄蜂。

蜂王　　　　　雄蜂　　　　　工蜂

图10-6　蜜蜂的分工

蜂后的蜂室

图10-7　蜂后及蜂后的蜂巢

蜂后求偶的过程称为婚飞，蜂后在空中起舞就标志着婚飞的开始，跟随蜂后而来的雄蜂与其在空中进行交配。在一次典型的婚飞中，每只蜂后与7～20只雄蜂交配。在每次交配中，雄蜂的精子存于蜂后的受精囊内形成整个群体的基因池。每次蜂后要产下一颗受精卵时，它随机地从受精囊中挑出精子与卵子结合而产出幼年雌蜂。蜂后的繁殖过程遵循自然界的遗传法则。蜂后与雄蜂的染色体进行交叉重组，产生新的雌蜂。蜂后的细胞会自发分裂，形成两个只含有一半染色体的细胞，较优的细胞保留下来成为雄蜂，较差的细胞则逐步退化死亡。偶然地，其他种群的雄蜂会飞到蜂巢与蜂后交配，增加了蜂群基因的多样性。同时，基因变异也是蜂群系统具有多样性的重要原因。当蜂群要一分为二或蜂后死亡时，蜂后产生的抑制激素将减少或消失。发育较快的幼年雌蜂将转变成蜂后，并抑制其他雌蜂的进一步发育。蜂群则进入新一代的繁衍过程中。

基于蜜蜂的繁殖机理，Abbass发展出了一种蜜蜂繁殖优化模型(Bee Mating Optimization，BMO)[18]。Bozorg Haddad和A. Afshar共同将其进行改进并应用到具有离散变量的水库优化问题上。而后，Bozorg Haddad等人又将这个理论应用于3种不同的数学问题测试平台上。

BMO算法的主要思想：在一个蜂群中有若干个蜂后，多个工蜂、雄蜂和幼蜂。蜂后在各种状态下随机移动，并选择雄蜂交配和生成幼蜂；工蜂负责采蜜并照顾幼蜂；幼蜂可以进化为蜂后。通过模拟这种蜂后进化过程，新蜂后的产生类似于进化计算中的一个优化过程，蜂后就是待优化问题的最优解。

算法主要步骤如下：

Step1：初始化所有蜜蜂；

Step2：随机产生多个蜂后；

Step3：利用局部搜索得到较优蜂后；

Step4：进入循环，对每一个蜂后，初始化速度和位置等参数，然后蜂后在环境中随机移动并以一定概率选择雄蜂来交配，再次更新速度等参数；

Step5：通过交叉变异生成幼蜂，另外工蜂照顾幼蜂，并更新工蜂适宜度；

Step6：如果最优幼蜂优于最差蜂后，用最优幼蜂进行替换；

Step7：判断是否满足终止条件（如最大循环次数等），如是则算法结束；否则转到Step4。

10.5.2　蜜蜂采蜜

自然界的蜜蜂，无论身处什么环境，总能找到蜂巢周围距离适中且花蜜最丰富的蜜源（如图10-8所示）。康奈尔大学的生物学家 Thomas Seeley 长期以来一直在观察蜂群奇特的决策能力——一个蜂房里的工蜂有 50 000 之多，蜂群如何统一分歧，为自身谋得最大利益？ Seeley 发现，蜂群做出决策的法则是集思广益、各抒己见，用一种有效的机制使选择最优化，这让 Seeley 大为惊讶，这就是生物群体智慧的非凡魅力。他在 1995 年最先提出了蜂群的自组织模拟模型[19]。

图 10-8　蜜源及蜜蜂采蜜

对蜜蜂的研究显示，与蚂蚁相比蜜蜂具有更加出色的通信交流能力。成熟的蜜蜂（生长了 20～40 天）通常会成为负责觅食的蜜蜂。负责觅食的蜜蜂通常承担以下三个角色之一：活跃觅食蜂（引领蜂）、侦察蜂和不活跃觅食蜂（跟随蜂）。

活跃觅食蜂会飞到食物源，查看邻近的食物源，采集食物，然后返回蜂巢。

侦察蜂负责在蜂巢附近的区域（通常为 50 平方英里（1 平方英里＝2.59×10⁶ 平方米）以内的区域）进行侦察，寻找有吸引力的新食物源。一个蜂巢中大约有 10% 的觅食蜂会充当侦察蜂。

任何时候都会有一些觅食蜂处于不活跃状态。这些不活跃觅食蜂会守候在蜂巢的入口附近。当活跃觅食蜂和侦察蜂返回蜂巢时，它们可能会向守候的不活跃觅食蜂跳一段摇摆舞，具体跳法取决于它们刚刚访问过的食物源的质量。有充分的证据表明，这种摇摆舞是在向不活跃觅食蜂传达信息，告诉它们食物源的位置和质量。不活跃觅食蜂从摇摆舞中收到食物源信息后，可能会变成活跃觅食蜂。

通常情况下，活跃觅食蜂会继续从特定食物源采集食物，直到将食物采集完，然后就会变为不活跃觅食蜂。

1967 年，诺贝尔奖得主 Von Frisch 对摇摆舞机制及其进行信息交流的方法进行了深入研究。当进行采集的工蜂返回时，它通过在巢穴内的"跳舞板"上表演摇摆舞来与其他工蜂交流食物源的距离、方向和质量等信息。这种摇摆舞由一系列向左和向右的环形组成，中间夹杂着一个蜜蜂从一侧向另一侧摇摆其腹部的区段。舞蹈的持续时间指示了食物源的距离，摇摆区段中轴相对于太阳的方向指示了食物源的方向。

蜂群算法作为典型的群体智能算法，是基于种群寻优的启发式搜索算法，能充分发挥群体网络中个体的信息传递，在蜂巢周围寻找到路径最短、食物最丰富的食物源。

蜂群实现采蜜的集体智能行为包含三个基本部分：蜜源、采蜜蜂 EF、待工蜂 UF。此外引入三种基本的行为模式：搜索蜜源、为蜜源招募和放弃蜜源。蜂群采蜜工作图如图 10-9 所示，用来模拟实际蜜蜂群体采蜜的过程。

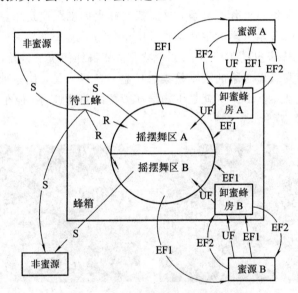

图 10-9　蜜蜂采蜜工作图

假设有两个已经被发现的食物源 A 和 B，刚开始时，待工蜂没有任何关于蜂巢附近食物源的信息，它有两种可能的选择。

（1）待工蜂可以作为侦察蜂，由于某一内部激励或可能的外在因素，开始自发地搜寻蜂巢附近的食物源（图中"S"线）。

（2）在观察到其他蜜蜂的摇摆舞后，它可以被招募并开始按照获得的信息寻找食物源（图中"R"线）。

在待工蜂发现新的食物源后，蜜蜂依靠自身的能力记住食物源的位置，并迅速开始采蜜，因此，待工蜂变成了采蜜蜂，蜜蜂采蜜回到蜂箱，再将花朵甜汁吐到一个空的蜂房中后，它有以下几种选择。

（1）放弃食物源，成为待工的跟随蜂（UF）。

（2）在返回同一食物源前，跳摇摆舞招募蜂巢其他伙伴（EF1）。

（3）不招募其他蜜蜂，继续采蜜（EF2）。

初始时刻，所有蜜蜂没有任何先验知识，其角色都是侦察蜂，随机搜索到食物源后，侦察蜂返回蜂巢的舞蹈区，根据食物源收益度的相对大小，侦察蜂可以转变为上述任何一种蜜蜂，转变的原则如下：

（1）所采集食物源的收益度很低时，它可以再次成为侦察蜂搜寻附近的食物源。其转变结果是放弃上次采集的食物源。

（2）所采集食物源的收益度排名小于临界值（如排名在后 50%）时，它可以在观察完舞蹈后成为跟随蜂，并前往相应的食物源采蜜。

（3）所采集食物源的收益度排名高于临界值时，它成为引领蜂，继续在同一食物源采蜜，并在舞蹈区招募更多的蜜蜂采集相应的食物源。

人工蜂群算法有如下特征。

1. 系统性

自然界中的蜂群具备了系统学中的整体性、关联性、动态性和有序性等特点。蜂群中的每只蜜蜂作为整个系统的一员都在有序地工作着，个体之间的相互影响与协作体现了系统的关联性，蜂群可以完成个体完成不了的任务则体现了系统的整体性，显示出系统整体大于部分之和的整体突现原理。作为对蜂群觅食行为抽象的人工蜂群算法，多只蜜蜂的求解结果明显好于单只蜜蜂的求解结果，整体大于部分之和，因此如果把算法本身看做一个整体，就会发现它具备了系统的特征，这也是群智能优化算法最重要的特征之一。

2. 分布式

自然界中的真实蜂群行为体现出分布式特性。当蜂群需要完成某项工作时，其中的许多蜜蜂都为共同目的进行着同样的工作，而最终任务的完成不会由于某些个体的缺陷而受到影响。人工蜂群算法作为对蜂群觅食行为的抽象，也体现了群体行为的分布式特征。每只人工蜂在问题空间的多个点同时开始相互独立地构造问题解，而整个问题的求解不会因为某只人工蜂无法成功获得解而受到影响。具体到不同的优化问题而言，人工蜂群算法体现出的分布式特征就具有了更加现实的意义。因为所有的仿生优化算法均可看做是按照一定规则在问题解空间搜索最优解的过程，所以初始搜索点的选取直接关系到算法求解结果的优劣和算法寻优的效率。当求解许多复杂问题时，从一点出发的搜索受到局部特征的限制，可能得不到所求问题的满意解，而人工蜂群算法则可看做是一个分布式的多智能体系统，它在问题空间的多点同时独立地进行解搜索，不仅使得算法具有较强的全局搜索能力，也增加了算法的可靠性。

3. 自组织

人工蜂群算法的另一个重要特征是自组织，这也是蚁群算法、微粒群算法、人工鱼群算法等群智能优化算法的共有特征。自组织理论是 20 世纪 60 年代末期开始建立并发展起来的一种系统理论。它的研究对象主要是复杂自组织系统（生命系统、社会系统）的形成和发展机制问题，即在一定条件下，系统是如何自动地由无序走向有序，由低级有序走向高级有序的。类似蚂蚁、蜜蜂这样的昆虫，由于个体作用简单，而个体之间的协作作用特别明显，因而可把它们当作一个整体来研究，甚至把它们看做一个独立的生物体。在这样的种群中，个体之间相互作用、协同完成某项群体工作，自然体现出很强的自组织特性。人工蜂群算法体现了这一过程，在算法的初期，每只人工蜂无序地寻找解，经过一段时间的算法演化，人工蜂越来越趋向于寻找到接近最优解的一些解，这恰恰体现了从无序到有序的自组织进化过程。

4. 反馈

反馈是控制论的基本概念，指将系统的输出返回到输入端并以某种方式改变输入，进而影响系统功能的过程，它代表信息输入对输出的反作用。反馈分为正反馈和负反馈两种，前者使输出起到与输入相似的作用；后者使输出起到与输入相反的作用。从蜜蜂觅食的行为可看出，蜜蜂能够找到最佳食物源，主要通过蜜蜂在蜂巢舞蹈区跳摇摆舞来传递信息，花蜜越多，招募到的蜜蜂也越多，反过来又会吸引更多的蜜蜂，人工蜂群算法正是通过这种正反馈的过程，引导整个系统向着最优解的方向进化。单一的正反馈或者负反馈存在于线性系统中，是无法实现系统的自我组织的。自组织系统通过正反馈和负反馈的结合，来实现系统的自我创造和自我更新。人工蜂群算法中的负反馈机制主要体现在两个方面：① 人工蜂群算法构造解的过程中使用概率搜索技术增加了生成解的随机性；② 蜜蜂放弃对某个解的探索。这样就使算法一方面接受了解在一定程度上的退化，另一方面又使得搜索范围得以在一段时间内保持足够大，避免早熟收敛。人工蜂群算法正是在正反馈和负反馈共同作用的影响下，得以自组织地进化，从而获得所求问题的最优解。

蜂群的智能模型由三个基本要素构成。

(1) 食物源。食物源代表各种可能的解；食物源值取决于多种因素，诸如食物源与蜂巢的接近度、能量的大小和集中程度以及提取该能量的容易程度。考虑到简单性，以数字量"收益度"来衡量食物源的特点。

(2) 采蜜蜂 EF。采蜜蜂同具体的食物源联系在一起，这些食物源是它们当前正在采集的。采蜜蜂携带了具体的食物源信息，这些信息包括食物源与蜂巢的距离、食物源方向、食物源的收益度。采蜜蜂通过摇摆舞与其他蜜蜂分享这些信息，根据路径长度排序，按一定比例，部分采蜜蜂成为引领蜂。

(3) 待工蜂 UF。采蜜蜂正在寻找食物源采集，待工蜂可以分为两种：侦察蜂和跟随蜂；侦察蜂搜索蜂巢附近的新食物源。跟随蜂在蜂巢内等待，通过分享采蜜蜂的信息，寻找食物源。

人工蜂群算法包括 5 个主要的步骤，即初始化阶段、雇佣蜂阶段、跟随蜂阶段、选择最优方案阶段以及侦察蜂阶段。

(1) 初始化阶段：在这个阶段为每只蜜蜂选择一个随机的食物源，根据公式(10-1)计算初始的食物源 $X_i = (x_j, 1, \cdots, x_j, D) \in S$, $j = 1, \cdots, CS$, $i = 1, \cdots, D$，从而生成一个食物源矩阵 FS，该矩阵的列代表待优化的参数，矩阵的每一行表示蜜蜂所携带的解决方案。

$$x_{j,1} = lb + \mathrm{rand}(0, 1) * (ub - lb) \tag{10-1}$$

(2) 雇佣蜂阶段：在这个阶段，每只雇佣蜂在其当前的食物源周围搜索更好的食物源，先记录其食物源矩阵 FS，依概率修改雇佣蜂记录的食物源，随后评估新的食物源所具有的花蜜量（对食物源做出评价），最终选择一个更好的食物源。

（3）跟随蜂阶段：当所有的雇佣蜂完成搜索后，将在舞蹈区分享它们所前往的食物源具有的花蜜量以及位置信息。跟随蜂在获得雇佣蜂先前的食物源信息后依概率选择它的食物源位置。同时跟随蜂修改食物源的位置并做出评价。然后每只跟随蜂依据贪心规则在其所记忆的食物源以及新定位的食物源之间做出判断，选择花蜜量最大的食物源。加入的新位置优于先前的位置，蜜蜂就更新自己的记忆区。

（4）选择最优方案阶段：在这个阶段，用变量 best_fs 来保存蜜蜂所搜索到的最佳食物源，比较本轮迭代所获得的最优解值与先前最优解值，如果新的食物源优于先前的最佳食物源，则更新 best_fs。

（5）侦察蜂阶段：如果一个食物源的花蜜被采集完毕，那么侦察蜂就会随机地产生一个新的食物源位置。当迭代中食物源被访问的次数超过了 Food_limit 同时蜜蜂没有寻找到更优的食物源，该蜜蜂就放弃此处食物源随机选取一个未被访问过的食物源，借此来模拟食物源的花蜜被采集完毕的过程。

（6）重复直到迭代次数达到 MaxCycle。每只蜜蜂的食物源对应可能的最优解，食物源的花蜜量对应解决方案的质量。算法最后输出最优的解决方案值 best_fs。

蜂群的觅食行为是一种典型的群体智能行为。Yang 提出一种虚拟蜜蜂算法（Virtual Bee Algorithm，VBA）并用来解决数值优化问题[20]。在 VBA 算法中，有若干虚拟蜜蜂组成的群体在初始时刻随机分布在解空间中，个体蜜蜂依据由判决函数计算得出的适应度值来搜索附近的蜜源。理论上，解的理想程度可以用蜜蜂间信息交互的剧烈程度来衡量。在多变量数值优化问题中，D. Karaboga 根据蜜蜂的觅食行为设计出了人工蜂群模型[21]，并与其他著名的元启发式理论，如差分进化（DE）算法、粒子群优化（PSO）算法等在非约束数值优化问题上进行了仿真比较。后来人工蜂群理论又被应用到约束优化问题的求解上，并在一些比较著名的约束性问题上与 DE 算法和 PSO 算法进行了比较，取得了良好的效果。

蜂群算法的思路为在没有集中控制且不提供全局模型的前提下寻找复杂的分布式问题的求解方案提供了基础。已有的蜂群算法理论和应用研究证明，蜂群算法是一种能够解决大多数优化问题的新方法，更重要的是，蜂群算法潜在的并行性和分布式特点为处理大量的以数据库形式存在的数据提供了技术保证。无论是从理论研究还是应用研究的角度分析，蜂群算法理论及应用研究都具有重要的学术意义和现实价值。针对目前蜂群算法存在的局限性，可以看出蜂群算法未来的研究方向：

（1）为了更好、更快地找到问题的最优解，在算法进行全局搜索的过程中，针对要解决的实际问题，加入局部搜索算法是很好的思想。利用算法的全局性搜索防止陷入局部最优，利用局部搜索来加快算法的收敛速度，降低时间复杂度，在下一步研究中应该去解决如何更好地将二者完美的结合。

（2）目前，蜂群算法理论研究还处于基本思想的描述阶段，若能够取得比较大的进展，必须要提出一些较为明确的严格概念和定义，同时还必须给出构造一些蜂群算法应用的规则和方法，并在此基础上建立和开发一些有实用价值的基于蜂群理论的算法和策略。

（3）加快蜂群算法领域对概念的严格定义，使蜂群算法有坚实的科学性和可信性，当处理突发事件的时候，使系统的反应是可测的，这样就会在一定程度上减少其应用的风险。

（4）蜂群算法还刚起步，对它的应用还不多，与其他智能算法和先进的技术融合得还不够好，未来还有很大的发展空间，将蜂群算法更多地与启发式算法相结合将会得到更好的应用。

10.6　对青蛙群体的研究

蛙跳算法模拟了青蛙通过湿地内的石头跳跃捕食的行为。Eusuff 和 Lansey 为解决组合优化问题于 2003 年最先提出了混合蛙跳算法（Shuffled Frog Leaping Algorithm，SFLA）[22]。作为一种新型的仿生物学智能优化算法，SFLA 结合了基于模因（meme）进化的模因演算法（MA，memeticalgorithm）和基于群体行为的粒子群算法（PSO，particle swarm optimization）。

蛙跳算法的思想是：在一片湿地中生活着一群青蛙，湿地内离散地分布着许多石头，青蛙通过寻找不同的石头进行跳跃去寻找食物较多的地方。每只青蛙个体之间通过文化的交流实现信息的交换。每只青蛙都具有自己的文化，这个文化被定义为问题的一个解。湿地的整个青蛙群体被分为不同的子群体，每个子群体有着自己的文化，执行局部搜索策略。在子群体中的每个个体有着自己的文化，影响着其他个体，也受其他个体的影响，并随着子群体的进化而进化。当子群体进化到一定阶段后，各个子群体之间再进行思想的交流（全局信息交换）以实现子群体间的混合运算，一直到满足所设置的条件为止。

蛙跳算法（SFLA）是一种全新的后启发式群体进化算法，具有高效的计算性能和优良的全局搜索能力。该算法具有概念简单、调整的参数少、计算速度快、全局搜索寻优能力强、易于实现等特点。混合蛙跳算法主要应用于解决多目标优化问题，例如水资源分配、桥墩维修、车间作业流程安排等工程实际应用问题。

10.7　本 章 小 结

本章对当前研究得比较热门的生物群体网络进行了组织和阐述。通过本章对常见的几种群体智能算法的分析可知，群体智能算法是一类随机优化算法，各个算法之间在结构、研究内容、计算方法等方面具有较大的相似性，它们之间最大的不同在算法的更新规则上。因此，可以对群体智能算法建立一个基本理论框架模式，即

Step1：设置参数，初始化种群；

Step2：随机生成一组解，并计算其适应值；

Step3：按照某种更新规则，生成新的解；

Step4：通过比较得到个体的最优适应值和群体的最优适应值；

Step5：判断终止条件是否满足？如果满足，结束迭代；否则，转向 Step3。

生物群体相较于生物个体有并行性、分布式等特点，群体中的生物个体在群体网络中通过交换信息表现出复杂的群体行为。目前对生物群体的研究如火如荼，通过对生物群体

各种活动进行模拟，建立计算机模型来求解实际问题已成为解决很多难题的有效途径。越来越多的学者对生物群体的行为表现出了极大的兴趣，其研究意义也越来越明显，相信更多关于生物群体方面的成果将会出现在我们的视野。

参 考 文 献

[1] Reynolds C W. Flocks，herds，schools：a distributed behavioral model[J]. Computer Graphies，1987：21(4)：25 - 34

[2] Wilson，E O. Sociobiology：The new synthesis[M]. Belknap Press，Cambridge，MA，1975

[3] Kennedy J，Eberhart R C. Particle Swarm Optimization[C]//Proc IEEE International Conference on Neural Networks，IV Piscataway，NJ：IEEE Service Center，1995：1942 - 1948

[4] Dofigo M.，V. Maniezzo，Colorni A. The Ant System：Optimization by a Colony of Cooperating Agents[J]. IEEE Transactions on Systems，Man，and Cybernetics-Part B，1996，26(1)：29 - 41

[5] 段海滨. 蚁群算法原理及其应用[M]. 北京：科学出版社，2005

[6] 李士勇，等. 蚁群算法及其应用[M]. 哈尔滨：哈尔滨工业大学出版社，2004

[7] B. Faieta and E. Lumer，Diversity and Adaptation in Populations of Clustering Ants，In Conference on Simulation of Adaptive Behaviour，Brighton，1994

[8] Julia Handl，Bernd Meyer. Improved Ant-Based Clustering and Sorting in a Document Retrieval Interface[M]//Parallel Problem Solving from Nature-PPSN VII. Springer Berlin Heidelberg，2002，vol2439：913 - 923

[9] Kube C R，Bonabeau E. Cooperative transport by ants and robots[J]. Robotics and Autonomous Systems，2000，30(1 - 2)：85 - 101

[10] Campos，M.，Bonabeau，E.，Theraulaz，G.，&Deneubourg，J. L. (2000). Dynamic scheduling and division of labor in social insects. Adaptive Behavior，8(2)，83 - 95

[11] 李晓磊，邵之江，钱积新. 一种基于动物自治体的寻优模式：鱼群算法[J]. 系统工程理论与实践，2002，22(11)：32 - 38

[12] Brian L. Partridge，Tony J. Pitcher. The sensory basis of fish schools：Relative roles of lateral line and vision[J]. Journal of Comparative Physiology A：Neuroethology，Sensory，Neural，and Behavioral Physiology，1980，135，4

[13] 王冬梅. 群集智能优化算法的研究. 武汉科技大学，2004

[14] Steven V. Viscidoa，b，Julia k. Parrisha，b，Daniel Grunaumc. The effect of population size and number of influential neighbors on the emergent properties of fish schools，Ecological Modelling. 2005，347 - 363

[15] 杨永娟. 用Java实现鱼群游动模拟系统[J]. 安徽理工大学学报. 2006，26，4，67 - 71

[16] 王晓红. 基于多Agent的人工鱼群自组织行为研究. 北京科技大学学报，2006

[17] 涂晓媛. 计算机动画的人工生命方法. 北京：清华大学出版社，2001

[18] Abbass H A. MBO：marriage in honey bees optimization：a haplometrosispolygynous swarming approach[C] // Proc of IEEE Congress on Evolutionary Computation. [S. l.]：[IEEE Service Center]，2001：207 - 214

[19] SEELEY T D. The wisdom of the hive：the social physiology of honeybee colonies[M]. Cambridge：Harvard University Press，1995

[20] Xin-She Yang. Engineering Optimizations via Nature-Inspired Virtual Bee Algorithms[M]. //[José

Mira，José R. Álvarez〕Artificial Intelligence and Knowledge Engineering Applications：A Bioinspired Approach，volume 3562，Berlin Heidelberg：Springer，2005：317 - 323

[21]　KARABOGA D. An idea based on honey bee swarm for numerical optimization，TR06[R]. Kayseri：Erciyes University，2005

[22]　Eusuff M M，Lansey K E. Optimization of water distribution network design using the shuffled frog leaping algorithm[J]. J of Water Resources Planning and Management，2003，129(3)：210 - 225